# PPT
# 现代商务办公从新手到高手

郭绍义　丁鹏◎著

**图书在版编目（CIP）数据**

PPT现代商务办公从新手到高手 ： 让你的PPT更有说服力 / 郭绍义，丁鹏著. -- 南昌 ： 江西人民出版社，2020.10

ISBN 978-7-210-12486-3

Ⅰ. ①P… Ⅱ. ①郭… ②丁… Ⅲ. ①图形软件 Ⅳ. ①TP391.412

中国版本图书馆CIP数据核字(2020)第205892号

PPT现代商务办公从新手到高手：让你的PPT更有说服力

郭绍义　丁鹏 / 著

责任编辑 / 冯雪松

出版发行 / 江西人民出版社

印刷 / 大厂回族自治县彩虹印刷有限公司

版次 / 2020年11月第1版

2020年11月第1次印刷

787毫米×1092毫米　1/16　21印张

字数 / 400千字

ISBN 978-7-210-12486-3

定价 / 79.00元

赣版权登字-01-2020-418

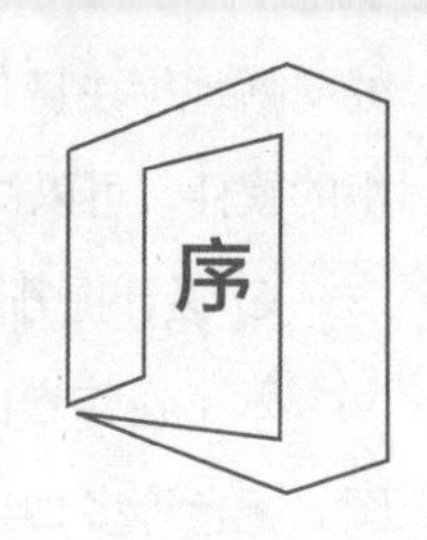


在现代商务办公中，Microsoft PowerPoint 已经成为人们制作 PPT 的重要工具。Microsoft PowerPoint 是微软公司推出的一个演示文稿软件，是 Microsoft Office 系统中的一个组件。

随着 PPT 应用水平的逐渐提高，PPT 也在逐步成为人们生活中的重要组成部分，它适用于工作汇报、企业宣传、产品推介、婚礼庆典、项目竞标、管理咨询、教育培训等领域，并具有相册制作、文稿合并、运用母板、图片运动、动画控制等功能，强大的视觉冲击力和文字表达能力令 PPT 这一应用备受商务办公族的关注。

本书共八章。第一章与第八章分别为入门章与能力提升章，第二章与第七章为基础强化与设计知识普及章。详细介绍了 Microsoft PowerPoint 的应用知识，为刚入门的 PPT 新手提供简单易懂、系统的“PPT 新手教程”。本书还通过大量的案例为大家讲解制作 PPT 时所涉及的一些设计思路与设计知识。

在入门章节中，会为大家带来一些 PPT 的相关知识、相关软件的选择与推荐，以及与 PPT 制作相关的基本操作，带大家快速入门 PPT。

## 本书具有以下特色：

⊙ 基础知识，案例讲解。

本书将 Microsoft PowerPoint 中所有常用的基础知识进行归纳与整理，分别在每一章节的前半部分根据章节主题并依托职场案例进行详细讲解，涉及工作汇报、企业宣传、教育培训等常见应用领域。这种以案例贯穿基础知识点的讲解方法，能让读者更好地掌握商务办公知识。

⊙ 一步一图，思路清晰。

本书在进行案例讲解时，为其中的每一步操作都配上了对应的软件截图，并在必要之处清晰地标注操作步骤或操作重点，让读者学习设计制作 PPT 时不再迷茫。读者结合电脑中的软件，可以快速领会操作技巧，迅速提高商务办公效率。

⊙ 设计提升，即学即用。

本书在每章的基础知识讲解完后，配套了相应的设计能力提升小技巧，包括排版、选图、配色等多种设计知识，能够让读者的设计能力有一定的提升。通过对设计知识的学习，让自己的 PPT 脱颖而出，更有说服力!

本书可作为需要使用 Microsoft PowerPoint 软件处理日常商务办公的人事、销售、市场营销、文秘、老师与学生等专业人员的参考书，也可以作为大、中专职业院校，电脑培训班相关专业教材参考用书。同时，由于计算机技术发展迅速，计算机应用更新迭代，书中的疏漏和不足之处在所难免，敬请广大读者及专家指正。

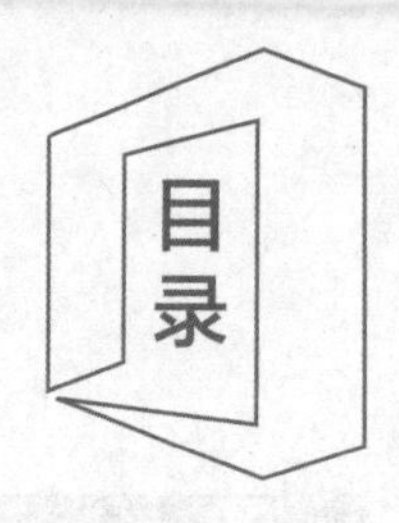


## 第一章　初识 PPT

## 第四章 极简风 PPT——图像与图形的奇妙邂逅

## 第五章 扁平化 PPT——用好配色，让你的 PPT 靓起来



## 第六章 图表类 PPT——图表也有新花样

## 第八章 PPT 高手进阶

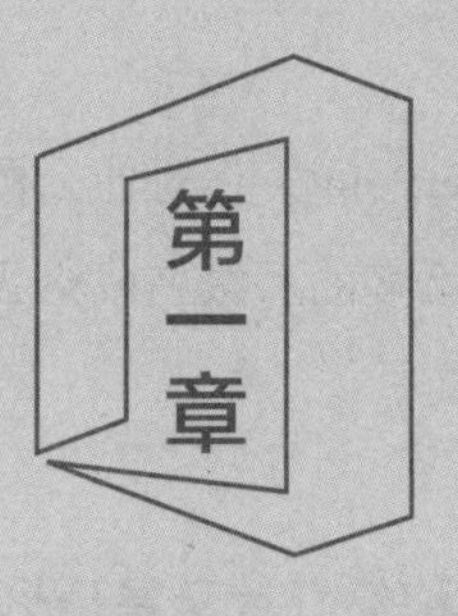


# 初识PPT

如果没有掌握 PowerPoint 中每种工具的使用方法，也没有充分地了解 PowerPoint 相关知识，是很难制作出一份优秀的演示文稿的。“不积跬步，无以至千里；不积小流，无以成江海。”在设计制作一份合格的演示文稿之前，不妨先了解制作演示文稿的工具——Microsoft PowerPoint，然后再一步一步地学习如何设计制作演示文稿吧！

## 1.1 关于 PPT 你不知道的那些知识

作为职场中最有设计感的 PowerPoint，你对什么概念知之甚少？又有什么名称你熟悉却叫不准？在各种演示文稿中，那么多的后缀名或格式又如何区分？接下来就带大家了解关于 PPT 你不知道的那些知识。

### 1.1.1 什么是PPT？演示文稿和幻灯片又是什么

PPT 是 PowerPoint 的缩写，而 PowerPoint 则是微软公司推出的 Office 办公软件系列中的软件之一，如图 1.1-1 所示。PPT 是用来制作和播放演示文稿的一款应用程序。但由于该应用程序使用范围广泛，几乎成了演示文稿的代名词，所以，在工作中，PPT 与演示文稿基本上是不做区分的。

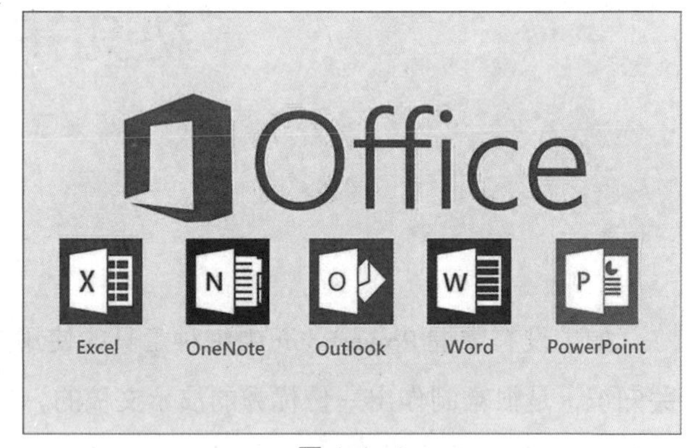

图 1.1-1

在中文名称中，演示文稿和幻灯片的含义常常被混淆。其实，演示文稿用于介绍和说明某个问题或事务的范围更加广泛，它包含了幻灯片、演讲备注和大纲等。而在我们使用 PowerPoint 来制作演示文稿时，其中的某一页叫作幻灯片，每张幻灯片都是演示文稿中既相互独立又相互联系的内容。所以大家可以将演示文稿理解成一本书，而幻灯片就是书中一页页的内容，二者是包含与被包含的关系。

### 1.1.2 “.ppt”格式与“.pptx”格式有什么区别

点击鼠标右键创建文件时，我们就能看到 PPT 格式的文件有两种拓展名，即“*.ppt”和“*.pptx”。在创建新的演示文稿时，文件拓展名的表现如图 1.1-2 所示。

说到这里，大家一定要知道一个小知识：PPT是由美国名校伯克利大学的博士Robert Gaskins发明的，由微软公司收购并发扬光大。最初他带领的公司编写PowerPoint时还不确定这个应用的未来，但当时他们已经预见到了微软未来的广阔前景，所以在给文件命名时还是遵循了微软的规则，就是后缀名不能超过3个字母，文件名不能超过8个字母。而在新的微软系统中，已经没有了后缀名只能是3个字母的限制，所以MS Office PowerPoint 2007之后的版本中就出现4个字母的后缀名，如“*.pptx”，其中的“x”是基于XML（可扩展标记语言）而来的。这种新的文件格式可以缩小文件的大小，并提高安全性和可靠性。

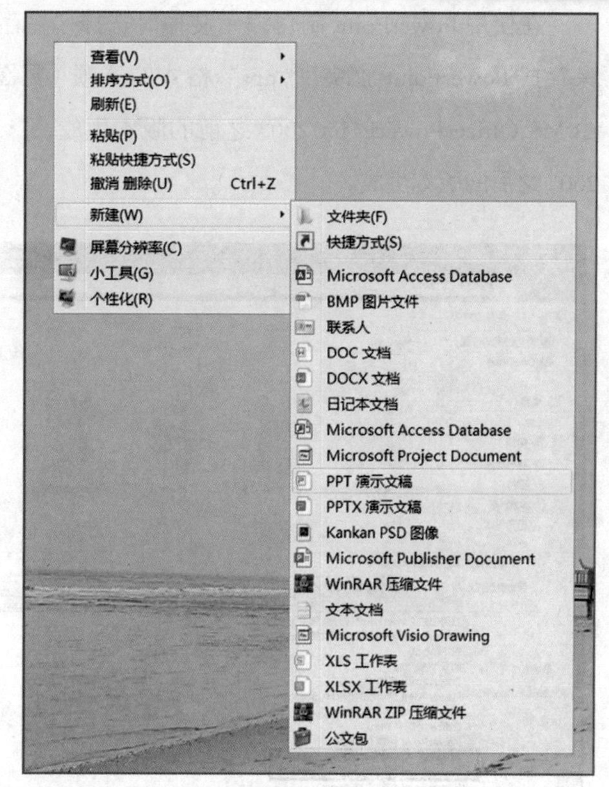


图1.1-2

大家可以这样理解，“*.ppt”格式为MS Office PowerPoint 2003之前的版本生成的，它的优点是可以兼容所有版本的PowerPoint，缺点是不支持一些新的效果和功能；“*.pptx”格式为MS Office PowerPoint 2007之后的版本生成，所以只有较新版本的PowerPoint软件才可以打开，并且有很多新的功能与特效可以使用。

## 1.1.3 PPT与PPS的区别是什么

上文中说到，PPT是制作演示文稿的一款软件，同时，它也是一种文件格式；而PPS也是PowerPoint文件格式的一种。二者分别表现为“*.ppt”和“*.pps”。

PPS的全称为PowerPoint Show，也叫PowerPoint放映。这种格式的特点是打开即可放映文件，比较适合做演示时使用，这样就省去了先打开PowerPoint再点击演示按钮的麻烦。不过，这种格式的文件不能直接修改，如果需要对这种格式的文件进行修改，可以单击文件属性，改成“*.ppt”格式再进行修改。

在使用 PowerPoint 制作演示文稿时选择“另存为”，在“保存类型”的下拉选项中有保存成 PowerPoint 放映“*.pps”格式的选项（见图 1.1–3）。图 1.1–3 中的“*.pps”格式由 MS Office PowerPoint 2003 之前的版本生成，“*.ppsm”格式则由 MS Office PowerPoint 2007 之后的版本生成。

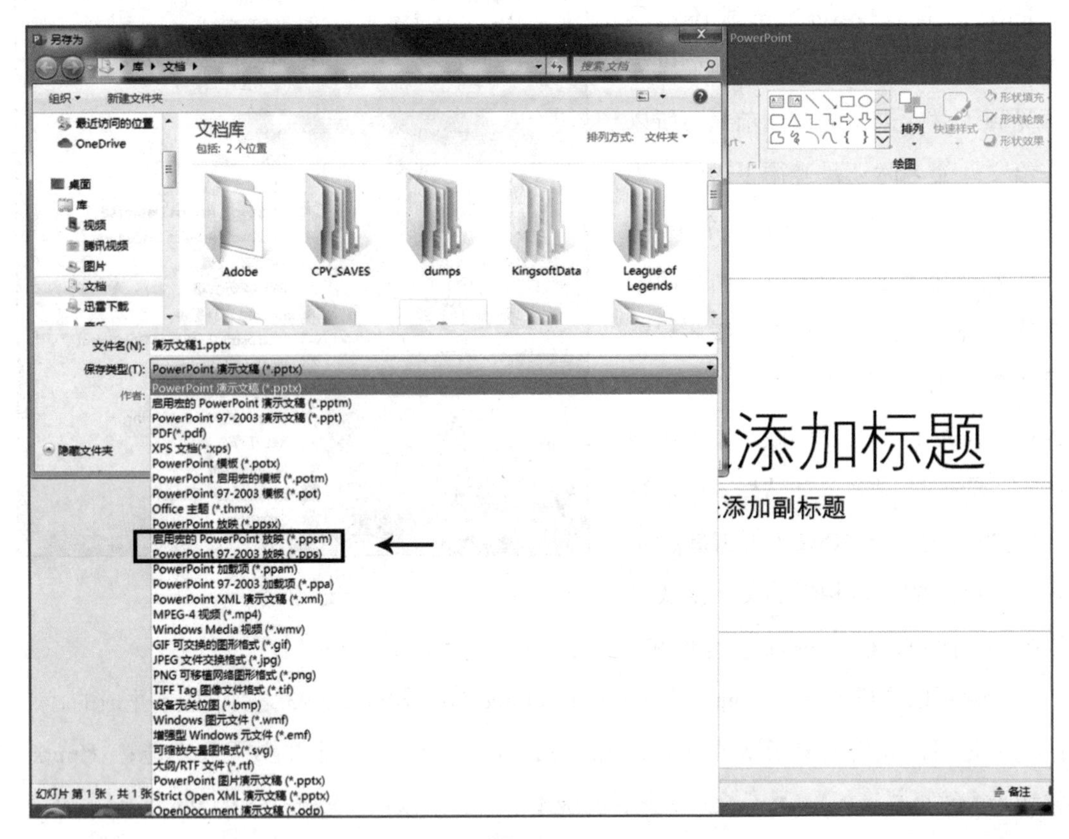


图 1.1–3

# 1.2 制作 PPT 的软件选择与推荐

“工欲善其事，必先利其器”，选择一款适合自己的办公软件十分重要。我们在商务办公中，一款使用顺手、运用自如的办公软件是提升工作效率的重要工具。

## 1.2.1 微软 Office

在本书介绍 PPT 的制作过程中，我们使用的软件是微软 Office 2016 版本（图 1.2-1、图 1.2-2）。如果使用 Office 2013、Office 2019 和 Office 365 三个版本的软件，也可以与本书中所使用的版本功能兼容，甚至还有一些新的或者更加方便的功能。那为什么本书没有使用最新版本的 PPT 制作软件，例如 Office 2019 呢？这是因为该版本比较新，相比较来说，性能不是很稳定，所以本书选择了性能比较稳定的 Office 2016 版本来带领大家走上从 PPT 新手到高手的进阶之路。

图 1.2-1

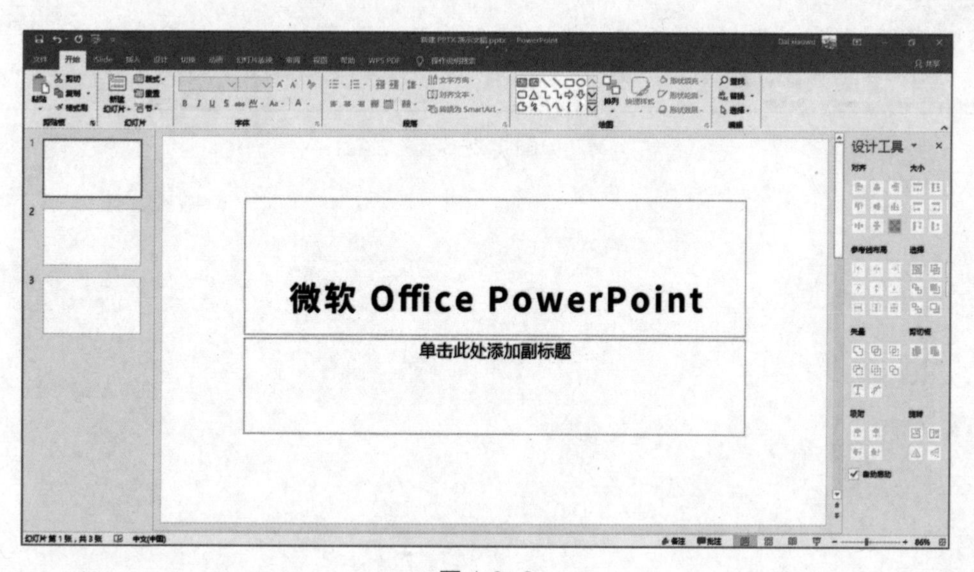


图 1.2-2

但如果使用 Office 2010、Office 2007、Office 2003 的话，那么书中的一些功能在旧版本中是找不到的，在学习上或许也会遇到一些障碍，所以建议大家使用 Office 2013 及以上的版本跟随本书的讲解学习 PPT 制作。

### 1.2.2 金山 WPS

如果对软件的功能要求不高，金山 WPS 可以满足一些日常制作 PPT 的需求，页面中的功能设置比较简洁，如图 1.2-3 所示。但和 Office 2010、Office 2007、Office 2003 等软件版本一样，有一些特定的功能在这些版本中是找不到的，而且在本书的一些示例中由于版本不同，可能会出现功能键位置不同导致学习比较困难的情况。

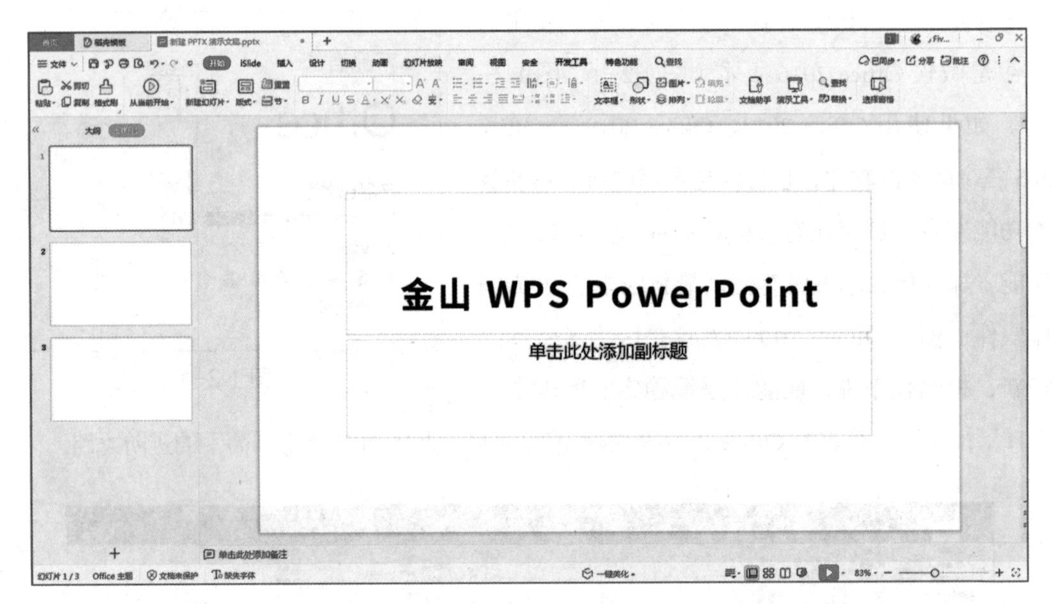


图 1.2-3

## 1.3 认识你的“舞台”

在开始设计制作演示文稿前，我们要对 PowerPoint 的初始界面、工作界面进行简单的了解，PowerPoint 2016 的工作界面由标题栏、功能区、编辑区、预览区、状态栏五大部分组成，各个部分中又有相应的功能分布。

### 1.3.1 初始界面

双击桌面上的 PowerPoint 图标，打开软件之后，我们首先看到的就是 PowerPoint 的初始界面，如图 1.3-1 所示。这个界面简单明了，其中我们要着重了解一下“新建”功能和“最近”功能。

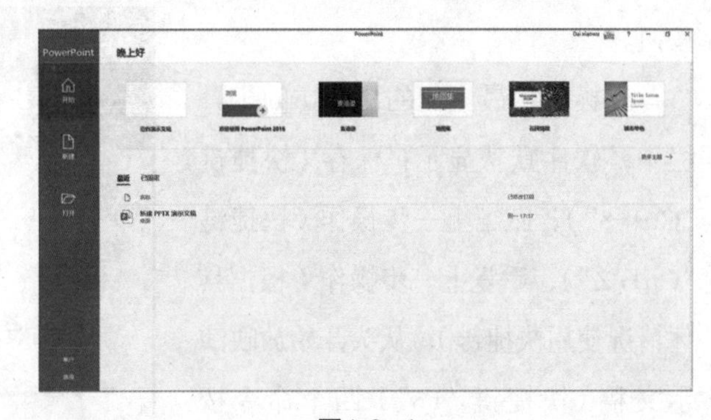

图1.3-1

首先，点击“新建”功能，这时你可以选择里面任意一个模板来制作你的演示文稿，如果时间充裕，而你又想在制作 PPT 这一能力上有所提高，那么请不要使用软件自带的模板。原因是：首先我们通过图 1.3-2 可以发现，软件自带的模板的艺术字、艺术效果或配色并不都令人赏心悦目，过多使用软件自带的模板也很不容易做出令人赏心悦目的 PPT；其次，自己制作出的每一个演示文稿都是一次锻炼。所以，在开启学习制作 PPT 的第一步时，请直接点击“空白演示文稿”，拒绝使用模板吧！

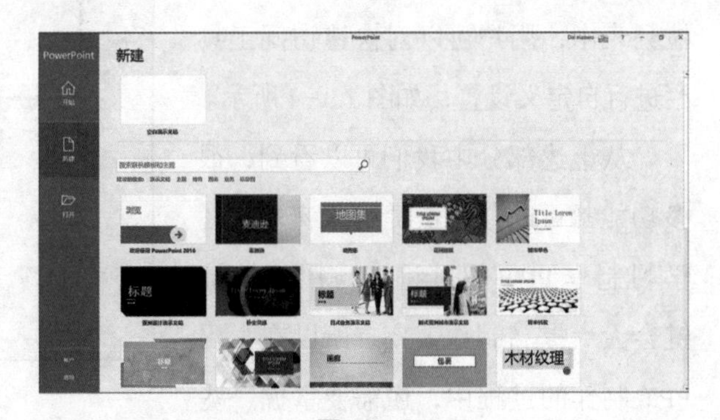

图1.3-2

## 1.3.2 工作界面

图 1.3-3

点击“空白演示文稿”后，我们就会看到 PowerPoint 的工作界面，如图 1.3-3 所示。在这里简单给大家介绍一下工作界面的分区。

1. 标题栏

标题栏位于工作界面的最顶部，从左至右的功能依次为：快速访问工具栏、演示文稿名称、账户信息、功能区与选项卡显示设置、窗口设置按钮。

在标题栏最左侧的快速访问工具栏中，软件默认显示：保存（快捷键“Ctrl+S”）、撤销上一步操作（快捷键“Ctrl+Z”）、重复上一步操作（根据具体情况使用快捷键）、从头开始放映演示文稿（快捷键“F5”）四个命令按钮。在“自定义快速访问工具栏”下拉列表中，用户可以对快速访问工具栏进行自定义设置，如图 1.3-4 所示。

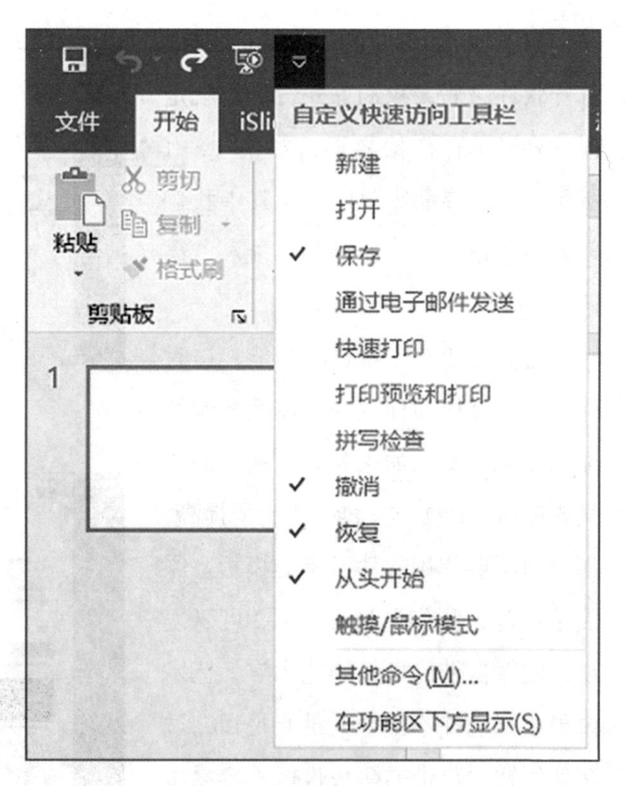


图 1.3-4

从上述部分中我们可以看到，很多功能都可以通过快捷键来实现。在学习制作 PPT 的过程中，用好快捷键会大大提高制作效率，所以在学习 PPT 制作的过程中，还需要掌握一些常用快捷键的使用。

2. 功能区

功能区位于标题栏下方，由多个选项卡组成，如图 1.3-5 所示。

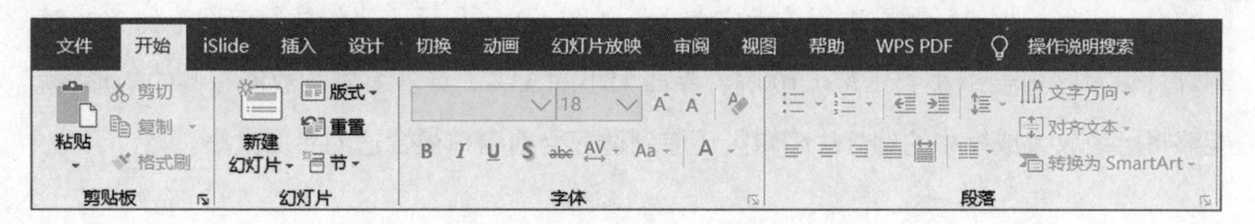


图 1.3-5

（1）点击“文件”选项卡，即可快速回到 PowerPoint 的初始界面。

（2）“开始”选项卡中包括新建幻灯片、设置幻灯片内的字体、段落样式等。

（3）“插入”选项卡中包括在幻灯片中插入图片、文本框、艺术字等。

（4）“设计”选项卡中会提供一些幻灯片模板供用户使用。

（5）“切换”选项卡中的命令可以设置幻灯片之间的切换效果。

（6）“动画”选项卡中的命令可以设置幻灯片中图像或文字的动画效果。

（7）“幻灯片放映”选项卡中，除了可以设置一些幻灯片放映的次序或时间外，还可以对幻灯片进行录制或进行排练计时，这样一来，软件可以记住每一张幻灯片所需要的演讲时间，在下一次放映时实现自动放映。

3. 编辑区

编辑区又被称作“画布”，是演示文稿的工作区域。在制作 PPT 时，输入文字、插入图片、制作动画效果等动作都是在这个区域中实现的。当演示文稿有多页时，可以将鼠标放在编辑区，滑动鼠标滚轮进行页面切换。

4. 预览区

预览区位于编辑区左侧，可以通过拖拽该区域的侧边调整区域的大小，在该区域我们能够看到当前制作的演示文稿中所有幻灯片的缩略图，点击幻灯片缩略图可直接转到该页幻灯片的编辑区。

5. 状态栏

状态栏位于整个工作界面的最底部，从左至右依次显示：当前页幻灯片的顺序与演示文稿总页数、拼写检查与语言、备注与批注、视图模式、放映模式、幻灯片缩放功能。

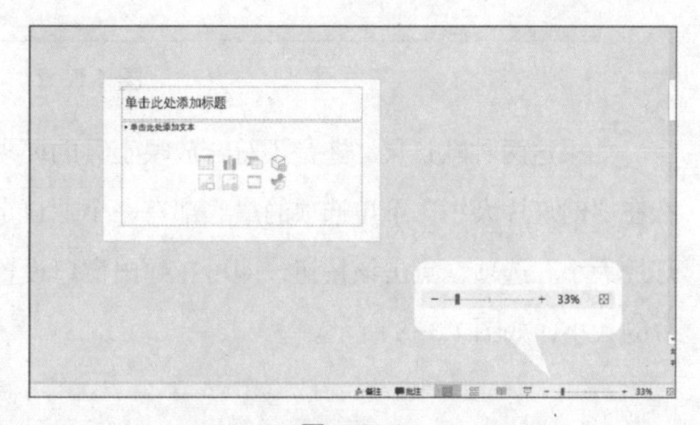


图 1.3-6

图 1.3-6 中显示的是幻灯片编辑区缩放功能选项，该功能可以使编辑

区的显示比例根据实际需求进行放大或缩小。如图 1.3–6 所示，当缩放数值调整到 33% 时，幻灯片编辑区将会缩小到正常（100%）界面大小的 33%。点击缩放条数值右侧的矩形，就能够将已经放大或缩小的幻灯片编辑区还原到适应当前窗口最合适的界面大小。

**Tips：**按住快捷键 Ctrl，鼠标滚轮可即刻实现放大或缩小幻灯片编辑区的动作。

## 1.3.3 设置幻灯片的尺寸

当我们打开并制作演示文稿时，PowerPoint 2016 默认的尺寸为 16∶9，这一比例适于应大部分的办公场合，不过在一些特定的场合中，PPT 的尺寸需要根据放映工具进行调整。

首先，打开 PowerPoint，点击“设计”，在“设计”选项卡的右方“幻灯片大小”选项组中，点击下拉选项。此时，我们可以看到 PowerPoint 的两种默认设置，标准 4∶3 和宽屏 16∶9，如图 1.3–7 所示。

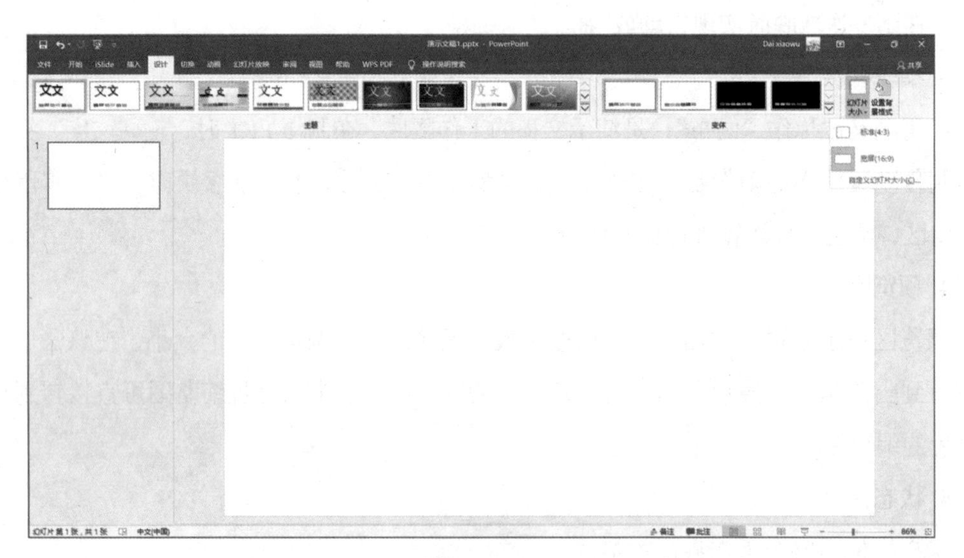

图 1.3–7

如果这两种默认尺寸还是不符合放映工具的要求，那么在“幻灯片大小”下拉选项的最底部有一个“自定义幻灯片大小”选项，点击该按钮，即可在弹出窗口设置幻灯片的大小，如图 1.3–8 所示。

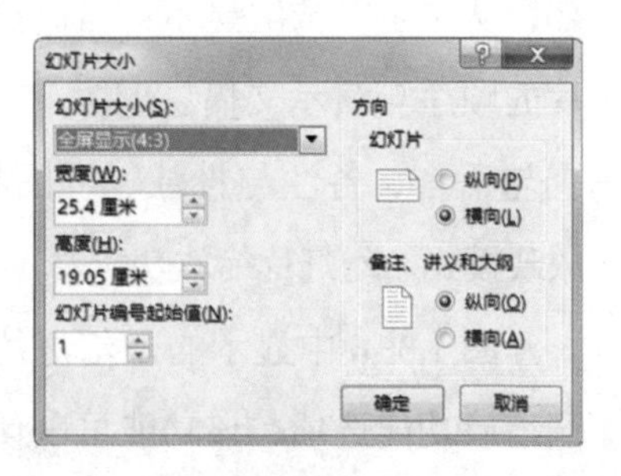


图 1.3–8

## 1.4 开始设计 PPT 之前必会的基本操作

在对演示文稿进行更复杂的设计之前，我们要先打好基础——将最简单的新建幻灯片、编辑与删除幻灯片、为幻灯片添加背景与设置模板、保存演示文稿等基本操作融会贯通。

### 1.4.1 极其重要的第一步

当我们进入 PPT 的工作界面时，往往会在当前页面的编辑区内看到“单击此处添加标题”和“单击此处添加副标题”这两句话，如图 1.4−1 所示，把鼠标光标移到文本内容上时，可以发现该文本可编辑。

图 1.4−1

用鼠标单击图 1.4−1 中的文本，可以发现文本没有了，在文本上方出现一个闪烁的竖线。这条竖线叫作“文本占位符”；而由 8 个点支撑的、内含文本占位符的矩形，叫作文本框，如图 1.4−2 所示。

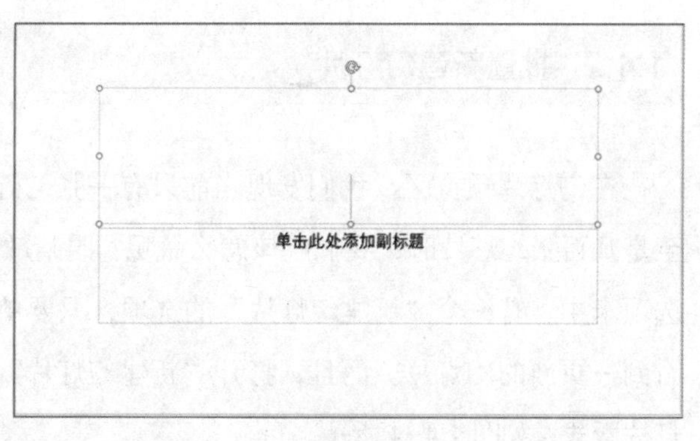


图 1.4−2

在了解了这两个文本框之后，首先就是选择这两个文本框：用鼠标在编辑区框选住两个文本框，如图 1.4−3 所示，然后按 Delete 键或 Backspace 键删除。

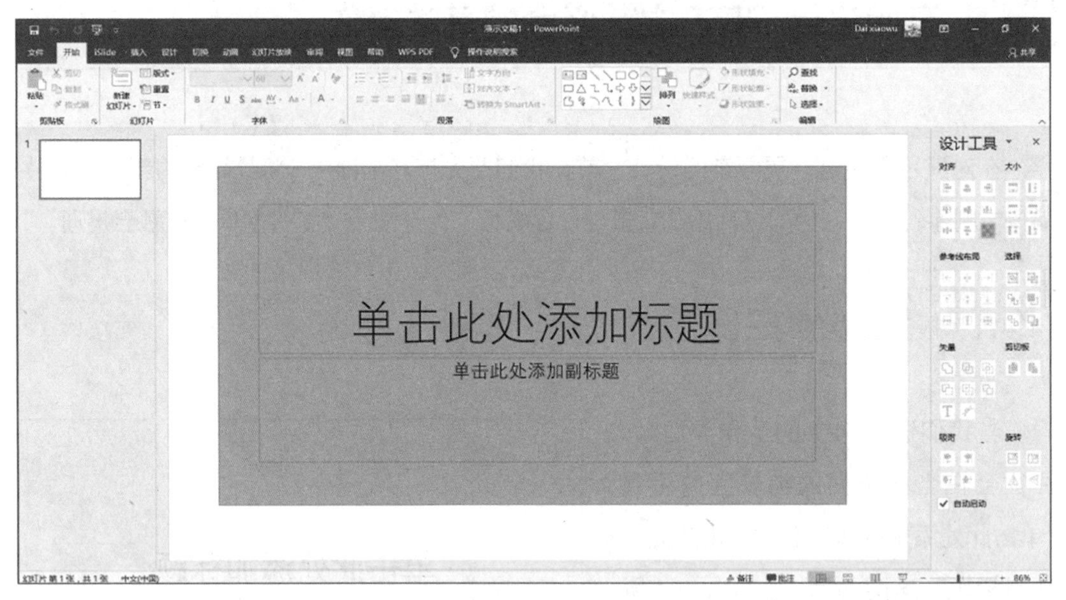


图 1.4−3

删除两个文本框的原因是，我们在制作一个 PPT 时，这两个文本框会固化我们的思维，如果保留文本框的话，我们潜意识里就自然而然地认定只有在文本框中才可以输入文本，这将对大家制作 PPT 产生局限性。所以，在开始设计 PPT 之前，先把它们删掉吧！

## 1.4.2 批量新建幻灯片

在幻灯片预览区，我们发现当前只有一张幻灯片，如果因为工作需求要建立几十张甚至是几百张幻灯片时，我们应该怎么做呢？眼睛敏锐的应该能够发现，在功能区的“开始”选项卡中，有一个“新建幻灯片”的选项，只要单击该按钮，便能够在幻灯片的预览区中看到一页新的幻灯片。而且，打开“新建幻灯片”的下拉选项，还可以选择多种不同的幻灯片版式，如图 1.4−4 所示。

但是，假如要制作一个页数非常多的幻灯片，选择点击几百下“新建幻灯片”这一操作十分不可取。这时，快捷键“Ctrl+M”或许能够快速帮你解决这个烦恼。按一次快捷键“Ctrl+M”即可新建一个幻灯片，一直按住快捷键“Ctrl+M”的话，即可一直新建幻灯片，直到页数达到你的要求。

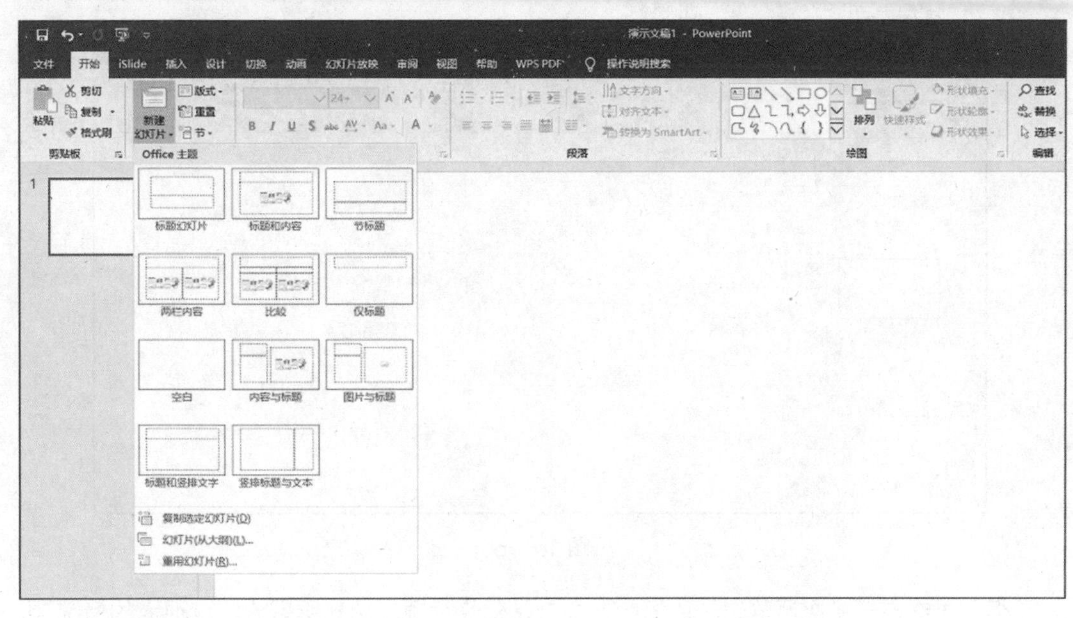

图 1.4-4

如果觉得快捷键“Ctrl+M”还是不够“快捷”，直接用一键生成新幻灯片岂不是更方便、更快捷？这时，只需选中一张幻灯片缩略图——选中幻灯片缩略图后，缩略图的边框会用改变颜色的方式提醒你已被选中，然后按回车键，即可更加快速地新建幻灯片，如图 1.4-5 所示。

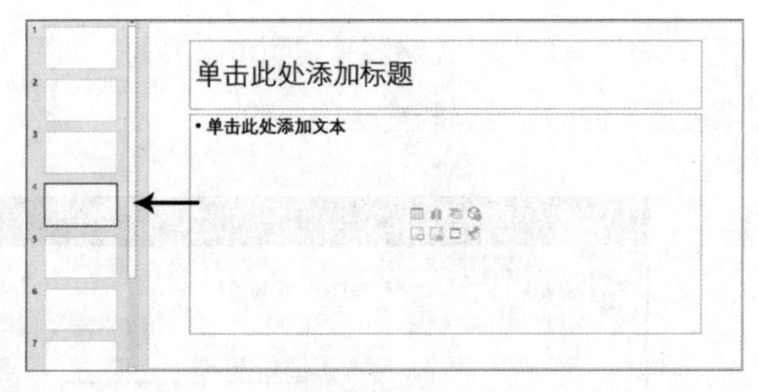

图 1.4-5

## 1.4.3　快速改变幻灯片的顺序 / 删除幻灯片

### 1. 快速改变幻灯片顺序的操作

我们只需在幻灯片预览区对幻灯片缩略图进行拖曳，便可轻松改变幻灯片的顺序。例如，在图 1.4-6 中，我们将第 6 张幻灯片的顺序改为 3，直接拖曳第 6 张幻灯片到第 2 张幻灯片下即可。

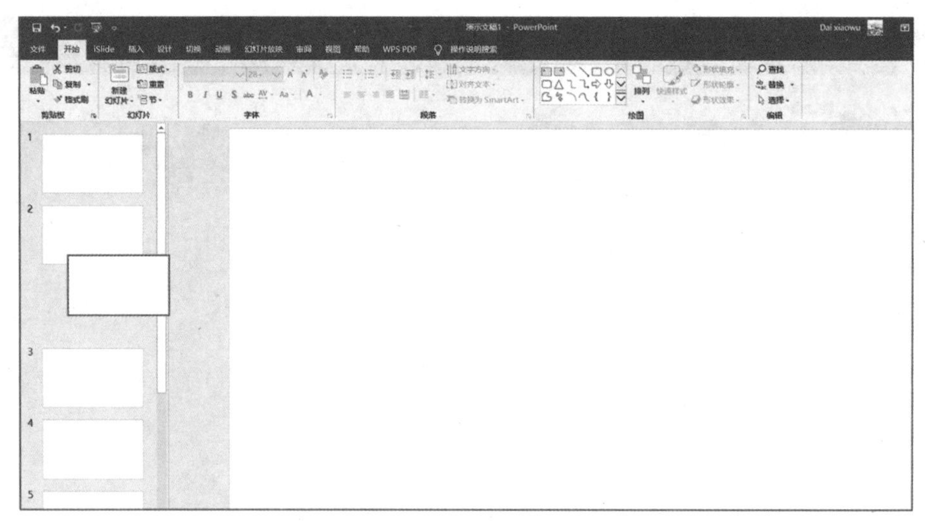


图 1.4-6

但如果在需要多次调整幻灯片顺序，或者是幻灯片顺序调整所需的跨度很大的情况下，这样一张一张地拖曳很费力。在这种情况下，我们可以点击幻灯片状态栏中的“幻灯片浏览”，将所有幻灯片缩略图平铺到整个界面，如图 1.4-7 所示，在此界面内用鼠标拖曳想要改变顺序的幻灯片，既直观又方便。

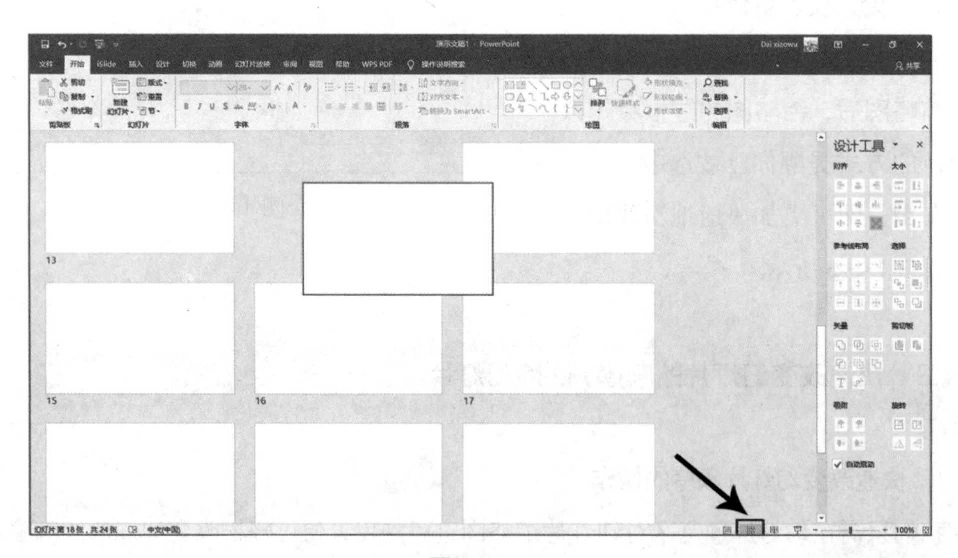


图 1.4-7

并且，在这个界面也可以使用状态栏中的“幻灯片缩放”功能，如图 1.4-8 所示。这样无论有多少张幻灯片，都可以显示在同一界面内，从而达到轻松排序的目的。最后，想要退出幻灯片浏览模式，只需再次点击幻灯片状态栏中的“幻灯片浏览”按钮，即可恢复到幻灯片的普通视图。

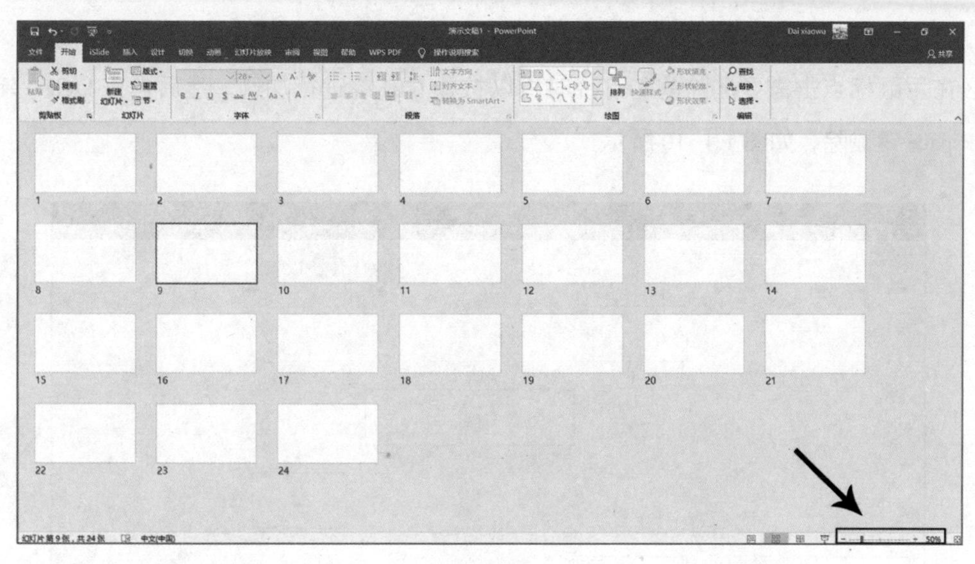

图 1.4-8

2. 删除幻灯片的操作

删除幻灯片的操作相对来说更为简单，而且与创建幻灯片有相似之处，大家可以结合快速创建幻灯片一起操作，这样记忆效果会更好。

（1）删除单张幻灯片。选中幻灯片缩略图，按 Delete 键或 Backspace 键删除。

（2）拖曳批量删除幻灯片。点击幻灯片状态栏中的“幻灯片浏览”按钮，在操作区域空白处按住鼠标框选所要删除的幻灯片缩略图，按 Delete 键或 Backspace 键删除即可，如图 1.4-9 所示。

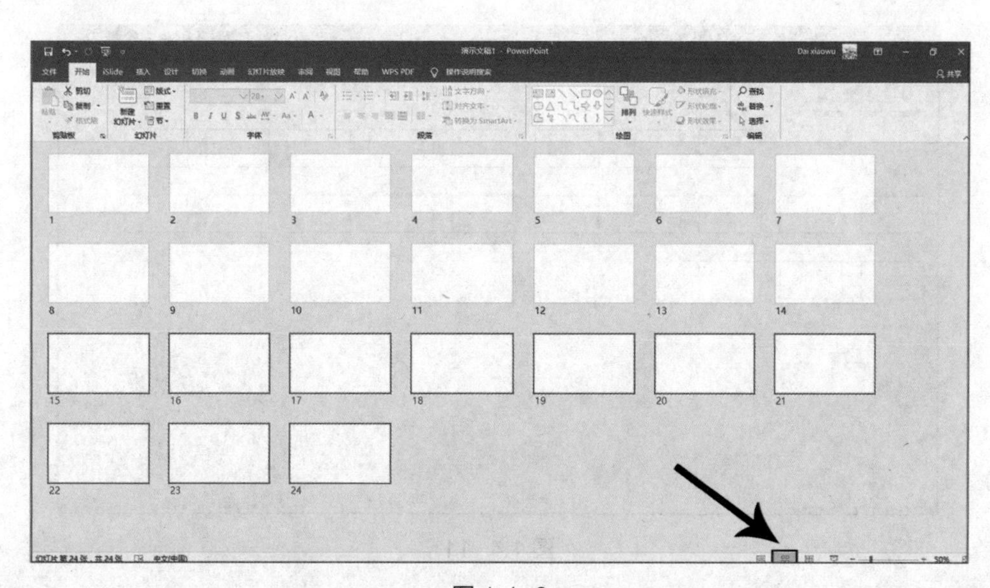

图 1.4-9

（3）Ctrl 键批量删除幻灯片。如果要删除的多张幻灯片穿插在无须删除的幻灯片中，那么在用鼠标点击需要删除的幻灯片时可以按住 Ctrl 键进行加选，然后再按 Delete 键或 Backspace 键删除，如图 1.4–10 所示。

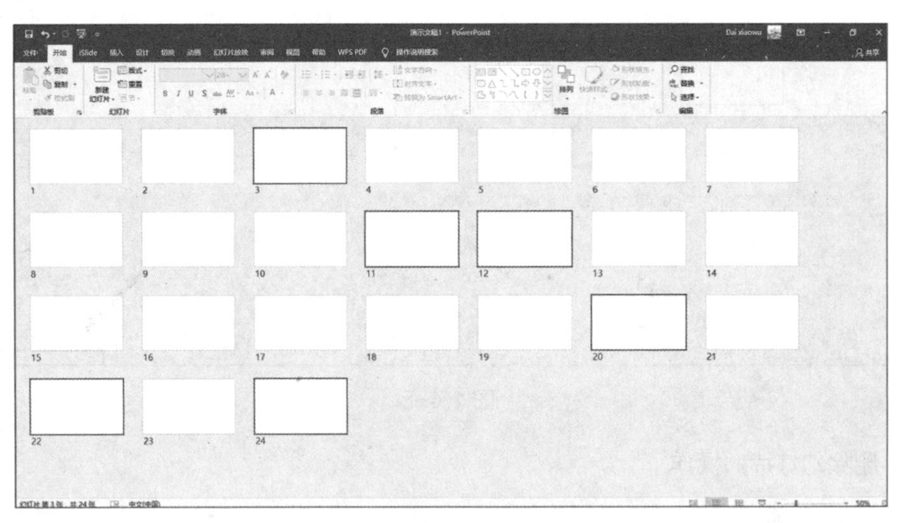


图 1.4–10

（4）Shift 键批量删除幻灯片。假如需要删除图 1.4–11 中第 3 页至第 23 页的图片，用 Ctrl 键进行加选过于麻烦，这时，我们可以用鼠标点击第 3 页的幻灯片缩略图，接着按住 Shift 键，再用鼠标点击第 23 页的幻灯片缩略图，这样一来，第 3 页至第 23 页的幻灯片就都被选中了，最后按 Delete 键或 Backspace 键删除。

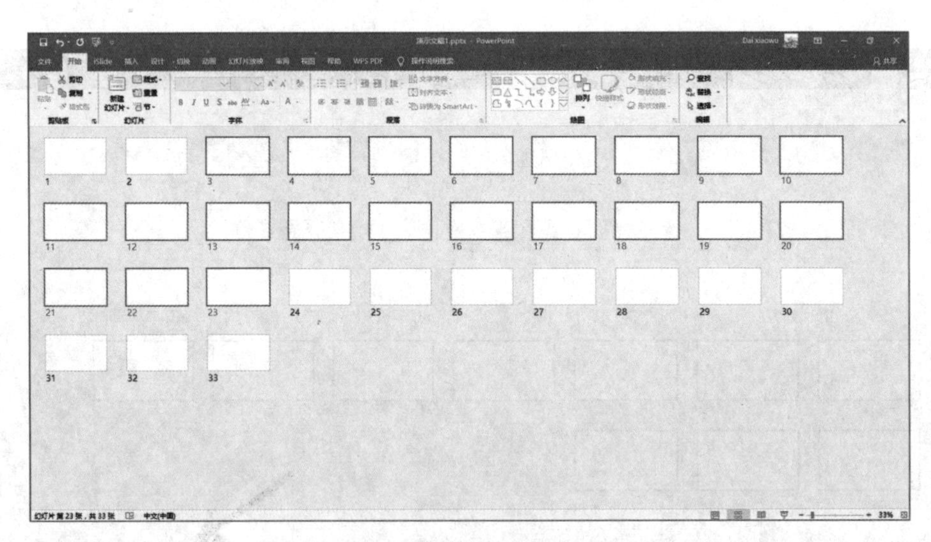


图 1.4–11

（5）删除全部幻灯片。如果要删除当前演示文稿中全部的幻灯片，我们可以使用快捷键“Ctrl+A”进行全选，选中全部幻灯片后再进行删除操作。如图 1.4–12 所示。

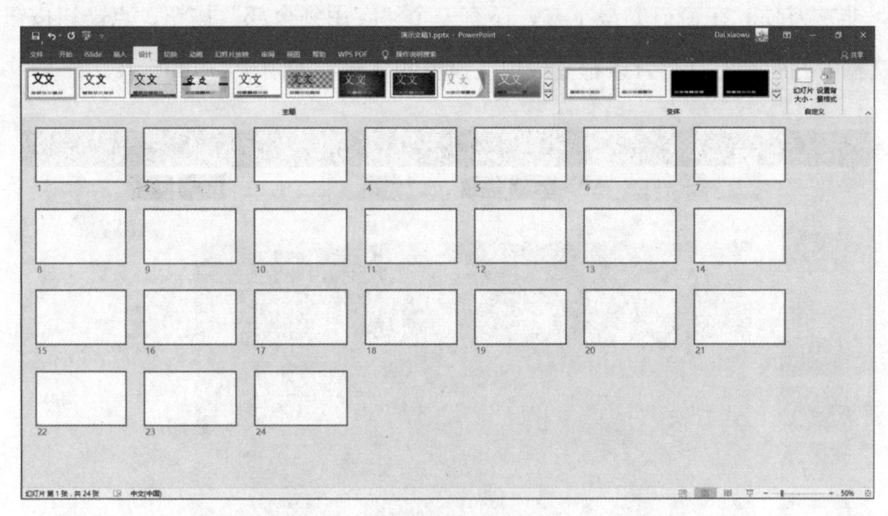

图 1.4–12

## 1.4.4 制作幻灯片背景与母版

1. 幻灯片背景设置

PowerPoint 的默认背景色是白色，我们在制作幻灯片时，会不会觉得白色背景看多了十分枯燥呢？想设置一些不一样的背景吗？一起来试试吧！

点击“设计”选项卡最右侧的“设置背景格式”选项，PPT 的编辑区右侧会弹出一个设置背景格式的窗口，如图 1.4–13 所示。

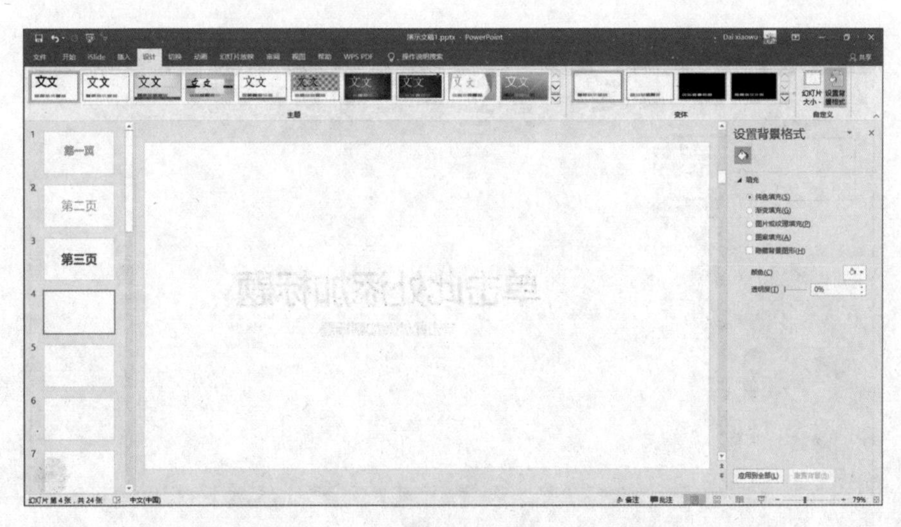


图 1.4–13

在该窗口中，可以选择纯色填充、渐变填充、图片或纹理填充、图案填充来设置幻灯片背景，非常方便。在窗口的最下方，还有一个“应用到全部”按钮，点击该按钮后，当前演示文稿中的所有幻灯片背景都变成现在设置的背景，如图 1.4−14 所示。

图 1.4−14

2. 幻灯片母版设置

制作一个演示文稿时，演示文稿的风格保持统一是很重要的，不然一个演示文稿中，每章幻灯片都不一样，整个 PPT 中没有中心，没有亮点，会给观众一种乱七八糟的感觉。设置幻灯片背景能够完美解决幻灯片背景不统一的问题，那么如果还想加入其他的、统一风格的元素，我们就可以用制作幻灯片母版来解决。

点击“视图”→“母版视图”选项组→“幻灯片母版”，如图 1.4−15 所示。

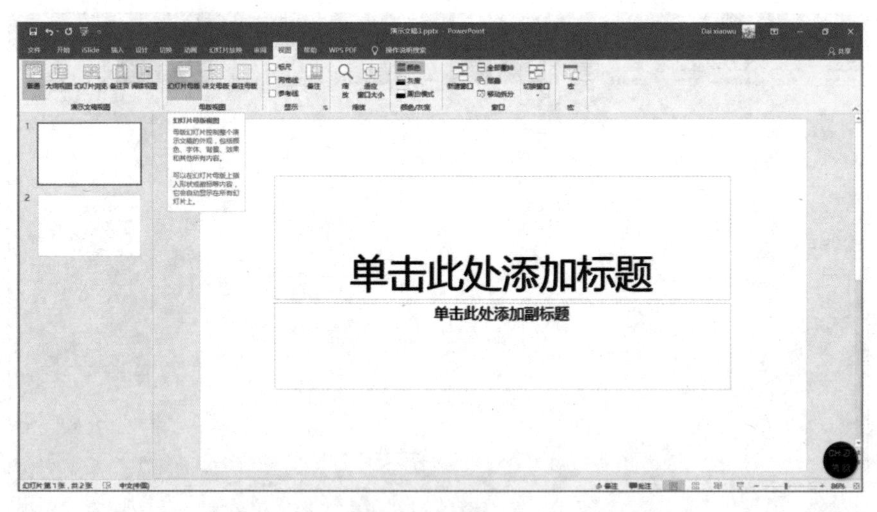


图 1.4−15

进入“幻灯片母版”的界面，在幻灯片功能区多出来一个“幻灯片母版”的选项卡，如图 1.4-16 所示。在幻灯片预览区，我们能够看到很多默认的母版样式，选择其中第一张幻灯片，将鼠标放到幻灯片缩略图上显示“Office 主题幻灯片母版：由幻灯片 1-2 使用”字样。

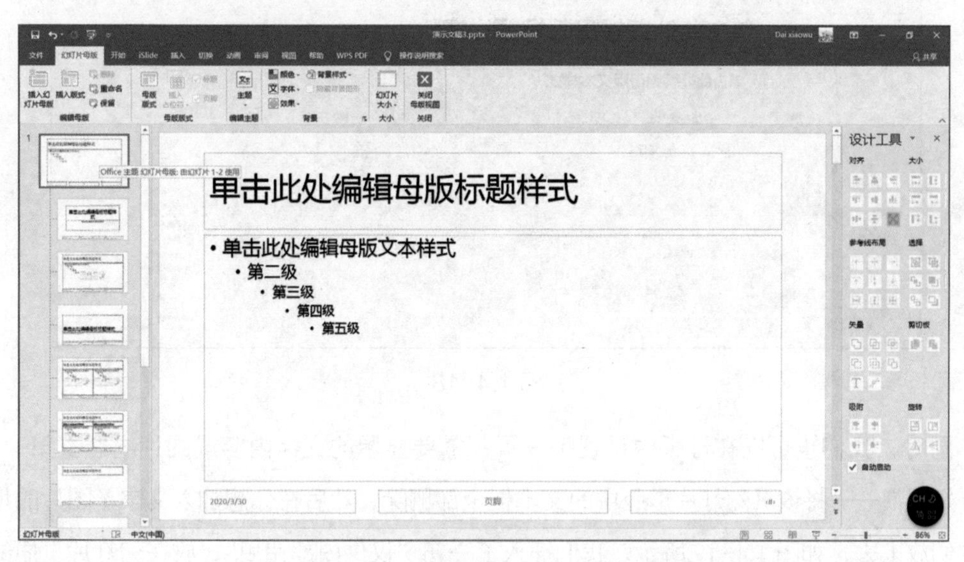


图 1.4-16

在“背景”选项组中单击“背景样式”下拉选项，在弹出列表中选择“设置背景格式”，如图 1.4-17 所示。

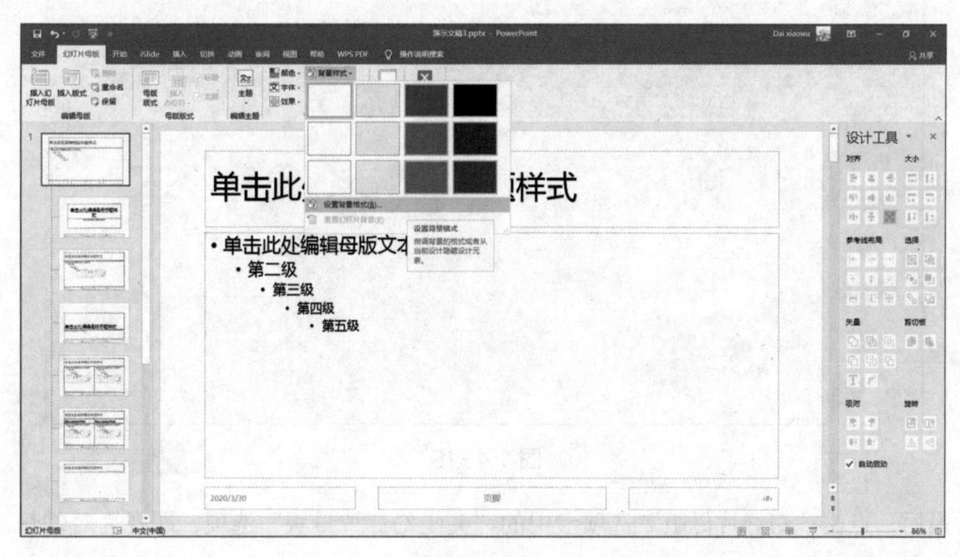


图 1.4-17

接下来就可以在右侧弹出的“设置背景格式”窗口中对幻灯片背景进行设置了，如图

1.4-18 所示。

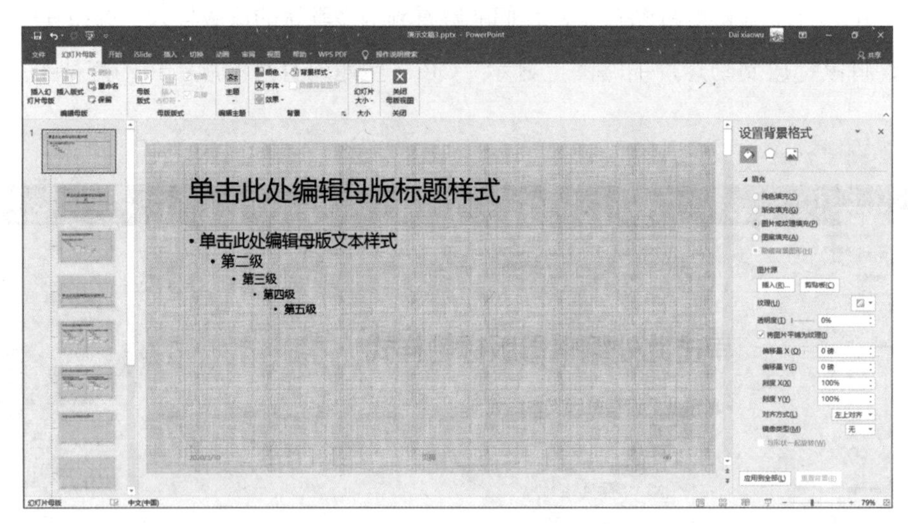


图 1.4-18

同时，我们也可以在母版中设置每一页都需要显示的文字内容或图片内容。第一步，保持好习惯——将该页幻灯片母版中的文本框全部删除，然后在你想加入文字 / 图片的地方将它们放上去，如图 1.4-19 所示，我们插入了一句“仅供内部使用”，放在幻灯片页面的左下角。

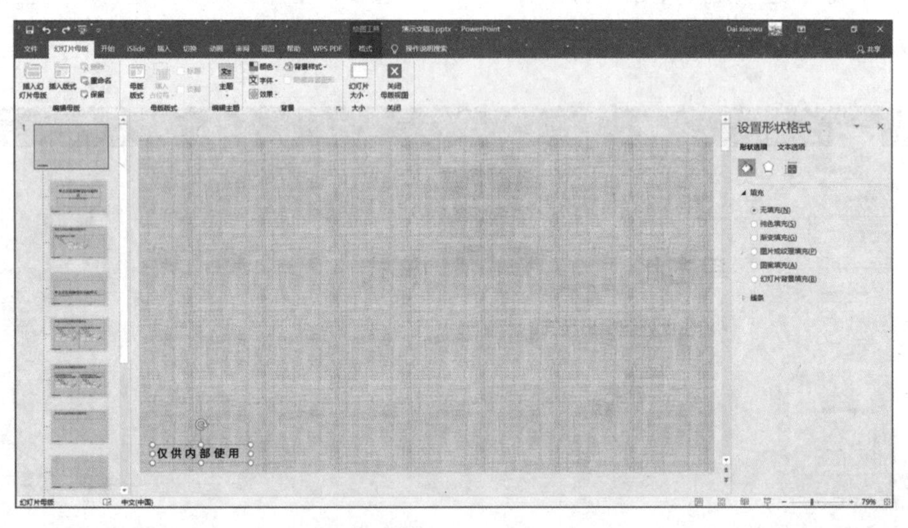


图 1.4-19

最后，点击“幻灯片母版”选项卡中的“关闭幻灯片母版”选项，即视为对幻灯片母版的保存，我们就能够看到刚刚制作好的幻灯片母版出现在当前演示文稿的每一页中。并且之后在此演示文稿中所新建的每一页幻灯片，背景都是母版的样式了，如图 1.4-20 所示。

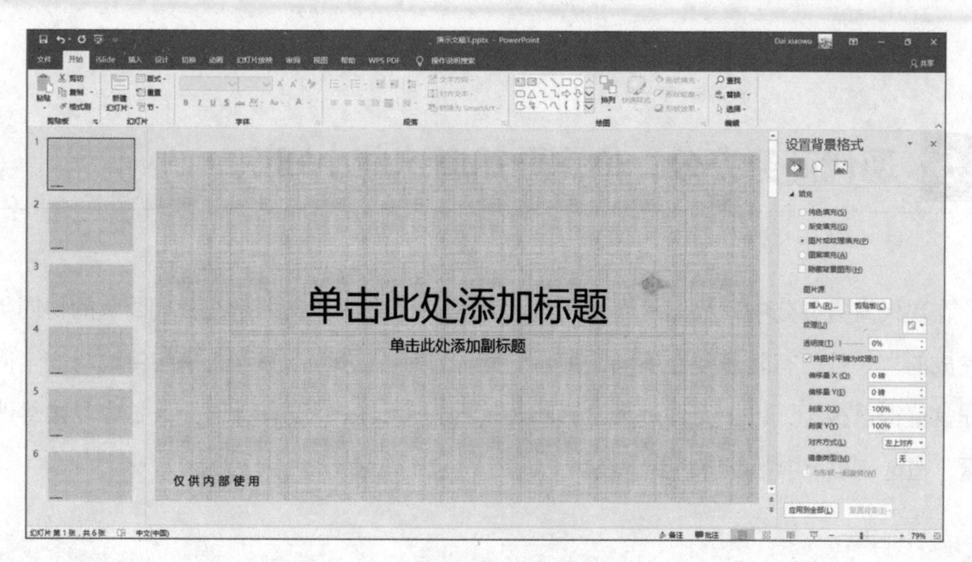


图 1.4-20

## 1.4.5 最后千万不要忘记保存

很多小伙伴都差这最后一步了，却落入了重新做 PPT 的万丈深渊。这一步就是保存 PPT！这很重要！

点击“文件”→“保存”即可保存当前演示文稿，如图 1.4-21 所示；选择“另存为”则会存到一个新建演示文稿中。保存演示文稿的快捷键是“Ctrl+S”，而另存演示文稿的快捷键则是“F12”。

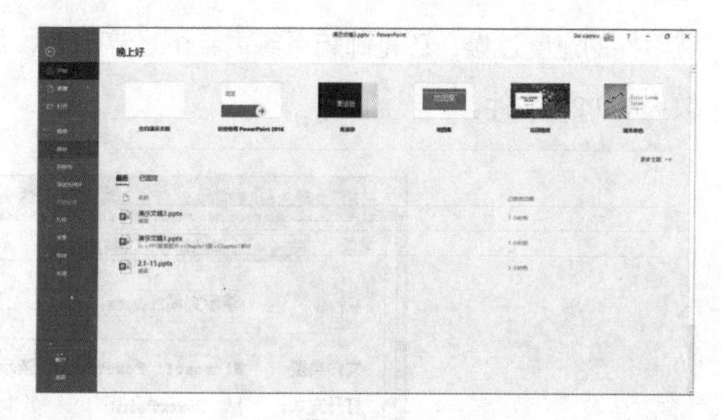


图 1.4-21

在执行另存为操作时，会弹出一个选择文件保存位置的窗口，在该窗口中可以修改文档的名称，如图 1.4-22 所示。

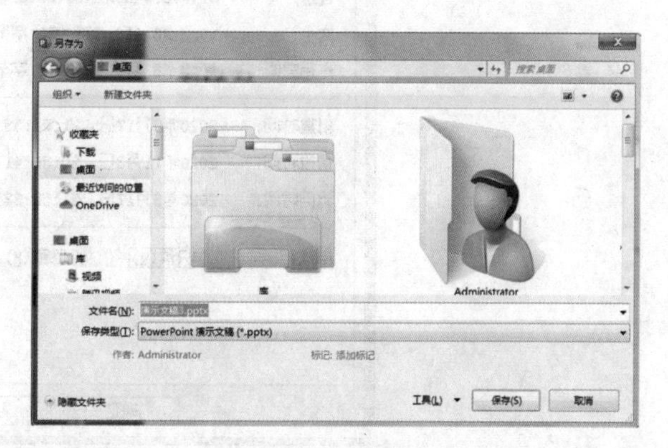


图 1.4-22

# 1.5 现代商务办公，你需要知道这些小知识

在现代商务办公中，我们制作 PPT 时有相当一部分演示文稿是在公司团队的协同下共同完成的，并且，有时还要在不同的演示地点做演示。这时，演示文稿的传输与安全问题就非常值得重视了，PPT 文件过大会影响传输的速度，PPT 没有合理的保护容易被篡改等问题，在这一小节中都能够得到解决。

## 1.5.1 PPT“瘦身”

大家在工作中收发邮件时，或许会因为公司的邮箱系统上传或下载附件过慢而头疼，这里将为大家解决这一烦恼——将 PPT 文件所占用内存变小。这样一来，不论是上传或下载附件的速度过慢，还是邮箱系统内存不足等问题，都能迎刃而解。图 1.5–1 中是占用内存较大的 PPT 文件。

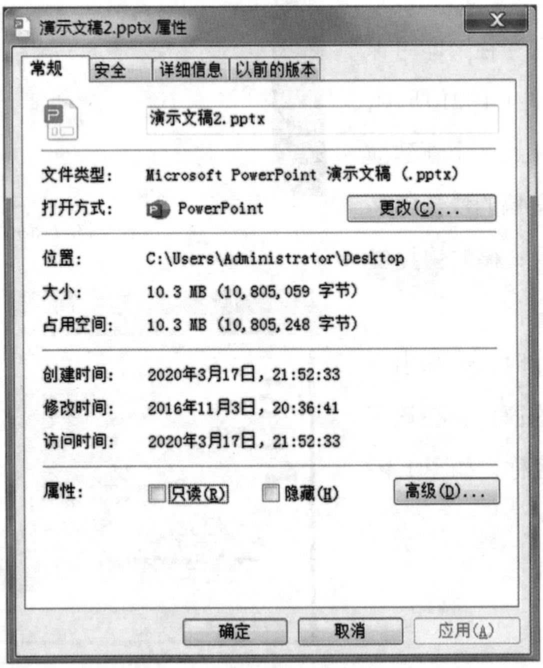

图 1.5–1

首先，打开该 PPT 文档，点击“开始”→“另存为”，在弹出的界面中，我们选择界面下方“工具”的下拉选项，选择其中的“压缩图片”，如图 1.5-2 所示。

图 1.5-2

在弹出的页面中，根据实际情况，可以自行选择图像压缩的分辨率（ppi），如图 1.5-3 所示。如果压缩一次之后还达不到要求的标准，可以再次进行压缩，但要注意：多次压缩之后，可能会影响图片的分辨率。

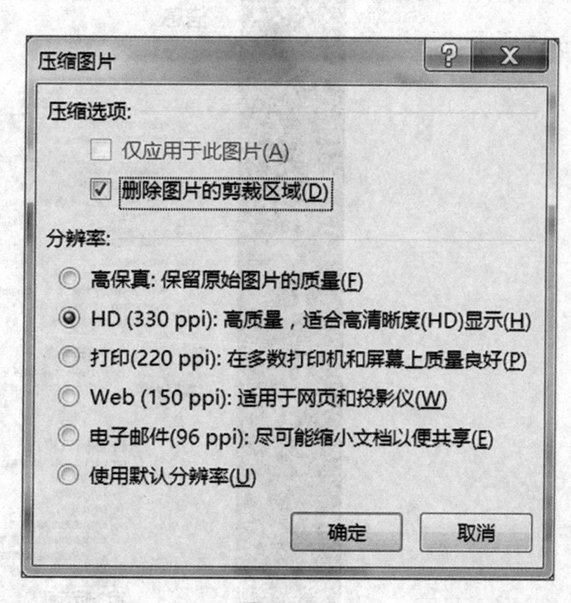


图 1.5-3

## 1.5.2 给你的 PPT 加密

如果 PPT 的内容涉及公司或个人机密，为了防止他人查看，我们可以为演示文稿文件设置密码，进行加密保护。

（1）点击“文件”选项卡，选择“信息”命令，点击“保护演示文稿”的下拉选项，如图 1.5-4 所示。

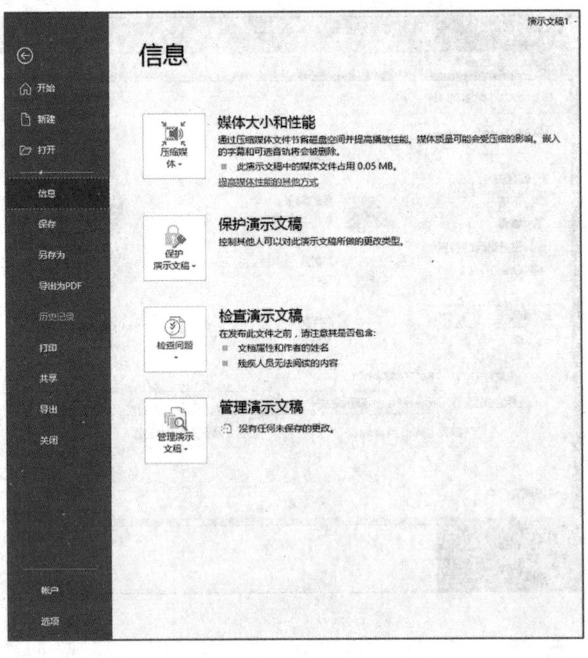


图 1.5-4

（2）在展开的选项中选择“用密码进行加密”，如图 1.5-5 所示。

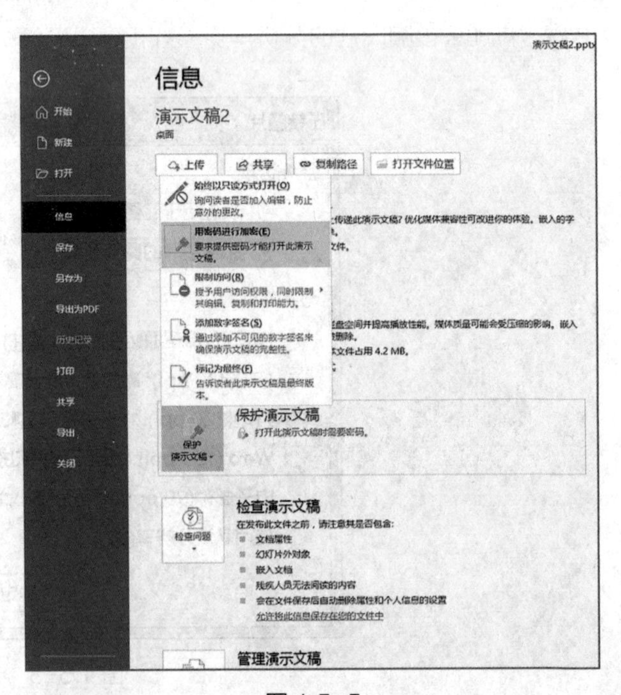


图 1.5-5

（3）在弹出的窗口中，我们可以设置密码。在设置密码时，软件为防止出现设置失误，会提醒大家二次输入，如图 1.5-6 所示。

（4）将 PPT 文件设置好密码之后，再打开文件会出现图 1.5-7 所示的提示框，这时，只有输入密码后才能看到演示文稿的内容。

（5）取消密码保护与设置密码保护的步骤相同，重复“开始”→“信息”→“保护演示文稿”下拉菜单→“用密码进行加密”这一步骤，在弹出的窗口中删除之前设置的密码，再点击“确定”，即可解除密码保护。

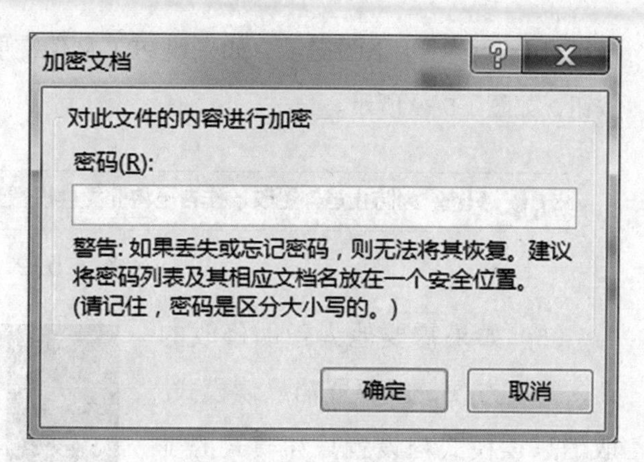


图 1.5-6

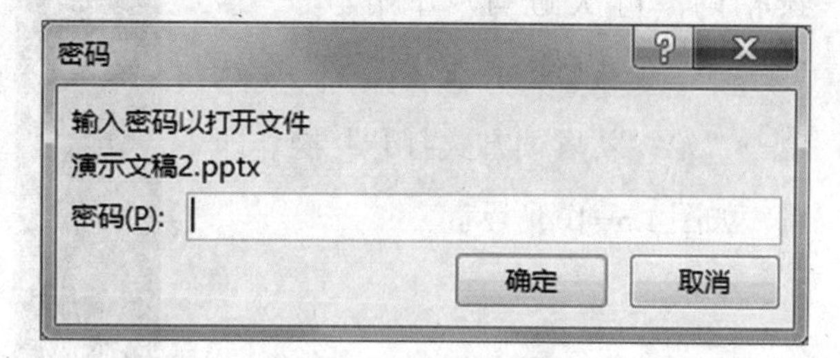


图 1.5-7

## 1.5.3 设置只读模式

只读模式也叫最终模式，意思是只能查看内容，不能修改内容。在一些情况下，我们需要将 PPT 设置为只读模式，以防止误改。设置只读模式十分简单，与 PPT 加密一样，都在“保护演示文稿”这一选项中。

（1）点击“文件”选项卡，选择“信息”命令，点击“保护演示文稿”的下拉选项，在展开的选项中选择“始终以只读方式打开”，如图 1.5-8 所示。

（2）最后对文件进行保存，

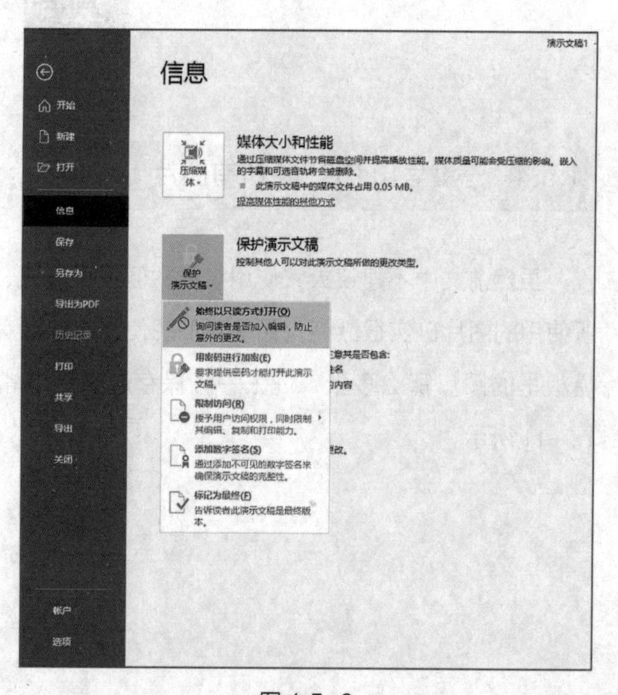


图 1.5-8

再次打开时会显示下图提示。如果该 PPT 文件需要修改内容的话，可以点击“仍然编辑”按钮，如图 1.5-9 所示。

只读 为防止意外更改，作者已将此文件设置为以只读方式打开。 仍然编辑

图 1.5-9

（3）如果需要他人帮助修改的话，为了方便，就要取消只读模式。取消只读模式与设置只读模式的步骤相同，再次进行“开始”→“信息”→“保护演示文稿”下拉选项→“始终以只读方式打开”操作即可，如图 1.5-10 所示。

图 1.5-10

## 1.5.4 一键导出 PPT 中所有图片

虽然前文中不建议大家使用模板，但不得不说，一些模板中所使用的图片确实很漂亮，如果我们想使用这些漂亮的图片，但模板里的图片那么多张，一张一张保存起来会非常麻烦，如图 1.5-11 所示。

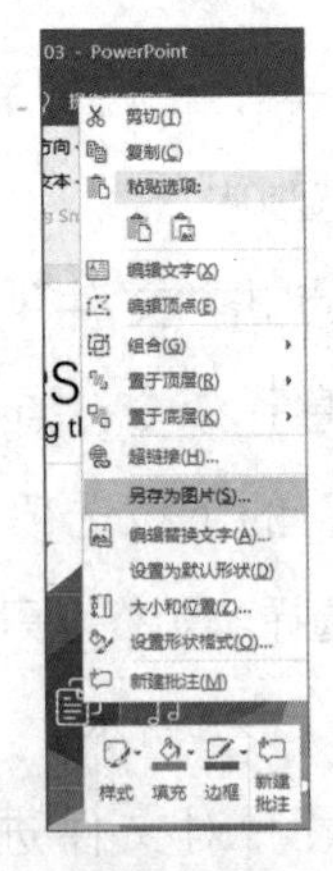


图 1.5-11

接下来就教大家一个小妙招：一键导出 PPT 模板中的图片文件。只要把后缀名为“*.ppt”或“*.pptx”的文件改成“*.zip”即可，如图 1.5-12 所示。

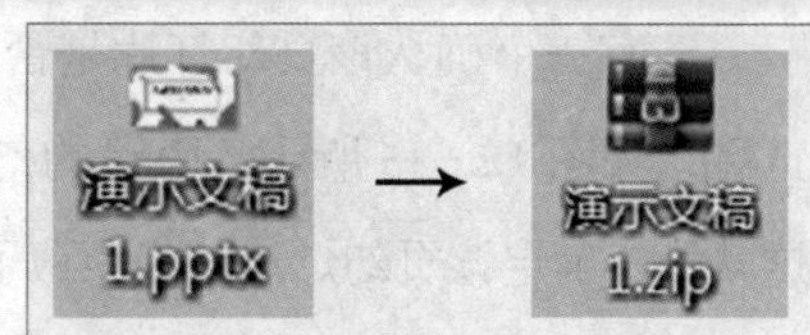


图 1.5-12

改完后缀名之后，再对 zip 文件进行解压，在解压好的文件夹中，选择“PPT”→“MEDIA”就能够看到 PPT 中的所有图片 / 视频 / 音频文件了，如图 1.5-13 所示。

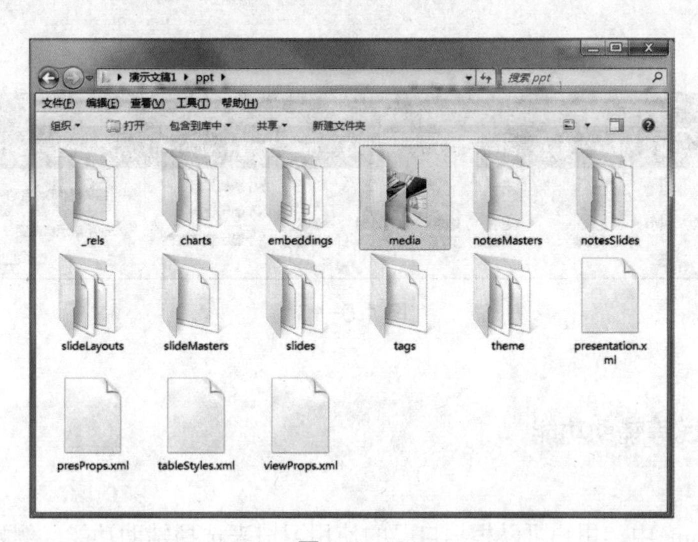


图 1.5-13

## 1.5.5　将幻灯片藏起来

如果一份幻灯片需要在两种场合播放，而两种场合要看的页数不同，分成两个 PPT 又十分麻烦，那么“隐藏幻灯片”就派上用场了。

首先，打开演示文稿，点击“幻灯片放映”选项卡，在“设置”选项组中点击“隐藏幻灯片”。点击之后是不是发现没有反应？不用担心，只要“隐藏幻灯片”按钮颜色变深，如图 1.5-14 所示，那么就代表这一页幻灯片在演示文稿放映时不会被播放了。

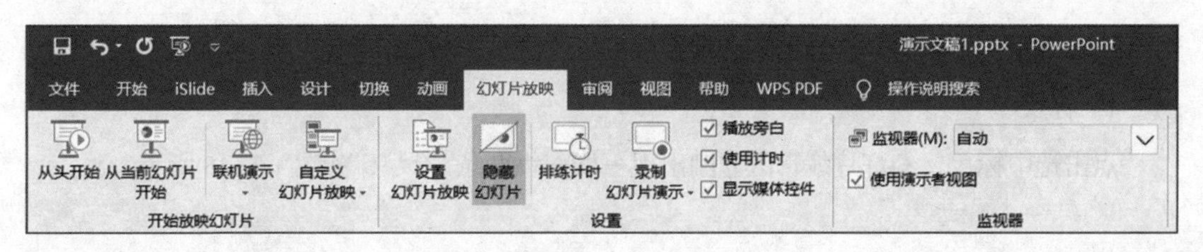


图 1.5-14

还有一个确认该页幻灯片是否被隐藏的方法，那就是看幻灯片预览区，如图 1.5-15 所示，隐藏的幻灯片左上角的页码显示被划掉了，这就能够确定该页幻灯片已经隐藏了。

最后要取消隐藏幻灯片也很简单，只需重复前面的步骤，点击“隐藏幻灯片”后，该按钮颜色变浅，如图 1.5-16 所示，并且在幻灯片预览区的数字恢复正常，那么该页幻灯片就取消隐藏了。

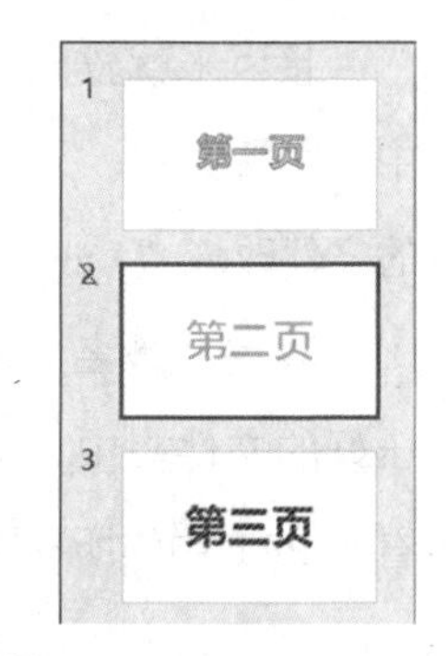


图 1.5-15

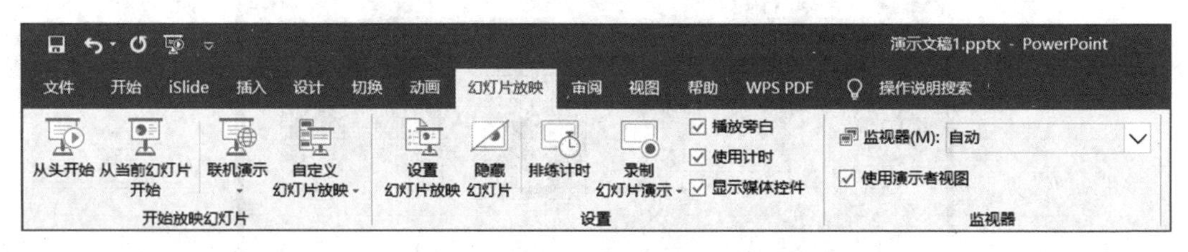


图 1.5-16

## 1.5.6 参考线等辅助功能

在 PowerPoint 中，用户可以根据自己的使用习惯来选择辅助功能，例如标尺、参考线或网格线等，通过这些辅助功能来制作 PPT，一是排版更加方便，二是节省了将各种元素分别进行对齐的时间。打开“视图”选项卡，我们能够看到调整幻灯片视图的“演示文稿视图”选项卡，如图 1.5-17 所示，该选项卡中的选项比状态栏中的要多，这里不再一一叙述，感兴趣的话，就去试试吧！

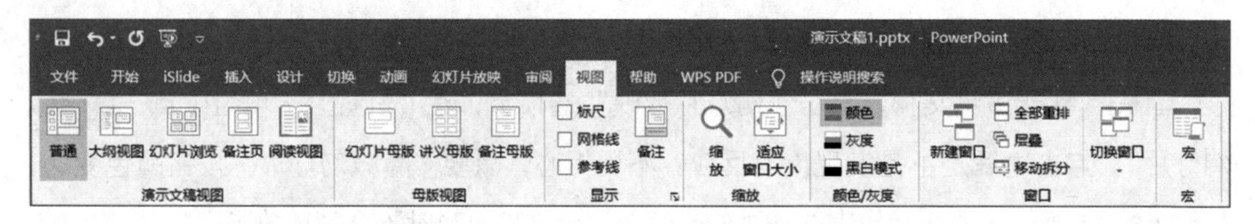


图 1.5-17

我们着重要了解的是“显示”选项组中的三个选项：标尺、网格线、参考线。

1. 标尺

点击选中标尺，幻灯片编辑区立刻出现一横一纵两条“尺”，如图 1.5-18 所示。

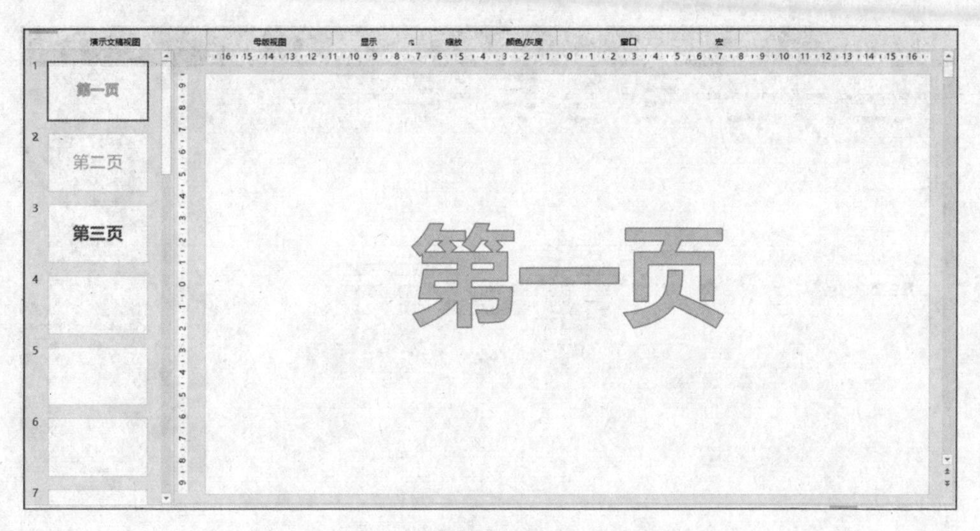


图 1.5-18

默认情况下，PowerPoint 中的标尺以英寸作为度量单位来显示。在幻灯片插入文本框后，标尺上即刻出现可用来做调整的浮标，拖动浮标就可以对文本框内的文字位置做出相应调整，如图 1.5-19 所示。对于表格中数据的整理也可以用到标尺，这部分内容在第六章中将会做出说明。

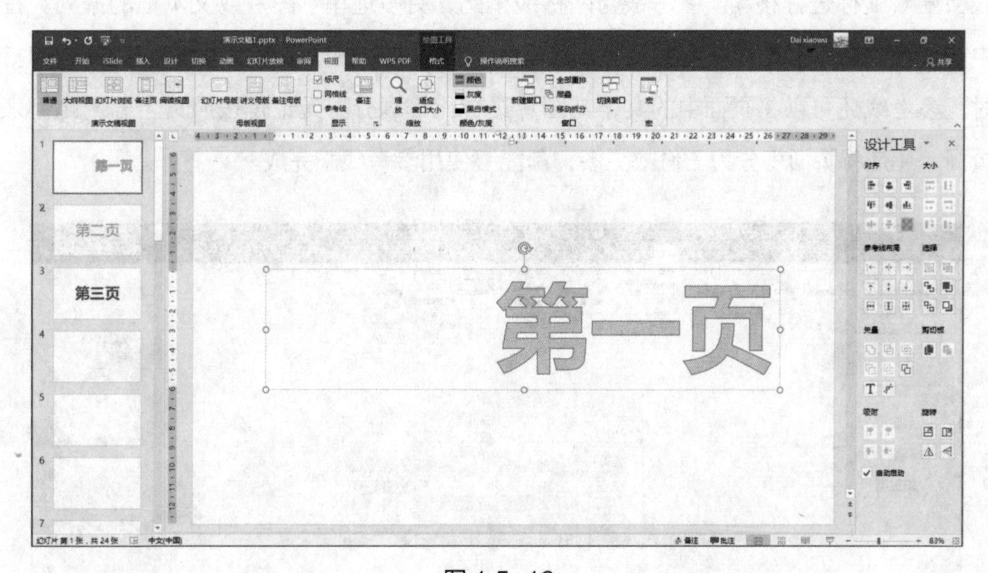


图 1.5-19

2. 网格线

点击网格线按钮，画面中即刻出现网格线，如图 1.5-20 所示。网格线是不可移动与改变的，因此，在制作幻灯片时，我们可以利用网格线对内容的形状与位置进行排列，也可以根据网格线来调整形状和图片的大小。

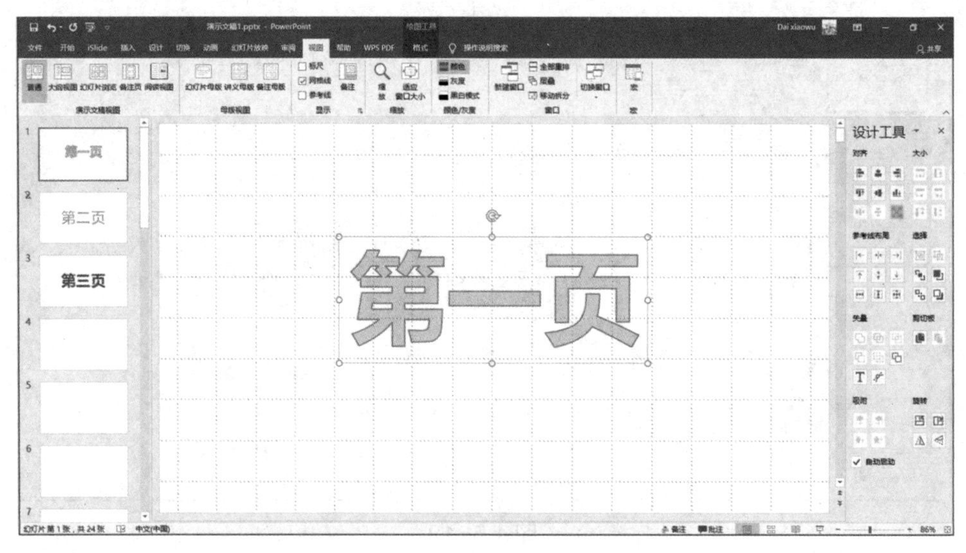


图 1.5-20

3. 参考线

点击参考线按钮，在幻灯片编辑区会出现一横一纵两条中心交叉的虚线，如图 1.5-21 所示，将鼠标放在中心线上，会发现光标变成了双向箭头。此时按住鼠标并进行拖曳，参考线会随着鼠标进行移动。参考线与网格线相比，更多地用于图片或文本框的排列。在页面中的形状和文本框是可以依据某一条参考线来排列的，例如以该参考线为基准向左对齐。同时，参考线还可以将页面中的文字与图片进行比例划分。无论是按照黄金分割比例来划分页面，还是将页面等分为三份或更多，都能够使用参考线来完成。

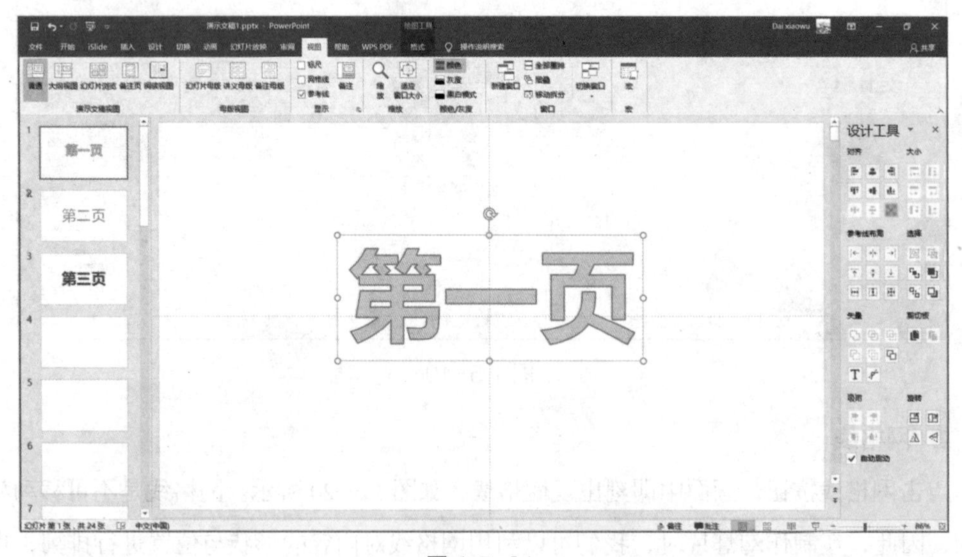


图 1.5-21

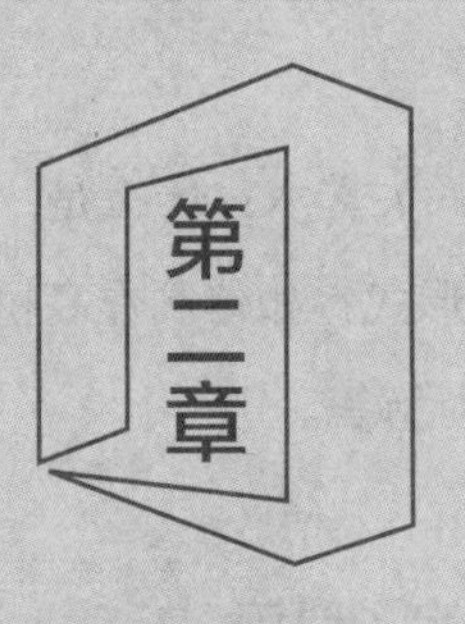


# 高桥流PPT——将文字的魅力最大化

不只在PPT界，在整个设计界都有“一图胜千言”这样一句话，但这并不代表文字就不重要，相反，图片虽然直观，但是不能像文字一样更加全面地反映内容，也不能像文字更能精确地引导观众的心理。在一些严谨、学术的场景中，文字是不可替代的。

本章通过对“高桥流”PPT的解读，带大家认识一种既新颖又易上手的PPT形式，在学习过程中，也能够更好地了解文字对制作PPT的重要性。

## 2.1 解读高桥流

大家初闻“高桥流”，可能会一头雾水：什么是“高桥流”？为何这一类型的PPT要以此命名？高桥流又有几种衍生的形式？如何制作高桥流PPT？在制作一个完美的高桥流PPT前，这里将对以上几个问题进行解答。

### 2.1.1 高桥流：阴差阳错创造出了奇迹

在大家刚刚接触PPT时，会不会被花样繁多的图片、文字、动画效果迷了双眼呢？那么接下来我们要介绍的这一类PPT绝对是新手的福音、入门级法宝，因为它非常简单，简单到只有文字——这就是“高桥流”PPT。

图2.1–1

图2.1–2

“高桥流”PPT因何命名，又是如何产生的呢？“高桥流”PPT产生于日本。在2001年，日本Ruby协会会长高桥征义在进行演讲时，由于现场没有合适的演示工具，他急中生智，利用HTML网页，仅仅写了演讲的关键词大字来做演示（见图2.1–1、图2.1–2）。演讲时，跟随演讲节奏一页一页进行翻屏，最后演讲完美结束。自此，“高桥流”PPT逐渐演变成了一种专有的PPT形式，它的特点就是仅使用硕大粗壮的文字在页面上进行排版，整个页面中的字体与颜色不超过三种，可以说是一种只有文字的、具有强烈视觉冲击力的极简风格PPT。

“高桥流”在现代商务办公中，最适合用在产品发布会、商业论坛等大型的、气氛轻松的演讲中，而不适用于内容多且杂、氛围较严肃的场合中。在苹果每一次推出其当季新品的发布会中，我们常常能够看到“高桥流”PPT的身影（见图2.1-3）。小米、华为等以工业化、高科技产品为主的公司，也经常在其产品发布会中使用“高桥流”PPT（见图2.1-4、图2.1-5）。这是由于“高桥流”以其低调大气却又不失严谨的风格，与高新产品为主的公司精神内涵完美契合，在观众还没有看到完整内容时，“高桥流”已经能够以其自身所有的视觉属性将演讲内涵传递给观众。

图 2.1-3

图 2.1-4

图 2.1-5

## 2.1.2　高桥流的形式变迁

在认识并了解了基础的高桥流PPT后，我们还要知道它的变体，在一个完整的演示文稿中，只用一种版式会令人产生视觉疲劳，所以接下来我们将会以高桥流的基本形式来为大家解读高桥流PPT的几种变体形式。

1. 基础的“高桥流”

利用纯粹的粗壮字体，几乎占据整个幻灯片画面的最基本“高桥流”，它的画面中只有一种字体、两种字号和两种颜色。最重要的是，在画面中的文字内容都被框在一个长方形中，画面中位于两侧部分的空白稍大，如图2.1-6所示。

图 2.1-6

### 2. 横版“高桥流”

如图 2.1-7 中，不同于基础的高桥流 PPT，横版“高桥流”幻灯片画面中文字内容的外轮廓更趋向于一个长方形，画面中位于两侧部分的空白空间变小了，整个画面更加充实。

篮球 电影

我的兴趣很广泛 My hobby

图 2.1-7

### 3. 主次内容调换

在制作高桥流 PPT 时，将页面中的主要内容和次要内容做一下位置上的调换，不仅令人耳目一新，而且能够有效地将人们的注意力转移到次要内容上，这样就能达到主次内容的调换作用，次要内容由于占据画面的主要位置而变成了主要内容，如图 2.1-8 所示。

我的兴趣很广泛

My hobby 篮球 电影

图 2.1-8

### 4. 添加次序变化

前面几种样式都在一种字体、两种字号、两种颜色的基础上相应地做一些变化，其实我们在保证画面简洁的前提下，还可以添加一种字号上的变化。这样一来，在保留之前画面主次关系的基础上，内容之间的对比将会更加分明，如图 2.1-9 所示。

我的

人生如逆旅

人生格言

我亦是行人

图 2.1-9

### 5. 改变颜色

是否感到只用两种颜色过于单调？根据一些工作场合或演讲场合的需要，完全可以将内容文本与背景色进行调整，如图 2.1-10 和图 2.1-11 所示。但要注意，一定不要超过两种颜色。不过，如果该页幻灯片的内容稍微复杂一些，调整好颜色所占的比例的话，再加一些颜色也未尝不可。具体的配色方案，还要根据幻灯片所表现的内容来决定，如何配色也可以参考第四章的内容。

图 2.1–10

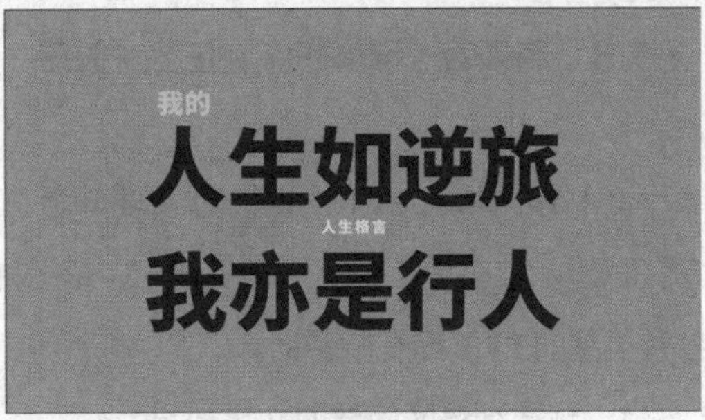

图 2.1–11

6. 改变大小

上述五种高桥流 PPT 都使用了粗壮的、占据幻灯片面积较大的文字，这里介绍的另一种变体，则是基础“高桥流”的反向应用。在这一页面中，将文字缩小至能令人看清楚、合适的大小，在页面中使用大面积的留白，这样一来，中心的文字将更加聚焦。也可以在此基础上，更改文字所在的位置，前提是要保证观众能够看到幻灯片所演示的内容，如图 2.1–12 所示。

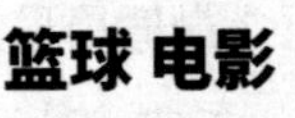


图 2.1–12

7. 添加装饰

我们在前文对文字大小、文字数量及文字的颜色做出了一些改变，在这一部分，我们可以在“高桥流”添加一些除文字以外的装饰：符号、水印或线条。当然，在保证画面中还是以文字为主的前提下，作为装饰的符号、水印或线条，不论是从大小、颜色还是空间位置上，都不能越过文字，如图 2.1–13 和图 2.1–14 所示。

图 2.1–13

图 2.1–14

## 2.1.3 制作高桥流 PPT 的三个技巧

在制作高桥流 PPT 之前，你需要知道三个技巧，能够帮你迅速厘清思路，打造完美的“高桥流”。值得一提的是，这三个技巧不仅在制作纯文字 PPT 时会用到，还对你以后制作各种类型的 PPT 都有所帮助。

1. 创造纯粹又简洁的文字效果

在制作高桥流 PPT 时，首先我们要知道文字效果一定是最重要的。在该类型 PPT 中，由于文字是被展示的主体，所以，选择一款适合的字体是制作 PPT 的关键。

通常情况下，我们应该根据文字内容和 PPT 的整体风格来确定合适的字体，例如在商业场合中，我们除了考虑文字的字形外，还要考虑文字能否商用（这一点在 2.3 节中会讲到），在这种情况下，最适用思源黑体这种无版权的可商用字体；在轻松、欢快的场合，我们可以用标题字体或手写书法字体，具体也应该根据内容来决定；而在一些严肃的学习、研究场合，则多用宋体、微软雅黑等比较正式的字体，如图 2.1-15 所示。

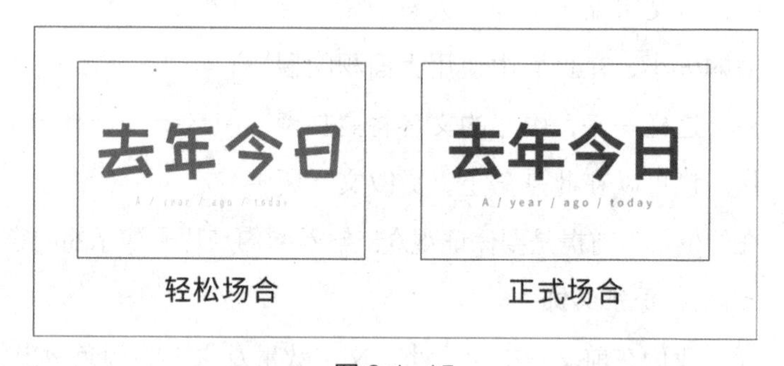


图 2.1-15

因为文字在高桥流 PPT 中十分重要，所以导致我们可能会进入一个误区：给文字添加各种效果，导致文字的识别程度变低，这样一来更加不利于观众阅读和理解 PPT 中的文字内容。这时，不如只使用一种或两种文字效果，或者直接使用一种漂亮的字体，令文字效果更加纯粹与突出的同时，也不会降低文字的识别率，如图 2.1-16 所示。

图 2.1-16

而对于纯文字类型的 PPT 来说，制作时突出文字应当是最主要的目的，所以幻灯片的背景应该是存在感低的，不会“抢镜”的。无论是使用图片还是纹理，我们都可以对背景采用调低对比度，或者调高透明度等手段，将背景弱化，进一步突出文字内容，如图 2.1-17 所示。

图 2.1-17

2. 关键词提炼之强调数据

在制作高桥流 PPT 的过程中，还有一大原则就是不能将你要讲的所有内容都放在 PPT 中，每页幻灯片字数一定要精炼和简洁。大段的文字内容放到幻灯片中会破坏高桥流 PPT 中纯粹的文字美感，所以在制作该类 PPT 时文字内容的关键词提炼也很重要。

当我们的文本内容中存在数据内容时，往往是可以单独将其中的数字拿出来强调的。对大部分场合来说，数据往往是征服观众强有力的佐证，遇到有数据支撑的大段文本，可以如图 2.1-18 中所示，强调数据。

图 2.1-18

3. 内在逻辑与你的演讲能力

高桥流 PPT 虽制作简单，但在演示时却非常注重演讲者的演讲能力。毕竟在简化文字内容的 PPT 中，并没有过多的文本来读。所以，在制作该类型 PPT 的过程中，一定要注意内在逻辑，只有将整个 PPT 的逻辑捋清捋顺，才能在演讲时做到只看关键词就能够知道每一页幻灯片要讲什么，以及如何讲解。内在逻辑就是高桥流 PPT 的极简化制作手法与丰富的表达之间的关键联系。

所以高桥流 PPT 的每张幻灯片中并不是要求大家只放一个关键词，这样做是不可取的，在演讲时，演讲者往往会由于 PPT 中的信息过少而忘记自己要说什么。在有内在逻辑的纯文字类演示文稿中，为了防止演讲者忘词或 PPT 内容不吸引人，每一页幻灯片的标题都应该有内容和观点。在此基础上，加一些比较夸张的形容词，就能够达到这一目的。

如图 2.1-19 中，“产品概述”与“这是一款能够改变你生活的干燥机”这两个标题，你更看好哪一个呢？

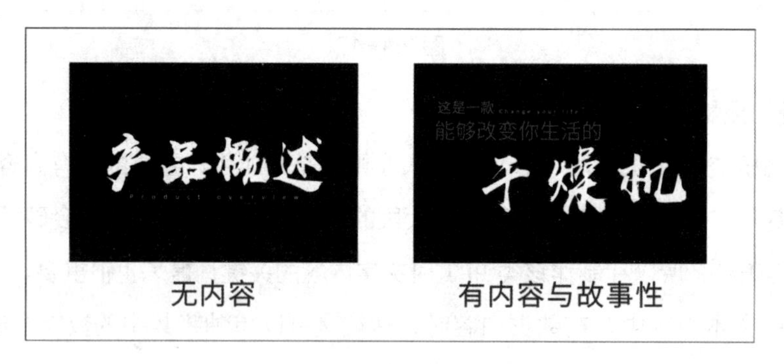


图 2.1-19

PPT 中的标题是整页幻灯片的核心，承载着演示文稿的主题，尤其是在高桥流 PPT 中，观众第一眼看到的往往都是标题。所以，标题要避免空洞的概述、无吸引力的中性语言。

## 2.2 文本与段落格式的设置

接下来，我们将学习如何在幻灯片中插入文本内容，如何让幻灯片中的文字更为出众等基本操作。在输入文本内容后我们会发现，如果大段的文本内容聚集在一起，不但不利于阅读，而且十分影响幻灯片的美观，所以，要解决这一问题，我们就要学习文本段落格式的设置方法。

### 2.2.1 文本的编辑与设置

1. 输入文本

在使用 PowerPoint 制作演示文稿时，一定会应用大量的文本内容，那么文本如何输入呢？如图 2.2-1 所示，点击功能区中的“绘图”功能组最左侧的下拉选项，我们能够看到在“绘图”选项组中的“基本形状”里有两个带有字母“A”的选项，其中“①”为横排文本框，“②”为竖排文本框。

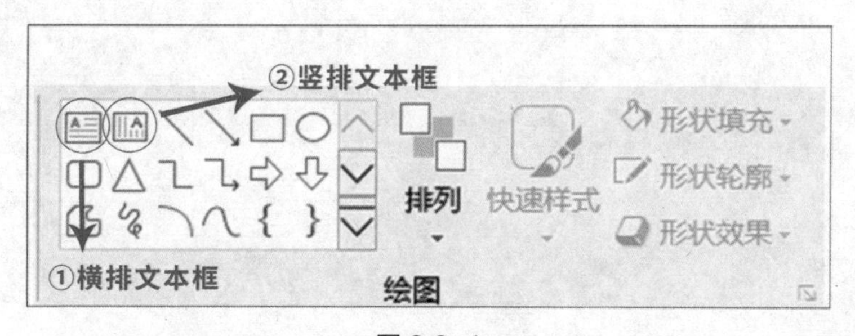


图 2.2-1

点击“①”和“②”两个按钮后，我们可以看到光标变成了一个向下或向左的小箭头，此时在演示文稿的编辑区按住鼠标，进行拖曳。拖曳时光标会变成十字架，并产生一个表示文本框面积的矩形。松开鼠标后，则建立了一个文本框，鼠标光标也会变为正常状态，如图 2.2-2 所示。随后即可在文本框中输入文字。

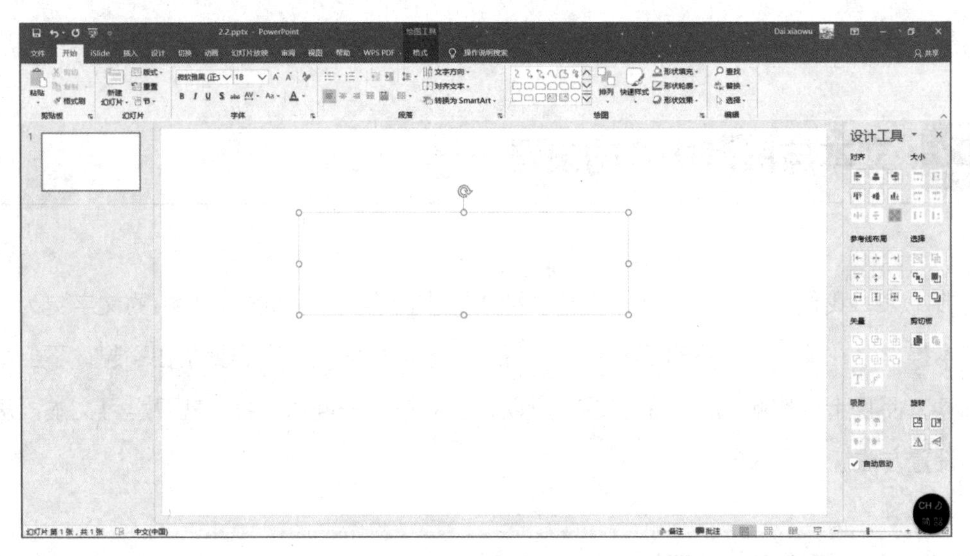


图 2.2-2

另外一种方法：点击功能区中的“插入”选项卡，在“文本”功能组中点击“文本框”，在其下拉选项中可选择文本框的文字方向，如图 2.2-3 所示。点击后在编辑区拖曳鼠标即可建立文本框。

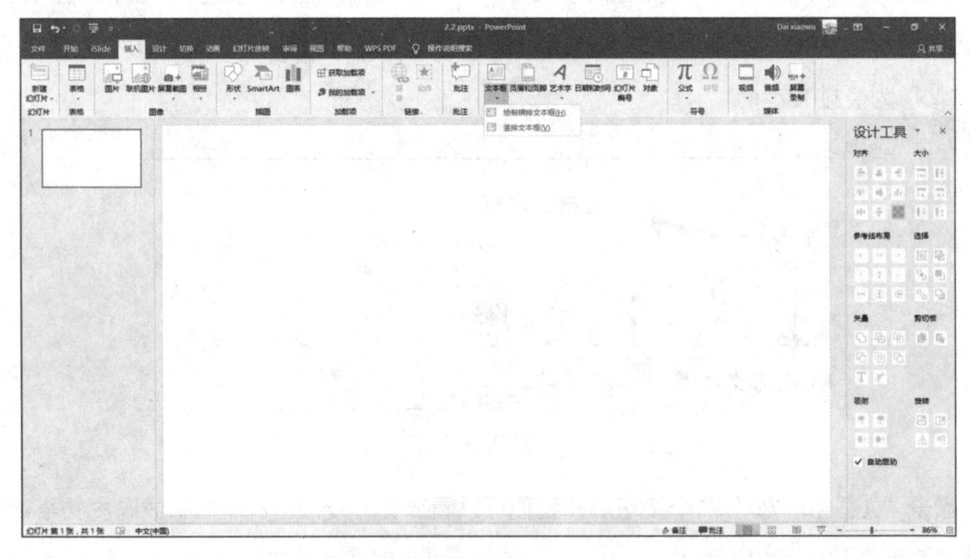


图 2.2-3

2. 字体、字号与字重

制作一个优良的 PPT，在 PPT 的画面中一定要有对比与层次，文字的对比与层次可以通过改变字体、字号与字重来实现。

（1）设置文本的字体。在建立一个新的文本框后，点击“开始”选项卡，在该选项卡内的“字体”选项组中单击“字体”下拉选项，在这里可以选择合适的字体，如图 2.2-4 所示。

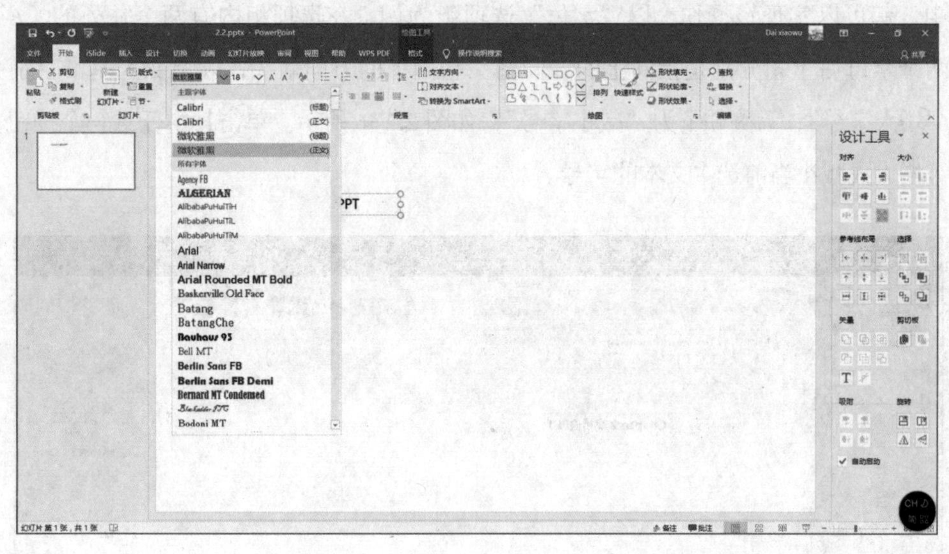


图 2.2-4

或者当文本框内已经输入好文字时，选择想要改变字体的文字，选中文字后在文本框上方出现一个功能菜单，这时只要在此功能菜单中选择字体的下拉选项，即可改变当前选择文本的字体，如图 2.2-5 所示。

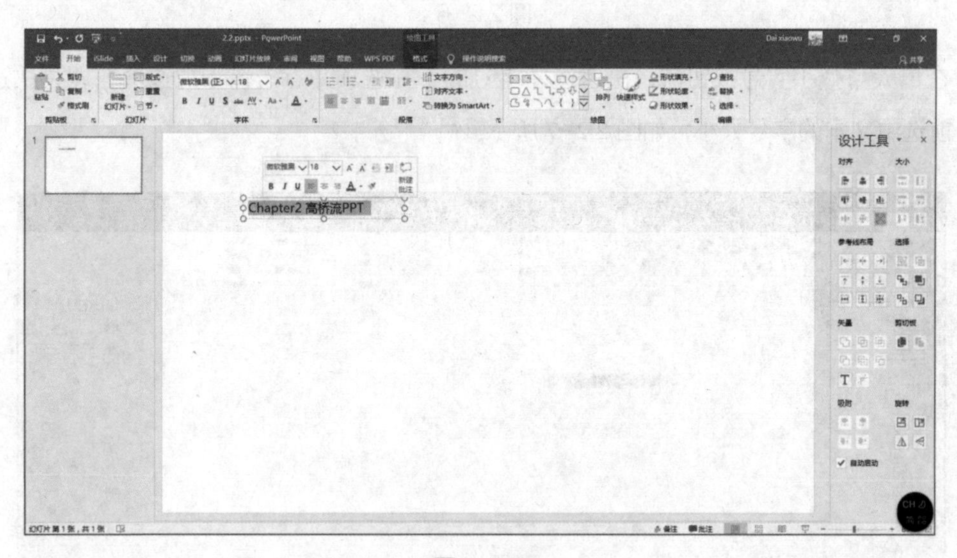


图 2.2-5

**Tips**：如果想要找的字体非常难找怎么办？难道要一个一个地在字体栏中寻找吗？其实不用的，只要在字体栏中输入你想要找的字体，即可快速找到。

（2）设置文本的字号。同设置字体一样，在“字体”选项组或选择文字后出现的功能菜单中，都可以实现该操作。以“字体”选项组为例，在选项组内有两个并列的“A”字母，两个字母右上角分别是指向上的方向箭头与向下的方向箭头，以箭头为基准，箭头朝上为“增大字号”，箭头朝下为“减小字号”，如图 2.2-6 所示。单击其中任意一个按钮，即可逐级增大或减小当前选中文本的字号。

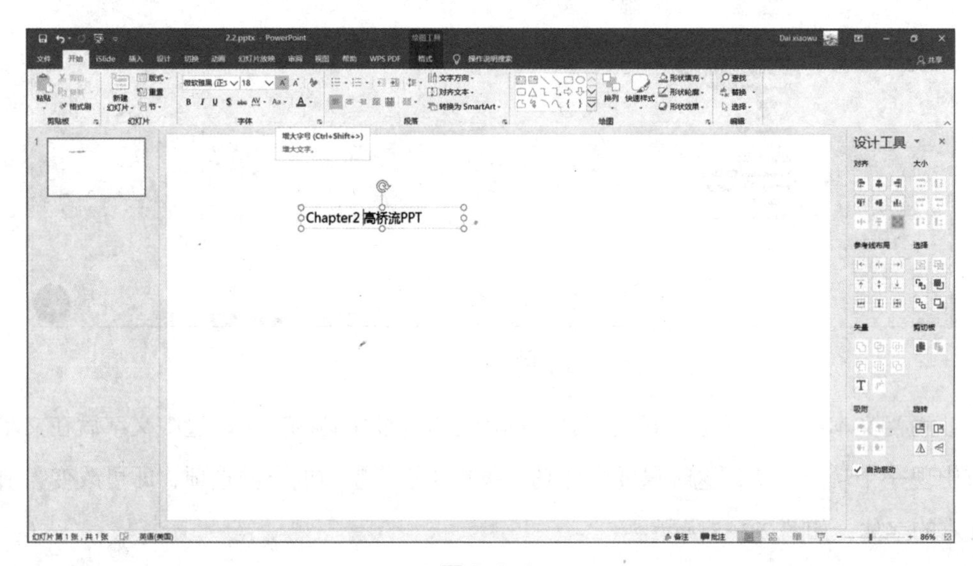


图 2.2-6

在增大与减小字号按钮前，快速选择字号的下拉选项，点击该下拉选项，即可快速设定当前选中文本的字号大小，如图 2.2-7 所示。

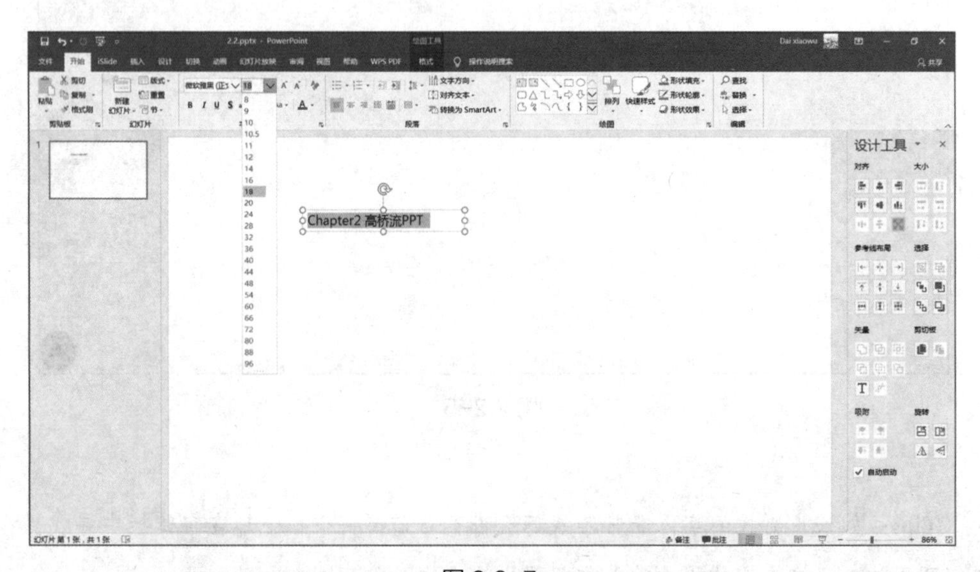


图 2.2-7

但在快速选择字号时，可以看到字号的设定中默认最大字号与最小字号分别是 96 和 8，那么如何让字号更大或更小呢？选中文本内容，重复点击“增大字号”或“减小字号”按钮，即可实现目的，如图 2.2-8 所示。

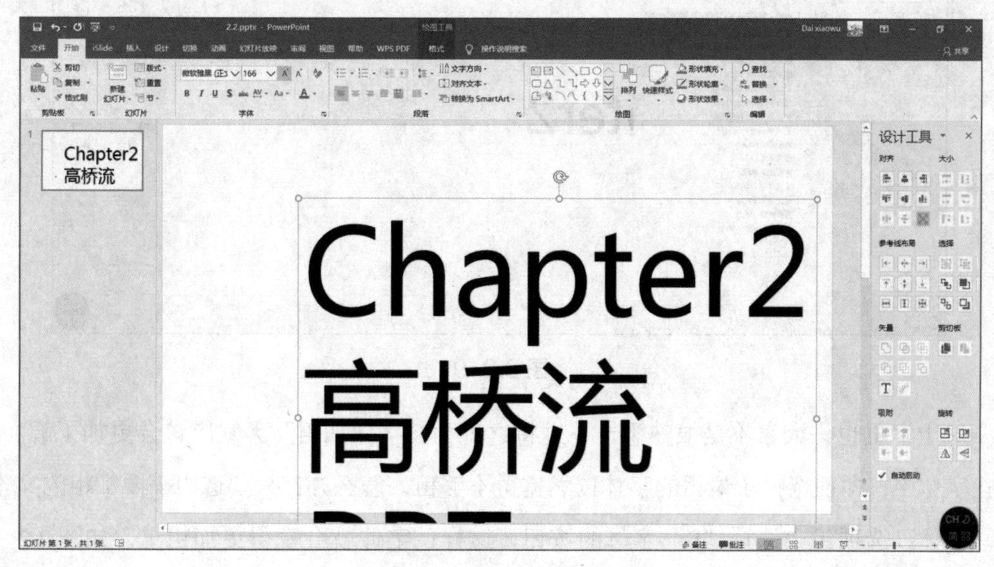


图 2.2-8

Tips：放大或缩小字号不想用鼠标？没问题！这里还有快捷键：缩小字号用“Ctrl+【”，放大字号用“Ctrl+】”，用好快捷键，速度快一倍。

（3）设置文本的字重（zhòng）。细心的你一定留意到很多字库字体文件名后会标有“Light”“Regular”“Bold”等字样，这其实就是在指字重，如图 2.2-9 所示。其实字重就是指字体笔画的粗细，而“Light”“Regular”“Bold”等表明了字体的粗细程度。一些字体能够设置很多种字重，但一些字体只有一种字重，所以在字重的设置中，选对一款字体尤为重要。

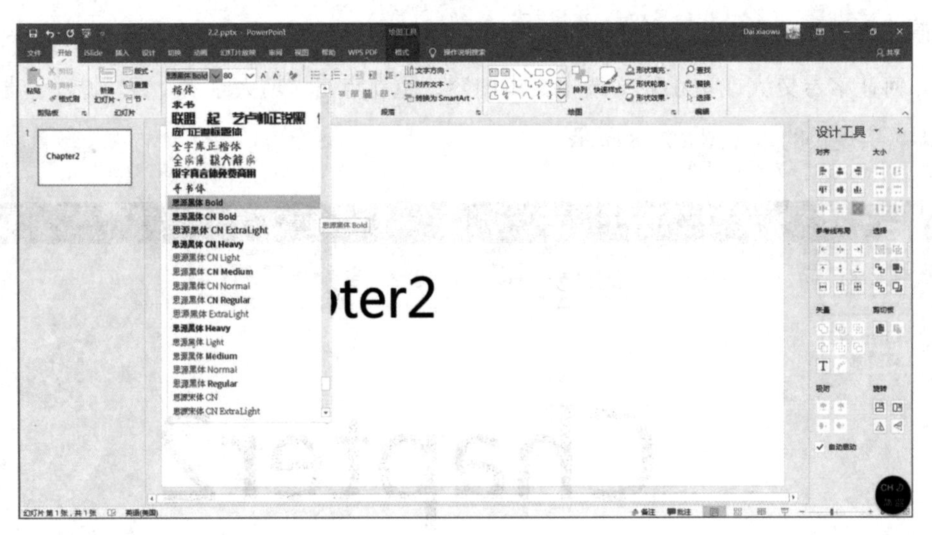

图 2.2-9

对于字重也许大家不是很熟悉，不过将之说为“字体加粗”大家应该会更加了解。在一些字体中，即使选择了最粗的字体依然觉得不够粗，怎么办？只要选中需要加粗的文本，在“字体”选项组中选择“B”字母的按钮，这样，字体就会变得更加粗重，如图 2.2-10 所示。

图 2.2-10

**Tips**：在“开始”→“字体”选项组中，除了字体加粗外，还有字体倾斜，给字体加下划线、添加文字阴影等改变文字外观的功能，这里不一一赘述，只要你动手试试，就能轻松上手。

### 3. 更改文字的颜色

初始的文字颜色都是黑色的，为了使PPT更加美观，更加突出PPT的主要内容，可以更改文字的颜色。在“开始”选项卡的“字体”选项组中，最亮眼的非“更改文字颜色”这一选项莫属，选中文字内容后直接点击该选项，得到的文字颜色是PowerPoint的默认设置颜色红色，如图2.2-11所示。

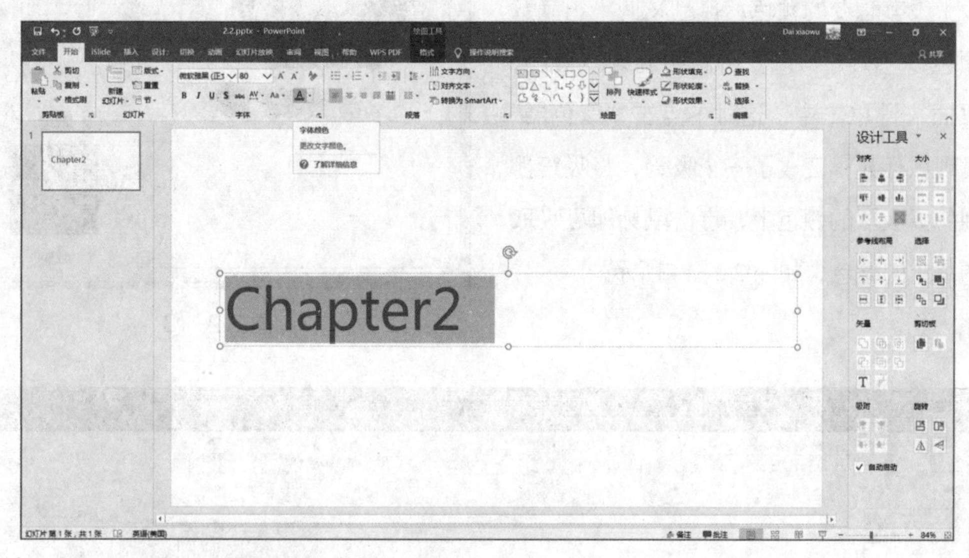


图2.2-11

点击下拉选项，就能够看到其他颜色的色板，在选中文本内容的前提下，直接点击色板上的颜色即可更改文本颜色，如图2.2-13所示。

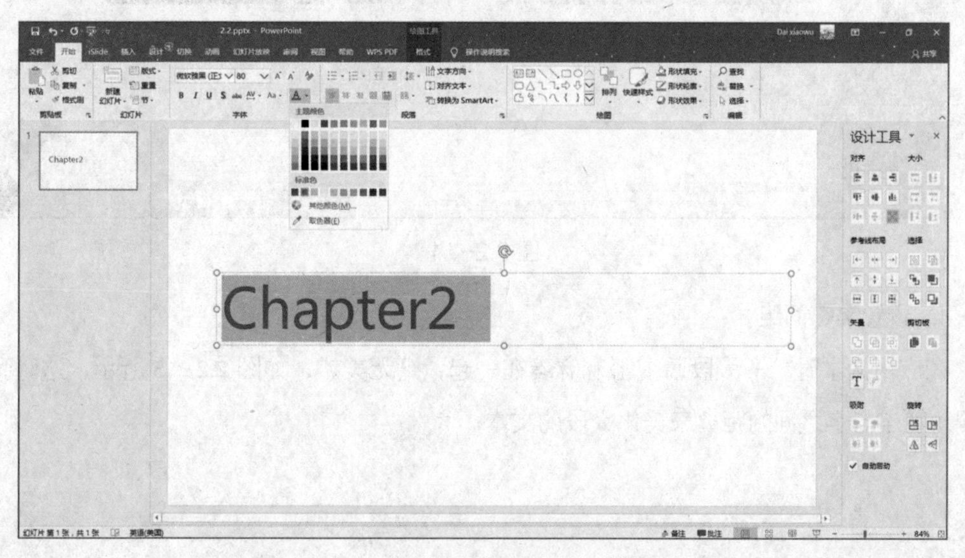


图2.2-12

如果在色板上没有想要的颜色，可以点击位于色板下方的“其他颜色”，即可对当前选中的文本内容进行调色，如图 2.2–13 所示。

色板上的“取色器”也有妙用，如果在色板上没有想要的颜色，自己又调不出满意的颜色该怎么办？只要将想要的颜色截图，然后插入到 PPT 中，这时再点击“取色器”会发现鼠标光标变成了一个吸管，将吸管挪动到想要吸取的颜色上，点击鼠标即可吸取到图片上的颜色，如图 2.2–14 所示。

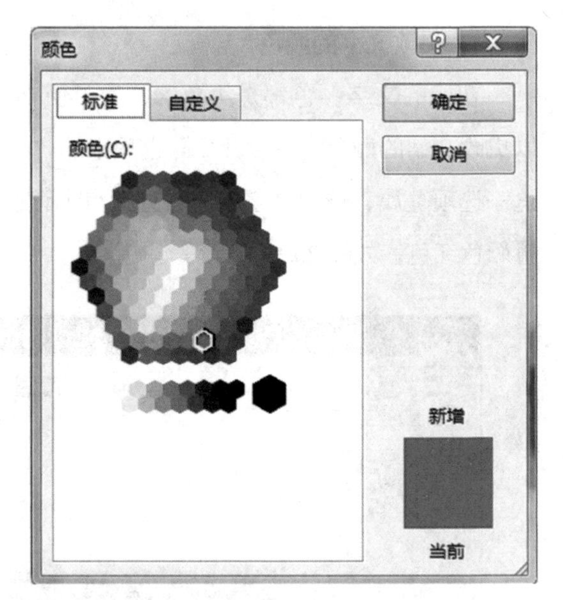


图 2.2–13

图 2.2–14

4. 设置字符间距

在应用文本时，一大段话密密麻麻凑在一起，毫无美感，如图 2.2–15 所示，这时我们需要改变字与字之间的距离来美化大段的文本。

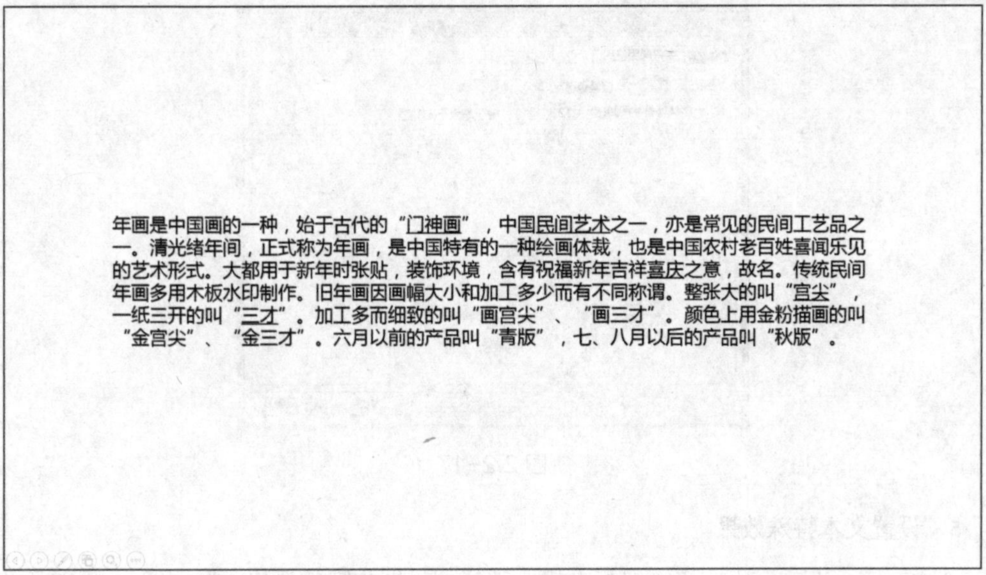

年画是中国画的一种，始于古代的“门神画”，中国民间艺术之一，亦是常见的民间工艺品之一。清光绪年间，正式称为年画，是中国特有的一种绘画体裁，也是中国农村老百姓喜闻乐见的艺术形式。大都用于新年时张贴，装饰环境，含有祝福新年吉祥喜庆之意，故名。传统民间年画多用木板水印制作。旧年画因画幅大小和加工多少而有不同称谓。整张大的叫“宫尖”，一纸三开的叫“三才”。加工多而细致的叫“画宫尖”、“画三才”。颜色上用金粉描画的叫“金宫尖”、“金三才”。六月以前的产品叫“青版”，七、八月以后的产品叫“秋版”。

图 2.2-15

选中需要设置字符间距的文本后，点击“开始”→“字体”选项组→“字符间距”选项，该选项图标为大写字母“AV”与双向箭头的组合，如图 2.2-16 所示。

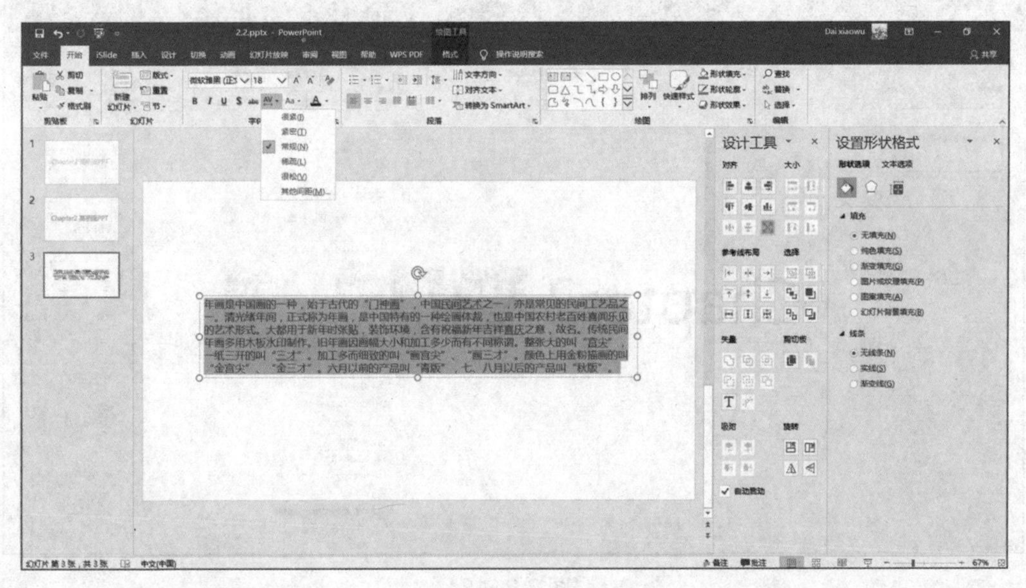


图 2.2-16

在这里，可以选择“很紧”“紧密”“常规”等五种默认设置，如果这几种设置都达不到你的要求，那么也可以选择最底部的“其他间距”，在弹出的窗口内设置适合的字符间距，如图 2.2-17 所示。

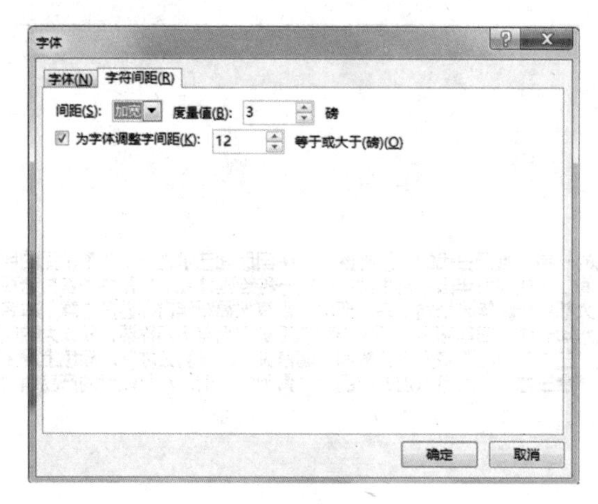


图 2.2-17

5. 设置文本特殊效果

选中文字，在文字上方点击鼠标右键，选择“设置文字效果格式”，此时，会在工作界面的右侧展开一个“设计形状格式”的窗口，在此窗口中点击“文本选项”→“文本填充与轮廓”，即可设置你想要的文本效果，如图 2.2-18 所示。

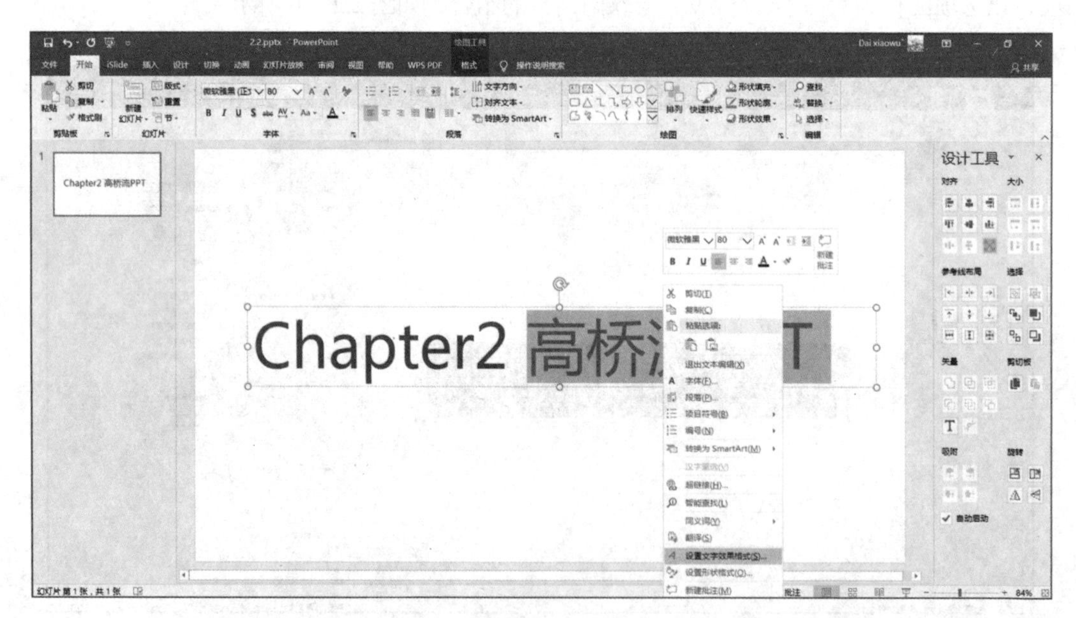


图 2.2-18

其中，通过对“文本填充”的设置能够改变当前选中文本的颜色或填充图案，如图 2.2-19 所示。

对“文本轮廓”的设置能够给选中文本添加描边，如图 2.2-20 所示。

Chapter2 高桥流PPT

图 2.2-19

Chapter2 高桥流PPT

图 2.2-20

## 2.2.2 段落：行距与格式

### 1. 段落对齐方式的设置

“开始”→“段落”选项组的左侧靠下一行五个图标是段落对齐的五种方式：“左对齐”“居中对齐”“右对齐”“两端对齐”与“分散对齐”，如图 2.2-21 所示。

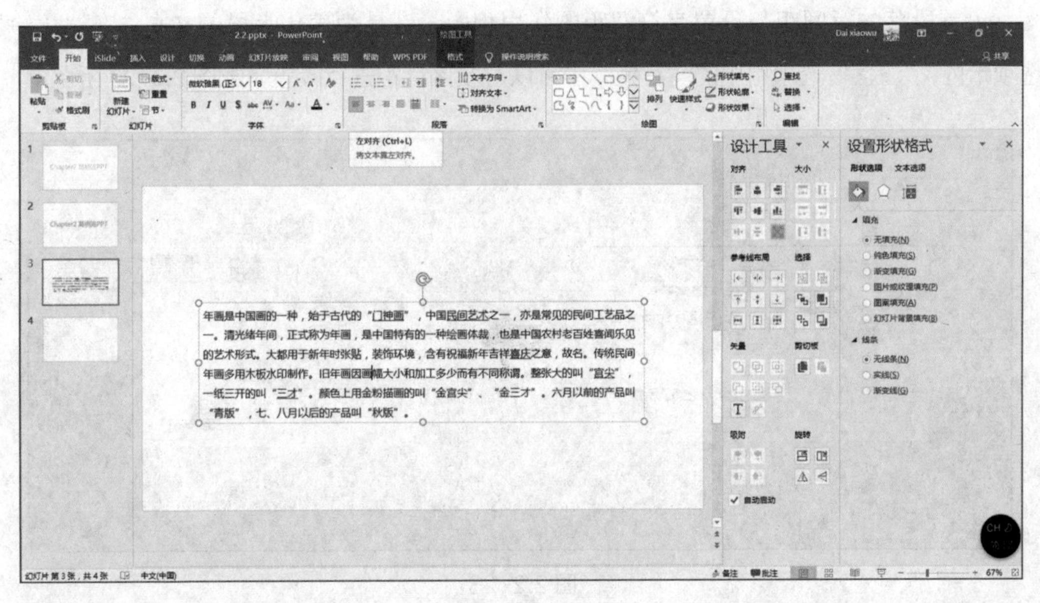


图 2.2-21

在这里，前三种对齐方式不多赘述，而“两端对齐”与“分散对齐”可以在边距之间均匀分布文本，这样设置后的文本从视觉上看，左右两侧都是对齐的。当然，“两端对齐”与“分散对齐”也有细微的区别：“分散对齐”是将文本框内所有文本进行对齐，所以在文本最后一行比较短的情况下，使用分散对齐会显得有些奇怪，如图 2.2-22 所示。

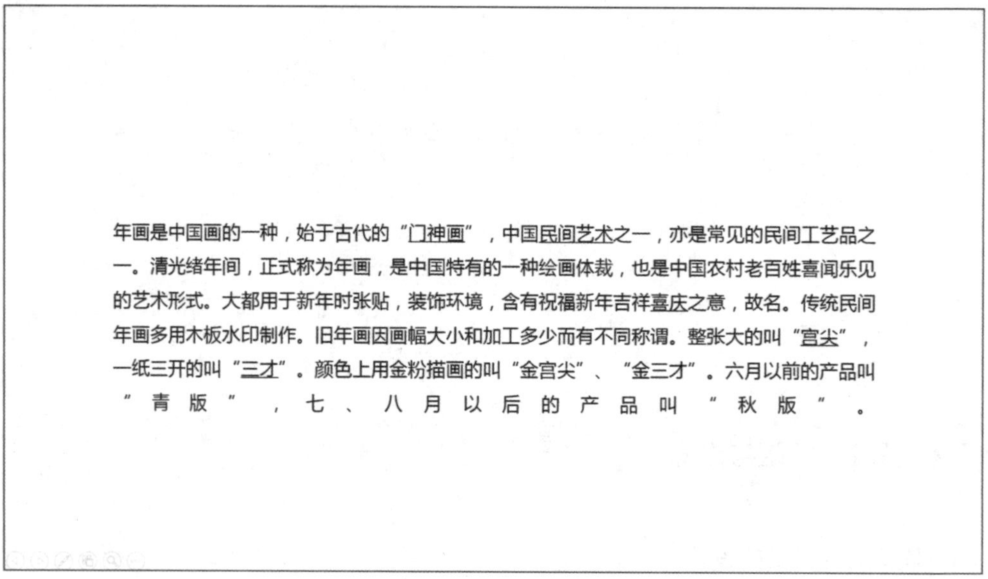

年画是中国画的一种，始于古代的“门神画”，中国民间艺术之一，亦是常见的民间工艺品之
一。清光绪年间，正式称为年画，是中国特有的一种绘画体裁，也是中国农村老百姓喜闻乐见
的艺术形式。大都用于新年时张贴，装饰环境，含有祝福新年吉祥喜庆之意，故名。传统民间
年画多用木板水印制作。旧年画因画幅大小和加工多少而有不同称谓。整张大的叫“宫尖”，
一纸三开的叫“三才”。颜色上用金粉描画的叫“金宫尖”、“金三才”。六月以前的产品叫
“青版”，七、八月以后的产品叫“秋版”。

图 2.2-22

2. 设置段落的行间距

设置段落的行间距与设置字符间距的作用相同，都是为美化大段的文本。在“开始”选项卡内，“段落”选项组中的“行距”中可以对段落行距进行设置，如图 2.2-23 所示。

文字方向
对齐文本
转换为 SmartArt
段落
行距
控制文本行之间显示的空间量。
文字方向
1.0
1.5
2.0
2.5
3.0
行距选项(L)...

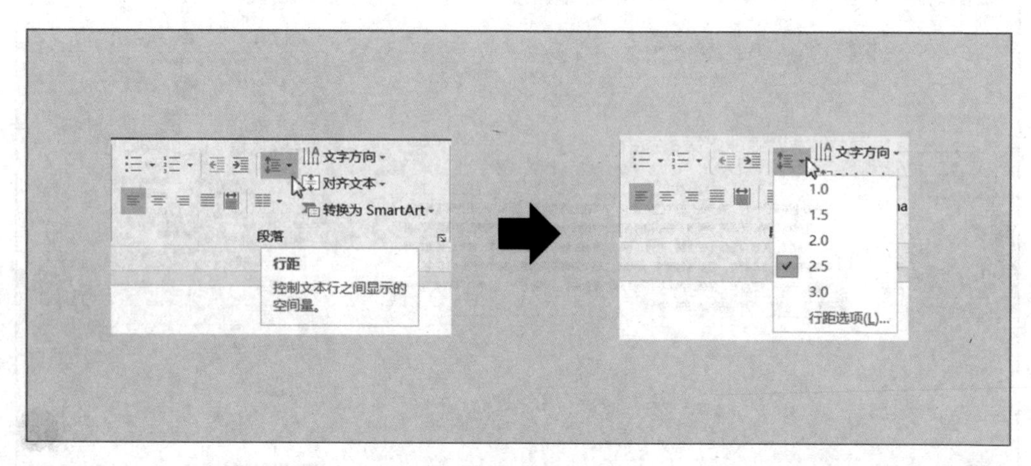

图 2.2-23

PowerPoint 中有五个默认行距可供大家设置，除此之外，还可点击最下方的“行距选项”，在弹出的窗口中，选择“行距”选项中的“多倍行距”，即可对行距进行自定义数值的设置，如图 2.2-24 所示。

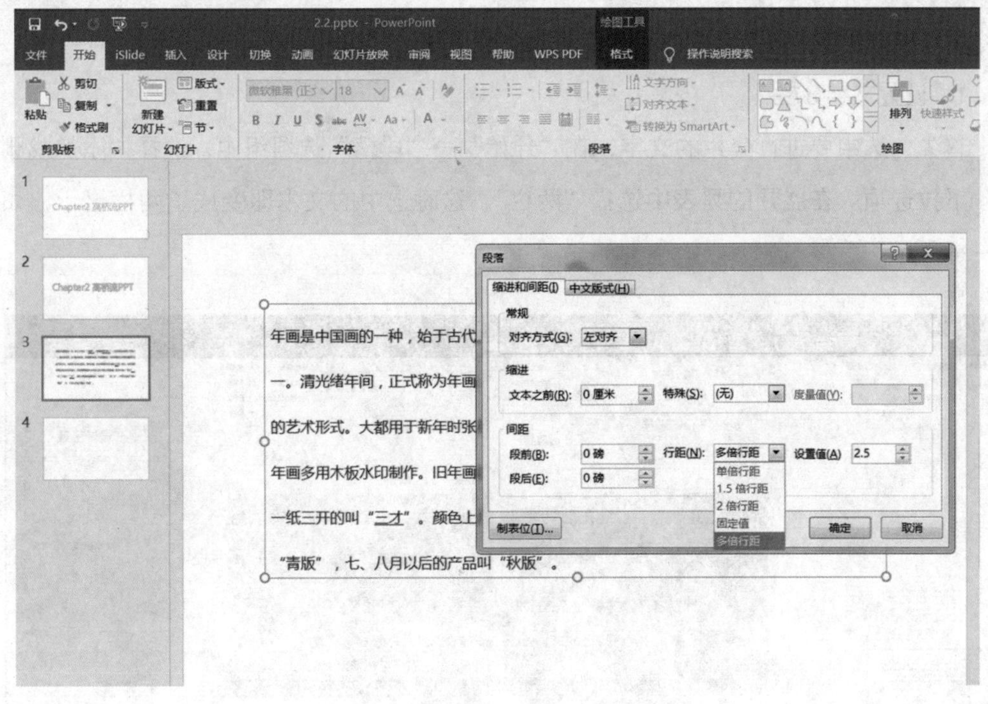


图 2.2-24

3. 设置换行方式

在 PowerPoint 的默认设置中，用户在文本框中输入文本时，当输入的文本超过文本框的宽度时就会自动换行。这一功能可以说是很方便的，但在一些特殊情况下，如变换文本框中文字大小时，自动换行又显得非常麻烦。现在我们就来自定义文本框的换行方式。

选中需要设置换行方式的文本并单击右键，在展开的菜单中选择“设置形状格式”选项。此时工作界面右侧弹出“设置形状格式”窗口，点击“文本框”，在下拉选项中选择“不自动调整”，设置后，对文本框内的文字进行调整大小时，文本框内的文字大小就不会随之而变化了，如图 2.2-25 所示。

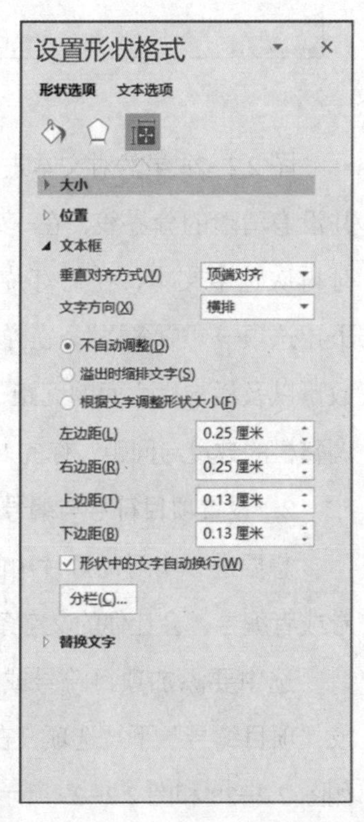


图 2.2-25

## 2.2.3 大段文字怎么办：文字分栏与序号

前文中，我们用设置字符间距和段落对齐、段落间距的方式使大段文字看上去更美观和整洁，而在这一小节中，我们将用几种方式使大段文字的内容变得更加条理清晰、层次分明。

1. 设置文字分栏

首先，选中要进行分栏的文字，在“开始”→“段落”选项组中，选择“添加或删除栏”下拉选项。在展开的列表中选择“两栏”，这时选中的文本即变成了两栏显示，如图 2.2-26 所示。

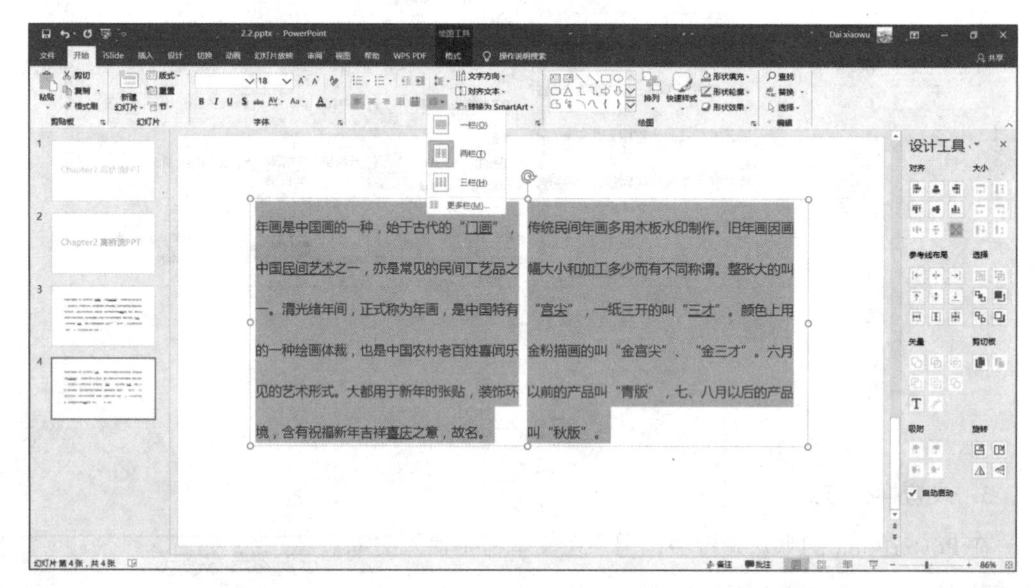


图 2.2-26

图 2.2-26 虽然对文本进行了分栏处理，但两个栏之间并没有清晰的分界线，在一定程度上造成了阅读障碍，这时再次选中文本，在幻灯片功能区选择“添加或删除栏”下拉选项→“更多栏”，在弹出的窗口中，可以设置分栏的数量以及栏与栏之间的间距，如图 2.2-27 所示。根据需要调整栏的数量与间距，你的 PPT 才会更富有层次。

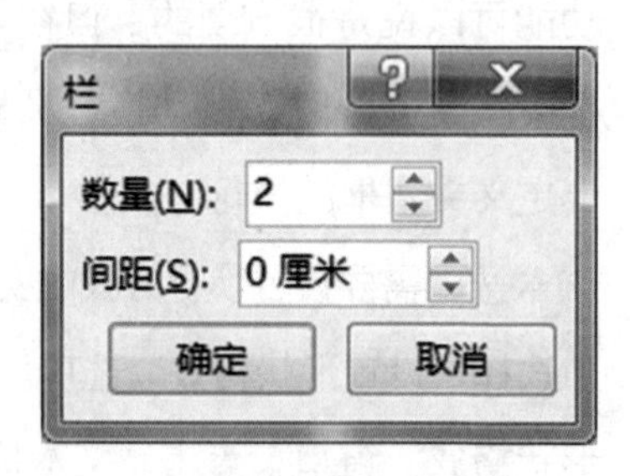


图 2.2-27

2. 设置项目符号与编号

想要进一步对幻灯片中的文字内容进行分类？文字内容过于琐碎？设置文字的项目符号或者编号，会让你的文字条理更加清晰，便于观众阅读。

选中要添加项目符号或编号的文本，点击“开始”→“段落”选项组→“项目符号”或“项目编号”下拉选项，在展开的列表中选择任意一种心仪的项目符号或编号添加即可，如图 2.2-28 和图 2.2-29 所示。

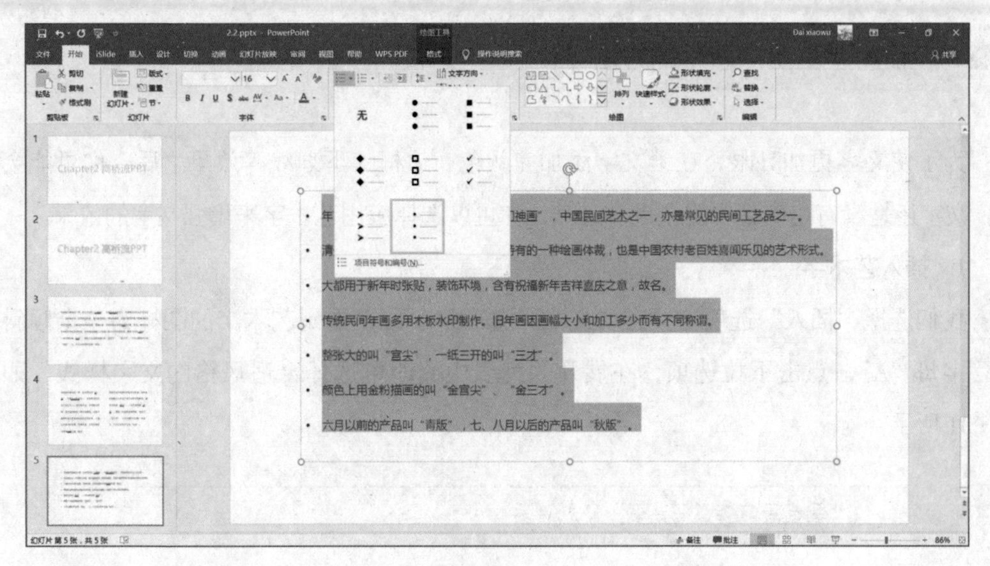


图 2.2-28

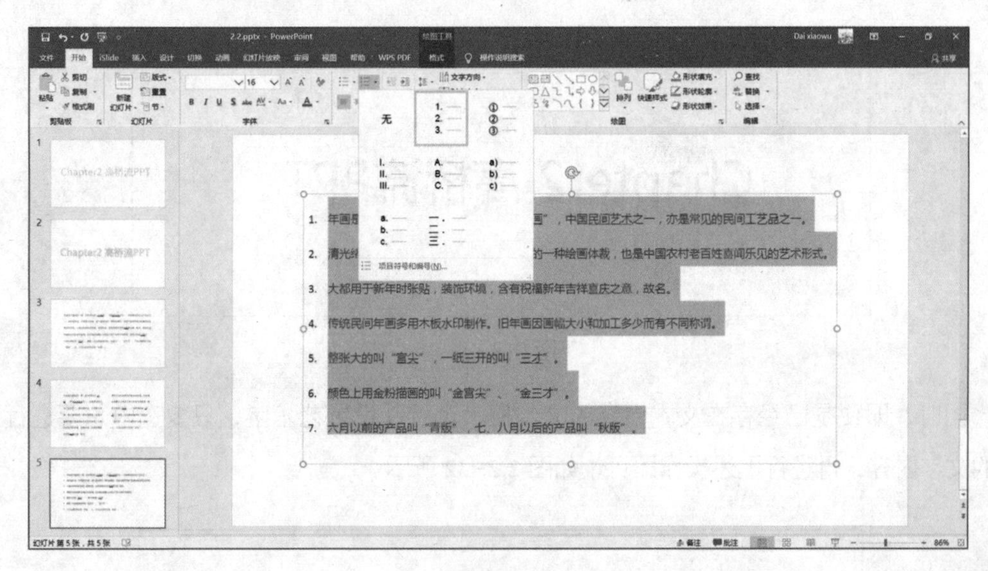


图 2.2-29

在“项目符号”“项目编号”的下拉选项中都有“项目符号和编号”，点开此选项后，在弹出的窗口中，可以设置项目符号与编号的颜色和更多样式，如图 2.2-30 所示。

图 2.2-30

## 2.2.4 让文字更出“彩”的方法

为了使文字更加亮眼，在给文字添加完颜色、边框、下划线等效果之后，你可能会发现，文字还是没有达到想要的效果。这时，你可以选择应用艺术字来增强文字的效果。

1. 插入艺术字

我们选择“插入”选项卡，在“文本”选项组中可以看到艺术字的图标为一个倾斜的大写字母“A”，点击下拉选项，在展开的列表中，即可选择合适风格的文字样式，如图 2.2-31 所示。

图 2.2-31

同时，即便是已经存在文本内容的文本框，也可以设置艺术字，只要选中想要进行设置的文字内容，再进行上述操作即可，如图 2.2-32 所示。

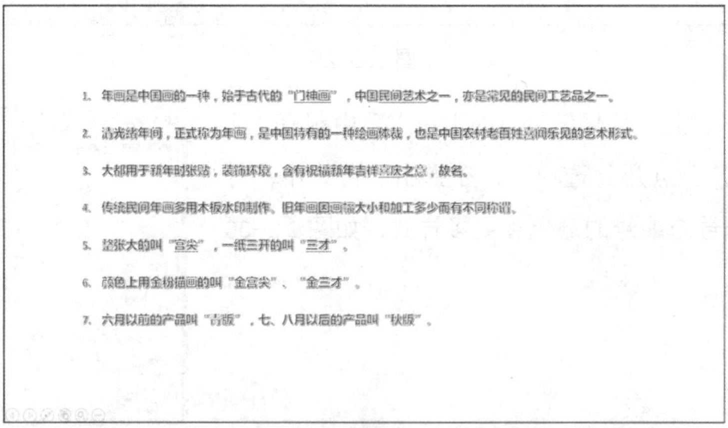

1. 年画是中国画的一种，始于古代的“门神画”，中国民间艺术之一，亦是常见的民间工艺品之一。
2. 清光绪年间，正式称为年画，是中国特有的一种绘画体裁，也是中国农村老百姓喜闻乐见的艺术形式。
3. 大都用于新年时张贴，装饰环境，含有祝福新年吉祥喜庆之意，故名。
4. 传统民间年画多用木板水印制作、旧年画因画幅大小和加工多少而有不同称谓。
5. 整张大的叫“宫尖”，一纸三开的叫“三才”。
6. 颜色上用金粉描画的叫“金宫尖”、“金三才”。
7. 六月以前的产品叫“青版”，七、八月以后的产品叫“秋版”。

图 2.2-32

### 2. 编辑艺术字

除了可以在默认的艺术字样式中选择样式之外，我们还可以对艺术字进行编辑。选中需要设置艺术字格式的文本，点击“格式”选项卡，在“艺术字样式”选项组中，通过“文本填充”与“文本轮廓”即可对艺术字的填充颜色与描边颜色进行设置，如图 2.2-33 所示。

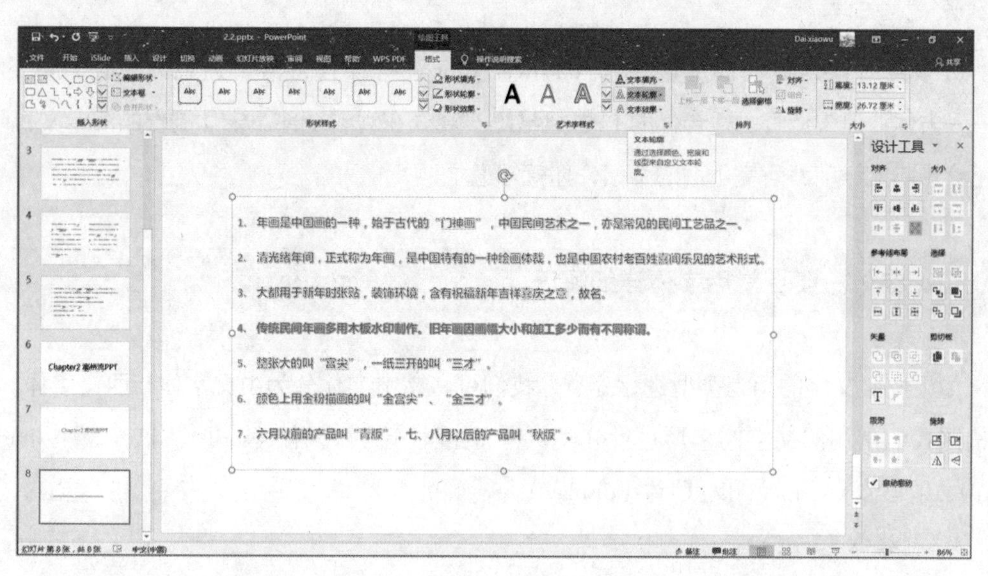


图 2.2-33

而在“文本效果”的下拉选项中，能够设置艺术字的投影、发光等效果，并且可以多种文字效果同时应用，如图 2.2-34 中，除了文字的颜色与轮廓外，还设置了文字的阴影与外发光、转换了文字的形状和应用了一些简单的 3D 效果。这样一来，你的文本内容将会更加醒目，层次分明。

图 2.2-34

# 2.3 字体的选择很重要

大多数时候，我们都是直接打开 PowerPoint 进行操作，常常通篇只使用默认的字体——宋体，但宋体真的适合你的 PPT 风格吗？观众在观看全部由宋体制作的演示文稿时，会不会影响阅读呢？看完下面的介绍，你就知道了！

## 2.3.1 字体分类：常用字体详细解读

如果按照文字的语言类型进行分类，我们可将文字字体分为中文字体与西文字体。如果按照我们常用的文字的字形进行分类，可将字体分为衬线体（serif）、非衬线体（sans-serif）、手写体（script）和标题体（display）。

1. 衬线体（serif）

衬线字体指的是有衬线的字体，多用于印刷。衬线体是一种非常经典的字形，它的主要外观特色是字形笔画末端的装饰细节部分，在衬线体中除了竖着的一条线之外，还会有向两端突出的部分。中文字体中的宋体就是一种最标准的衬线字体，衬线的特征非常明显，如图 2.3-1 所示。

图 2.3-1

罗马时期的雕刻体多为衬线字母，所以衬线体本质上是从罗马时期发源而来的，因此衬线字体还有另外一个名字“罗马体”，不过这个名称已经不经常用到了，只有在字体的名称中我们才会看见。

2. 非衬线体（sans-serif）

无衬线字体在西文中习惯称“sans-serif”，其中“sans”为法语“无”的意思；而另外一些人习惯把无衬线体称“grotesque”或“哥特体”，非衬线体多用于荧幕显示中。它的特点是笔画工整且宽度几乎相等，没有衬线，如图 2.3-2 所示，我们制作 PPT 时经常用到的微软雅黑字体就是非衬线字体。

最初非衬线体是为加粗强调设计的，由于衬线体在分辨率有限的电子屏幕上的显示效果不尽如人意，所以慢慢地在荧幕显示中，非衬线体便成了网页、App 等荧幕内容的标准字体。

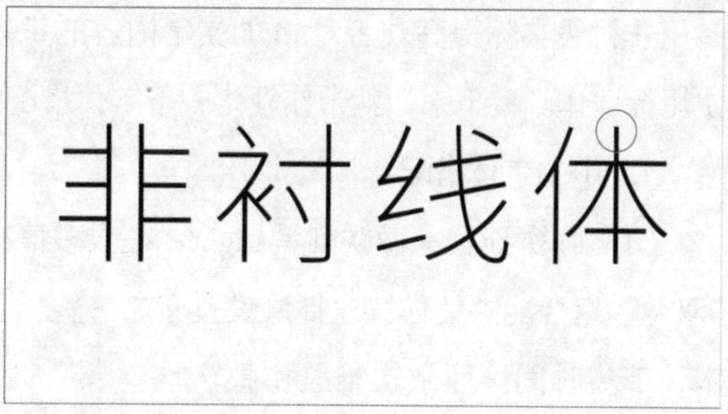

非衬线体

图 2.3-2

3. 手写体（script）

手写体指的就是模仿手写书法的字体，经常用在平面的装饰中，用在相得益彰的场景中比方方正正的字体更加突出情绪，如图 2.3-3 所示的贤二体。由于手写体本身就是手写字体的数字化，所以其风格并没有统一标准。这种字体就是为了展示或突出情绪而衍生的，一般是为了塑造某种特殊风格，经常出现的位置包括书籍、杂志的封面和一些平面广告等需要独特外观的地方。

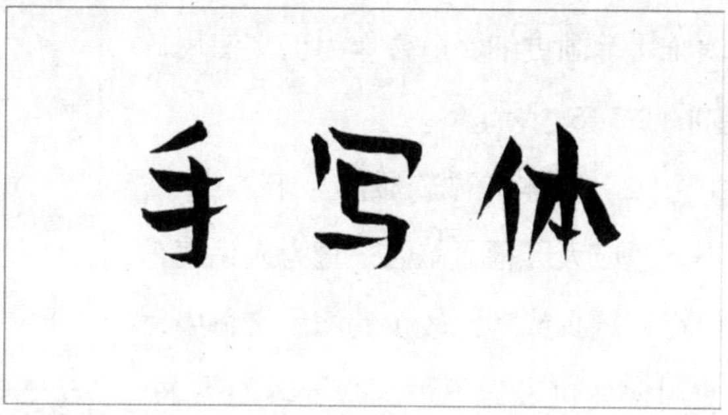

手写体

图 2.3-3

4. 标题体（display）

标题体是独立于前三者之外的一种字体，它可以是衬线字体、非衬线字体，也可以是手写字体，如图 2.3-4 中的优设标题黑。只不过这种字体由于外观的特殊性，并不适合作为正文字体来使用，而一般用在制作标题或面积较大的标语中。标题体的使用场景与手写体也很相似，它主要是为了唤起某种特定情绪而设计和使用的。

标题体

图 2.3-4

## 2.3.2 字体搭配秘籍

介绍完字体分类后，我们很容易就能分辨出在制作 PPT 时哪些字体可以用，哪些字体尽量少用或不用。根据情况，不适合在显示屏上投放的衬线字体一定要少用或者不用，应多用非衬线字体提高观者对 PPT 文字内容的识别能力，PPT 中文字内容较多时，尽量不要使用标题体。接下来，就带你领略一下字体搭配的魅力。

### 1. 中文字体搭配

（1）微软雅黑 + 微软雅黑 Light。在很多情况下，有一些 PPT 需要快速制作出来，这时“双微”组合能够让你快速批量设置文本，节省时间。而微软雅黑和微软雅黑 Light 的区别在于，微软雅黑字体适合用于标题，而微软雅黑 Light 则比微软雅黑笔画更细，适合作为正文使用，如图 2.3-5 所示。

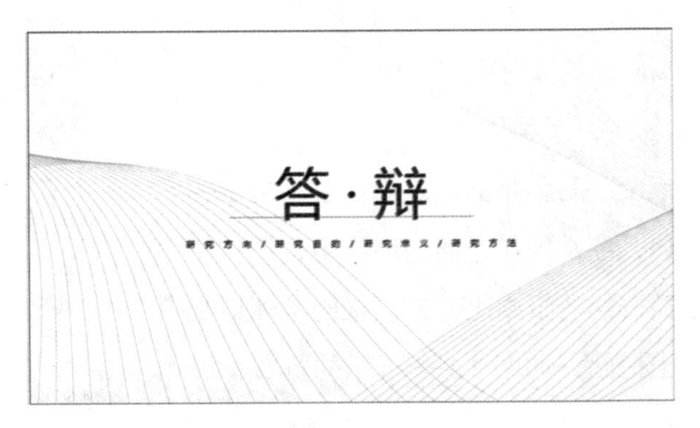


图 2.3-5

（2）宋体 + 微软雅黑。宋体由于不能适应大屏幕显示而一直为人诟病，但在标题页或字比较少的演示文稿中，使用宋体也未尝不可。基于印刷需求而制作的宋体本身就带有一种浓厚的历史感，在这里我们将宋体与微软雅黑进行搭配，衬线与非衬线、古典与现代的碰撞，既能够产生独特的视觉效果，又不影响观众对文本的阅读，如图 2.3-6 所示。

图 2.3-6

（3）思源黑体 Bold + 思源黑体 Light。思源黑体作为一款便于阅读、免费、可商用的字体，在商务办公场合涉及字体版权问题时，用思源黑体的组合来设计 PPT 中的文本内容是绝对不会出错的。并且，思源黑体之所以被设计界广泛使用，是因为其拥有多个字重，变化十分丰富，我们完全可以使用思源黑体的多个字重，来制作出一个不平淡的演示文稿，如图 2.3-7 所示。

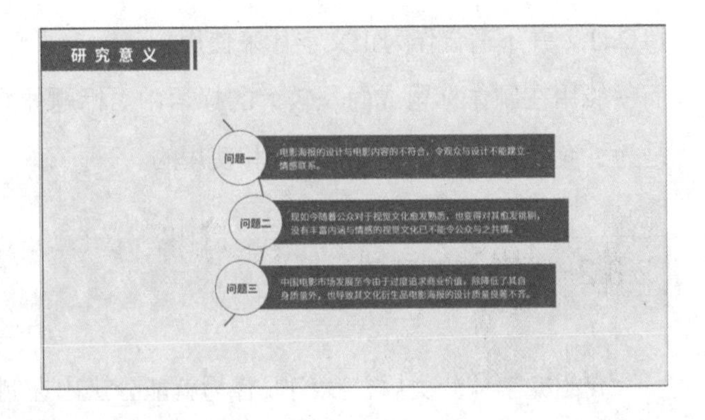


图 2.3-7

（4）方正兰亭粗黑 + 方正兰亭细黑。二者都属方正兰亭黑体系列字体，与“双微”组合和“双黑”组合相同，仅改变字体粗细，不改变字体类型，也可以做出精彩的演示文稿，如图 2.3–8 所示。由于方正兰亭黑体系列字体高端大气的外观，经常被各大企业的发布会使用。

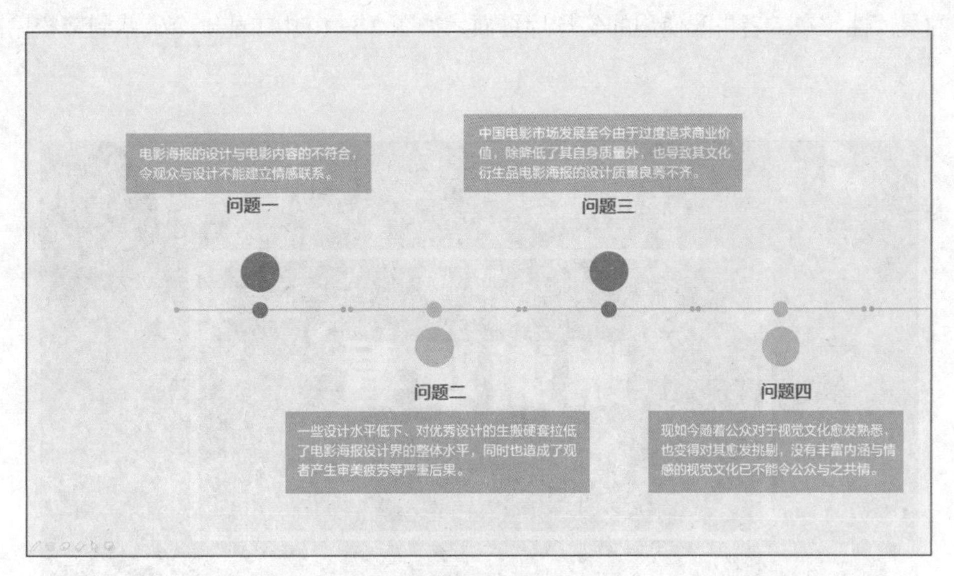


图 2.3–8

（5）汉仪尚巍手书 + 微软雅黑 Light。汉仪尚巍手书是一款极具特色的手写字体，作为标题来使用能够体现出其自身的“气势”，副标题或标题页的小字使用微软雅黑 Light，如图 2.3–9 所示。两种字体的反衬形成了强烈对比，与上一组字体组合一样，区别在于每一组中的两种字体分别表达了不同的情绪。

图 2.3–9

（6）锐字真言体 + 锐字逼格锐线粗体。锐字真言体作为标题体，它粗壮的线条即使不加粗也能占据界面最亮眼的位置，其展现出来的粗犷与力量能够很好地吸引观众的眼球。而锐字逼格锐线粗体相对于锐字真言体则显得较为纤细，并且作为正文并不会影响到文本内容的易读性。在二者搭配使用的幻灯片页面，如图 2.3–10 中，能够令人感到轻松愉快的氛围。

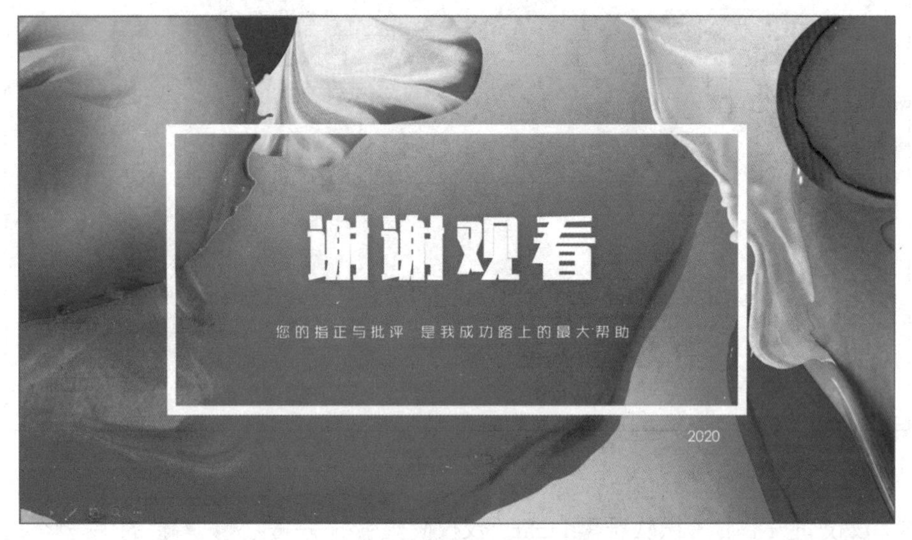


图 2.3–10

2. 中西文字体搭配

在现代商务办公中，双语化已经成为一种趋势，越来越多的商务场合开始使用中文与英文的双语搭配，在 PPT 的设计制作中，双语字体搭配也是必不可少的。在英文字体中，衬线体的使用相对较多，而在搭配上，也多与宋体等中文衬线字体搭配。在中西文字体搭配中，最重要的就是抓住饰线的视觉特征。

（1）微软雅黑 + 微软雅黑 Light。与中文字体搭配相同，如果制作 PPT 的时间紧、任务重，那么不妨直接使用该组合，简单好用还不易出错。重要的是它不是很挑使用场合，使用这个组合来制作 PPT 中的文字内容，严谨和轻松的风格都可以驾驭，如图 2.3–11 所示。

图 2.3–11

（2）思源黑 +Arial。思源黑的字体设计横平竖直，它带有非衬线字体中最直观的特点，与之搭配的 Arial 字体则与思源黑有着相同的特点，二者在文字细节的表现上可以用两个词来形容：冷静与睿智。适用于一些严肃的学术报告、商务会谈场合，如图 2.3-12 所示。

图 2.3-12

（3）宋体 +Bell MT。在使用宋体做中西文搭配时，我们可以在 PowerPoint 中选择系统自带的 Bell MT 字体。从图 2.3-13 中可以看出，两种字体在字重、衬线与笔画风格上几乎是一致的，搭配起来充满了历史古典气息。

图 2.3-13

（3）优设标题黑 +Tw Cen MT。优设标题黑作为一款近来新推出的标题字体，有着现代 + 时尚的特点，搭配西文使用效果更好。如图 2.3-14 所示，这里我们选择了 Tw Cen MT 字体，并做了倾斜处理，以达到与标题字体相符的风格，配合图片，整个画面看起来活力四射。

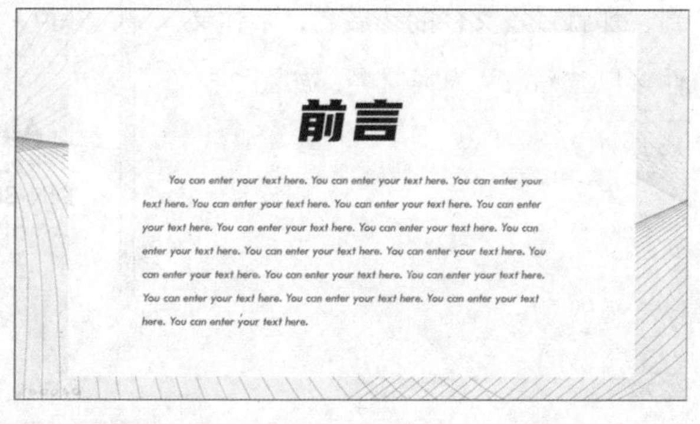


图 2.3-14

（4）中文字体搭配也可以用于中西文字体搭配。在中文字体搭配中，思源黑体、方正兰亭黑体等系列字体比较系统、完善和成熟，相应的西文字型也有设计，如果你苦恼于中西文不知如何搭配，又觉得这一部分的推荐没有能够帮到你的，那你可以试试用系列字体搭配，如图 2.3-15 所示。

| 思源黑体系列 | 杨任东竹石体系列 | 方正兰亭黑体系列 |
| --- | --- | --- |
| 思源黑体Heavy | 杨任东竹石体Heavy | 方正兰亭特黑 |
| 思源黑体Bold | 杨任东竹石体Bold | 方正兰亭粗黑 |
| 思源黑体Medium | 杨任东竹石体Semibold | 方正兰亭黑 |
| 思源黑体Regular | 杨任东竹石体Medium | 方正兰亭细黑 |
| 思源黑体Normal | 杨任东竹石体Regular | 方正兰亭纤黑 |
| 思源黑体Extralight | 杨任东竹石体Light | 方正兰亭刊黑 |
|  | 杨任东竹石体Extralight |  |

图 2.3-15

## 2.3.3 字体的安装与防丢失

如果你下载好了字体不知如何安装，或者你做好了一份完美的 PPT，却在放映时发现字体丢失，这些问题会在本节中帮你解决。

### 1. 如何安装字体

下载好字体文件后，如果找不到，那就看看文件的拓展名，字体文件多以“*.otf”为拓展名，如图 2.3-16 所示。

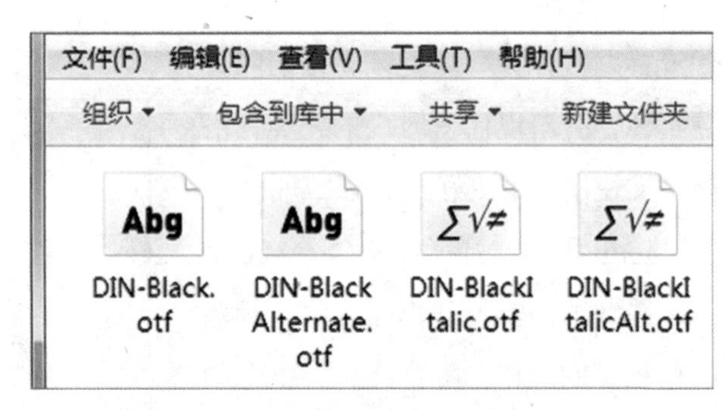


图 2.3-16

在 Windows 7 系统中，只需双击字体文件，在弹出的界面中点击安装即可在电脑上安装字体，如图 2.3-17 所示。不过要注意，安装好字体后，要重新启动 PowerPoint 才可使用新安装的字体。

图 2.3-17

还有一种方法，打开“我的电脑”→“C 盘”→“Windows”，在 Windows 文件夹中找到“Fonts”文件夹并打开，如图 2.3–18 所示，将下载好的新字体文件复制到该文件夹中，就可以成功安装新字体了。

图 2.3–18

2. 如何防止字体丢失

在放映 PPT 时，我们经常会遇到丢失字体的情况，这是因为放映 PPT 的电脑没有演示文稿中所使用的字体，在这种情况下，我们可以嵌入字体。

点击“文件”最下方的“选项”，在弹出的“PowerPoint 选项”对话框中，选择“保存”选项，在对话框中勾选“将字体嵌入文件”，这时我们可以看到在下方有两个选项，两个选项的意思分别是将字体部分嵌入和全部嵌入，如图 2.3–19 所示。

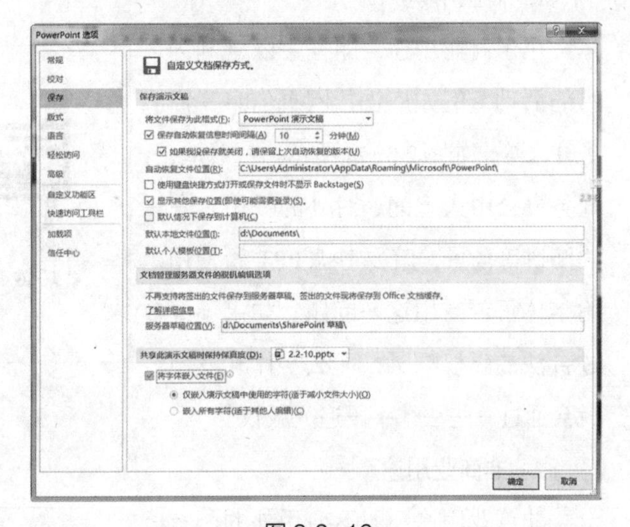

图 2.3–19

这里建议大家选择将部分字体嵌入 PPT，因为将全部字体嵌入 PPT 的话，文件会变得非常大，我们在传输文件和接收文件时会花费很多时间。不过，选择部分字体嵌入 PPT 中这一选项的话，在其他电脑打开后，PPT 最好只用来放映和演示，不要去修改了，因为其他电脑上没有安装该字体。此外，选择部分嵌入后记得保存一遍文档。

还有一种解决方法是，将字体文件与 PPT 文件一同发送给对方，如图 2.3–20 所示。或在换其他电脑放映演

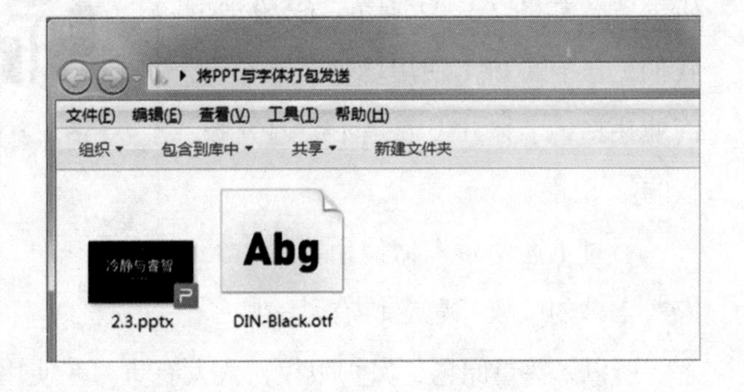


图 2.3–20

示文稿时，将字体文件与 PPT 文件一同保存到移动硬盘中带到其他电脑里，这样就能完美解决 PPT 中字体缺失的问题了。

## 2.3.4 关于字体的版权问题

通过前文的学习，在对字体与字体搭配有了了解之后，你是否想要马上下载并安装一些漂亮的字体呢？先不要急，首先你有必要了解字体的版权。近年来，由于版权意识的逐步提高，在商业场合中运用字体要多加注意，如果不是“免费可商用”字体，那么在使用之前要仔细考虑场合，并联系字体开发商进行版权的购买。接下来，我们通过对两种字体版权使用情景的说明，让大家了解何时应该购买字体版权。

1. 商业用途

用于商业用途，即发生以营利为目的的活动，例如广告、网页信息、商务往来等，如图 2.3-21 所示。一般地，商务办公中大型的、对外的吸引客户的演讲等场景，就要考虑 PPT 所使用的字体可否商用这一问题。如果不经过合法的版权购买，那么字体开发商就会通过一些法律手段追究版权。

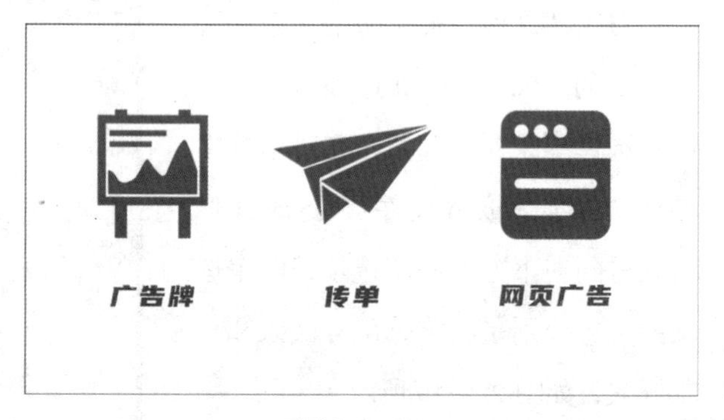

图 2.3-21

2. 非商业用途

非商业用途，即除商用外的所有情况，如个人或单位内部使用、学习、研究等，如图 2.3-22 所示。一般地，我们工作中的 PPT 使用场景都属于非商业用途，字体开发商是不会追究版权的。

图 2.3-22

看过上述两种字体使用情景，大家对字体的版权问题应该有了一些了解。所以，尊重原创，保护版权，人人有责。在使用非商用字体时，一定要仔细考虑使用场合，如果是商用场合，一定不要忘记购买版权。

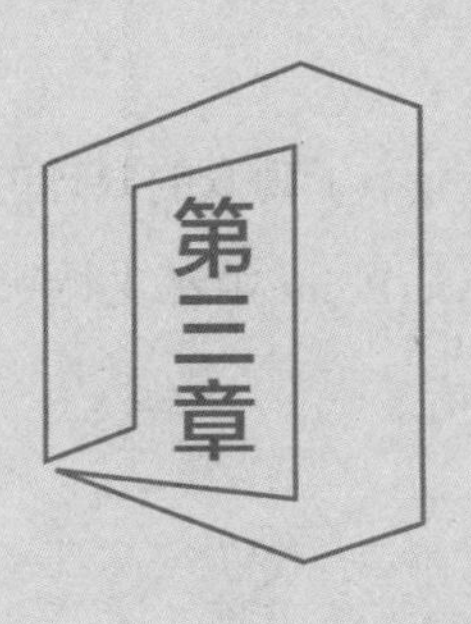


# 图文类PPT——图片不仅仅是装饰

相信大家都听过这样一句话："字不如表，表不如图。"图片能给人带来更加直观的视觉感受，而且相对于文字更加便于记忆，只靠大篇幅的冗长文字不仅吸引不了观众的眼球，还会令人感到枯燥乏味，从而对PPT失去兴趣。所以，在制作PPT的过程中，图片的应用是必不可少的。

# 3.1 PPT 支持的图片格式与分类

在制作 PPT 时，仅靠文字是吸引不了观众的眼球的，这时，在幻灯片中插入图片则是最简单、最直接的方法。那么，PowerPoint 中都支持哪种格式的图片呢？图片又分为哪些类型呢？

## 3.1.1 图片的格式

PPT 除了支持常规的 JPG、PNG、GIF 图片外，还支持 WMF、EMF 这样的矢量图。

其中，我们常用的 JPG、PNG 等图片格式属于位图。位图是由像素（图片元素）的单个点组成的，这些点可以进行不同的排列和染色以构成图样，当放大位图时，可以看见构成整个图像的无数单个方块。在位图中存在一个概念叫作分辨率，分辨率的大小，决定了位图图片的清晰度，如图 3.1-1 所示。所以，在制作 PPT 时，我们需要注意位图图片的分辨率，尽量使用高分辨率的图片。

图 3.1-1

而 WMF、EMF 等图片格式则属于矢量图。矢量图是由线连接的点，矢量文件中的图形元素称为对象，每个对象都是一个自成一体的实体，它具有颜色、形状、轮廓、大小和屏幕位置等属性。当放大矢量图时，能看到其边缘为平滑、不失真的状态，如图 3.1-2 所示。

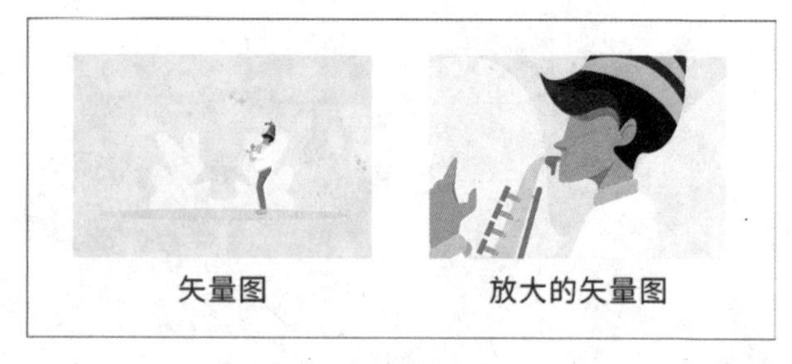


图 3.1-2

上文说到了很多图片格式，其中最值得一提的就是 GIF 动图。GIF 动图在展示类 PPT 中有很强大的作用。当你千辛万苦地在 PPT 中插入一段视频，却因为特定场合的“硬件”

（老旧）而放不出来时；当你想要展示的图片太多而页面不够时，都可以用 GIF 格式的图片来表现，如图 3.1-3 所示。GIF 动图的制作也十分简单，在后文中会提到。

图 3.1-3

## 3.1.2 图片的分类

在制作 PPT 前，我们需要了解这份 PPT 中需要用到哪些图片。一份 PPT 中会出现很多图片，而这些图片由几种图片类型组成。

1. **照片——最原始的画面**

照片作为最常见的图片形式，有很多优点。用好照片能够使你的 PPT 更有吸引力，一眼就能给人留下深刻的印象，同时可以强调 PPT 的主题，与文字搭配得当，会使你的 PPT 更加有说服力，如图 3.1-4 和图 3.1-5 所示。

图 3.1-4

图 3.1-5

2. 插画——想象力的画布

插画的基本功能就是将你所要传递的信息用最简洁、明确的方式传递给观众，引起观众的兴趣，并使观众在审美的过程中对传递的内容进行吸收。插画的优势就是能够用天马行空的想象力营造打破常规的视觉体验，这是照片做不到的，如图 3.1–6 和图 3.1–7 所示。

图 3.1–6

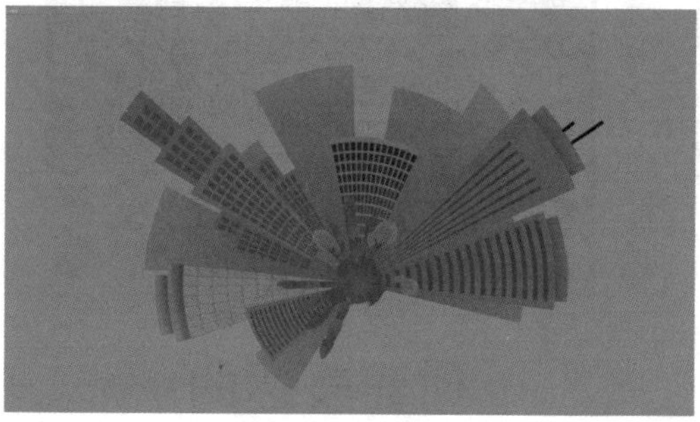

图 3.1–7

3. 图形 / 剪影——干净又整洁

这里的图形和剪影是指二维平面的，用轮廓划分出若干个空间形状。图形或剪影单独拿出来说并无特别之处，甚至有一些乏味。但在需要传达特定信息的场合，图形或剪影往往能够发挥其优势：整合画面元素，使画面视觉统一，达到干净与整洁的视觉效果，如图 3.1–8 和图 3.1–9 所示。

图 3.1–8

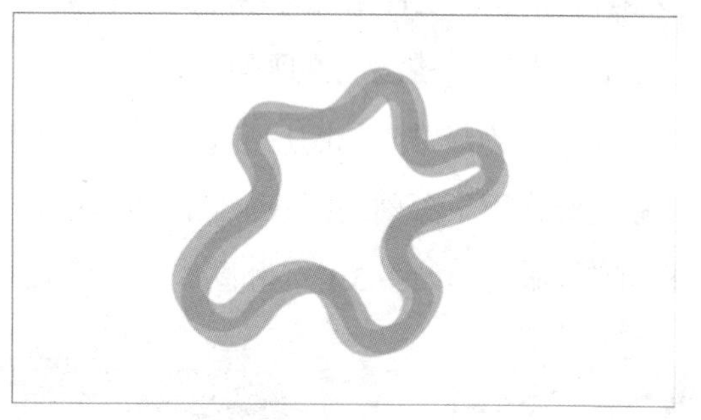

图 3.1–9

4. 3D 图片——视觉效果惊人

3D 图片就是用三维软件制作出来的具有真实感的平面图像，是指具有立体效果的图像。在 3D 图片中，有利用视觉假象的、以假乱真的 3D 图（见图 3.1–10）；还有一种是 3D 插画，风格与我们常见的客户端游戏或网络游戏类似，不过在如今的 PPT 制作中，尤其是商务场合，我们见到的大多数 3D 图片还是如图 3.1–11 所示的 3D 小人。

图 3.1-10

图 3.1-11

5. 图标——最简洁的视觉语言

图标是 PPT 中非常关键的一部分，它可以使我们的 PPT 看起来更简明精致。在 PPT 设计制作过程中，用对图标元素可使文字概念具象化，降低信息传递的难度，长篇文案图标化也能够实现内容的分层，利于阅读与理解，如图 3.1-12 和图 3.1-13 所示。

图 3.1-12

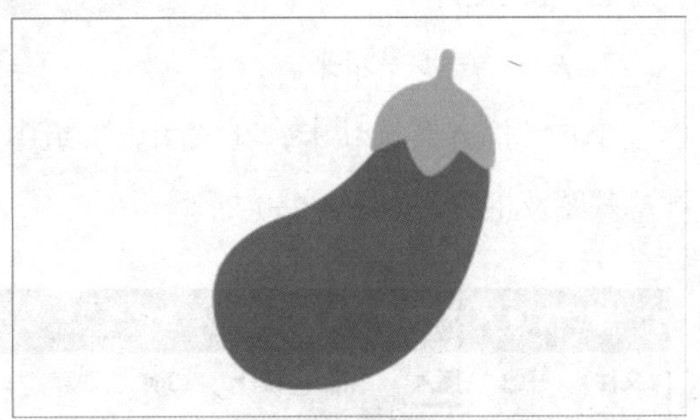

图 3.1-13

## 3.2 怎么让图片更吸引人

图文并茂的演示文稿才更加具有吸引力，那么，如何将图片插入到幻灯片中呢？我们又该如何在 PowerPoint 中对图片进行编辑与美化呢？接下来我们就对图片的插入、裁剪与美化等操作进行讲解。

### 3.2.1 给图片一个“家”

1. 插入图片

方法一：一步一步来。

单击“插入”选项卡，在“图像”组中我们可以看到有四个选项：图片、联机图片、屏幕截图及相册，如图 3.2-1 所示。

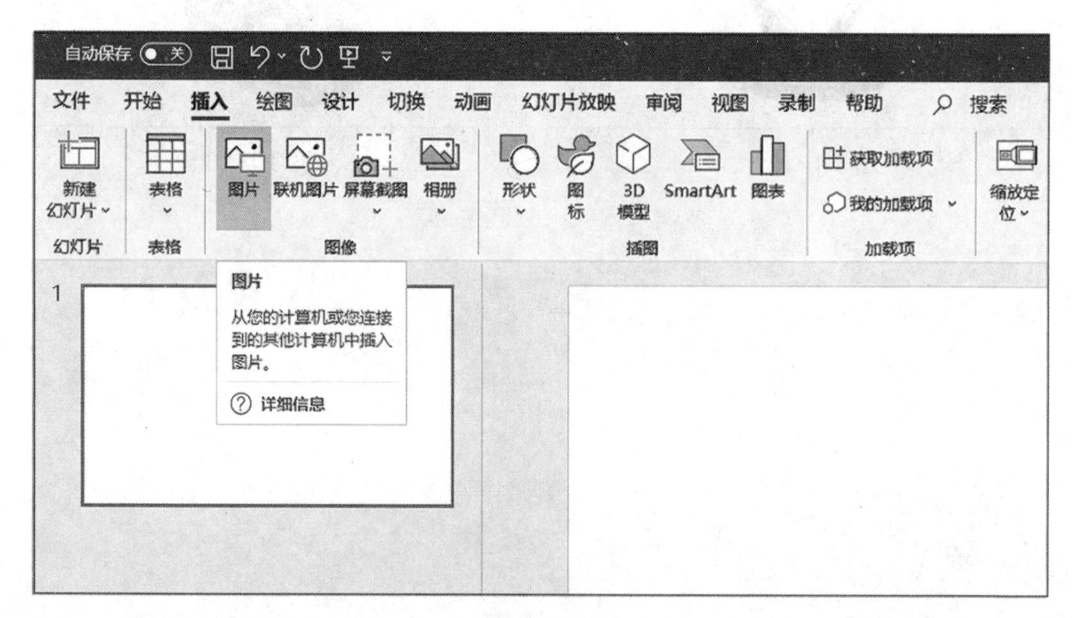


图 3.2-1

单击“图片”按钮，弹出“插入图片”对话框，选中需要插入的图片，单击“插入”按钮，如图 3.2-2 所示。

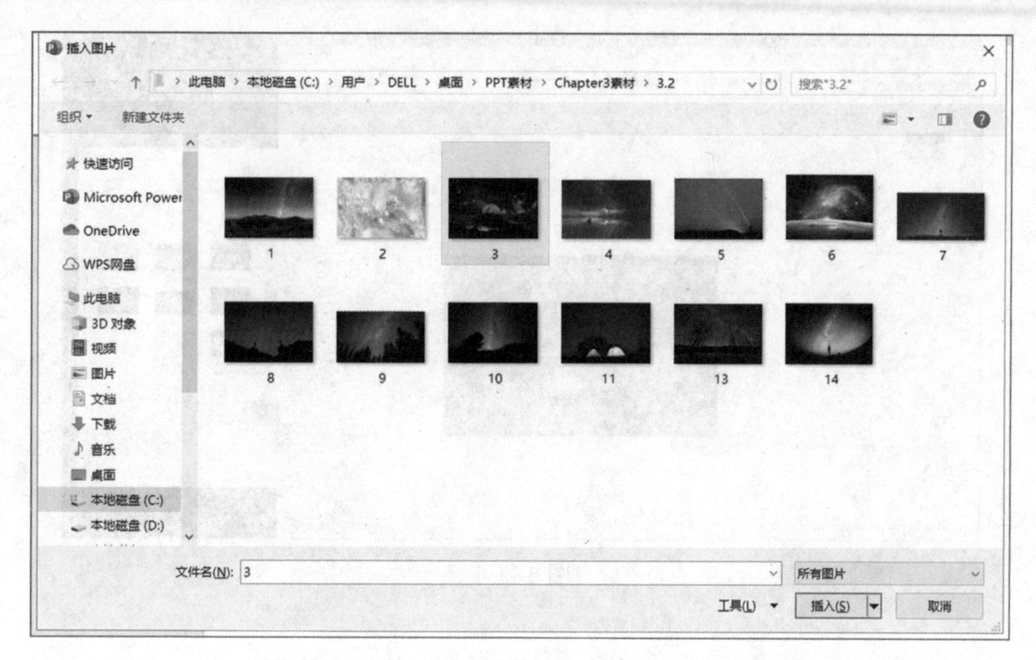


图 3.2-2

可以看到，选中的图片插入到了幻灯片中，如图 3.2-3 所示。

图 3.2-3

方法二：直接拖曳。

选择你要放到 PPT 中的图片，单击拖曳到 PPT 工作区，然后松开鼠标，图片就直接插入到 PPT 中了，如图 3.2-4 所示。不过，这种方法比较适合桌面或文件夹比较干净整洁的人，要是桌面或文件夹比较乱的话，还是用方法一逐个查找文件更加合适。

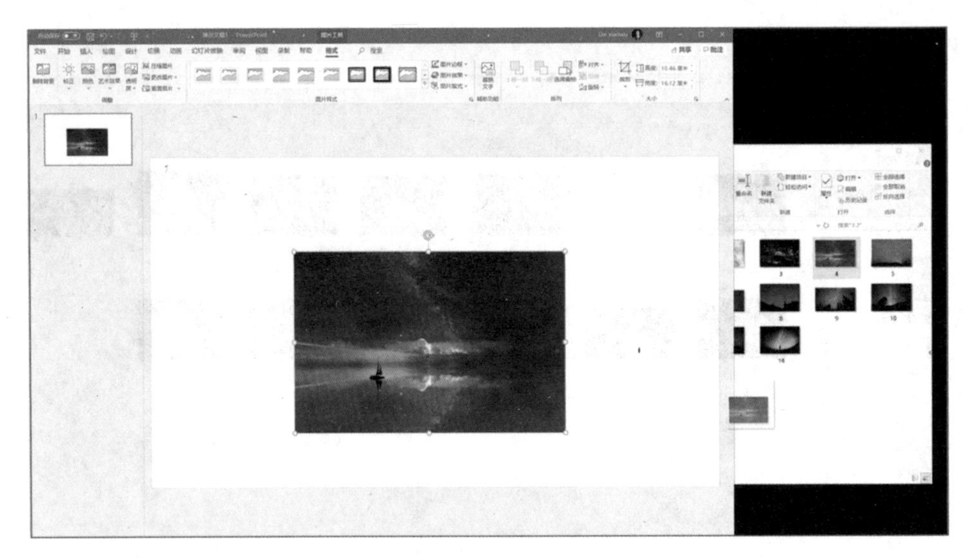

图 3.2-4

Tips：点击“图像”→“屏幕截图”按钮，如图3.2-5所示，可以截取电脑屏幕当前打开的所有窗口的图片。需要将重要信息截图直接导入文档中时，可以使用这个功能，非常方便。

图 3.2-5

2. 调整图片大小与位置

插入图片后，将光标置于图片的控制点上。控制点除了存在于图片的四角之外，图片每个边的中点也都有控制点，这时，你想要图片呈现什么样的效果，就可以用控制点来控制它。

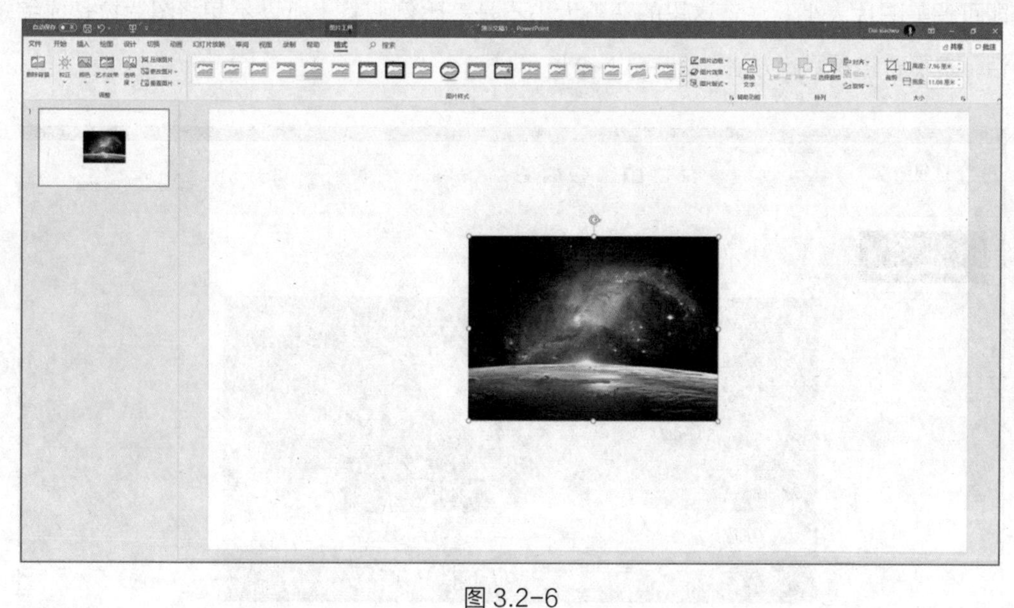

图 3.2-6

正常的图片等比缩放会用到其四个角的控制点，将光标移至控制点上，当光标变为斜角双箭头时，单击左键并拖动即可调整图片大小，这里的放大与缩小都是等比例的，不用担心图片会变形。也可使用快捷键“Ctrl+Alt+ 鼠标拖曳”，实现图片以其中心点向四周缩放的效果，如图 3.2-7 所示。

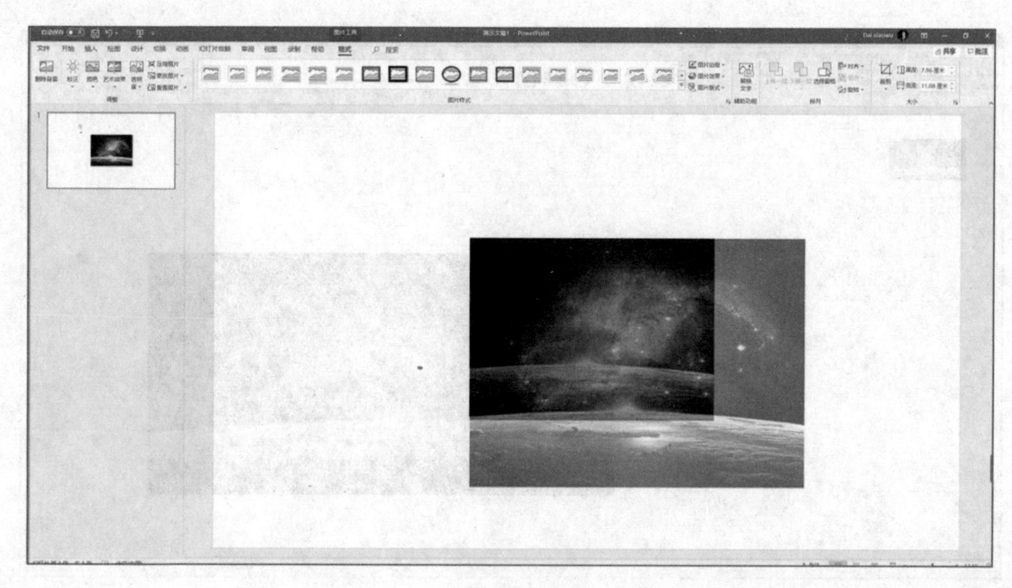

图 3.2-7

纯色背景图，或者是不用在意图案会变形的图片，则可用其余四个点来调整其大小，这样做既方便又高效。将光标移至图片控制点，当光标变为上下双箭头时，单击左键并拖动即可调整图片大小。注意这里的调整大小不是等比例调整，所以不想将图片拉长或缩短的话，请不要轻易用此方法，如图 3.2–8 所示。

图 3.2–8

将光标移至图片上方，当光标变为十字形时，单击左键并拖动即可移动图片，如图 3.2–9 所示。

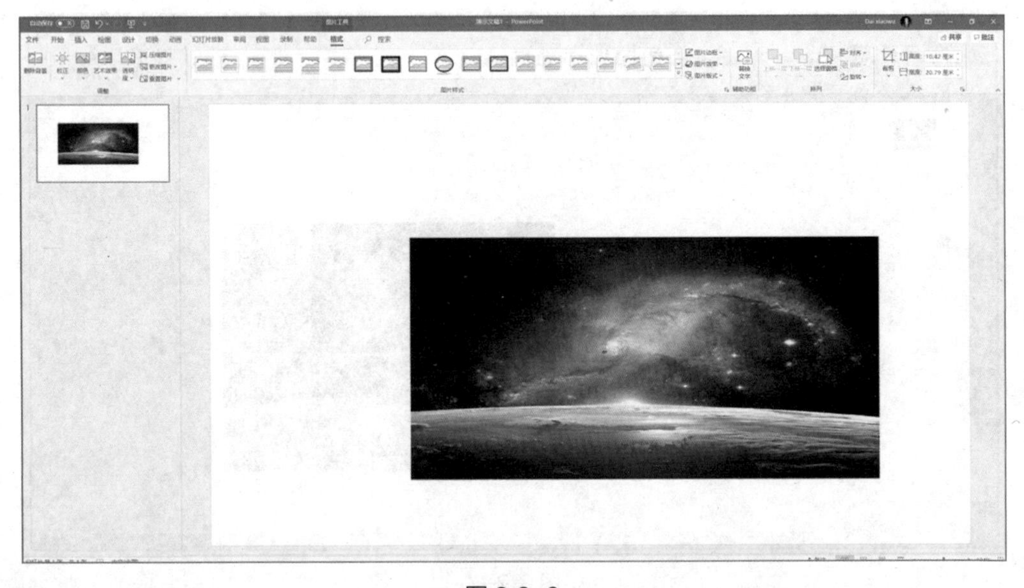

图 3.2–9

3. 旋转与翻转图片

有时图片的角度或许不符合幻灯片想要表达的内容，为了更加合理地使用图片来贴合幻灯片的内容，我们可以将图片进行旋转与翻转。首先我们插入一张图片并保持图片的选中状态，如图 3.2-10 所示。

图 3.2-10

打开“格式”选项卡，在“排列”选项组中选择“旋转”下拉选项，在下拉列表中我们就能够对图片进行旋转与翻转处理，如图 3.2-11 所示。

图 3.2-11

点击“旋转”下拉框列表中最下方的“其他旋转选项”，在幻灯片工作区右侧会弹出“设置图片格式”窗口。我们可以在窗口中的“旋转”选项中，自定义图片旋转的角度，如图 3.2-12 所示。

图 3.2-12

还有一种更快捷的方式，我们在选中图片后，在图片的上方会出现一个螺旋箭头，如图 3.2-13 所示，只要我们用鼠标按住箭头进行拖曳，图片就会按照鼠标移动的方向进行旋转，松开鼠标即成功旋转图片。

图 3.2-13

4. 调整图片的叠放次序

制作 PPT 时，我们肯定不会只用到一张图片，那么两张图片如果需要重叠，如何设置它们的叠放次序呢？又或者在幻灯片内图片挡住了文字，如何将文字调整到图片之前呢？

选中要调整的幻灯片素材，如图 3.2−14 所示，我们选中位于最上方并且遮挡住下方文本框的一张图片，在图片上单击鼠标右键。

图 3.2−14

在弹出的列表中，选择“置于底层”选项，图片就挪动到文字后方了。这时再改一下字体颜色，将图片进行翻转，就完成了图片的叠放次序的调整，如图 3.2−15 所示。

图 3.2−15

5. 将图片组合 / 取消组合

在制作幻灯片时，为了便于操作，你一定要知道这个功能：组合与取消组合。这一功能对于元素多、内容多的幻灯片非常有帮助。

如图 3.2-16 所示，选择一张图片，按住 shift 键对其旁边的文本框进行加选。

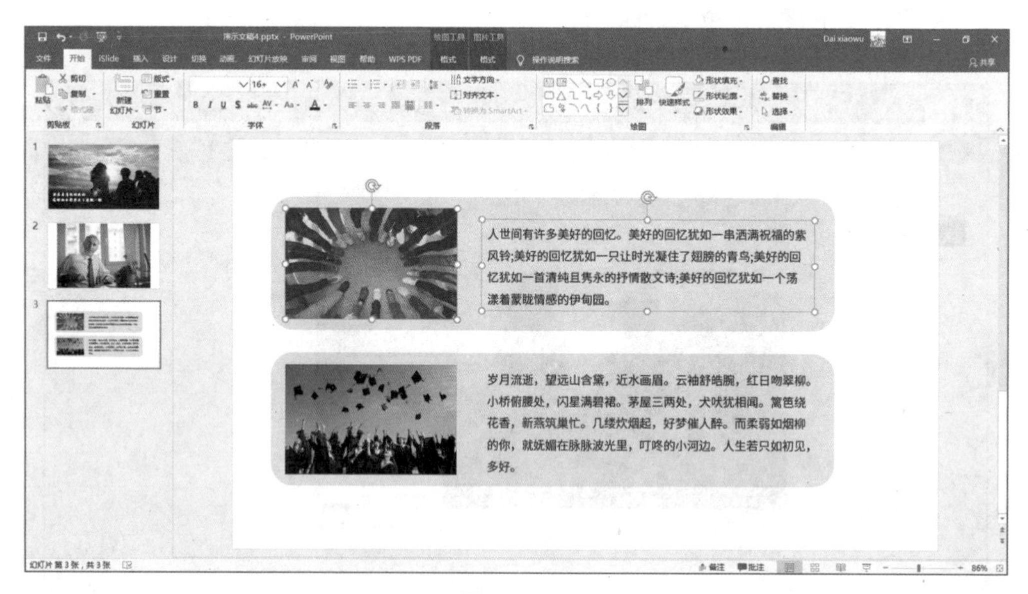


图 3.2-16

第一种方法：在图片或文本框上单击右键，则弹出一个列表，在列表中选择“组合→组合”，如图 3.2-17 所示。

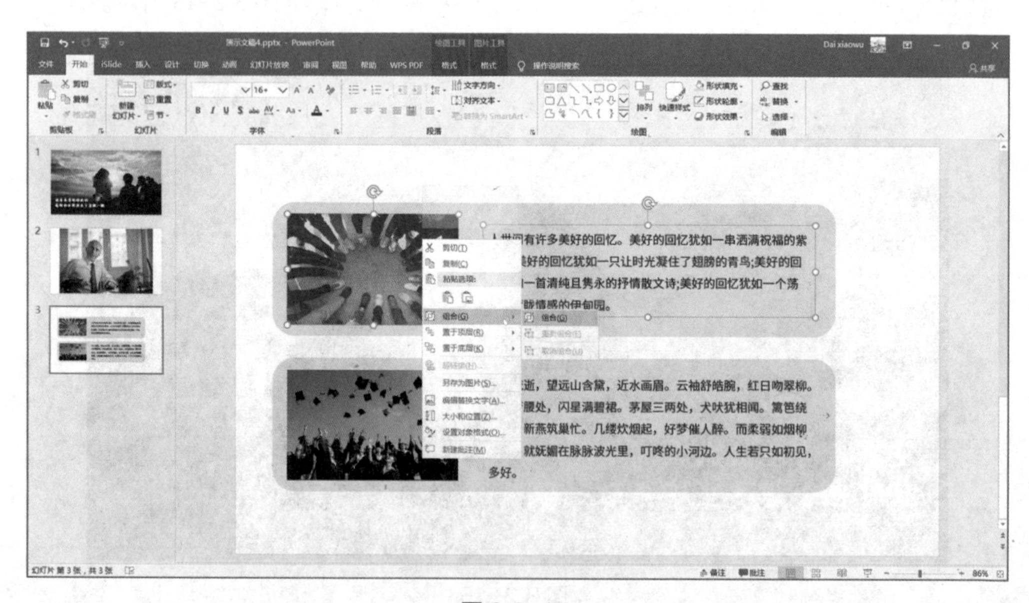

图 3.2-17

选中的图片与文本框就结合成一个组了，如图 3.2-18 所示，这时再对这一个组进行移动或复制等操作就会非常方便。

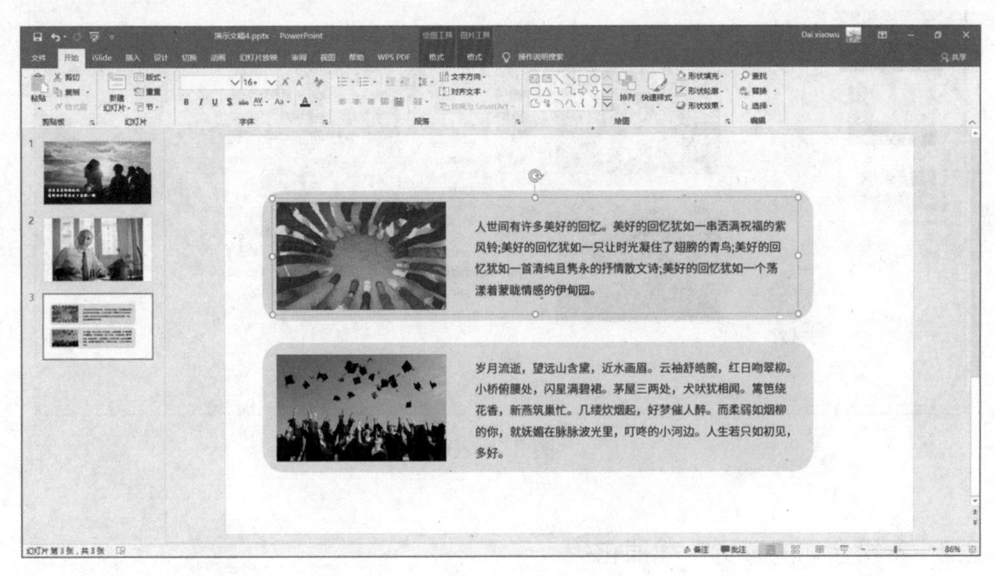


图 3.2-18

第二种方法：选择“图片格式”→“工具”选项卡，在选项卡中的“排列”项目组中，选择“组合”→“组合”，如图 3.2-19 所示，同样也可以对当前选中的项目进行组合。

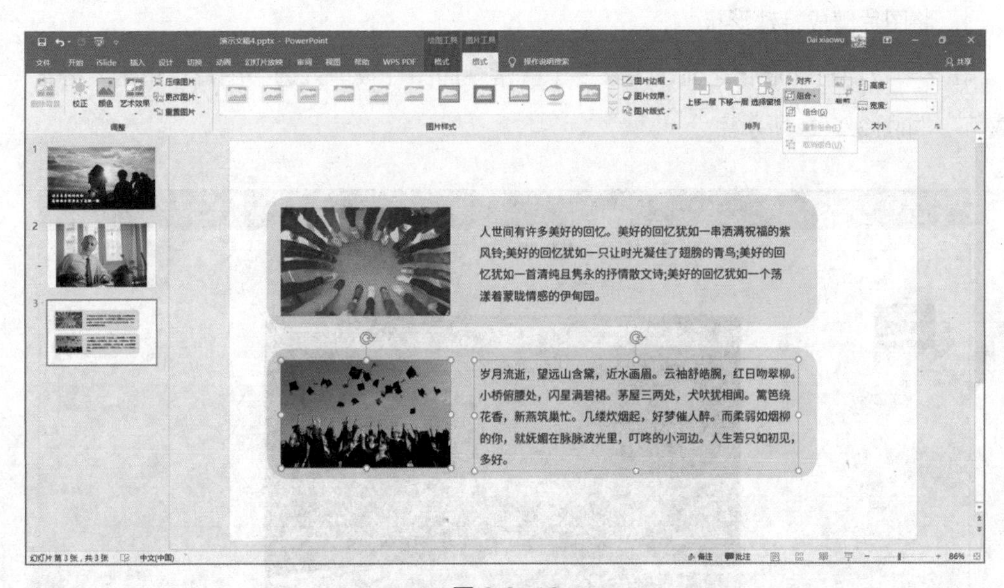


图 3.2-19

最后，在组合上单击鼠标右键，在弹出的列表中选择“组合”→“取消组合”即可将当前选中组合分解成单独的单元，如图 3.2-20 所示。

图 3.2-20

## 3.2.2 不符合你的感觉？裁掉它

在 PPT 中，我们常常得到了一张图片却对其不满意，用屏幕截图效果过于单一，其他方法又很麻烦，这时我们可以用 PPT 中的“裁剪”工具，根据编辑的需要对图片进行裁剪处理。

1. 将图片剪成特殊形状

在学习裁剪特殊形状之前，大家要了解常规的图片裁剪：选中图片，单击“格式”→“裁剪”，如图 3.2-21 所示。

图 3.2-21

进入裁剪面板后，我们能够看到图片的 8 个控制点上出现了黑色矩形，将光标靠近这些黑色矩形，当光标变成“T”形或“L”形时，如图 3.2–22 所示，就可以按下鼠标左键对其进行移动了。具体操作与调整图片大小异曲同工。

图 3.2–22

最后，再次单击“裁剪”按钮，即可得到裁剪后的图片，如图 3.2–23 所示。

图 3.2–23

矩形的图片大家都会裁剪了，那特殊形状的图片呢？其实，在 PowerPoint 中可以将图片裁剪成各种形状，在视觉上使图片外观更加丰富。

选中图片，单击“格式”→“裁剪”的下拉选项→“裁剪为形状”，可以看到这里有很多形状，如图 3.2-24 所示，选择后即可将图片裁剪成相应的形状。

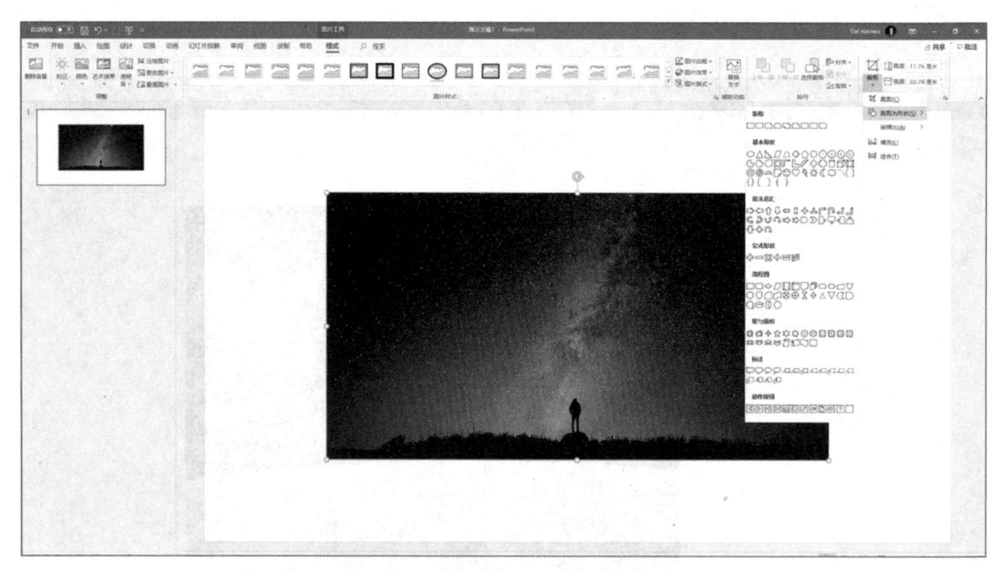

图 3.2-24

选择一个裁剪样式后，则能够得到已裁剪好的图片。一些裁剪样式如果过于死板，也可以手动调节，如图 3.2-25 中的这个样式，选择后可以看到，除了白色的常规控制点外，还多出来几个黄色的控制点，我们在拖曳黄色控制点时，就能够对裁剪样式进行调节了，如图 3.2-26 所示。

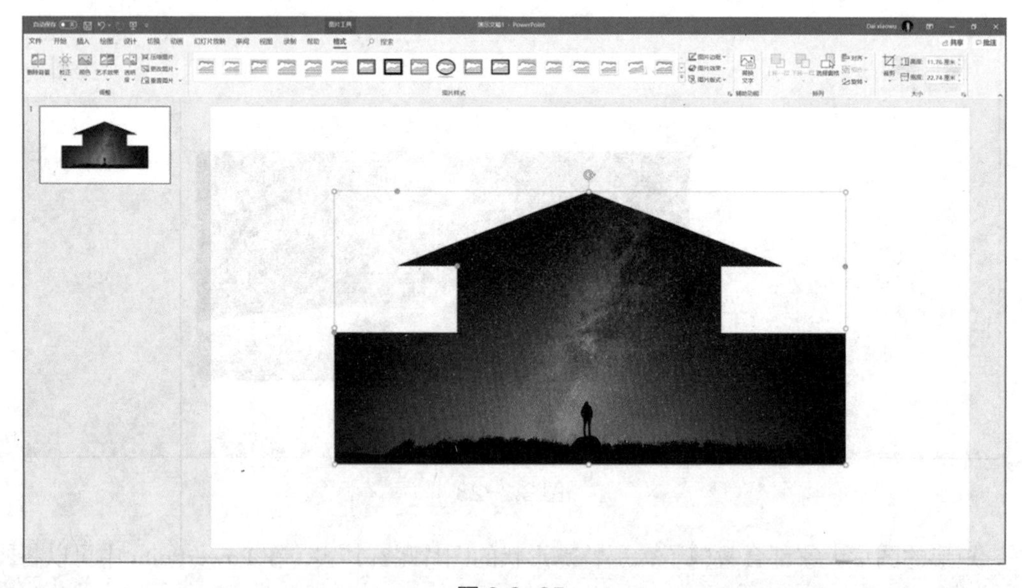

图 3.2-25

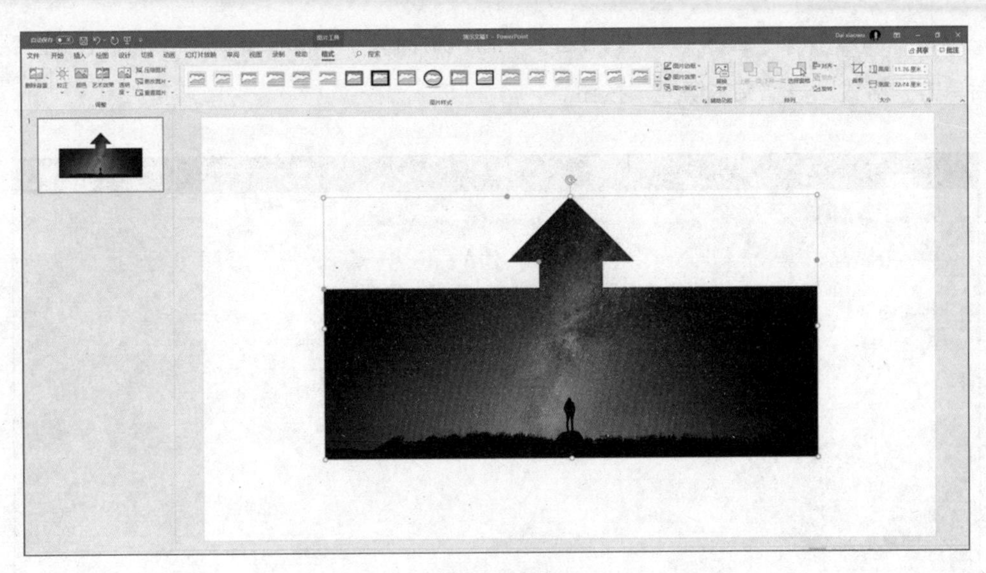

图 3.2-26

Tips：选择“纵横比”可以将图片裁剪成固定比例（如 16 ∶ 9 等），如图 3.2-27 所示，这也是常用的一项操作。

图 3.2-27

2. 将图片剪成字

将图片剪成字，听起来很难，但其实就是在文字里填充图片，实现令人眼前一亮的裁剪效果。

单击“插入”→“艺术字”，使用艺术字输入所需文字，如图 3.2-28 所示。全选文字，随后单击“格式”→“文本填充”按钮。

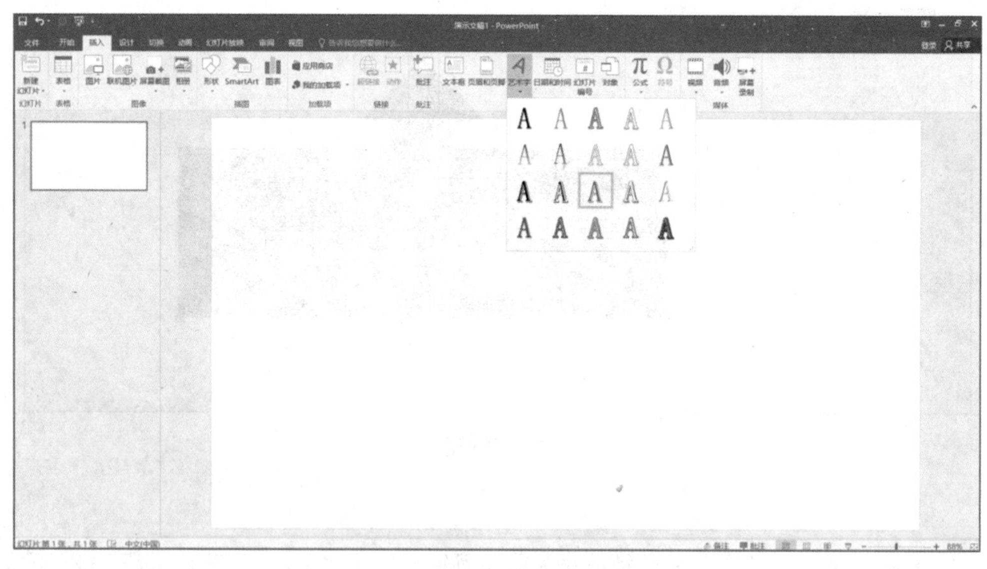

图 3.2-28

选择“文本填充”下的“图片”选项，随后在文件夹内选择想要填充的图片，就可以将图片裁剪成文字了，如图 3.2-29 所示。

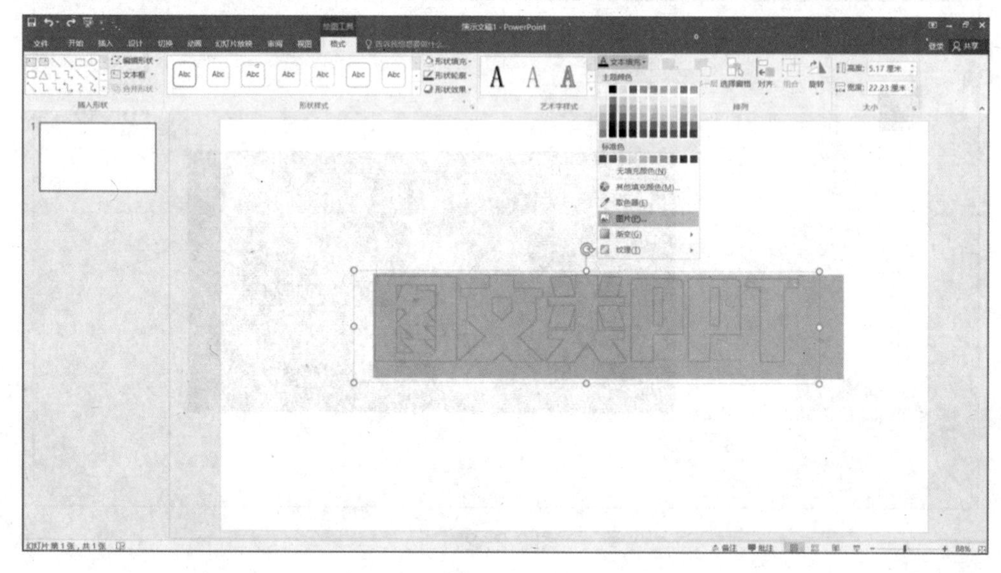

图 3.2-29

如果还是觉得单调，可以尝试用“文本填充”下的其他选项。此外，“文本效果”对增添文本的视觉效果也很有效，如图 3.2-30 所示。

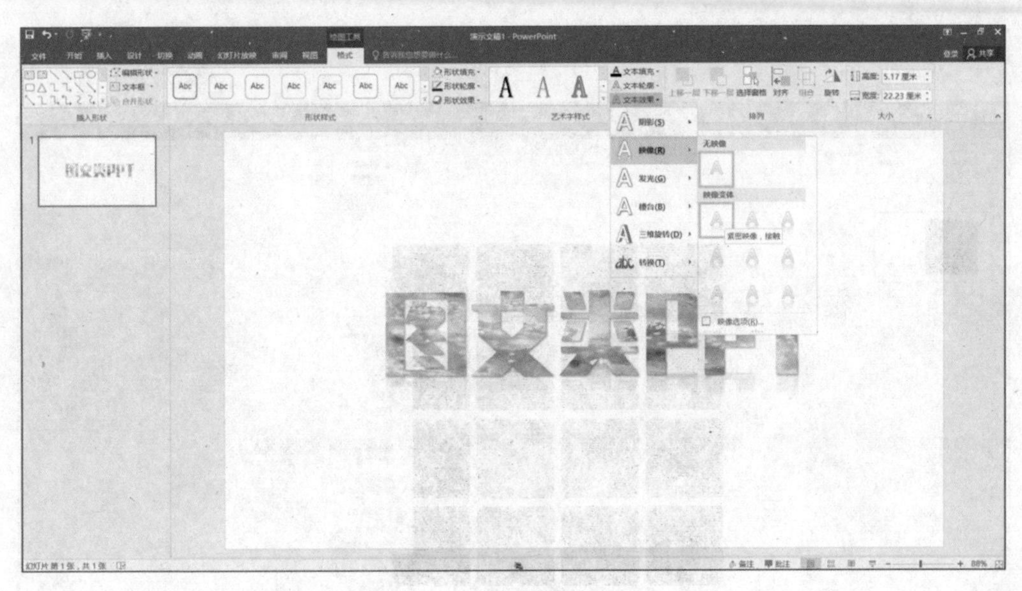


图 3.2-30

3. 将图片剪碎

在制作 PPT 时，常规图片不够“有个性”？可以试试拼图效果。

单击“插入”→“形状”下拉选项，绘制一个想要的形状，如图 3.2-31 所示。制作拼图效果时，最好使用正方形排版。选择矩形形状，按住 Shift 键进行绘制，则可以得到正方形。

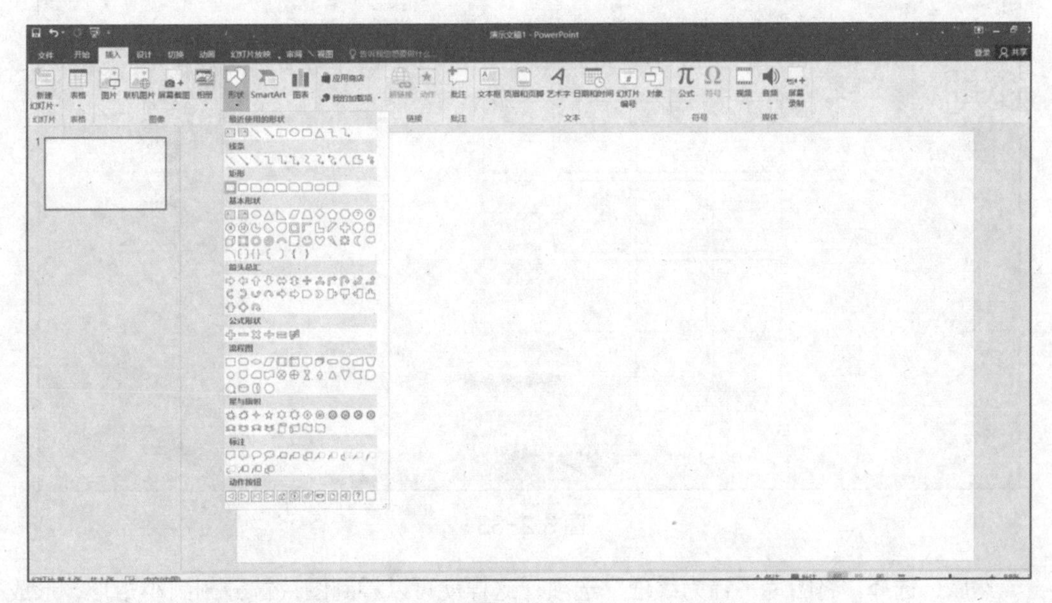


图 3.2-31

随后复制出多个，并排列成 4×4，全选所有矩形后，单击鼠标右键，选择“组合”→“组合”，如图 3.2-32 所示。

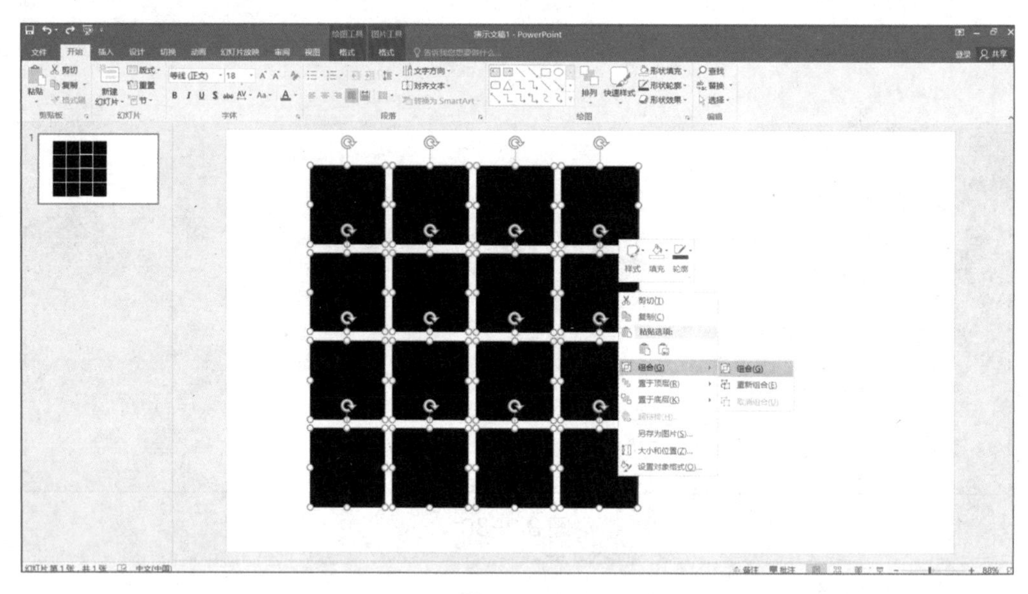

图 3.2-32

右击组合后的图形，选择“设置形状格式”，在右侧“填充”中选择“图片或纹理填充”，单击“插入”按钮选择图片，如图 3.2-33 所示。

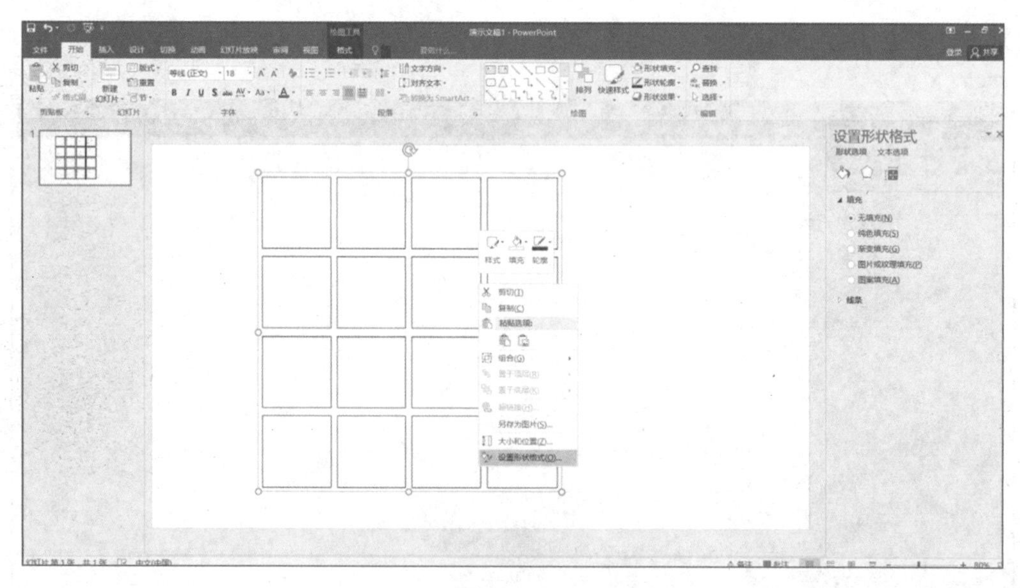


图 3.2-33

然后，选择“将图片平铺为纹理”选项，这样就可以看到图片被分割到小矩形，形成了拼图的效果，如图 3.2-34 所示。

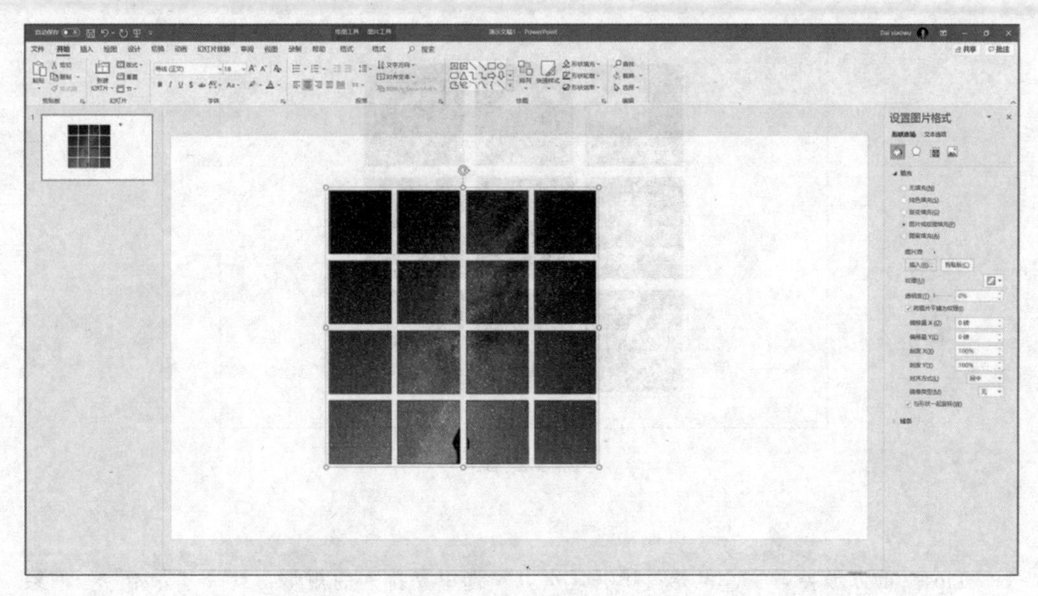

图 3.2-34

最后根据图片的内容，调节图片的“对齐方式”，以及“偏移量”，如图 3.2-35 所示。还有其他一些选项，都可以做出完美的图片效果。

图 3.2-35

也可以对图形取消组合，在每个单独的矩形中都填充一张图片，打造出“照片墙”效果，如图 3.2-26 所示。

图 3.2-36

Tips：正方形会画了，但是排不齐怎么办？选中要排列的矩形，选择“开始”→“绘图”组中的“排列”下拉选项→“对齐”→“对齐所选对象”即可，如图3.2-37所示。

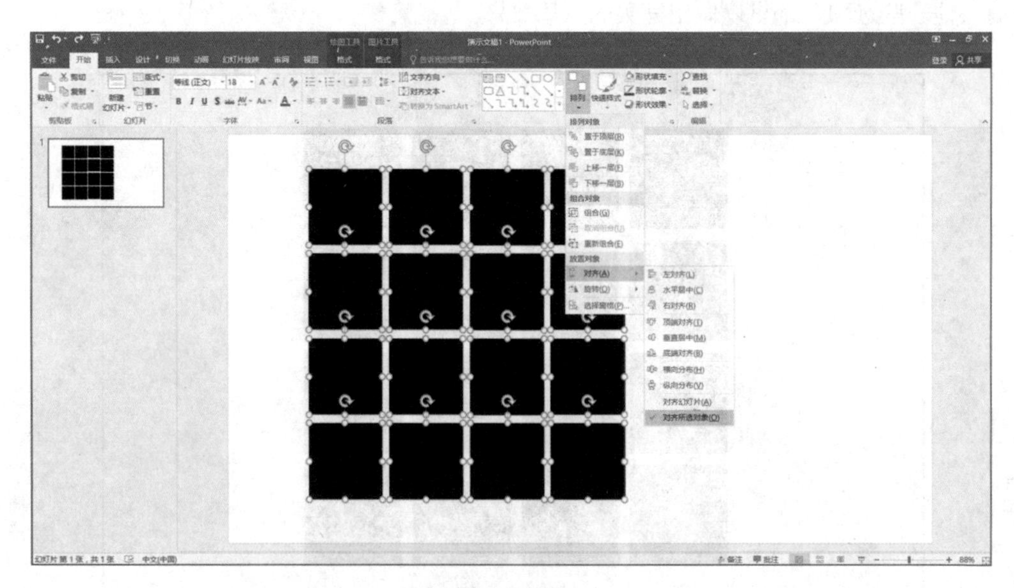

图 3.2-37

4. “剪掉”图片背景

常规的、固定形状的图片裁剪带来的视觉效果比较有限，并且，在一些背景比较杂乱，或者不需要背景的图片中，我们需要去掉图片中的背景，这种方法可以突出图片的主题，应用非常广泛。

具体的操作是，选中图片，单击“格式”→“删除背景”按钮，如图 3.2-38 所示。

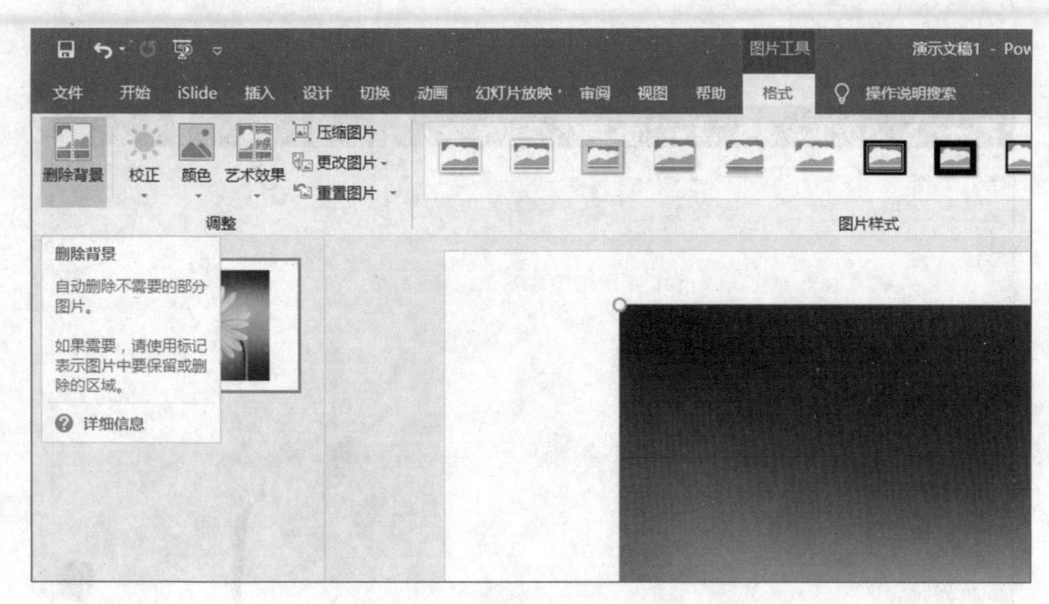


图 3.2-38

图片上方出现一个有 8 个控制点的矩形。如图 3.2-39 所示，此时用光标拖曳控制点，最后确保你要裁剪的主体在矩形内，并且将要裁剪掉的部分控制到最小。同时，在没有识别到的部分上使用“标记要保留的区域”，单击该选项后，在图片上要保留的部分单击，直到变色；删除不需要的区域同理。

如果需要抠图片的细节，但视图太小怎么办呢？我们可以按住 Ctrl 并滚轮鼠标对图片进行放大与缩小，这样不管是多小的死角都能够照顾得到了。

图 3.2-39

调整完毕，单击“保留更改”按钮，可以看到背景已经被删除掉了，如图 3.2-40 所示。

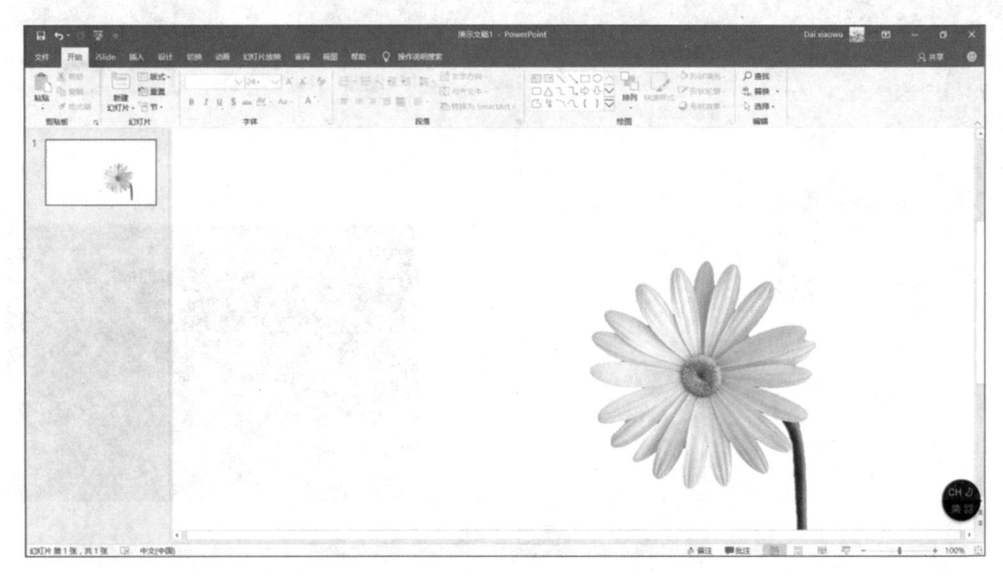

图 3.2-40

## 3.2.3 还是没感觉？那就让它动起来

在前文中提到 GIF 图片的作用，那么该如何制作 GIF 动图呢？

1. SOOGIF——在线制作 GIF 动图

如图 3.2-41 所示，我们可以通过专门的网站——SOOGIF（https://www.soogif.com/），来在线制作 GIF 动图。

图 3.2-41

2. 抠抠视频秀——只需两步，视频 / 动作变动图

抠抠视频秀是一款可以让用户方便截取任何视频网站上的片段，并把它们转化为 GIF 动图的软件，如图 3.2−42 所示。抠抠视频秀是直接在视频网站上抓取视频，可任意改变视频抓取或 GIF 生成的帧频，打造你想要的快进动画或慢动作动画。

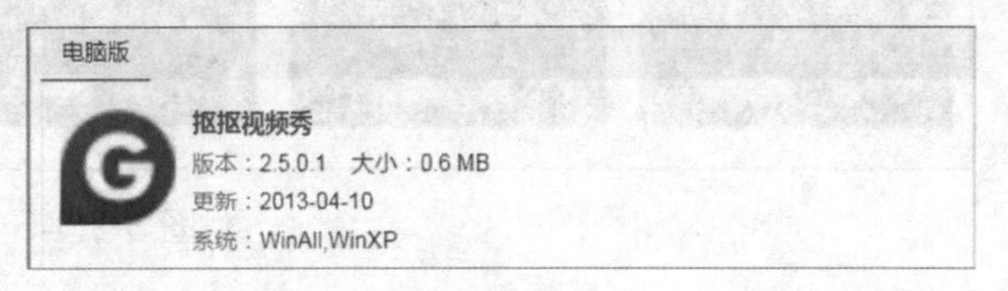


图 3.2−42

3. 手机 App：动态图片制作 -GIF 动图编辑、GIF 制作器

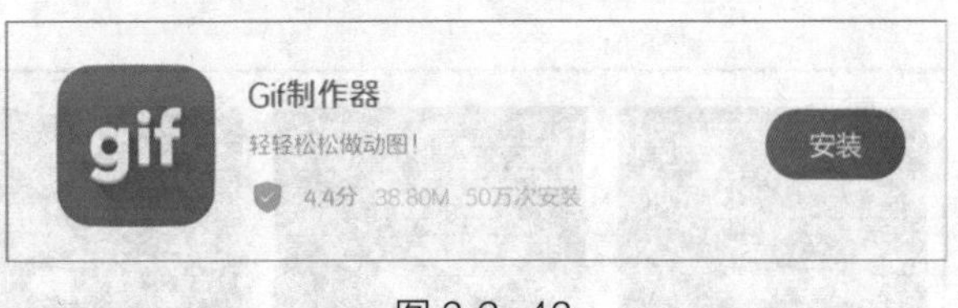


图 3.2−43

如图 3.2−43 和图 3.2−44 所示，动态图片制作 -GIF 动图编辑、GIF 制作器是手机端制作动图的有效工具。这两款 App 从大体上来说，都支持图片 / 视频 / live 及连拍的转换，使用方法也十分简单，容易上手。但相比较而言，图片分辨率及很多细节上的处理还是有不到位的地方，可能不适合对图片质量要求较高的 GIF 动图需求者。

图 3.2−44

## 3.2.4 会用手机修图，就会用 PPT“修图”

说到修图，我们先要对与修图有关的几个名词进行一个简单的说明。

- 亮度：一张图片亮度高则亮，亮度低则暗（见图 3.2−45）。

图 3.2−45

- 对比度：指一张图像中最亮的颜色与最暗的颜色之间不同的亮度阶级。一张图片对比度高则明暗关系明确，对比度低则令人感受不到明暗关系（见图 3.2−46）。

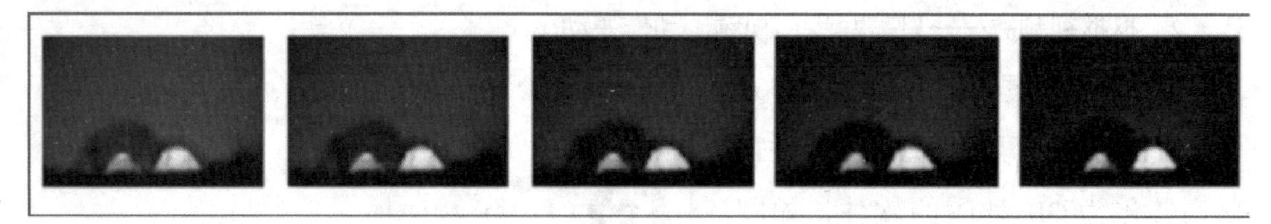

图 3.2-46

● 清晰度：清晰度的高与低影响图片的清晰程度，在 PPT 里，显示为“锐化 / 柔化”（见图 3.2-47）。

图 3.2-47

● 饱和度：指图片上色彩的纯度，饱和度越高的图片越鲜艳，零饱和度的图片会变成黑白色（见图 3.2-48）。

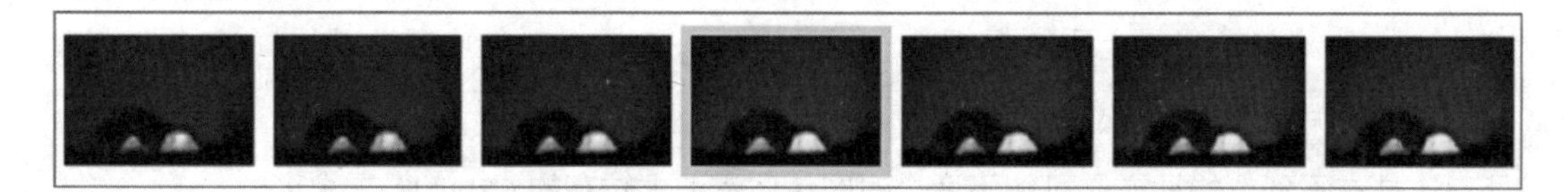

图 3.2-48

● 色温 / 色调：颜色也是有“温度”的，这里的“温度”指的就是色温，色温与天气的温度同理。当色温高时，图片呈暖色调，也就是橙红色调；当色温低时，图片呈冷色调，也就是蓝色调（见图 3.2-49）。

图 3.2-49

1. 图片不够亮，对比不够强烈

对于一个“小清新”风格的 PPT 来说，配一张“暗黑系”风格的图片就是美中不足了。不过，这时你可以试着调整图片的亮度与对比度，来改变这种“暗黑系”图片，如图 3.2-50 和图 3.2-51 所示。

图 3.2-50

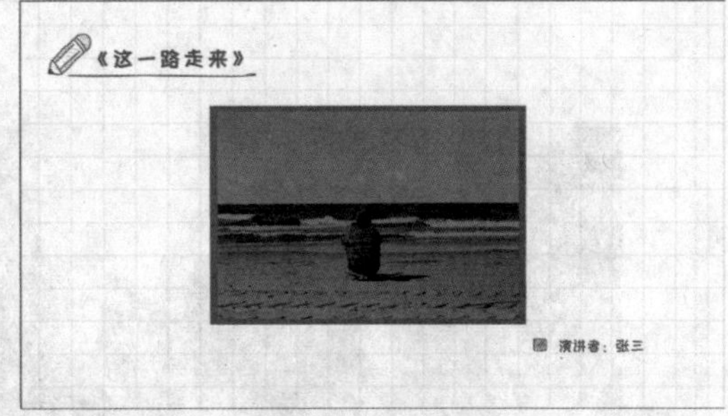


图 3.2-51

选中图片，单击“图片工具—格式”→“调整”组的“校正”下拉选项。在展开的列表中的“亮度 / 对比度”中，可以看到有很多组预设，根据你的 PPT，选择相应的预设，如图 3.2-52 所示。就这些预设而言，从左至右的亮度 / 对比度是由低至高的。

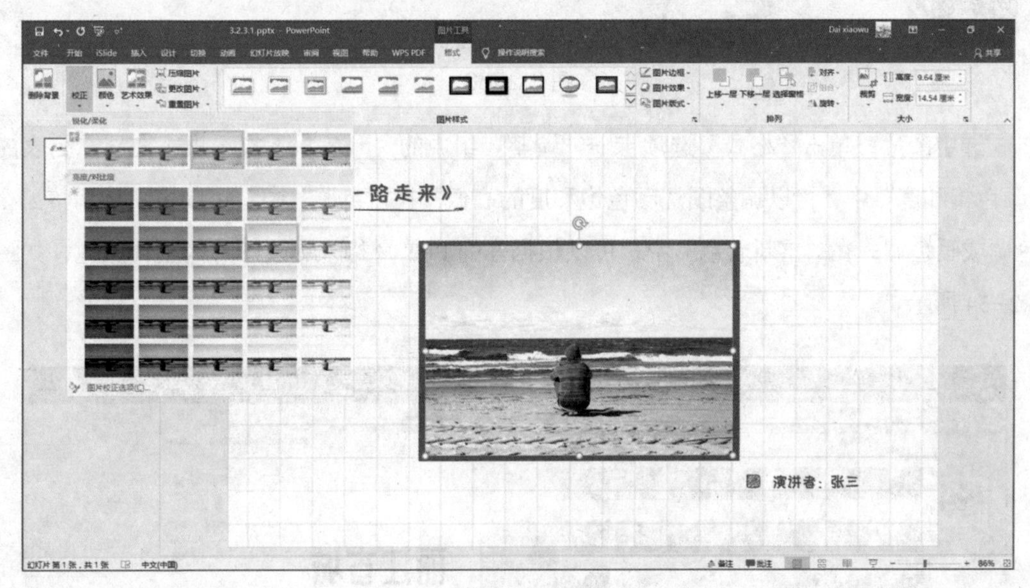


图 3.2-52

2. 对图片颜色不满意怎么办

如果你对 PPT 中的图片颜色不满意，那么你可以考虑给图片换色——黑白变彩色，彩色变黑白，不光能变色，还能增加“艺术”的气息，如图 3.2-53 所示。

图 3.2-53

选中图片，单击“格式”选项卡→“调整”组中的“颜色”下拉选项，在展开列表的“颜色饱和度”中，可以调整图片颜色饱和度的高低；在“色调”中，可以把图片调整为冷色调或暖色调；在“重新着色”中，可以根据你的 PPT 风格来更改图片的整体颜色，如图 3.2-54 所示。

图 3.2-54

如果这些还不够，可以尝试用“图片颜色”选项，如图 3.2-55 所示。

Tips：在“颜色”下拉列表中，有一个“设置透明色”选项，它可以让选中区域的特定颜色变得透明，与之前的“删除背景”效果相似。不过，这个功能要求图片的背景颜色单一，并且最好是对比度比较强的图片，这样效果才会好。若是背景复杂、对比度不够强烈的图片的话，那么还是建议用“删除背景”来修改图片。

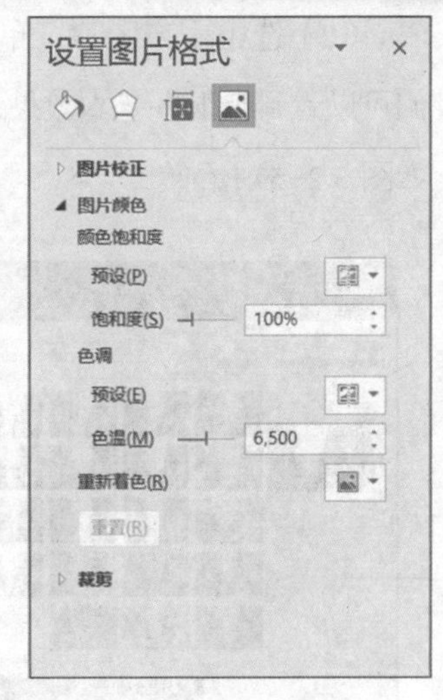


图 3.2-55

3. 图片不够艺术，给它加“滤镜”

我们在拍照时，觉得照片不够艺术，一般会选择加滤镜。同样，在 PPT 的制作中，如果我们使用的图片不够艺术，也可以为图片加“滤镜”。除了加滤镜外，也可以选择为图片添加“相框”，从而更生动地展示图片。

说到图片艺术样式，不得不提一下“虚化”。在很多图片的场景中，由于背景与主体主次不分，造成图片对人的视觉冲击力降低，使得 PPT 的效果大打折扣，而用好“虚化”，能在很大程度上解决这个问题。

（1）选中图片，执行复制粘贴操作，快捷键是“Ctrl+C”和“Ctrl+V”，将上下两张图片重合，随后选中上方的图片，裁剪出需要突出的部分，如图 3.2-56 所示。

图 3.2-56

（2）选中下方图片，单击“格式”→“调整”组中的“艺术效果”下拉选项，这时我们可以看到有很多艺术效果，选择“虚化”（在这些缩略图中，最模糊的那个就是“虚化”），如图 3.2-57 所示。

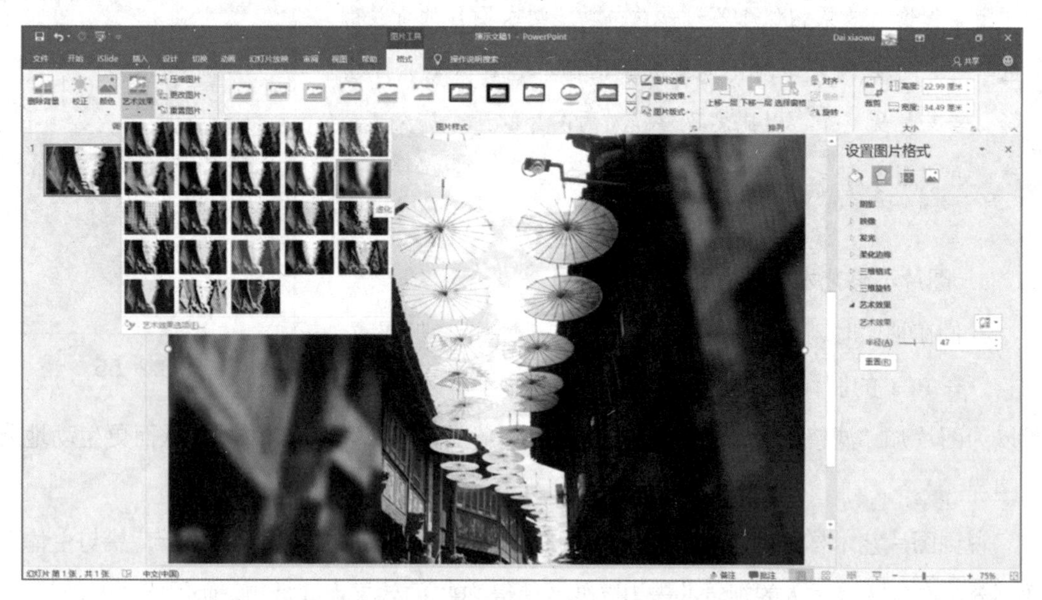


图 3.2-57

（3）仍旧是图片格式页面，在“艺术效果”中单击“艺术效果选项”，即可调整艺术效果的透明度与浓度。调整栏在页面右侧，如图 3.2-58 所示。

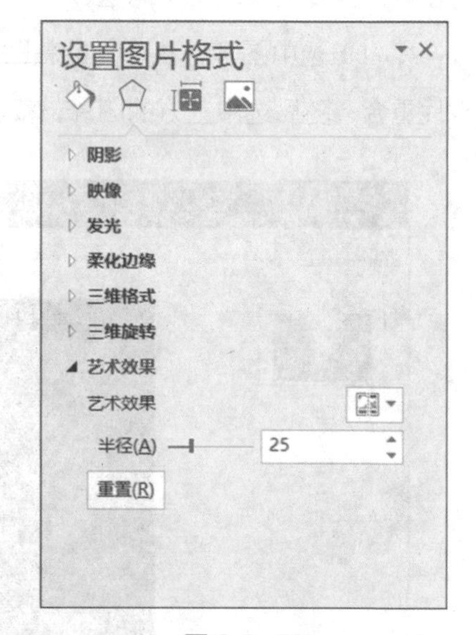


图 3.2-58

（4）如果此时你觉得图片仍不够“艺术”，可以单击“格式”选项卡→“图片样式”下拉按钮，即可显示所有图片样式并可以选择。这里有一个“柔化边缘矩形”，可以将上方未被虚化并裁剪好的图片与下方被虚化的背景图片很好地融为一体，使整体的图片效果趋于自然，如图 3.2-59 所示。

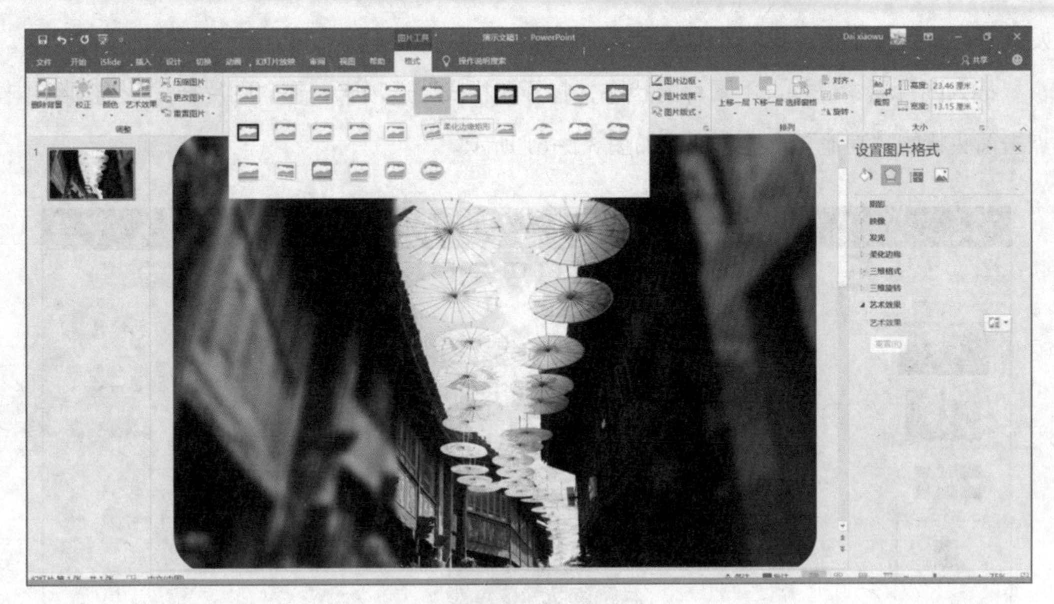


图 3.2-59

（5）最后加文字与形状修饰，可以得到虚化背景，强调图片主体的效果，如图 3.2-60 所示。

图 3.2-60

**Tips：**如果是多个图片，可以按住Shift键，依次单击每张图片，即可进行图片多选。

4. 图片没气势，添加图片样式吧

给图片添加样式与给文字添加样式有异曲同工之处，都是为对象添加边框、阴影、外发光等样式。接下来，我们来为大家详细解读。

插入图片后，保持选中图片的状态，打开“格式”选项卡，在“图片样式”选项组中，点击箭头状的“其他”下拉选项，如图 3.2-61 所示。

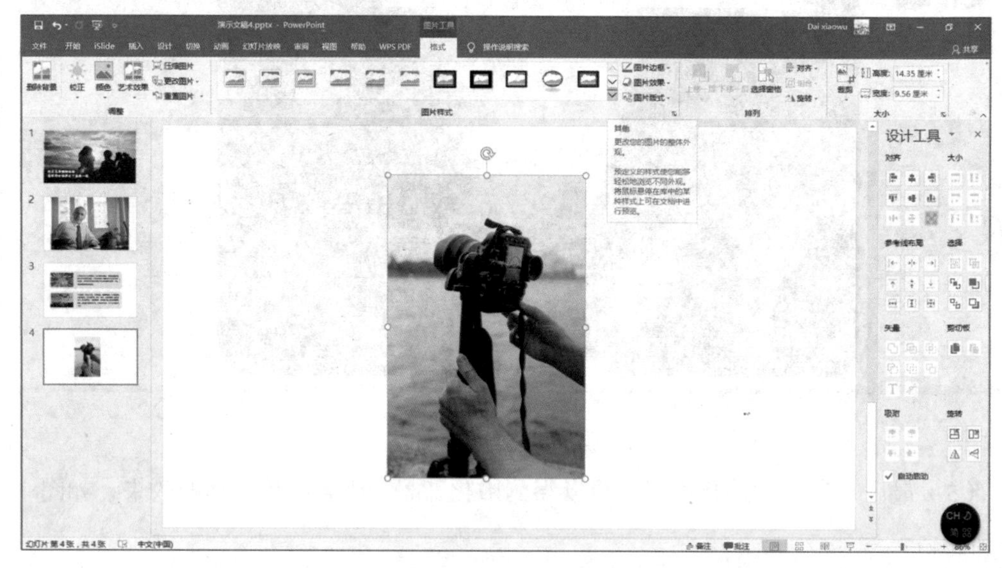


图 3.2-61

（1）选择任意一款样式，将鼠标移动到样式上，即可在幻灯片的编辑区看到该样式的预览，如图 3.2-62 所示。

图 3.2-62

（2）在“格式”选项卡→“图片样式”选项组中的“图片边框”下拉选项中，可以对图片的边框颜色、粗细，以及边框样式进行设置，如图 3.2-63 所示。

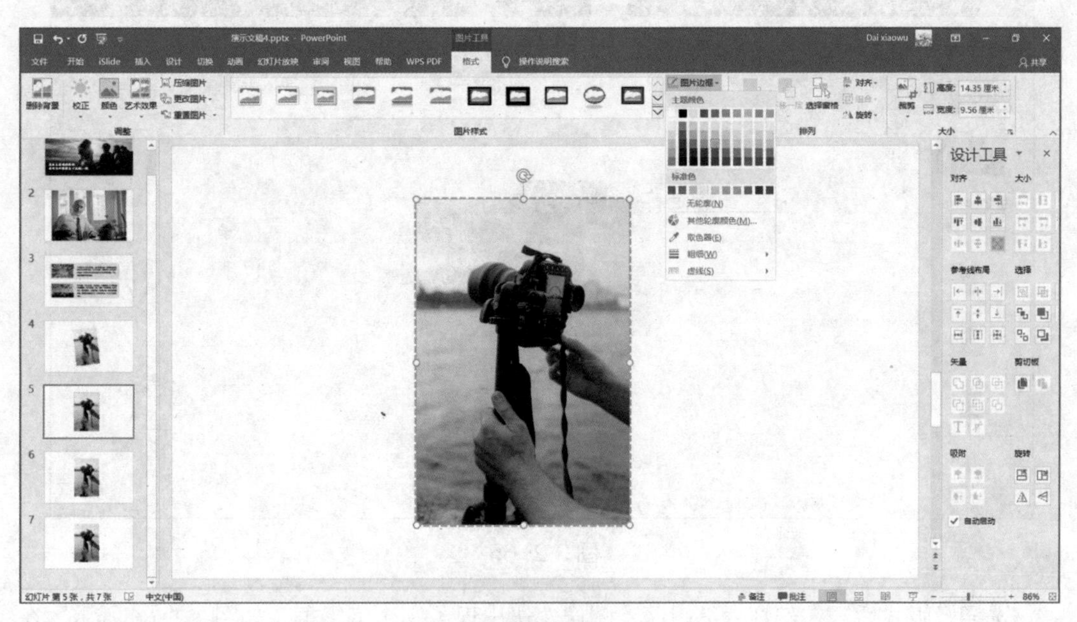


图 3.2-63

在“图片效果”下拉列表中，可以设置图片的阴影、映像、发光等样式，如图 3.2-64 所示。

图 3.2-64

而在“图片版式”中，有图片 + 文字的组合，如图 3.2-65 所示。在一定意义上可以说是一种图文模板。一张幻灯片内需要有多组图文的话，可以使用这些版式。

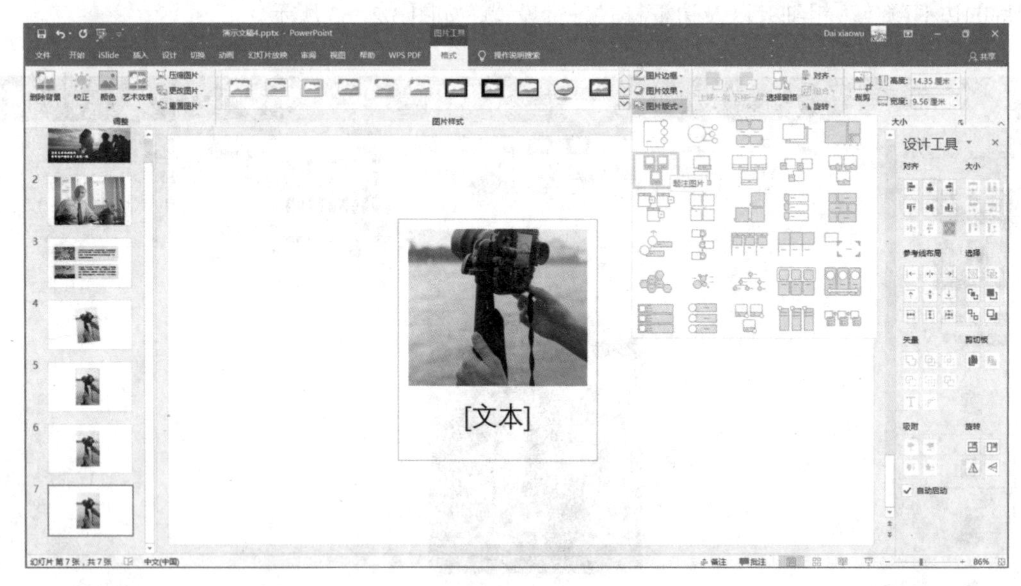

图 3.2-65

选择好版式后，在幻灯片编辑区、图像左边出现了一个编辑框，如图 3.2-66 所示。在编辑框中，选择左侧的图片缩略图，则可对图片进行编辑；选择左侧的文本输入框，则可在右侧样式中添加文字内容。

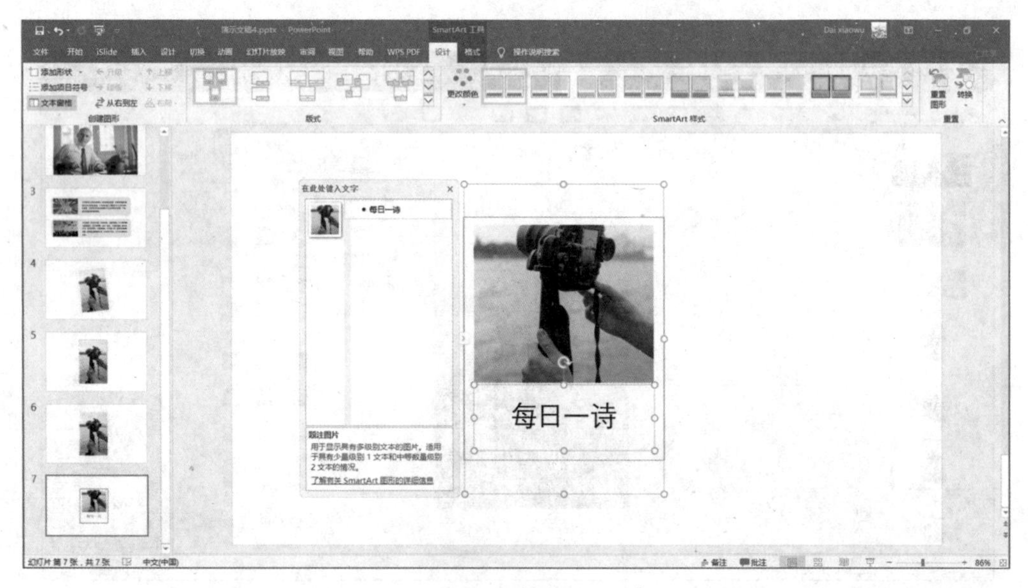


图 3.2-66

## 3.3 在 PPT 中使用图片的要点与误区

当你对满屏的文字愁眉不展不知如何排版时，可以试着使用图片；当你苦恼于自己的 PPT 该如何给人留下深刻的印象时，可以试着使用图片。图片需要选择高清且要与你的主题有关联性，这是选择图片时最需要注意的，所以首先你需要明确图片的使用意图。

### 3.3.1 明确图片的使用意图

在制作一个图文类 PPT 时，除了要明确 PPT 的主题之外，最重要的就是要明确图片的使用意图，是想要使画面变得更干净、简洁、鲜艳，还是更加明确主题或是烘托气氛？在 PPT 的设计中，图片不仅仅是美丽的像素。下面分析整理了几种制作 PPT 时的常见意图，以此简单地总结制作 PPT 时常见的图片使用场景。

1. 以图片为主的展示场景

该场景一般出现于产品发布会，或者向观众介绍一些特定物品、技术时。这种场景以“展示”二字为中心，视觉焦点一定是在你想要展示的产品上，所以存在这种意图时，要注意不要让文字遮挡图中要展示的物品，要给图片足够的空间刺激观众的视觉，如图 3.3-1 所示。

图 3.3-1

2. 辅助文字做进一步解释说明

没有思考地随意插入图片，会导致 PPT 质量的低下。例如，以“母爱”为题，如果只用文字，那么 PPT 表现出来的效果可想而知，很大一部分观众可能无法被代入到情景中。

在案例中，在文字的立意十分明确的基础上，搜索图片时，围绕“母爱”一词，并将色调锁定为暖色调（色调给人带来的心理暗示见 4.2 节），就能够很快地找到一张合适的配图，而图片在这里的作用是辅助文字，如图 3.3-2 所示。

当然，这只是一个案例，图片对文字的进一步说明在 PPT 的设计制作中有更加广泛的使用场景，在本书中我们可以慢慢熟悉。

图 3.3-2

3. 引导观众视觉

一些特定的图片，会起到引导观众视觉的作用，如图 3.3-3 所示。

图片在引导观众视觉方面，最直观的表现就是图片中人的视线，在观看一个 PPT 时，观众会下意识地遵循图片中的人物视线轴，这时，图片给 PPT 带来的作用就是引导观众的视觉。

图 3.3-3

这里需要注意的是，图片中的人物视线要“向内”，不要“向外”。图片中人物视线“向内”，才会引导观众观看 PPT，如果人物视线“向外”，就会把观众的视线引出 PPT。

4. 渲染演示气氛

当演示文稿用于年节、动员大会、总结等场景时，一个符合主题意境的配图会渲染气氛。因此，一般自身就带有某些意境或氛围的图片，在渲染气氛方面具有十分重要的作用，如图 3.3-4 所示。

图 3.3-4

## 3.3.2 避免图片与 PPT“三观不合”

前文说到，在制作 PPT 的过程中，图片是必不可少的，但还有这样一句话：“只要对的，不要贵的。”这句话放在我们制作 PPT 的语境中，就是与你的 PPT“三观”相符的图片，才是真正适合的图片。并且，我们经常能遇到这种情况，找到的图片很满意，但开始制作 PPT 时，图片因为放置的位置不对、尺寸不对，或者图片虽然漂亮，却与文案内容相差甚远……所以，我们在找图片或放置图片时，一定要注意以下几点。

1. 避免内容不合

在制作 PPT 之前，自己需要对 PPT 有一个大致的了解，确定整体的主题与风格后，再进行图片查找，而不是毫无把控地随便选择图片，如图 3.3-5 所示。用对图片，会给你的 PPT“锦上添花”；用错图片，就是给你的 PPT“雪上加霜”。

图 3.3-5

2. 避免尺寸不合

所有照片类的素材都是平铺来作为幻灯片背景使用的，在实际制作 PPT 时，这种情况只是一部分，还有很多需要把图片缩小，或者多图并存的情况。

如图 3.3-6 和图 3.3-7 所示，掌握不好图片的尺寸大小，会给版面造成视觉障碍。图片太大，整个版面显得拥挤；图片太小，图片的作用就由“对文字进一步的解释说明”，变成了“看文字才能知道图片表现的是什么”。所以，掌握好 PPT 中图片的尺寸，是重中之重。

图 3.3-6

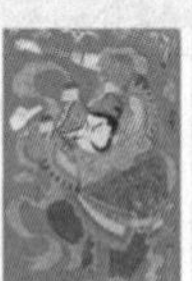



图 3.3-7

3. 避免质量不合

在搜索 PPT 中要使用的图片时，你可能会注意到图片与 PPT 合不合适这个问题，但此时你可能只关注图片与 PPT 是否合适了，而忽略了另外一个重要的点：图片的分辨率。分辨率不够，图片模模糊糊，有些图片甚至模糊到像打了马赛克，严重影响观众的观感，连带着对你的 PPT 印象极差，如图 3.3-8 所示。

1.年画的起源

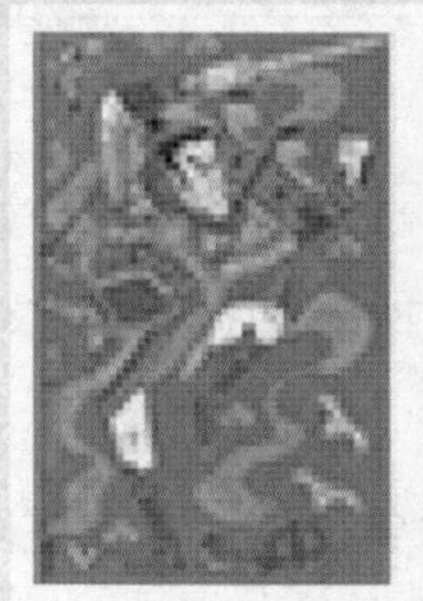

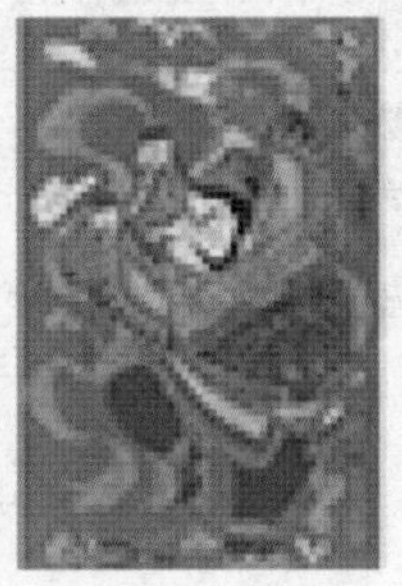

年画的起源可以追溯到3000多年前的殷商时代。

殷商时代正值我国巫文化的繁盛期，年头岁尾，先民喜好祭神、祭祖，于是形成了一系列的年俗活动，这便是传统的“春节”。发展到周代，每逢春节来临之际，周人便将一长方形的桃木板用来绘制神荼、郁垒两像，称为“门神”，以表达对众神及祖先的敬意，祈福避邪的意愿。

图 3.3-8

此外，还要注意图片是否带有水印。如果水印在图片的某个角上，我们可以通过“裁剪”工具将其裁掉；但如果水印在图片的正中间，或者铺满整张图片时，这张图片就不适合用在 PPT 当中了，如图 3.3-9 所示。此时，最好换掉这张正中间带有水印的图，或者删除图片中的水印。

1.年画的起源

年画的起源可以追溯到3000多年前的殷商时代。

殷商时代正值我国巫文化的繁盛期，年头岁尾，先民喜好祭神、祭祖，于是形成了一系列的年俗活动，这便是传统的“春节”。发展到周代，每逢春节来临之际，周人便将一长方形的桃木板用来绘制神荼、郁垒两像，称为“门神”，以表达对众神及祖先的敬意，祈福避邪的意愿。

图 3.3-9

## 3.4 图文类 PPT 的版式设计

在了解了图片在 PPT 中的重要性之后，你就学会了如何为自己的 PPT 配图。不过，在图片与文案都准备好了的情况下，你可能还想了解如何既美观又快速地把图片和文案放进空白的幻灯片中。所以，了解 PPT 的图文版式设计非常有必要。

图文版式中的两个主要部分就是图片与文字，在这里整理了“字在图前”“字在图侧”与“字在图中”三种类型的版式。

### 3.4.1 “我的标题就要大”——字在图前

“字在图前”主要是指标题页的版式设计。不过，这类版式不只适合于标题页，也适合于 PPT 的尾页与提要页。接下来，就此类版式需要注意的点，以几种特别的版式进行说明。

1. 电影式——大片既视感

这种版式与前几年所流行的一款 App——足记，做出来的图片十分相似，一张大的背景图，前面放上中英结合的字幕，选择文字后居中与图片对齐，一张完美的电影截图就呈现在了眼前，如图 3.4-1 所示。

图 3.4-1

但由于版式特点，这种电影式的 PPT 版式设计建议只用于标题页、尾页和提要页。因为要模仿电影，所以在整个版面上除了字幕部分可以放文字以外，其他部分还是不放文字为好。而至于具体怎么用，那就要根据每个 PPT 的不同风格来决定了。

2. 海报式——宣传效果很奇妙

对于海报，相信大家都不陌生，在我们日常生活中经常能够见到海报，这是一种非常见效的宣传手段。

众所周知，海报之所以能够被作为一种有效的宣传手段，其视觉冲击力相当重要。同理，在制作海报类 PPT 的过程中，也需要一点视觉冲击力，这样才能达到与海报相同的宣传效果。

但制作海报式 PPT 需要注意的一点是图片与文字的搭配。首先，要注意图片与文字的颜色搭配，要有明与暗、前与后的对比，这样观众才不会因为图片或文字的识别度不够而失去兴趣；其次，要注意图片与文字的风格搭配，这里的风格是指图片的气氛与文字字体的韵律，用好这两点，你的 PPT 将会设计感满分，如图 3.4−2 和图 3.4−3 所示。

图 3.4−2

图 3.4−3

3. 底纹式——乱中有序

乱中有序。乱是指当你找到一幅非常满意的图片，但作为背景相对来说较为杂乱，又不舍得放弃，遇到这种情况时，除了可以用“修图”方法以外，给文字添加底纹的方法就是在乱中找“序”。

但千万不要以为有了底纹就有了“序”，底纹与文字的颜色和样式也是画面秩序的一部分，对比图 3.4−4 和图 3.4−5，大家就能得出结论。

图 3.4−4

图 3.4−5

4. 文字式——这是一个例外

为什么说文字式版面是一个例外？因为该版面的精髓是通过图片与文字的搭配，让观众的注意力更多地放在文字上，画面作为补充。这一观点与整个章节都在讲的“图片为主，文字为辅”截然不同，所以说它是一个例外。不过，在满屏都是精美大图的环境中，以文字为主的版式设计将会脱颖而出，如图 3.4−6 所示。

图 3.4−6

但在文字式版面设计中，最重要的，也最容易陷入误区的就是——字体，选好字体对于文字版面设计的影响十分重大。衬线字体与非衬线字体？手写字体与打印字体？字体的选择影响整个版面。再加上文字式以文字为主，那么相应的，文字在整个画面中占据的空间应该是比较大的，从而才能起到吸引人注意的目的。所以，在字体的选择上，最好选择粗壮、坚硬的字体样式，如图 3.4−7 所示。

图 3.4−7

## 3.4.2 文字与图片的和谐共处——字在图侧

“字在图侧”版式有两种：一是文字与图片常规排列，二是非常规排列。这种版式既可以做标题页、尾页与提要页，也可以做内容页。

### 1. 常规操作——中规中矩

一些展示照片，或者以照片为辅助，主要展示文字的场合，最适合这种常规版面。这种版面给人一种整洁、有序的感觉，一般用于学术报告或工作报告中。

常规版面可以分为图上文下、图下文上、图左文右、图右文左四种简单的版面。不用很严格地将画面对半分，版式要求很宽松，在文字附近加上一点图形或其他点缀，能够显得整体画面不那么死板。需要注意的是，文字或用于点缀的图形不一定要用黑色或白色，最好是能够与图片的颜色相呼应，这样看上去整体性更强，画面也会更和谐，如图 3.4−8、

图 3.4-9、图 3.4-10、图 3.4-11 所示。

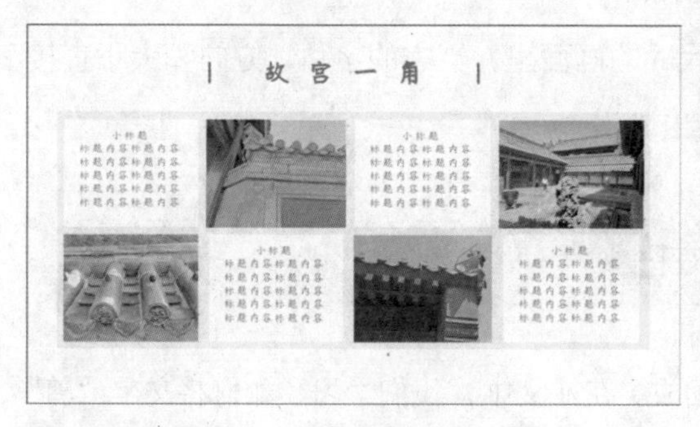


图 3.4-8

图 3.4-9

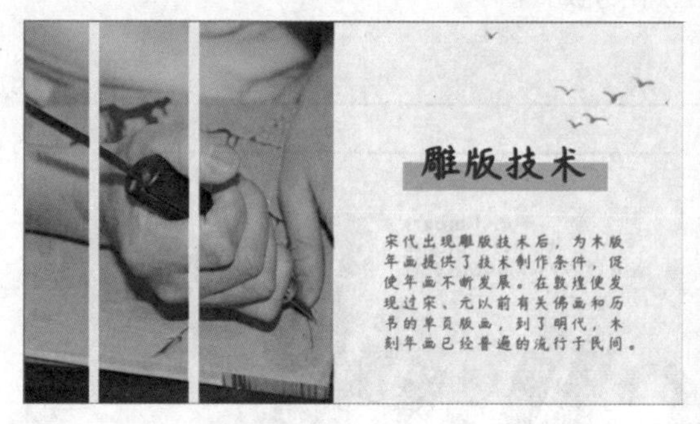


图 3.4-10

图 3.4-11

2. 非常规——打破规则的桎梏

比起常规版面，非常规版面能够迅速抓住人的眼球。但就非常规版面来说，很难为它们进行分类。所以，接下来我们要讨论一下非常规版面的一些技巧与要点。

在排版非常规版面时，我们首先要想到的是，如何让版面看起来“非常规”，我们可以从图片形状裁剪、文字字体的方向及颜色、画面内要素大小对比等方面入手。

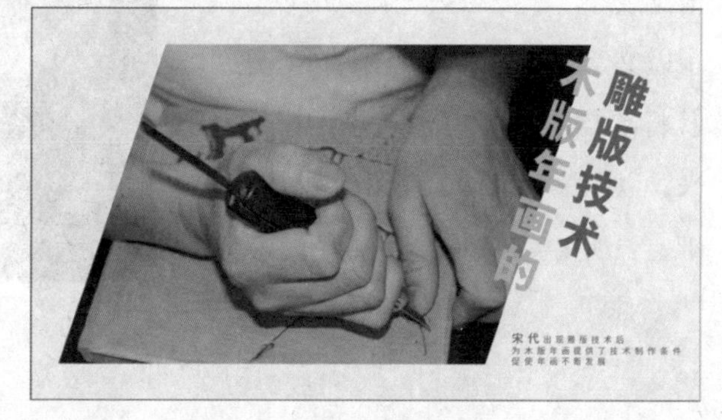


图 3.4-12

在人们的思维及视觉系统中，常常会被色彩鲜艳或者外形奇特的事物吸引，这也就是为什么要把图片裁剪成各种形状。我们日常所见的常规形状中，正方形、长方形、椭圆形、圆形等形状比比皆是，人们在一定程度上已经产生了视觉疲劳，所以利用常规形状之外的其他形状，能够更快速地脱颖而出，如图 3.4-12 所示。

其次，文字大小也是有讲究的，在同一尺寸的画面里，文字的字体、方向和大小直接影响版面吸引力，这可以从第二章的讲述中看出。

### 3.4.3 图与文真正意义上的融合——字在图中

本小节与前文中将图片“剪”成字相辅相成。在前文中，我们学习了如何将文字“剪”成图片，也就是给文字加上图片的底纹。那么在这一小节，要完成字在图中的版式设计，这一方法是必不可少的。接下来介绍几种字在图中的版式。

1. 以文字为载体表现图片

以文字为载体表现图片，就是将文字作为载体，在载体上进行对图片内容的表达，在这一版式中，文字与图片相辅相成，两种元素的巧妙结合增强了画面的视觉冲击力。这里需要注意的一点是，为了能更好地表现图片内容，文字在某种程度上要按需做变形，如图 3.4-13 所示。

图 3.4-13

2. 字与图的融会贯通

所谓融合，即不同个体或不同群体在一定的碰撞或接触之后，认知、情感或态度倾向融为一体。所以，除了以文字为载体来表现图片外，还可以将字与图二者用逆向思维串联起来，以图片为载体，在图文融合的基础上表现文字，如图 3.4-14 所示。

图 3.4-14

# 极简风PPT——图像与图形的奇妙邂逅

PPT 的类型有很多种，但近年来，在职场办公场合中适用范围最广的应该就是极简风格的 PPT 了。极简风格 PPT 以其自带高端与大气的风格席卷了整个商务办公界。所以，能够制作一个极简风格的 PPT，将成为现代商务办公中的“撒手锏”。

本章我们将极简风格与 PPT 图形相结合，在极简风格 PPT 的制作基础上，带领大家学习 PPT 中与图形有关的知识。

# 4.1 不要把“极简”与“少”画等号

“极简”与“少”一样吗？并不是，“极简”在真正意义上来说，仅仅是将幻灯片中元素的视觉效果做到最精简，但该有的元素一样不少。不要把“极简”与“少”画等号，不然你的 PPT 看起来会很“简陋”。

## 4.1.1 到底什么是极简风 PPT

可能大家对极简风 PPT 还不够了解。所以接下来，先带大家欣赏几页极简风格的幻灯片案例，如图 4.1–1 至图 4.1–4 所示。

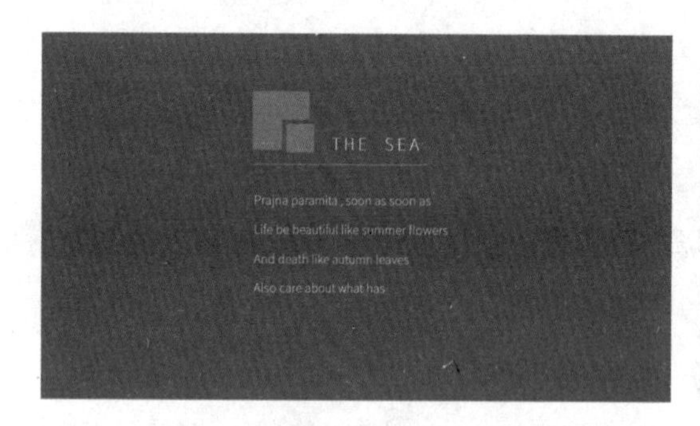


图 4.1–1

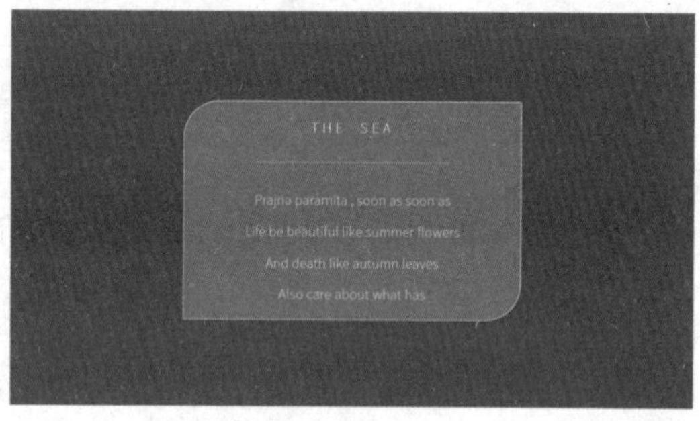


图 4.1–2

图 4.1–3

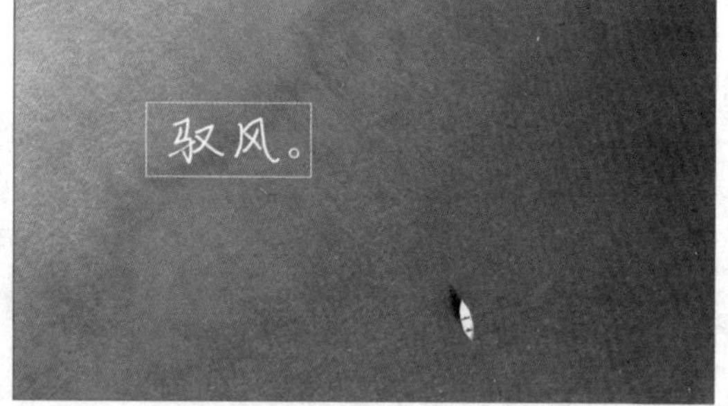


图 4.1–4

结合案例我们能够更加了解，“极简”顾名思义就是极其简约的意思，比起繁复华丽的 PPT，经过合理简单设计的 PPT 反而更具有美感。使 PPT“简”到极致，就算是不懂设计的小白看到也会惊叹它所带来的视觉美感。

## 4.1.2 极简风格，你需要避免的几个误区

### 1. 避免混乱的视觉

极简风 PPT 之所以“极简”，是因为它在视觉上做到了简单大方，如果从视觉上来看就让人感到混乱与复杂，那么它就不是一个合格的极简风 PPT，如图 4.1–5 和图 4.1–6 所示。

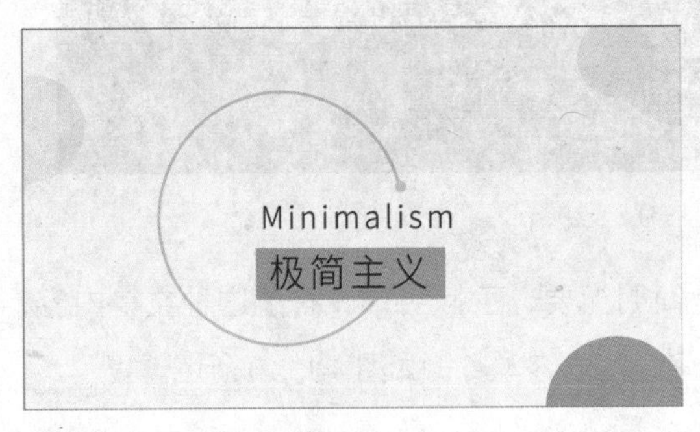


图 4.1–5

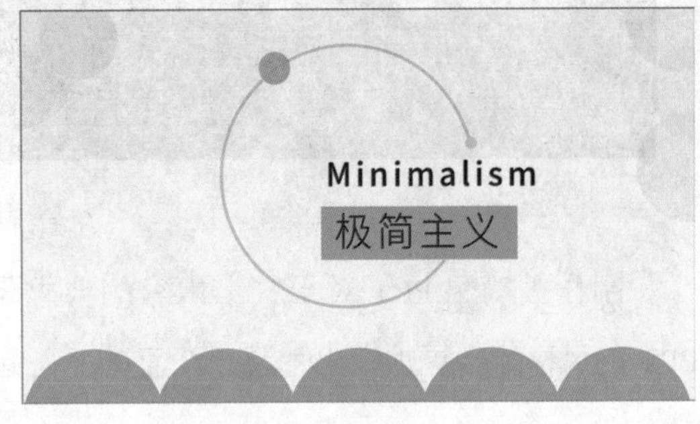


图 4.1–6

极简除了要简化文字内容外，还要简化一些视觉元素，如图 4.1–5 和图 4.1–6 中出现的形状元素和色彩元素，都应该做出一定的删减和简化。精简化后的效果才更加符合极简风格，如图 4.1–7 和图 4.1–8 所示。

图 4.1–7

图 4.1–8

### 2. 极简并非内容单薄

实际上，极简风 PPT 中的文字内容确实不宜过多（见图 4.1–9），但也不是把长篇的文本内容简化成单薄的几句话，一味地追求视觉也不可取。其实还有很多类型的 PPT 适合放入长篇文本，不必过于纠结极简风 PPT 这一种手法。

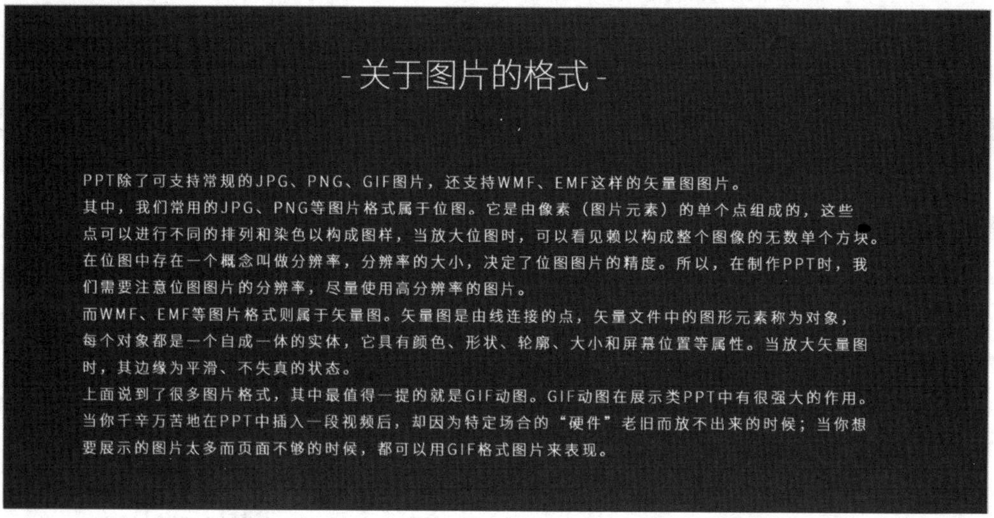

- 关于图片的格式 -
PPT除了可支持常规的JPG、PNG、GIF图片，还支持WMF、EMF这样的矢量图图片。
其中，我们常用的JPG、PNG等图片格式属于位图。它是由像素（图片元素）的单个点组成的，这些点可以进行不同的排列和染色以构成图样，当放大位图时，可以看见赖以构成整个图像的无数单个方块。在位图中存在一个概念叫做分辨率，分辨率的大小，决定了位图图片的精度。所以，在制作PPT时，我们需要注意位图图片的分辨率，尽量使用高分辨率的图片。
而WMF、EMF等图片格式则属于矢量图。矢量图是由线连接的点，矢量文件中的图形元素称为对象，每个对象都是一个自成一体的实体，它具有颜色、形状、轮廓、大小和屏幕位置等属性。当放大矢量图时，其边缘为平滑、不失真的状态。
上面说到了很多图片格式，其中最值得一提的就是GIF动图。GIF动图在展示类PPT中有很强大的作用。当你千辛万苦地在PPT中插入一段视频后，却因为特定场合的“硬件”老旧而放不出来的时候；当你想要展示的图片太多而页面不够的时候，都可以用GIF格式图片来表现。

图 4.1-9

制作极简风 PPT 对于文字内容的要求是简明扼要，主旨明确。有了这种文字内容，PPT 的风格才会更加突出主题，从而让观众更多关注内容本身，如图 4.1-10 所示。

- 关于图片的格式 -
位图
JPG
GIF
PNG
WMF
矢量图
EMF

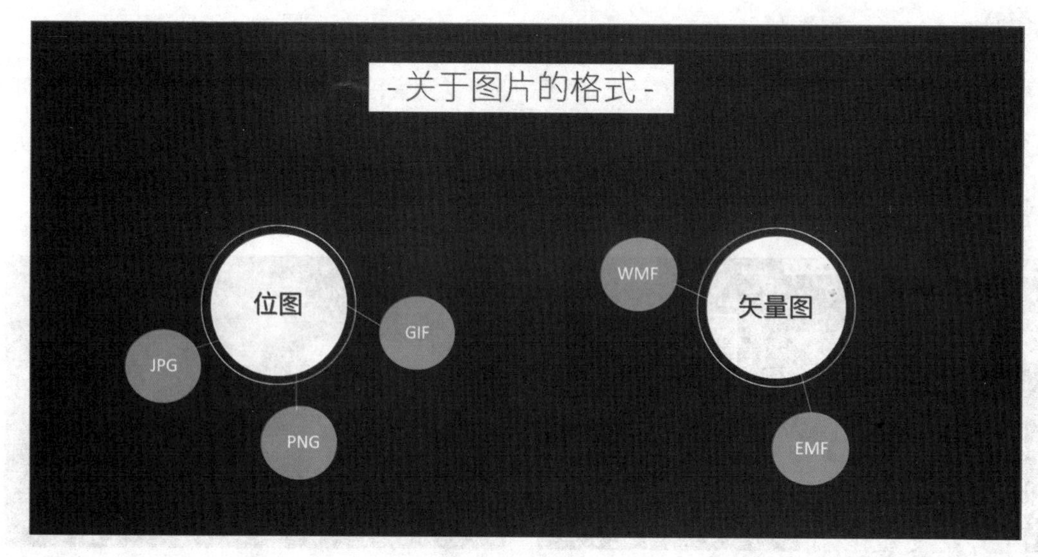

图 4.1-10

3. 颜色也要“极简”

制作极简风格的 PPT 时，除以上两点外，大家常常还会陷入这样一个误区：颜色多就显得花哨，所以极简风格的 PPT 里只能放一两种颜色，如图 4.1-11 所示。

图 4.1–11

其实并不都是这样，由于极简风格一般只用到一张图像，或几种图形来填充一页幻灯片，在形式上就难免过于“简陋”。除了一些图片信息或文字内容较为丰富，能够支撑住整个幻灯片界面，或者特意为突出某些内容的情况外，合理地使用一些除黑白灰外的丰富颜色，不仅不会造成混乱，还会使你的内容更加突出，如图 4.1–12 所示。

图 4.1–12

## 4.1.3 图“片”与图“形”

1. 关于图片：丰富的视觉表现力

极简风格的 PPT 也可以用图像来制作，但极简风格的幻灯片对图片的要求更高。除了要符合演示文稿主题、像素高清、无水印、无码外，还需要图片具备极简设计的基本风格——图片内容不复杂并且留白较多，能够起到突出主题信息的作用，以便于大家设计排版。

同样是适配旅游风景的极简幻灯片设计，图 4.1–13 与图 4.1–14 对比，你会选择哪一张？

图 4.1–13

图 4.1–14

显然，图 4.1–13 比图 4.1–14 更适合用来制作极简风格幻灯片。

作为表达“健身”这一主题的极简风格幻灯片，图 4.1–15 与图 4.1–16 哪张更适合呢？

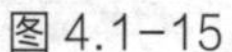

图 4.1–15

图 4.1–16

2. 关于图形：简洁流畅的“线”

基于极简风格 PPT 对视觉效果的要求，我们务必要为页面做简化。在一些找不到合适图片的场合下，就需要图形来帮忙。这里并不是说图形可以代替图片的作用，而是在想要一些较为抽象的概念时，苦于没有图片素材来制作极简化 PPT 时，与其独自苦恼，不如试着使用图形。

首先，我们要知道图形即为闭合的线——直线、弧线、曲线，如图 4.1-17 所示，这三种线在极简风 PPT 中经常用到。

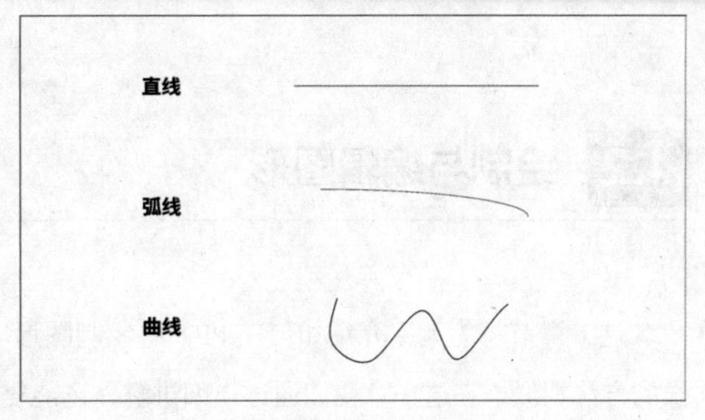

图 4.1-17

其次，图形可分为两类，一类是基础图形：矩形、圆形、椭圆形等。如图 4.1-18 所示。

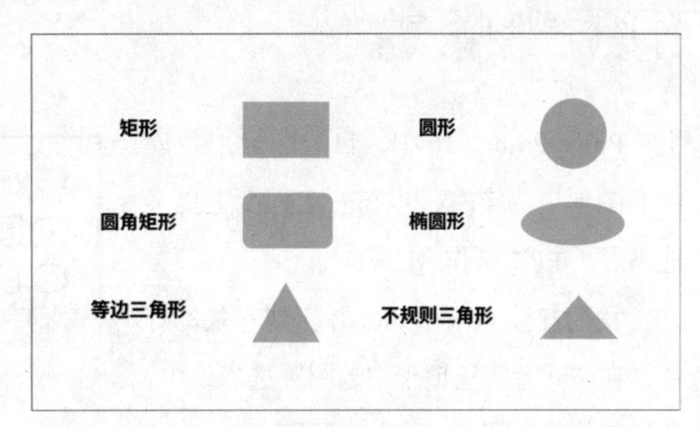

图 4.1-18

另一类是特殊图形：如图 4.1-19 中的星形、箭头形等，所有形状都可改变颜色与描边。一些形状，如流程图等，稍微改变一下颜色，就是可以直接拿过来使用的极为方便的素材。

图 4.1-19

那么图形该怎么画呢？接下来，将为大家介绍制作极简风 PPT 必不可少的一环——PPT 中图形的绘制与编辑。

# 4.2 绘制与编辑图形

这一章节将为大家介绍如何在 PPT 中绘制图形。其实，使用 PowerPoint 处理图形与图像的方法相似，在这一章我们通过详细讲解，还能复习到第三章与图片处理有关的内容。

## 4.2.1 图形的绘制

PowerPoint2016 中，自选图形形状库中的图形更为丰富，也在一定程度上更多地满足了 PPT 制作者的需求。

我们打开 PowerPoint 并新建一张幻灯片，在“开始”选项卡“绘图”选项组中，我们就能看到图 4.2-1 中的形状库。

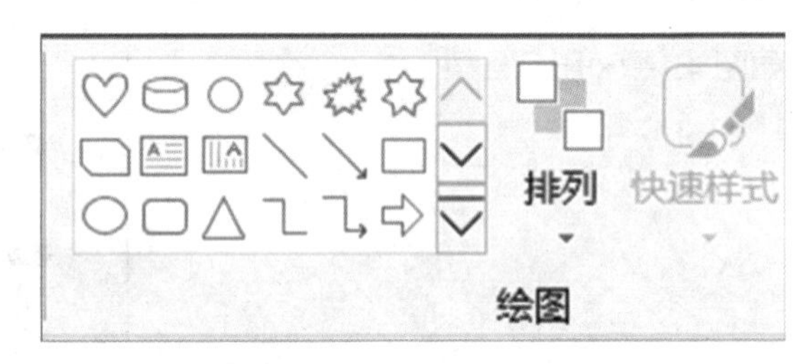


图 4.2-1

点击形状库的下拉选项，在展开列表中，我们能看到“最近使用的形状”“线条”“矩形”等多种形状选项，如图 4.2-2 所示。

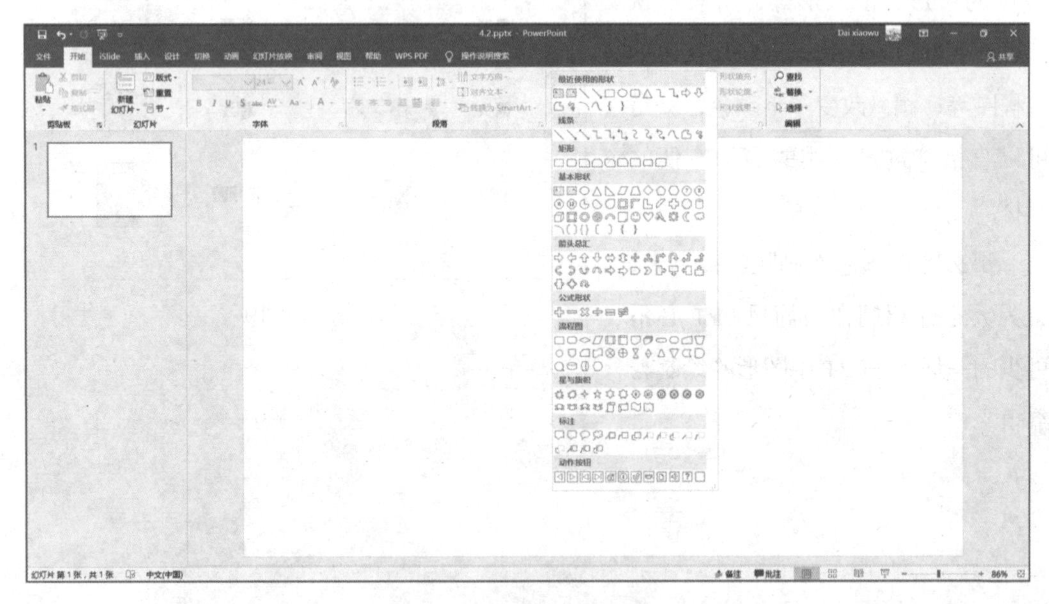

图 4.2-2

如何绘制形状呢？举个例子，在列表中点击矩形选项，点击后光标变成了十字形，在幻灯片编辑区按住鼠标拖曳出一个矩形，松开鼠标后得到一个画好的矩形，如图 4.2-3 所示。

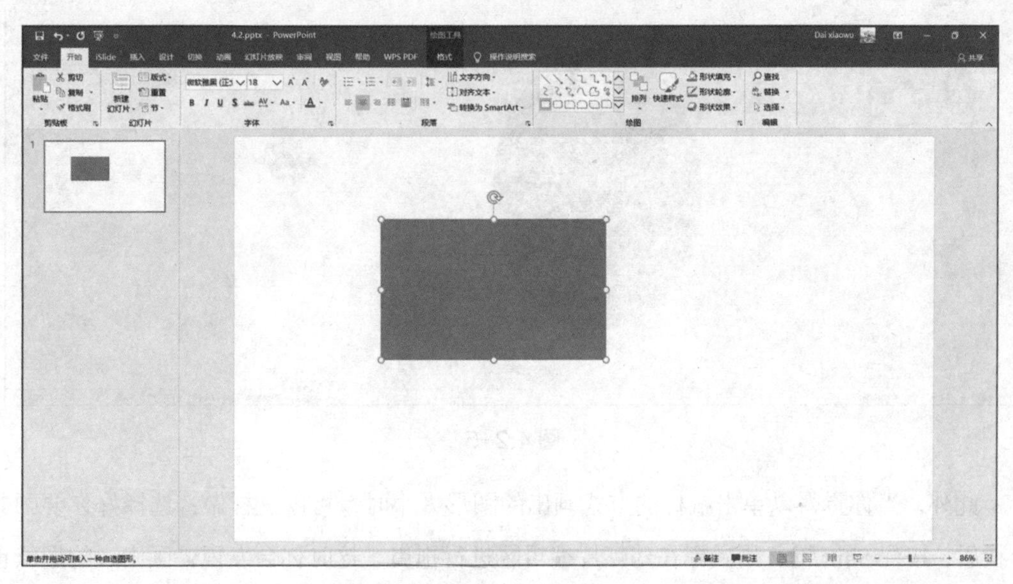


图 4.2-3

如果想要画一个正方形应该怎么办呢？只要选择矩形形状，在幻灯片编辑区单击一下鼠标，即可得到一个正方形，如图 4.2-4 所示。圆形等其他形状，也是如此操作，如图 4.2-5 所示。

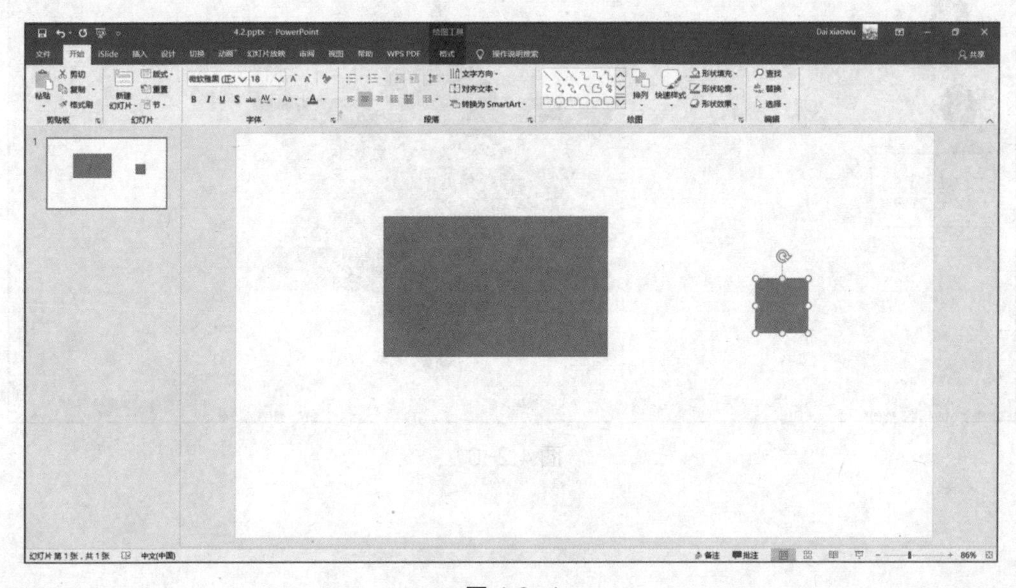


图 4.2-4

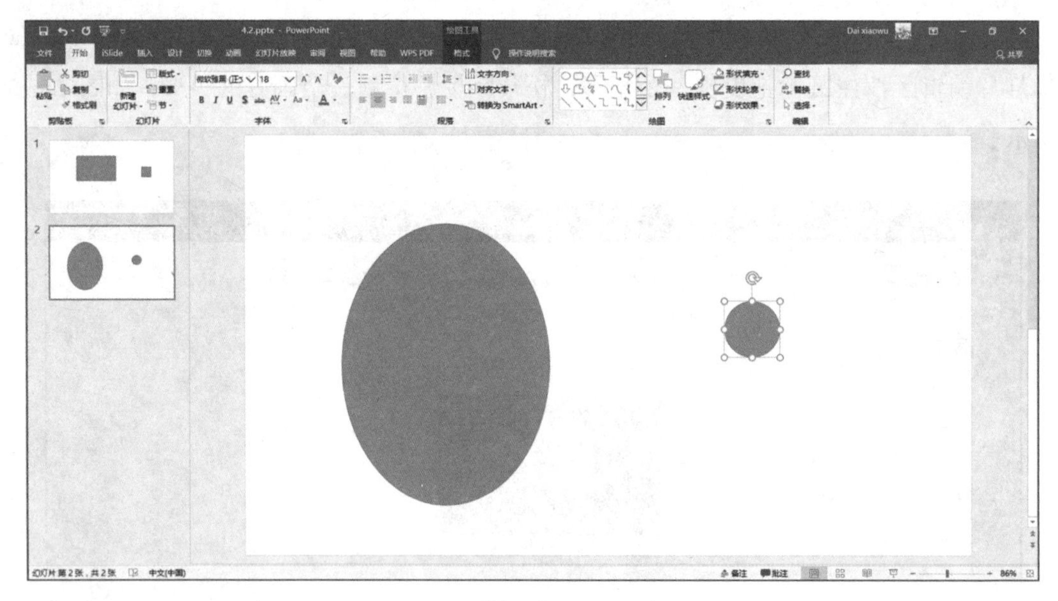

图 4.2-5

此外，当你觉得以单击鼠标的方式画出的图形太小时，可以这样做：选择好你要画的形状后，按住 Shift 键，用鼠标在幻灯片编辑区进行拖曳，这时你会发现，画出来的形状也是长宽比例 1 ： 1 的图形，如图 4.2-6 所示。

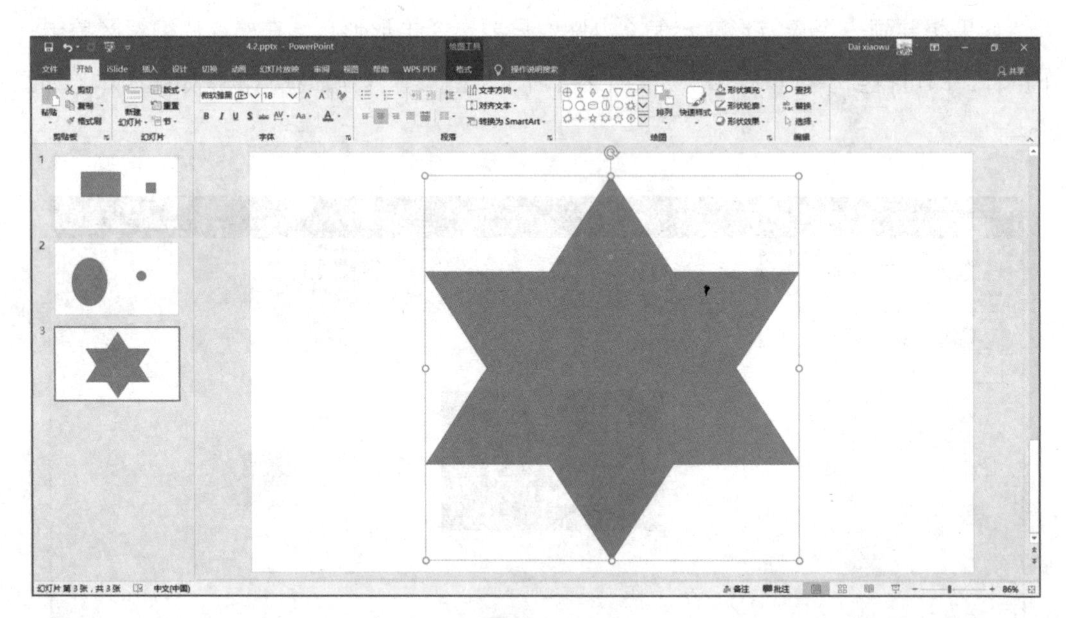

图 4.2-6

## 4.2.2　图形的基础调整

绘制图形后，我们要根据自己演示文稿的设计需求，来对图形的位置、大小、方向等参数做出调整。

1. 调整图形位置

选中要调整的图形，将鼠标光标置于图形上方，这时我们的光标变成了十字形，按住鼠标即可对图形的位置进行调整，如图 4.2−7 和图 4.2−8 所示。

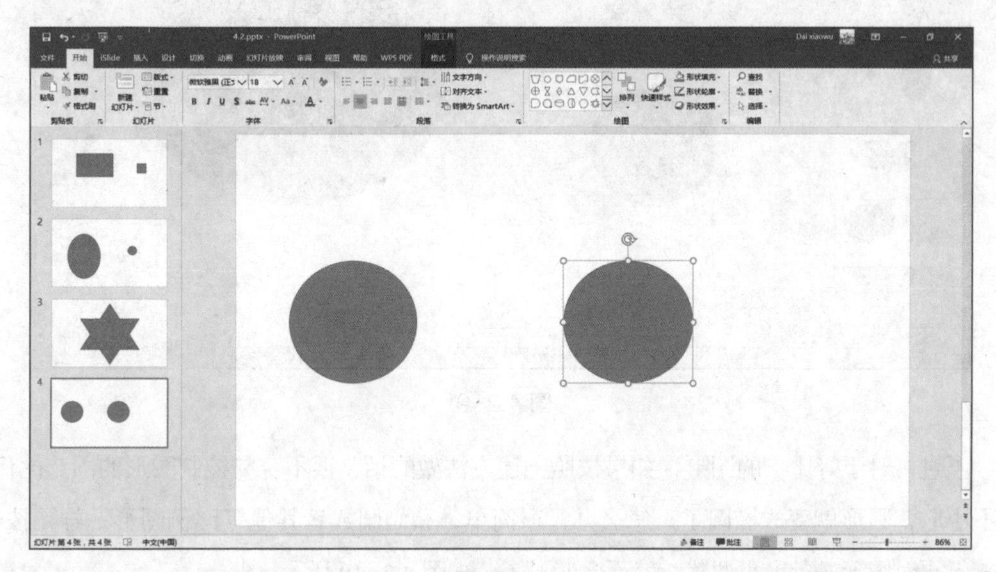


图 4.2−7

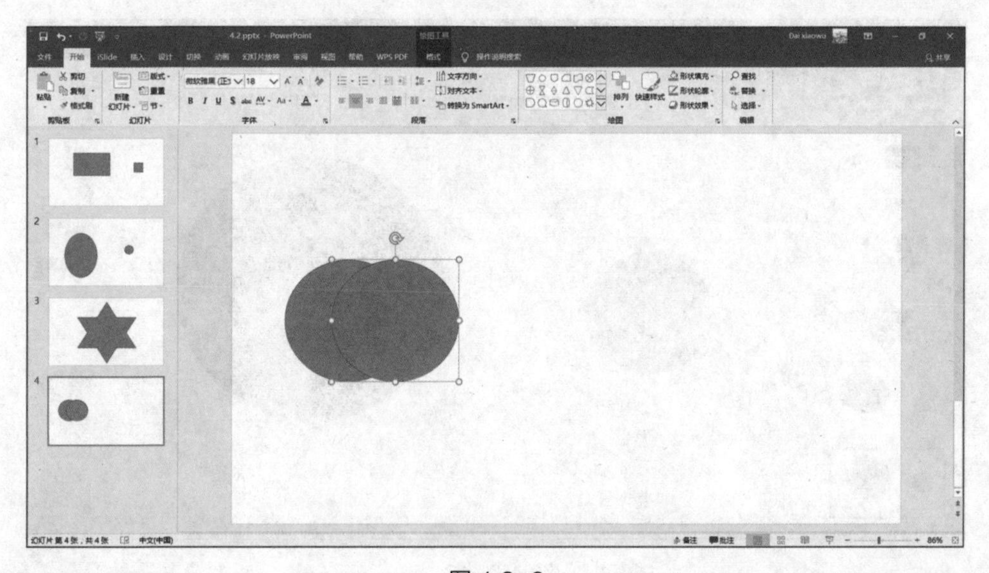


图 4.2−8

2. 改变图形的大小

保持选中图形的状态，将鼠标置于图形外框的任意控制点上，如图 4.2-8 中，将光标置于图形右上角控制点上，按住鼠标左键进行拖曳调整图形大小，调整到合适的大小后松开鼠标即可，如图 4.2-9 所示。

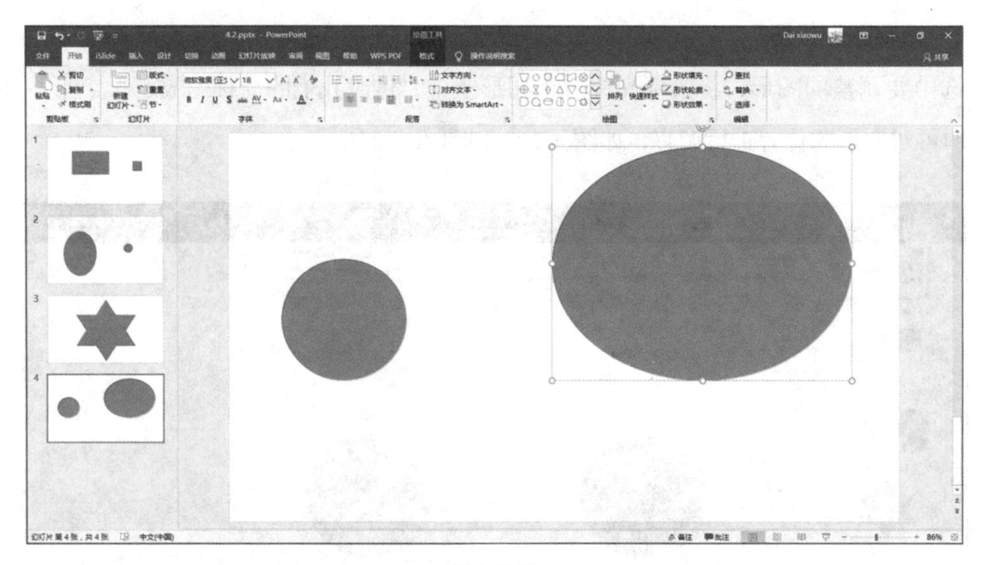

图 4.2-9

不过，对于等比例的图形，如果按照上述方法做的话，很不容易控制图形的固定比例，一不小心，圆形就变成椭圆了。怎么办？很简单，和画圆或者其他等比例图形一样，按住 Shift 键再对图形进行大小调整，就不会变形了，如图 4.2-10 所示。

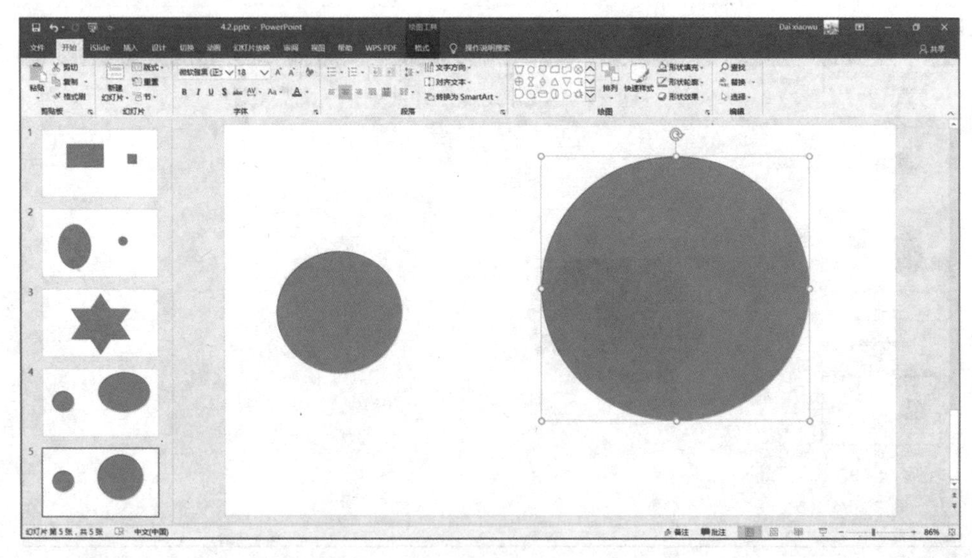

图 4.2-10

### 3. 旋转或翻转图形

将图形进行旋转或翻转，与第三章中对图片的处理手法是一样的。绘制并选中图形后，选择“绘图工具—格式”选项卡，在“排列”选项组中，单击“旋转”下拉选项，如图 4.2-11 所示。

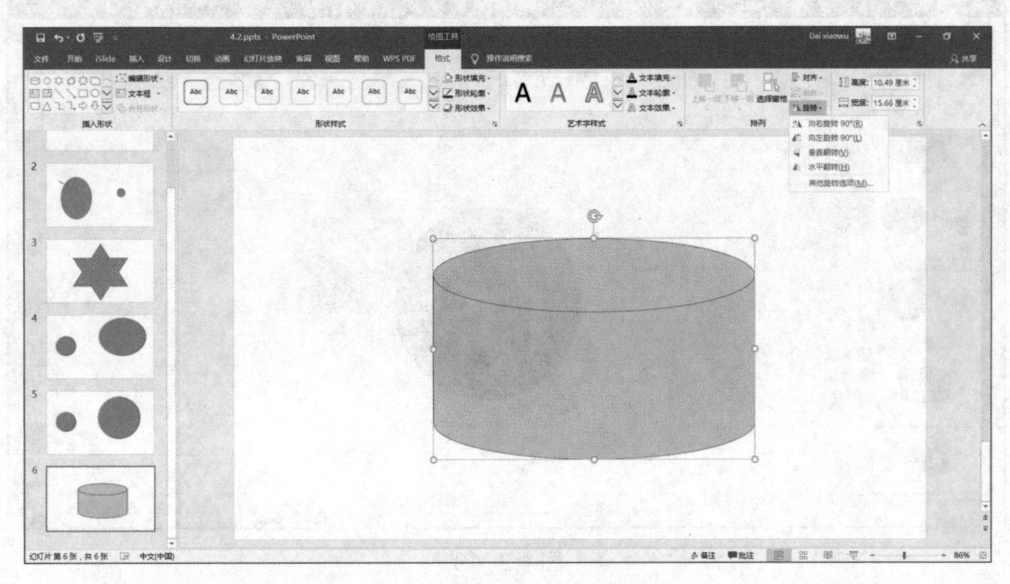


图 4.2-11

这时，你可以自由选择图像是旋转还是翻转，如图 4.2-12 所示。

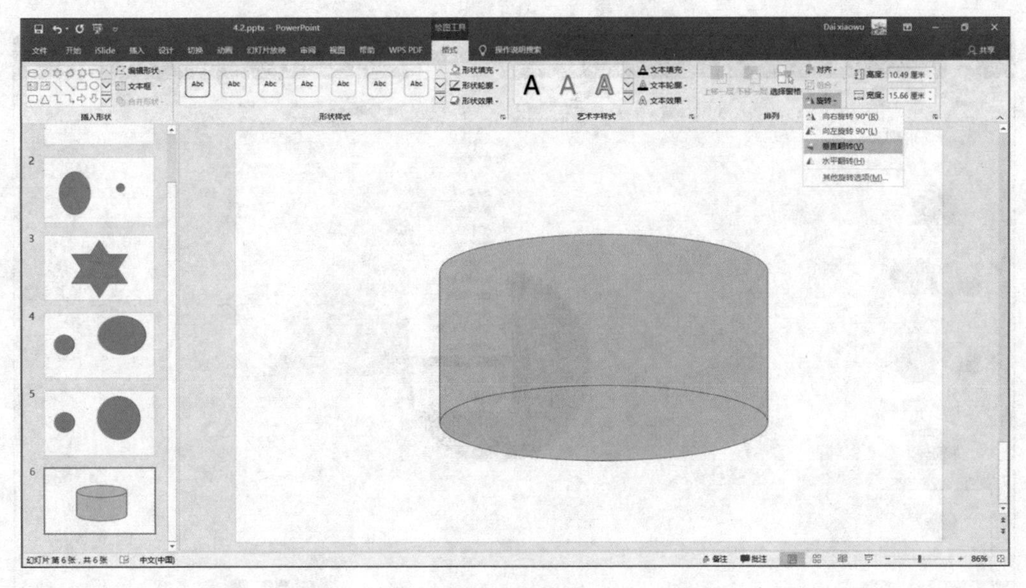


图 4.2-12

4. 调整图形叠放次序和组合图形

图 4.2−13 中有两个图形，可以看到圆形位于三角形上方，挡住了三角形的一个角。那么，怎样做才能让三角形的这个角显示出来呢？

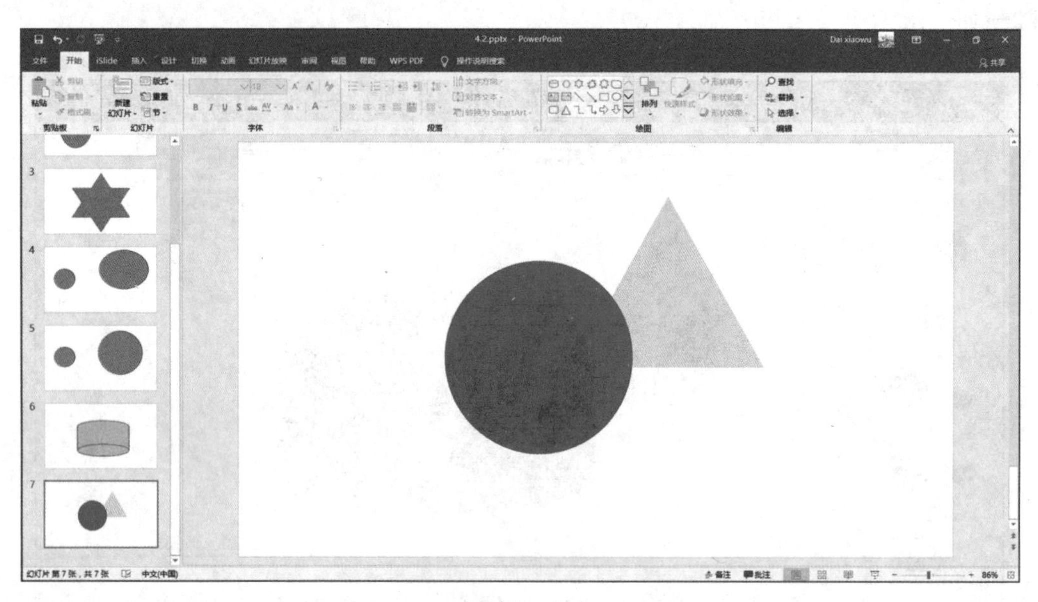


图 4.2−13

选中圆形，在形状上单击右键，在弹出的列表中选择“置于底层”→“下移一层”，如图 4.2−14 所示。

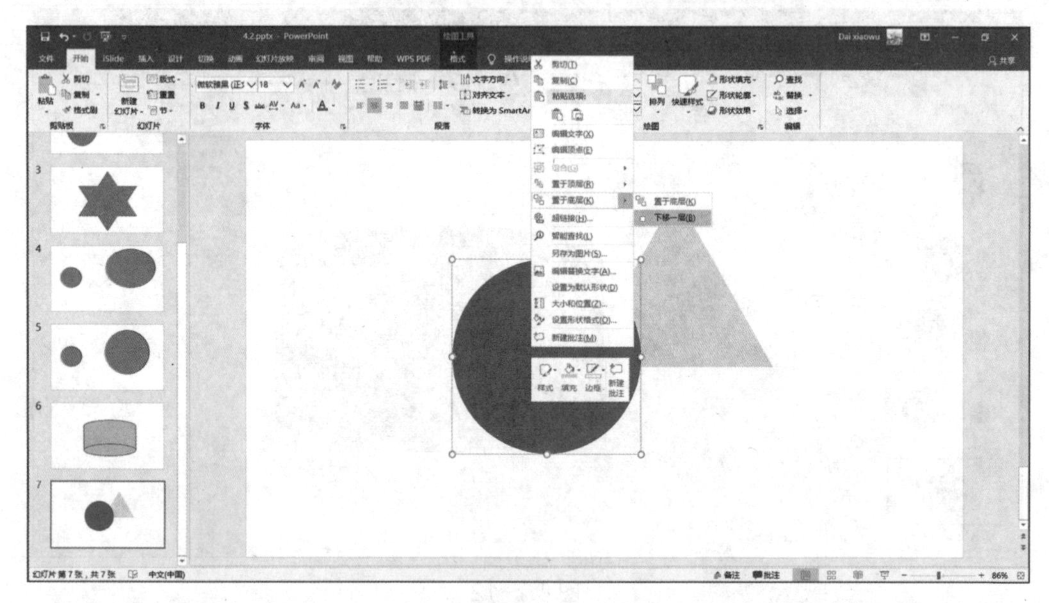


图 4.2−14

这样，圆形就置于三角形的下方，三角形的一角也能全部展现了，如图 4.2-15 所示。

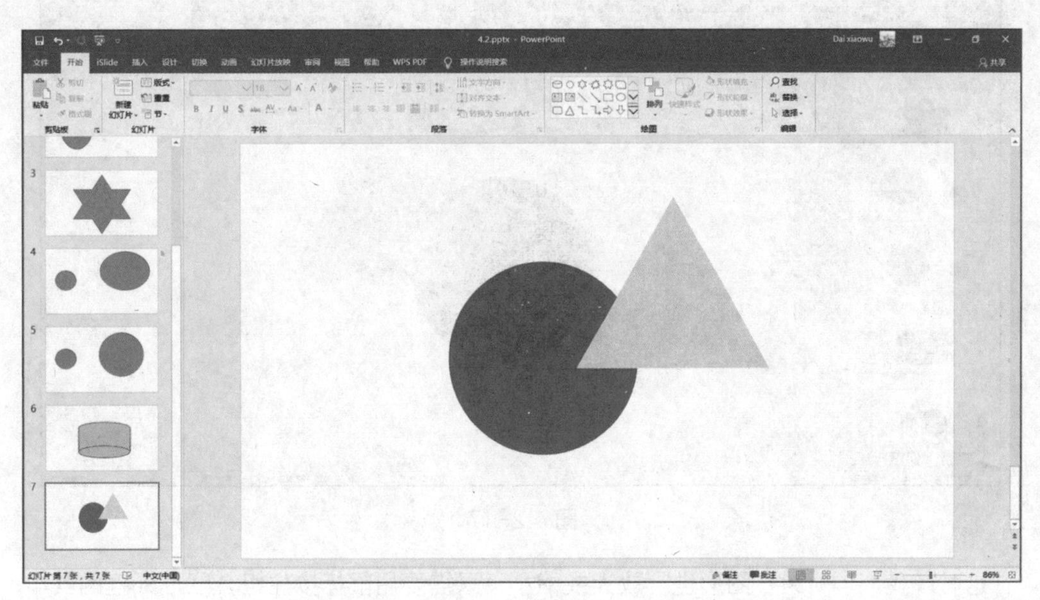


图 4.2-15

在幻灯片编辑区拖曳鼠标，选中两个图形。在图形上单击鼠标右键，在弹出的列表中选择“组合”→“组合”，如图 4.2-16 所示。

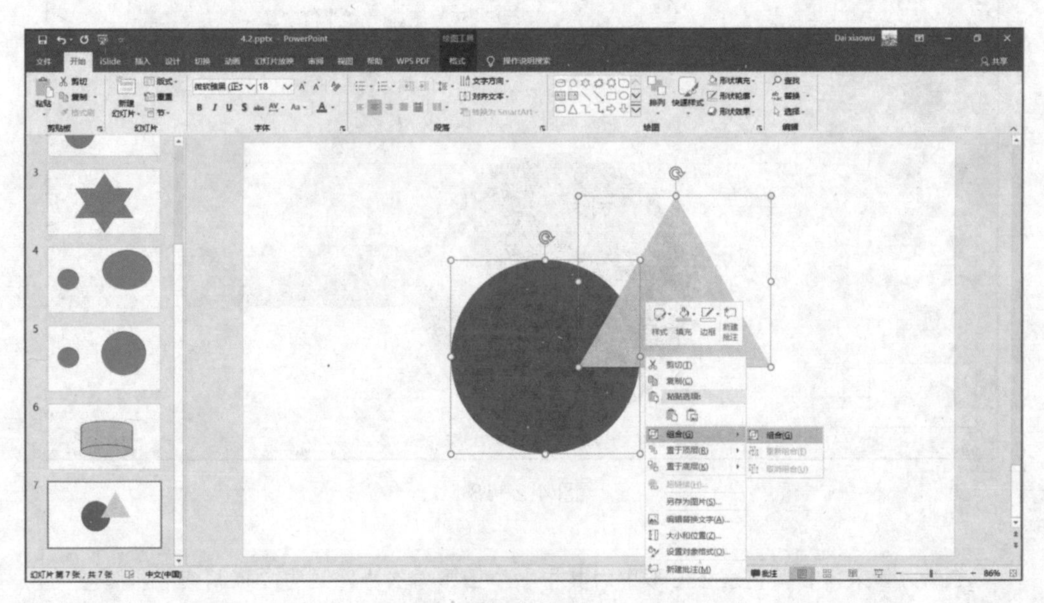


图 4.2-16

两个图形即被组合到了一起，图形的外框也随即变成了一个，如图 4.2-17 所示。

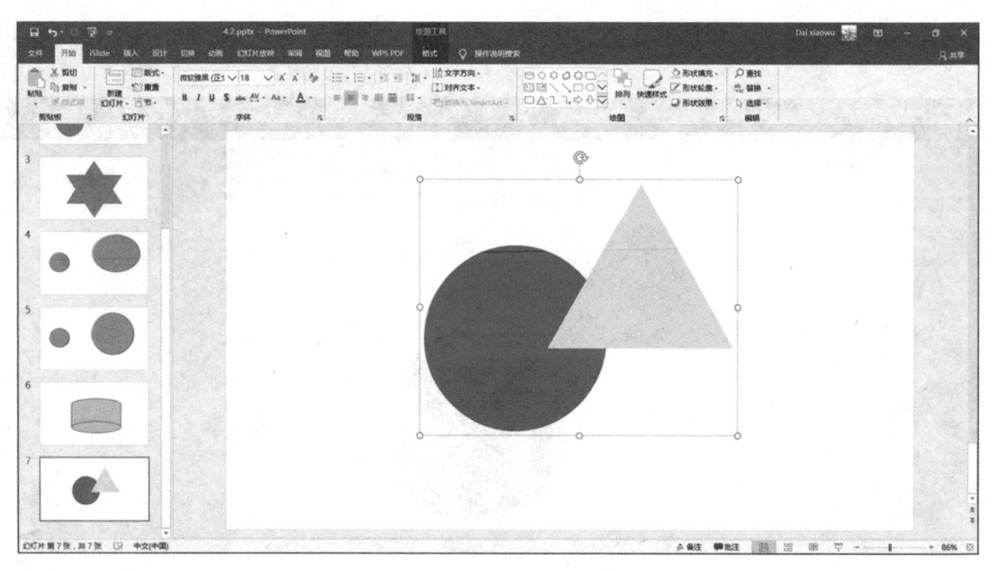

图 4.2-17

这时，我们再对组合图形进行放大或缩小，只需要用鼠标按住组合图形外框的其中一个控制点进行调整即可，如图 4.2-18 所示。

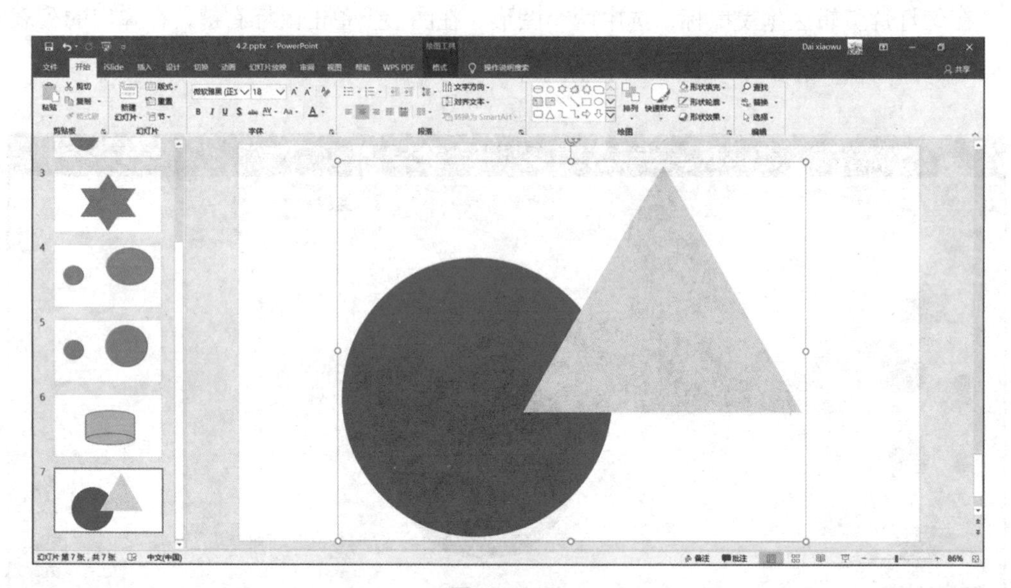

图 4.2-18

**Tips：**如果想要调整组合图形中的其中一个图形怎么办？还需要取消组合再调整吗？不需要这么麻烦，选中组合图形，此时出现组合图形的外框，然后再继续在当前选中的组合图形外框中点击想要调整的图形，就会出现想要调整图形的小外框。这种情况下再对你想要调整的图形进行调整，是不会影响到组合图形中的其他图形的，如图4.2-19所示。

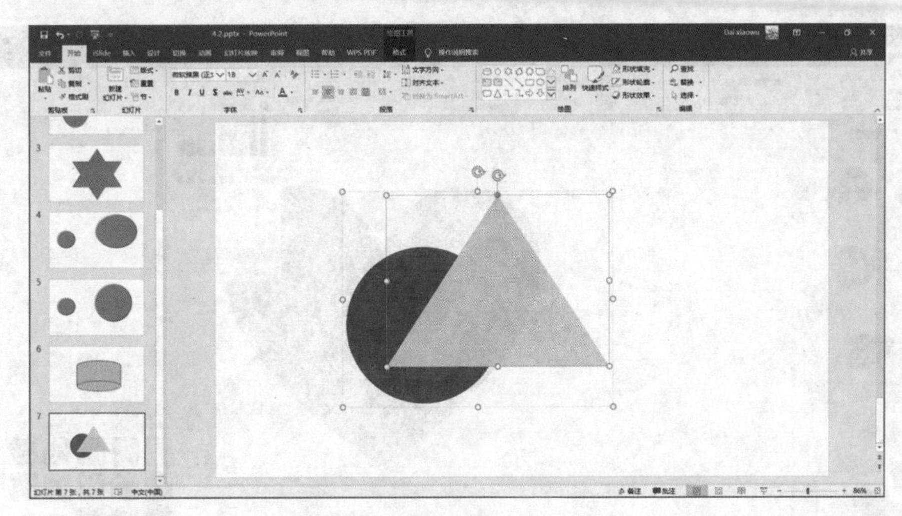

图 4.2–19

## 4.2.3 设置图形样式

我们在 PowerPoint 中创建图形时，默认图形样式一般都是填充浅蓝色，描边深蓝色，那么，为了不让我们的图形统一而单调，我们就要学会设置图形的样式。

1. 对图形进行填充

选中我们要调整的图形，在“开始”→“绘图”选项组中的“形状填充”下拉选项里，可以设置图形的填充色。这里的填充色不只是纯色，我们还可以设置渐变色及纹理，如图 4.2–20 和图 4.2–21 所示。

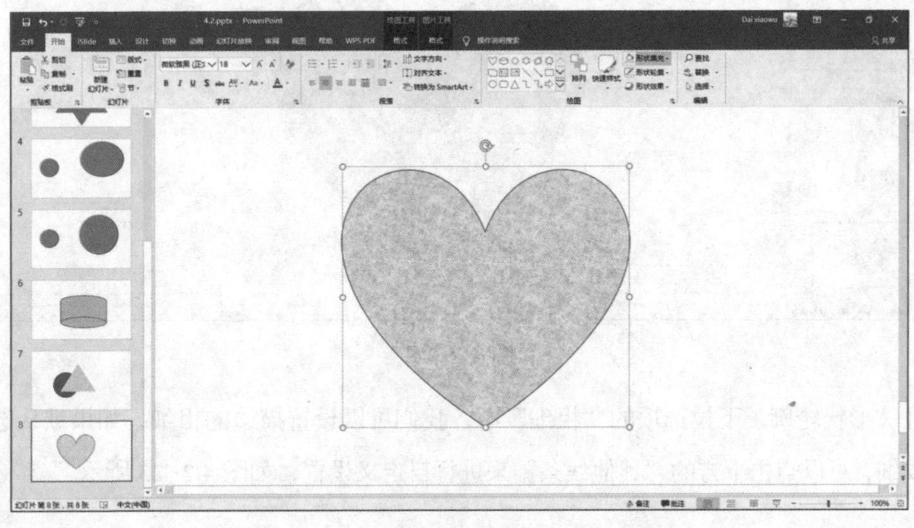

图 4.2–20

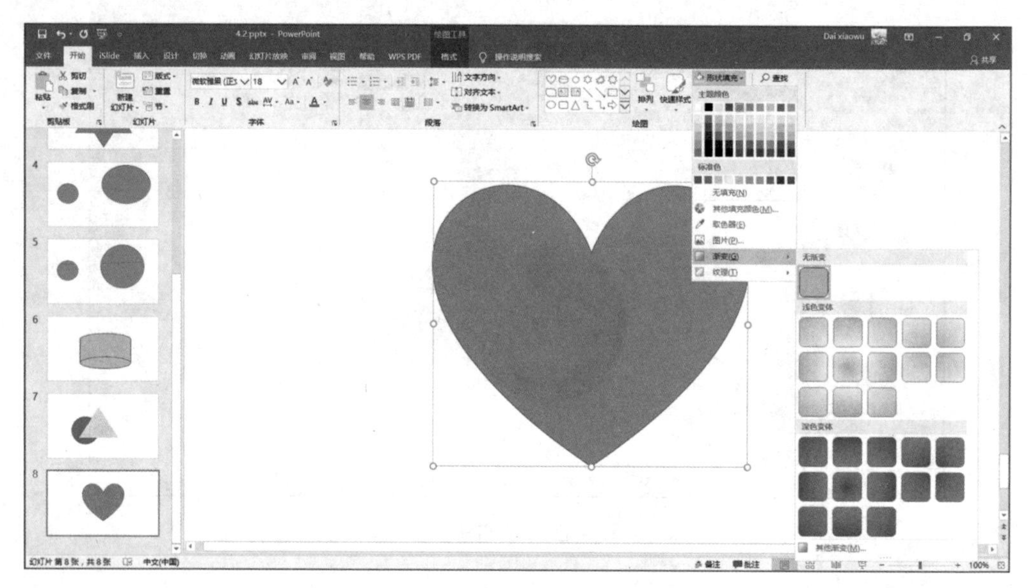

图 4.2-21

2. 给图形“描边”

选中我们要调整的图形，在“开始”→“绘图”选项组中的“形状轮廓”下拉选项里，我们可以更改图形的描边，如图 4.2-22 所示。

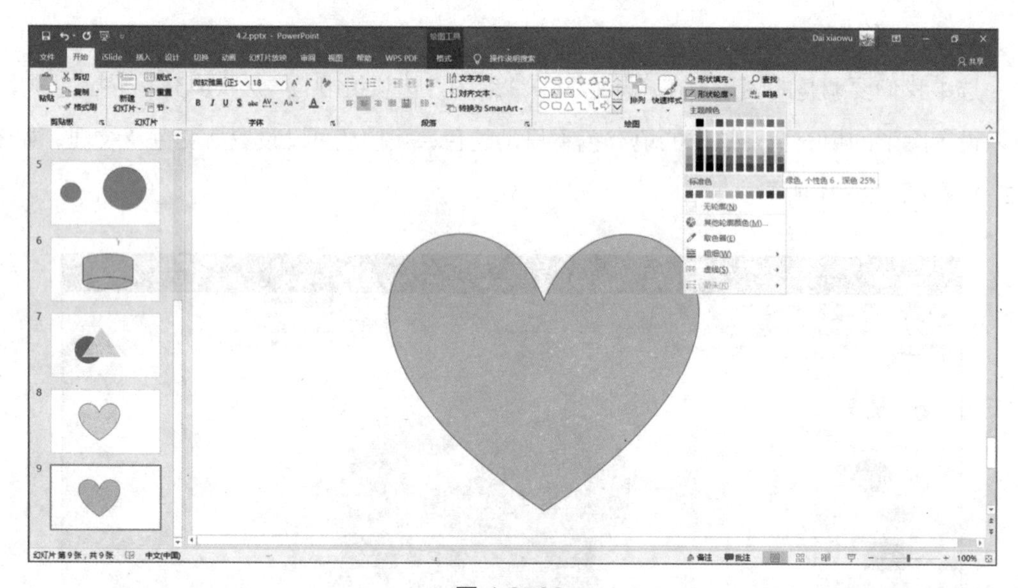

图 4.2-22

在“形状轮廓”下拉选项的“粗细”中，我们可以设置描边的粗细，如果默认选项不够粗或细，可以点击下方的“其他线条”来进行自定义设置，如图 4.2-23 所示。

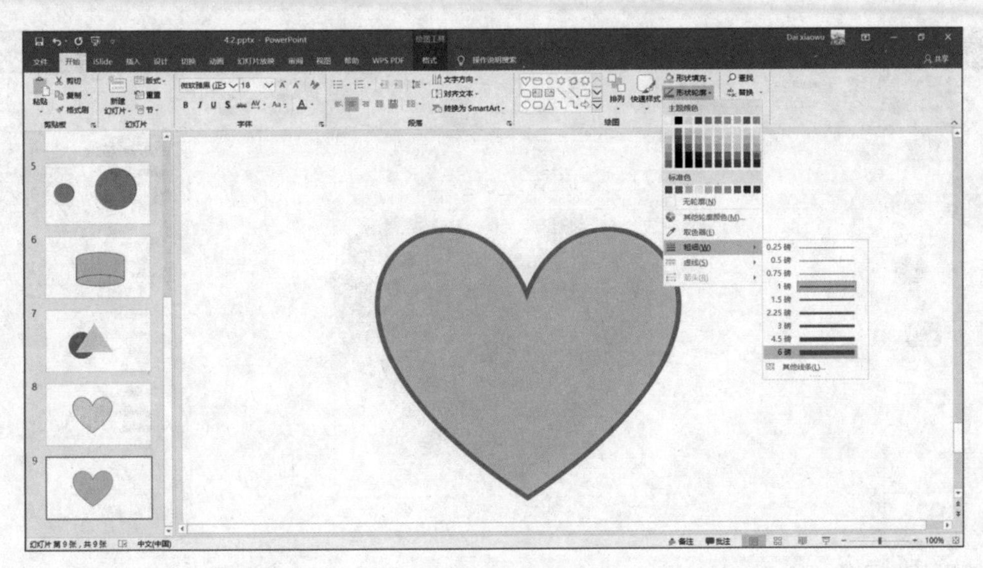

图 4.2-23

在“形状轮廓”下拉选项的“虚线”中，我们可以对图形描边的样式进行设置，如图 4.2-24 所示。

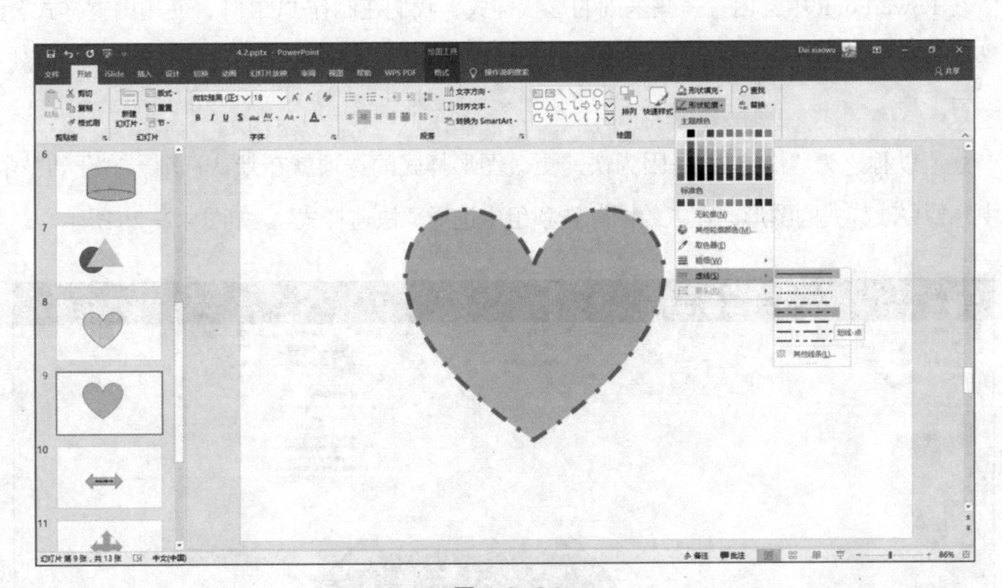

图 4.2-24

如果默认设置的图形描边样式过于单调，还可以点击“虚线”下拉列表中最下方的“其他线条”。选择此选项后，在幻灯片工作页面右侧会弹出“设置形状格式”窗口，在窗口中即可更改描边的样式，如图 4.2-25 所示。

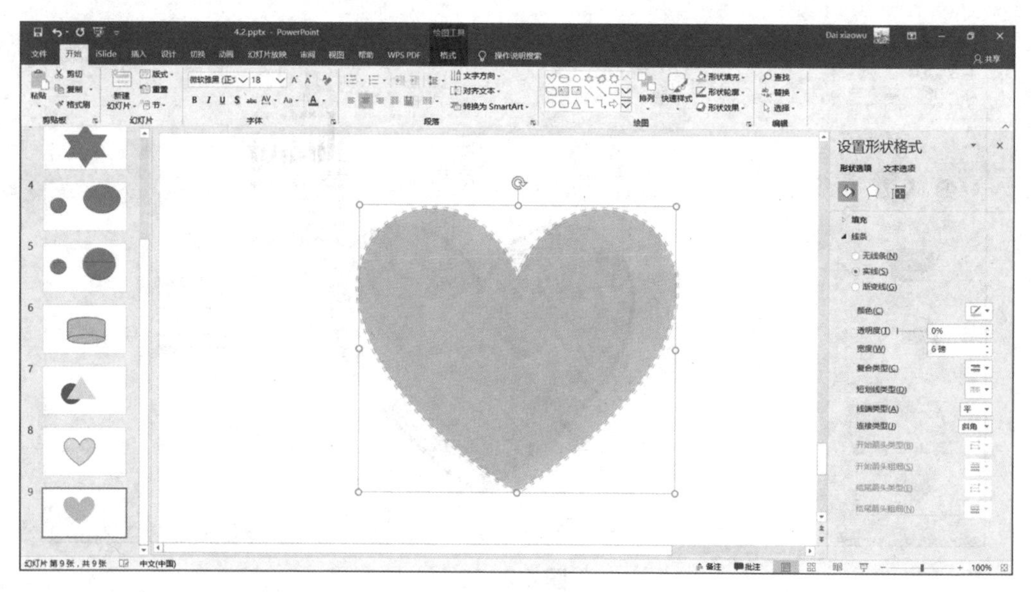


图 4.2-25

3. 快速更改图形样式

在 PowerPoint 中会内置一些基础的形状样式，我们在制作 PPT 时，使用内置样式会大大地节省时间和提高效率。图形样式在很大程度上与图片的样式是一样的，现在我们就来看一看。

之所以称之为“快速”，是因为快速更改图形样式的选项就在默认选项卡“开始”中，选中想要更改样式的图形，在“绘图”选项组中选择“快速样式”，如图 4.2-26 所示。

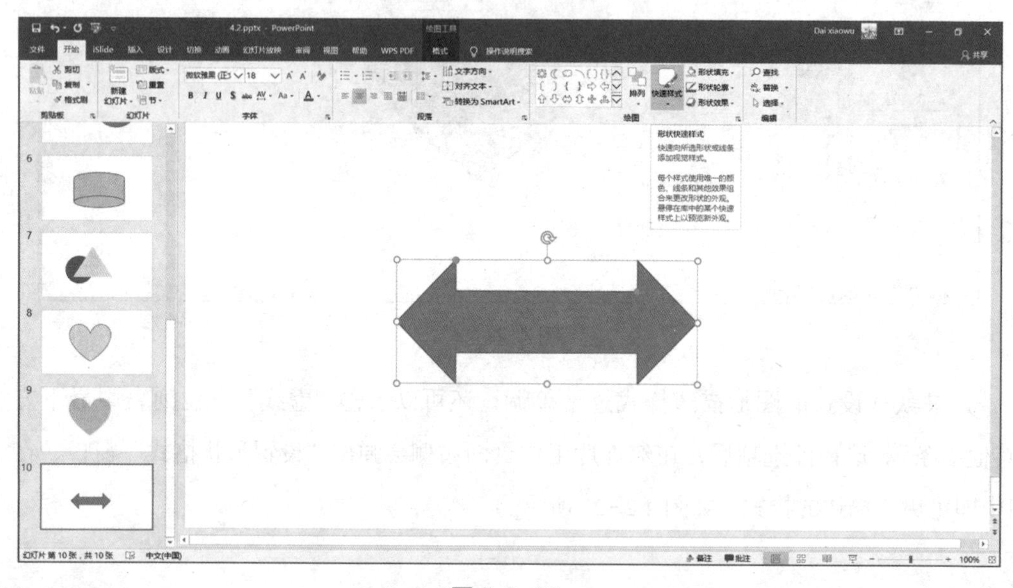


图 4.2-26

点击后即可看到有很多图形样式，这里来说明一下，每一（竖）列的图形样式都不同，可根据情况选择。每一（横）行的图形样式都是一样的，只有填充颜色不同，如图 4.2-27 所示。

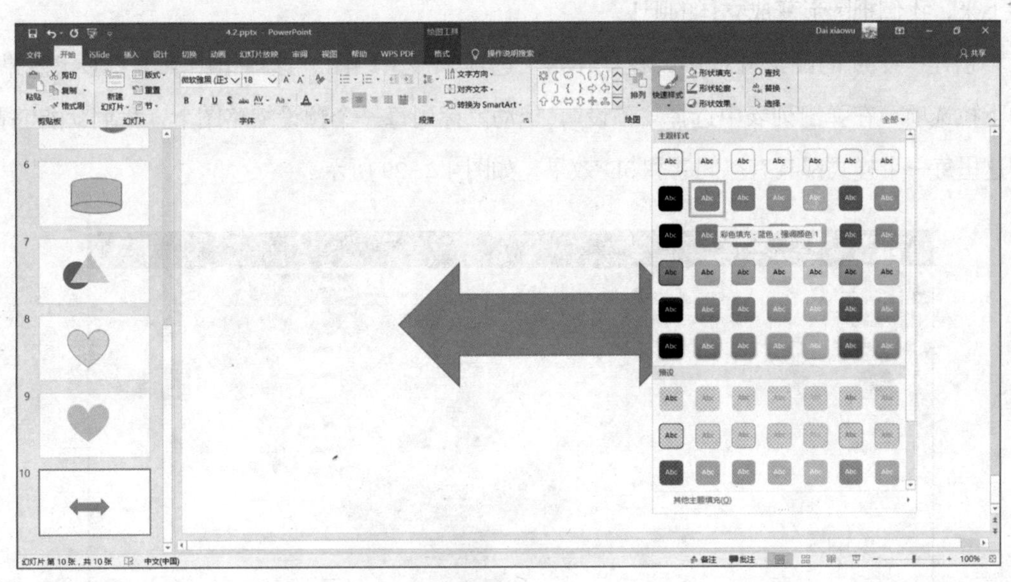

图 4.2-27

在可选择的快速样式缩略图中，我们将鼠标放到缩略图上即可看到图形样式的预览。而图形样式预览中的 ABC 则表示在图形中添加文本的样式。如图 4.2-28 所示，我们选择好其中一个图形样式后，双击该图形，即可输入文本。

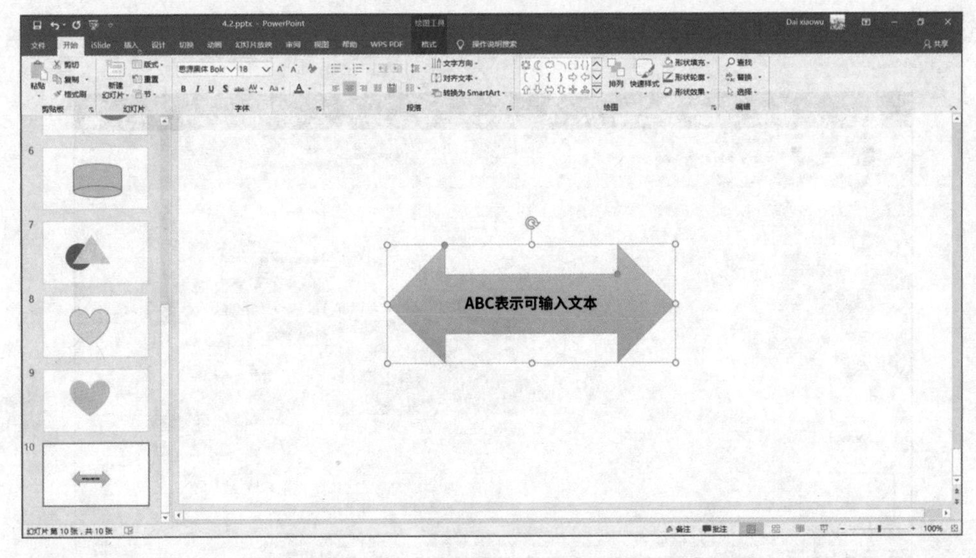


图 4.2-28

4. 设置图形 3D 效果

在上文中，我们对如何给图形设置填充、轮廓和快速样式进行了说明，但大家有没有注意到，这些都是更改图形的二维参数，也就是说，并没有让图形具有 3D 效果和空间感。接下来，我们把图形变成立体的吧！

创建一个新的图形并选中，在“开始”选项卡→“绘图”选项组中点击“形状效果”的下拉选项，在弹出列表中选择“预设”，拖动鼠标到每一个预设缩略图上，我们就能够看到这里每一个样式都具有空间感和 3D 效果，如图 4.2-29 所示。

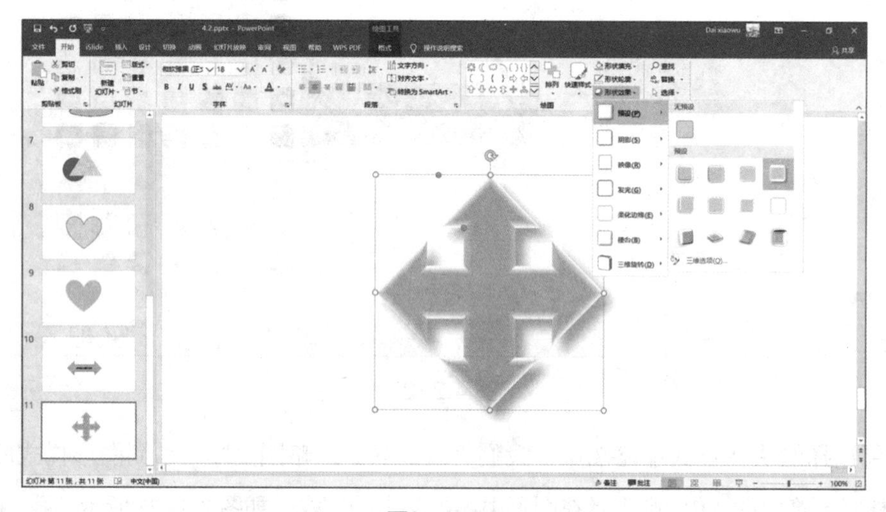

图 4.2-29

如果你对“预设”中的样式感到不满意，那么可以在下面的“阴影”“映像”“发光”等选项中选择你想要的图形样式，如图 4.2-30 所示。

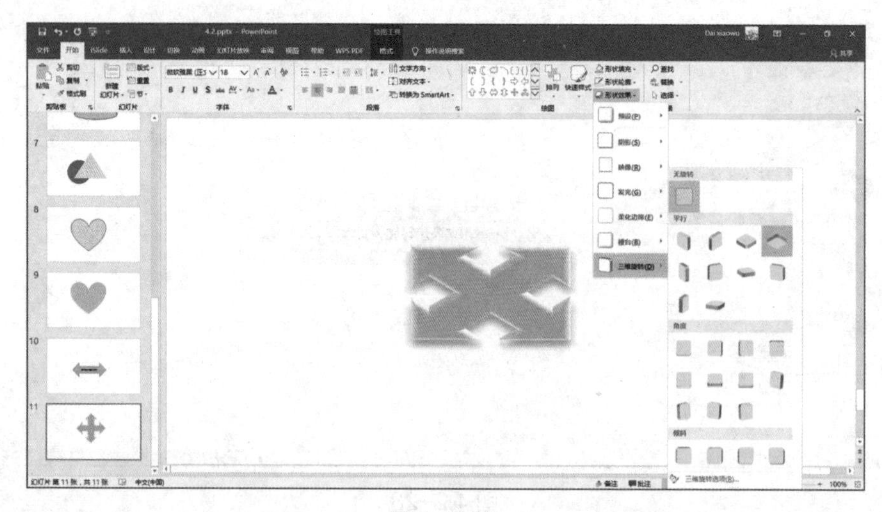

图 4.2-30

## 4.2.4 打造 SmartArt 图形

在 PowerPoint 中，还有一种特殊图形叫作 SmartArt 图形，SmartArt 图形是信息和观点的视觉表示形式，同时也是将文字文本转化成更有助于读者理解、记忆的文档插图。但是，SmartArt 图形不适用于文字较多的文本。

在 PowerPoint 中，有 8 种类型的 SmartArt 图形，分别是列表、流程、循环、层次结构、关系、矩阵、棱锥图和图片，如图 4.2–31 所示。

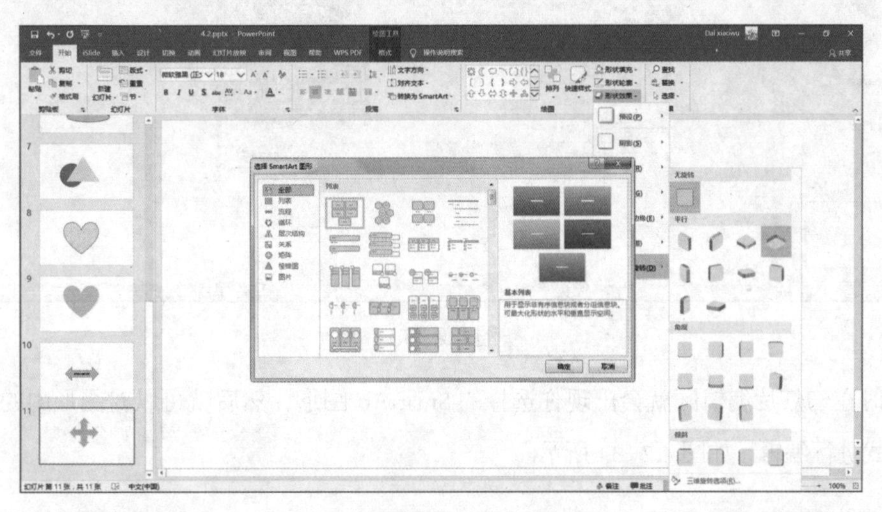

图 4.2–31

（1）点击“插入”选项卡，在“插图”选项组中，找到 SmartArt 按钮，如图 4.2–32 所示。点击 SmartArt 按钮后，即可弹出图 4.2–31 中的窗口。

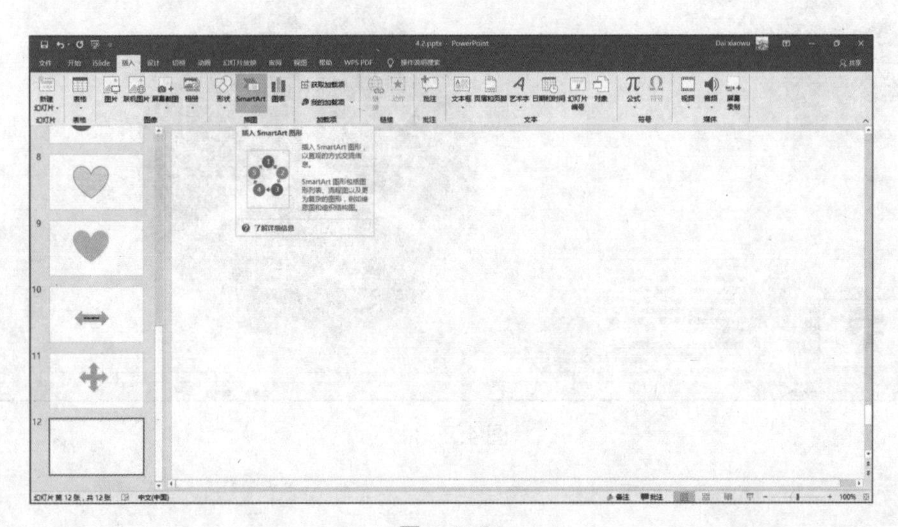

图 4.2–32

在 SmartArt 图形的类型窗口中选择你想要插入的 SmartArt 图形后，点击确定，如图 4.2−33 所示。

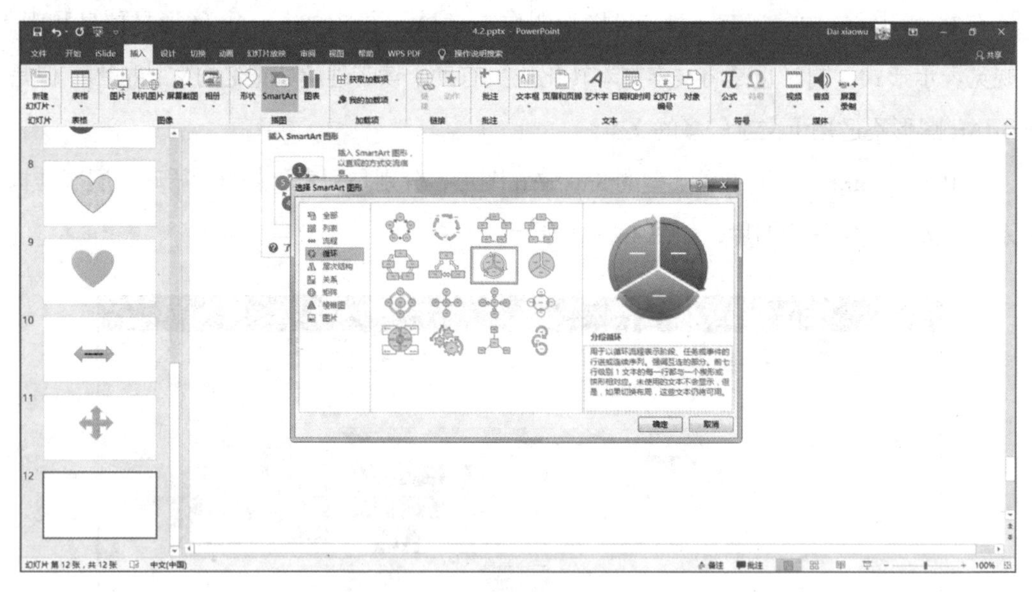


图 4.2−33

此时在幻灯片编辑区就会出现你选择的 SmartArt 图形，然后就可以对图形中的文本和图形样式进行编辑，如图 4.2−34 所示。

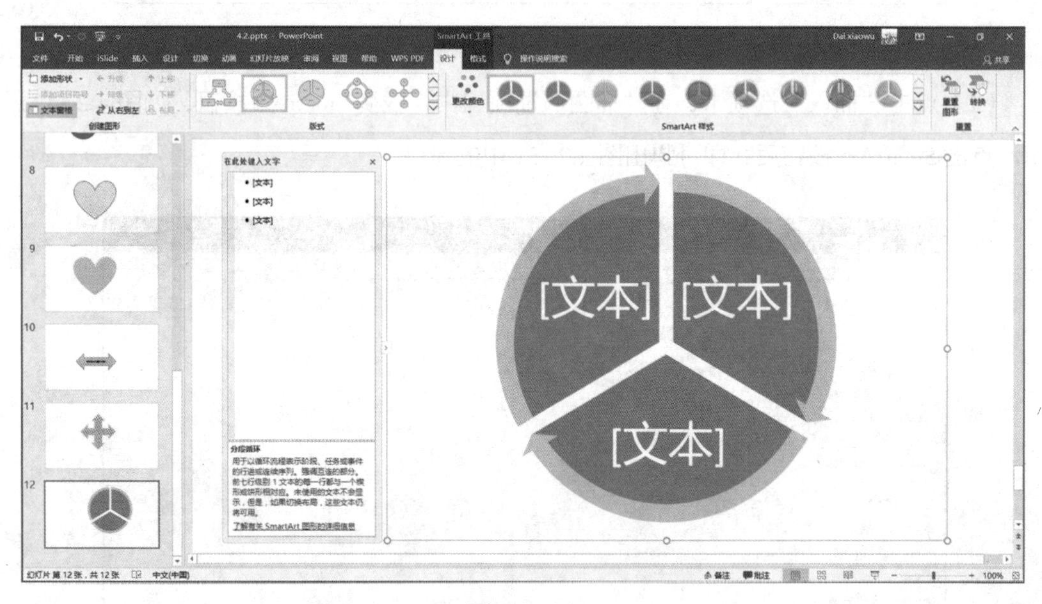


图 4.2−34

（2）选中图形，在幻灯片功能区会自动弹出“SmartArt 工具—设计”选项卡，在该选项卡的“SmartArt 样式”中，可以更改当前选中图形的样式与颜色，如图 4.2-35 所示。

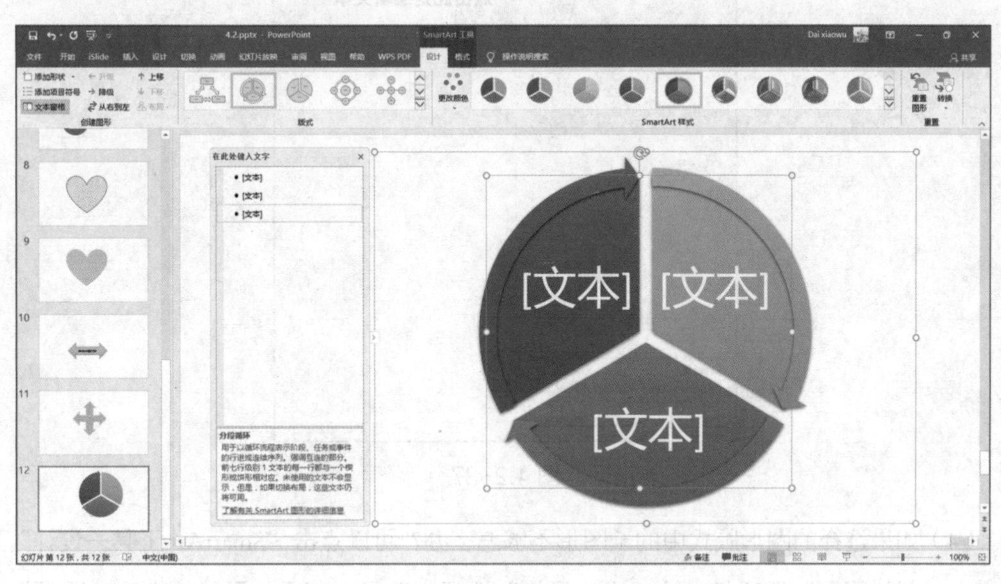


图 4.2-35

而在“版式”选项组中，可以更改当前选中图形的版式，如图 4.2-36 所示。

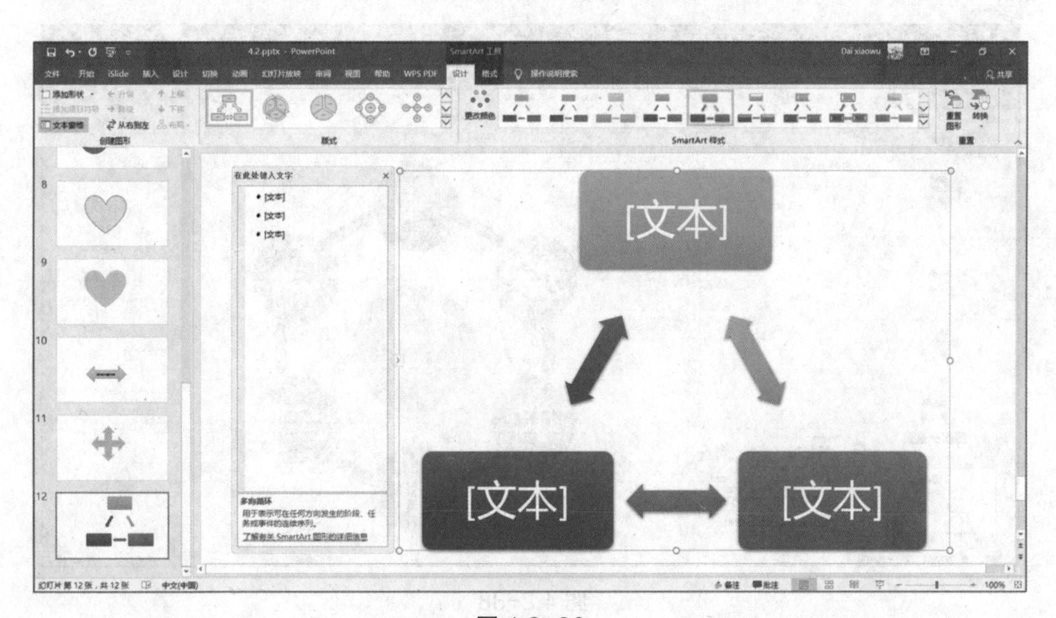


图 4.2-36

（3）如果要在图形中添加文本，不要双击图形，而要在图形左侧的文本框中添加文本，如图 4.2-37 所示。

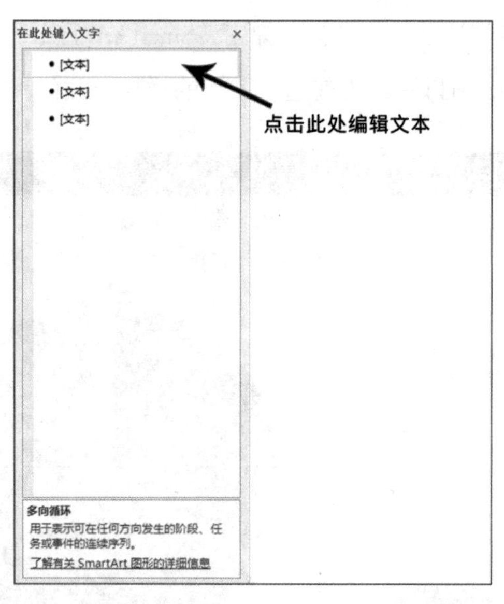


图 4.2-37

（4）如果选择的图形版式中的子图形不够怎么办？可以点击“SmartArt 工具—设计”选项卡中“创建图形”选项组中的“添加形状”选项，选择所要添加形状的次序，即可添加形状，如图 4.2-38 所示。删除形状则直接选择要删除的形状，按 Delete 键删除即可。

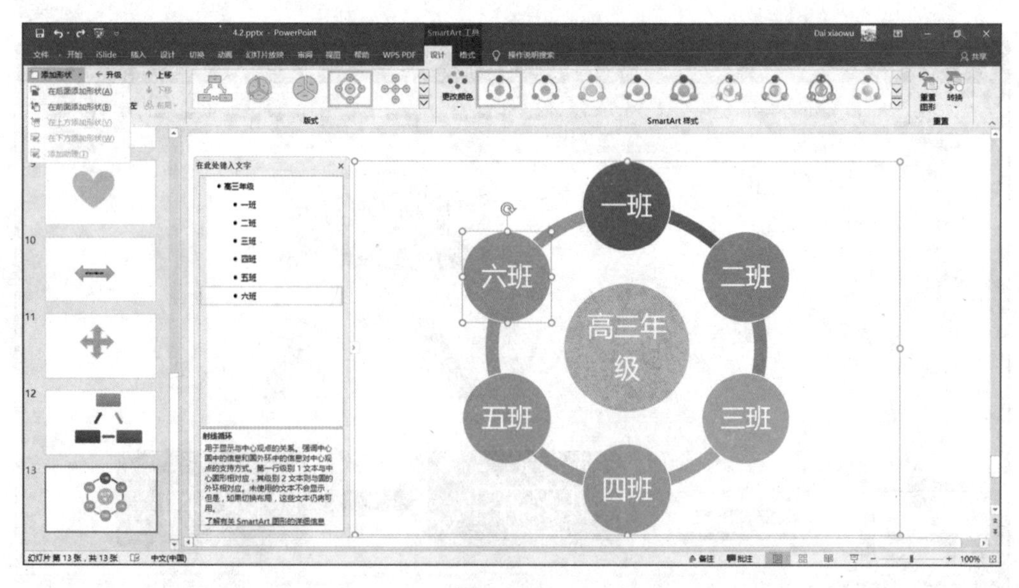


图 4.2-38

**Tips：** 单击“创建图形”选项组中的“从右到左”按钮，SmartArt图形将会实现水平翻转，如图4.2-39所示。

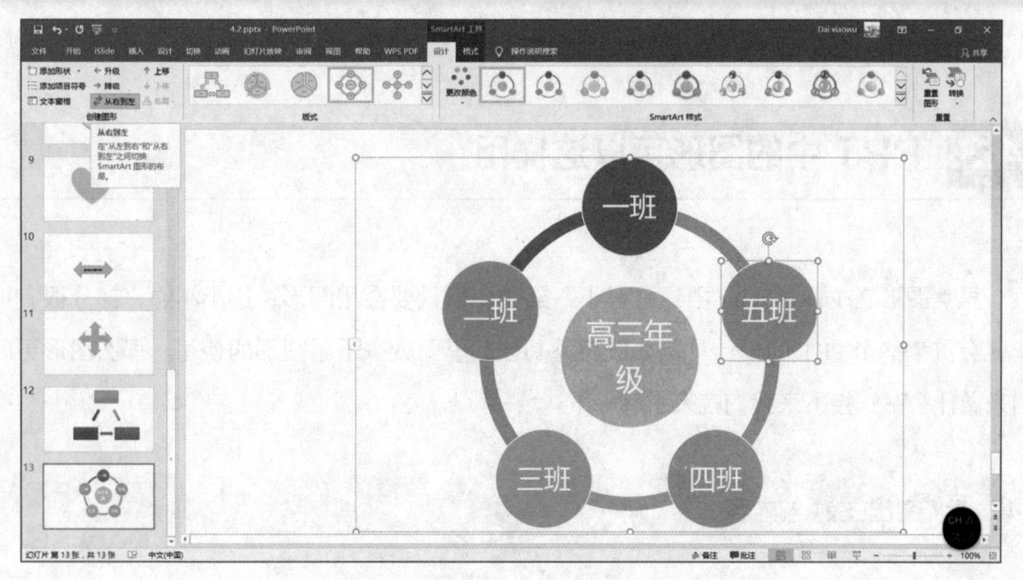


图 4.2-39

（5）SmartArt 图形中的文本与图形可不可以单独进行美化呢？当然可以。选择“SmartArt 工具—格式”选项卡，如图 4.2-40 所示，一打开这个界面是不是很熟悉呢？这与前文中的设置艺术字、设置图形样式、设置文字样式都是互通的，在这里，大家如果忘了的话，就赶紧去复习一下吧！

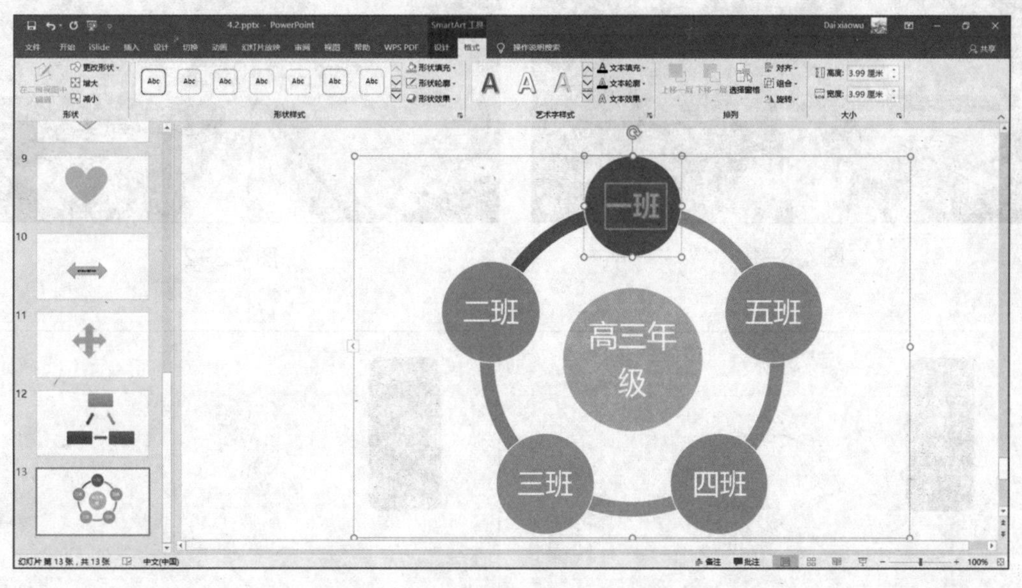


图 4.2-40

## 4.3 PPT 中的图形可以这样用

虽然图形在 PowerPoint 中只占很小一部分，但只要会用图形，这小小的一部分很有可能就会贯穿整个 PPT 的设计。例如极简风 PPT，里面就少不了图形的使用。那么图形可以用来做什么呢？接下来我们就来了解一下。

### 4.3.1 突出主题与内容

在制作幻灯片的过程中，用小面积的形状来突出幻灯片的主题，效果往往更突出。除了使用小面积的形状来突出主题外，使用大面积并与背景融合的形状，也能够很好地衬托文本内容，在背景稍显杂乱的图像中，使用形状的效果更好，如图 4.3−1 至图 4.3−4 所示。

图 4.3−1

图 4.3−2

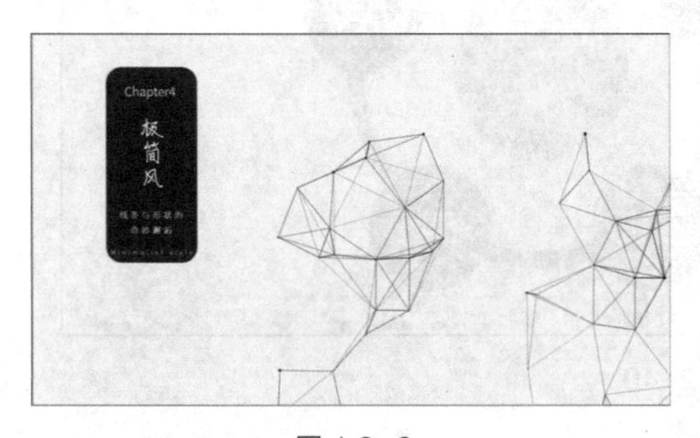


图 4.3−3

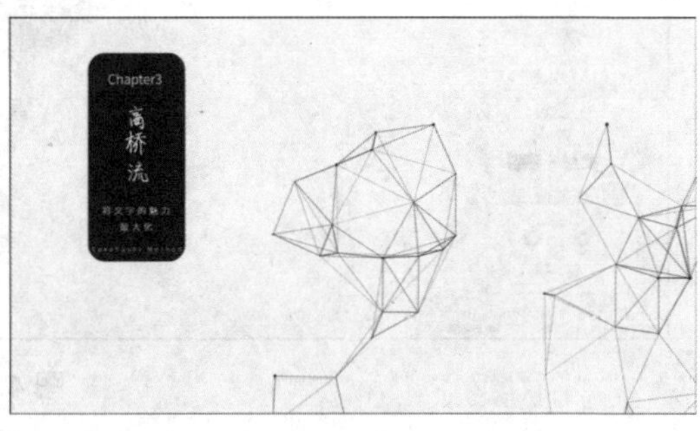


图 4.3−4

## 4.3.2 简单与复杂的装饰

其实形状最基本的作用就是用来装饰的，通过简单或复杂的装饰，简洁或丰富的颜色，还有各种各样的图形样式来装饰幻灯片，可以令幻灯片呈现出不同的效果，如图 4.3-5 至图 4.3-8 所示。

图 4.3-5

图 4.3-6

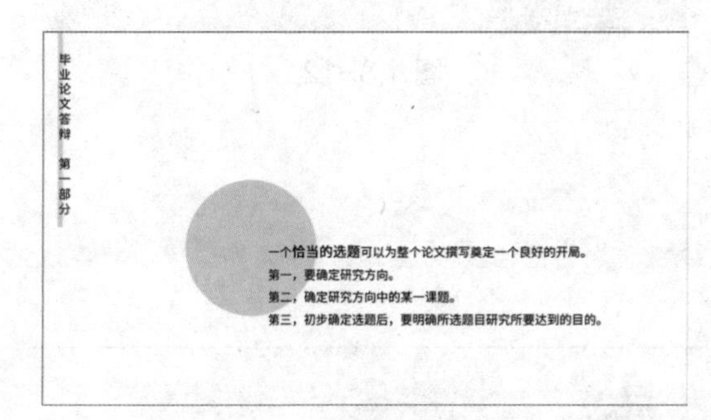


图 4.3-7

图 4.3-8

## 4.3.3 打散与聚合空间

在一般情况下，我们将标题与大段的正文文本通过改变字体字号或字重来区分，但用形状，将会强化标题与正文的对比。同时当一页 PPT 中包含多段文本或多层逻辑关系时，便需要将段或层次分成多个区域来表达，图形则能够帮助大家达到这一目的，如图 4.3-9 至图 4.3-12 所示。

图 4.3-9

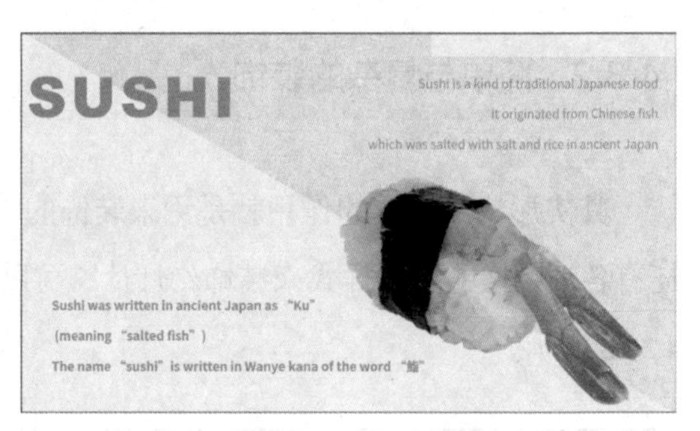


图 4.3-10

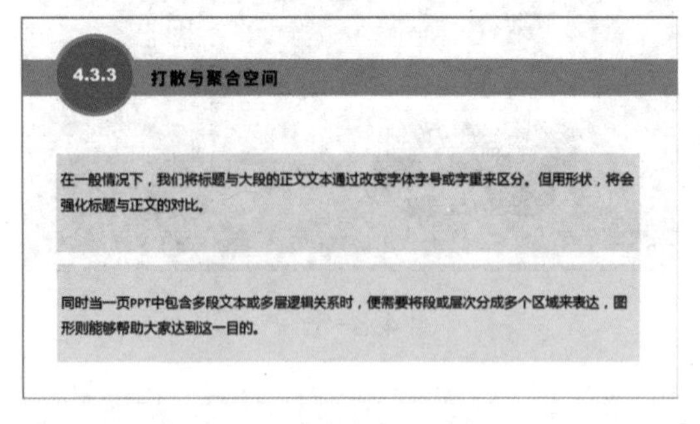


图 4.3-11

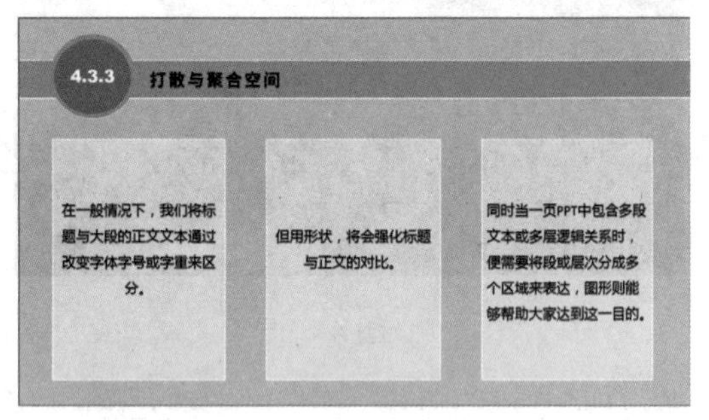


图 4.3-12

## 4.3.4 合并形状

合并形状并不是只有形状的合并，PowerPoint 的这一功能中，还包含了图形的结合、组合、拆分、相交和剪除，每一种组合都能给你带来不一样的感受，不一样的新鲜，如图 4.3-13 所示。

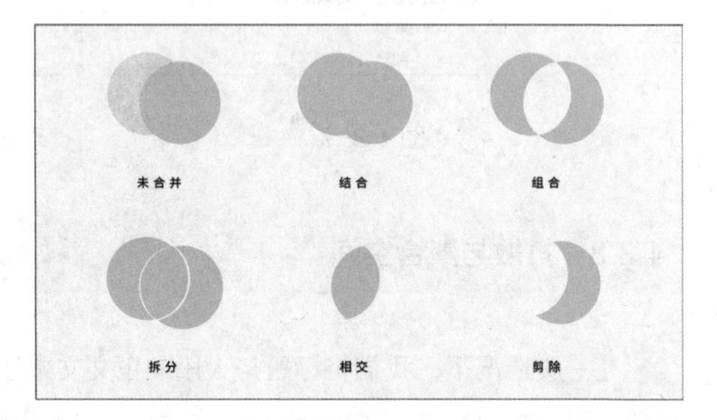


图 4.3-13

新建图形后，选中两个图形，在“绘图工具—格式”选项卡的“插入形状”选项组中，选择“合并形状”下拉选项，如图 4.3-14 所示。在这里大家可以尽情地发挥想象去合并各种形状。

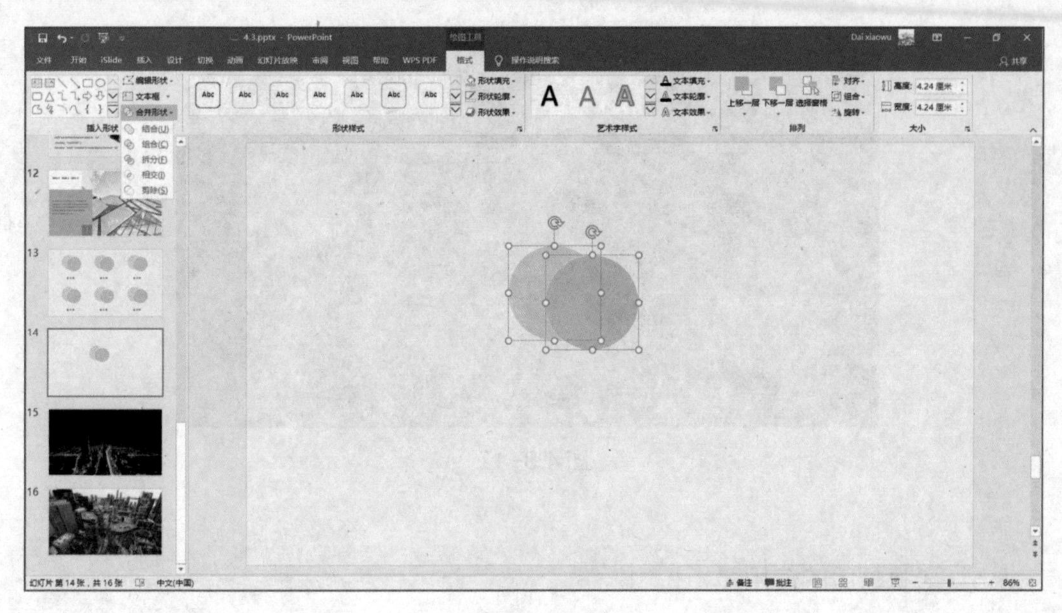

图 4.3–14

值得注意的是，对两个形状进行合并操作时，图形合并后得到的形状与图形的先后顺序有关。在图 4.3–13 中，在对一黄一绿两个圆形进行图形合并时，先选择的是绿色的圆，所以得出如图中的效果，那么先选择黄色的圆，则得出如图 4.3–15 中的效果。

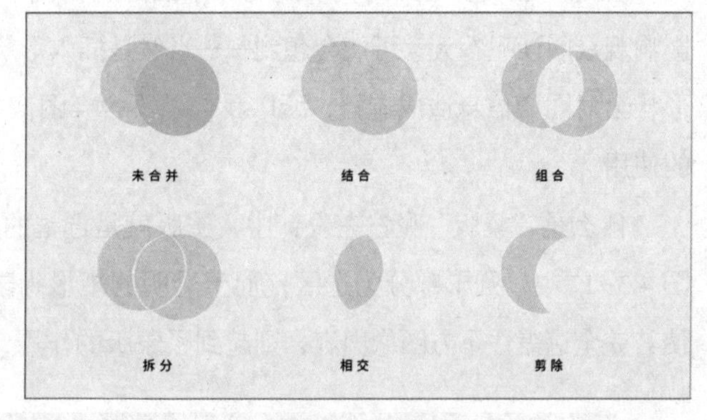


图 4.3–15

我们这样理解，先选中的图形可以看作“底图”，而后选中的图形则可看作“上图”，我们在进行合并形状的操作时，都是在“底图”中对“上图”进行的操作。在图 4.3–16 中，我们将换一种形式来表现合并形状这一操作，以加深大家的理解。

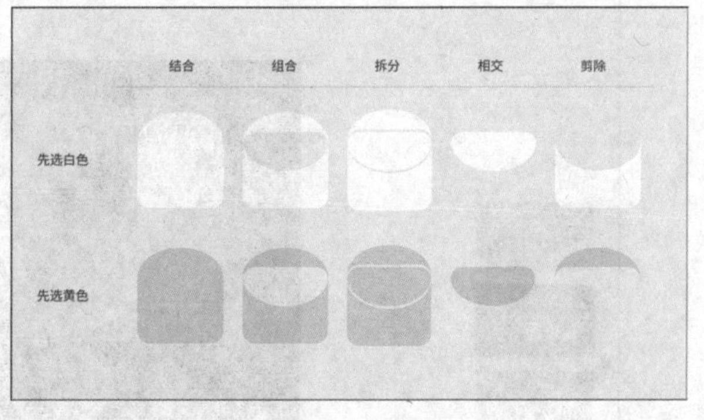


图 4.3–16

在制作幻灯片时，为了打造一些特殊的效果，合并形状这一手法也很常用，如图 4.3–17 所示。

图 4.3-17

## 4.3.5 形状蒙版的使用

在一些必须要用到比较杂乱的背景图片的情况下，如何将大段文本放到幻灯片中又不影响观众阅读呢？大家可能会想到——当然是插入形状呀。但是，普通的、没有经过处理的形状会对图像信息造成遮挡，所以我们以不舍弃图像内容为前提，为大家讲解形状“蒙版”的使用。

什么是“蒙版”呢？在设计中，蒙版就是选框的外部（选框的内部就是选区）。例如，图 4.3-17 中，圆形部分为选区，而半透明的矩形为蒙版部分，将图中的半透明矩形放大，使其完全遮盖住下方图像内容，则起到了蒙版的作用，如图 4.3-18 所示。

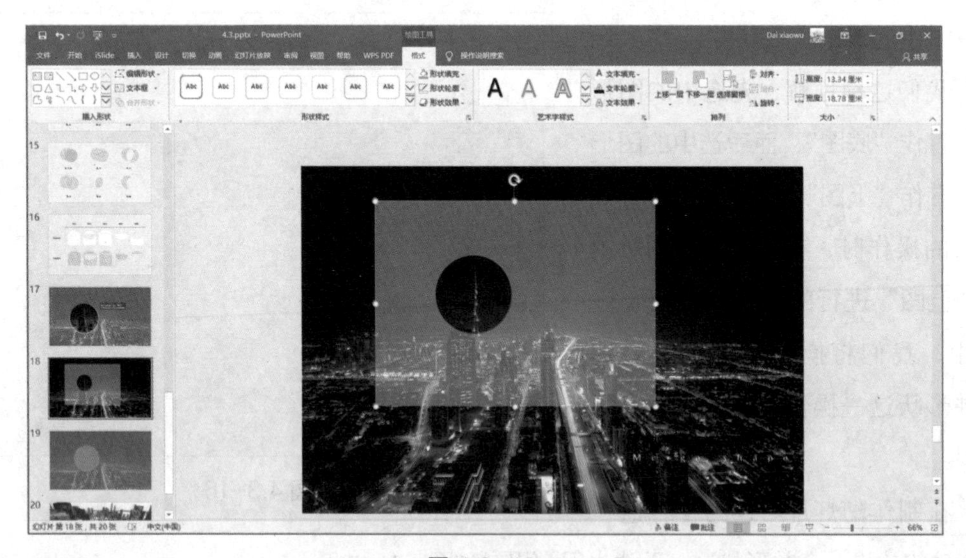

图 4.3-18

接下来为大家介绍创建蒙版的两种方法。这里我们以“直接覆盖在图片上的板子”这一定义来解释，这样会更好理解一些。

1. 改变形状的透明度

（1）我们先在画面中插入准备好的主题图像，然后插入一个矩形并保持选中状态，如图 4.3-19 所示。

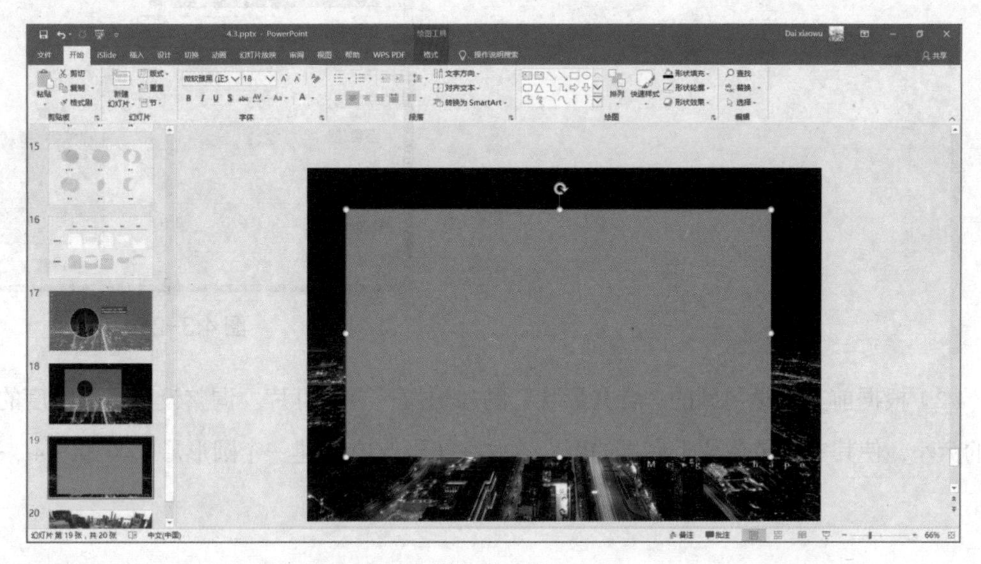

图 4.3-19

点击“绘图工具—格式”选项卡，在“形状样式”选项组中选择“形状填充”的下拉选项。在下拉选项中，选择“其他填充颜色”，如图 4.3-20 所示。

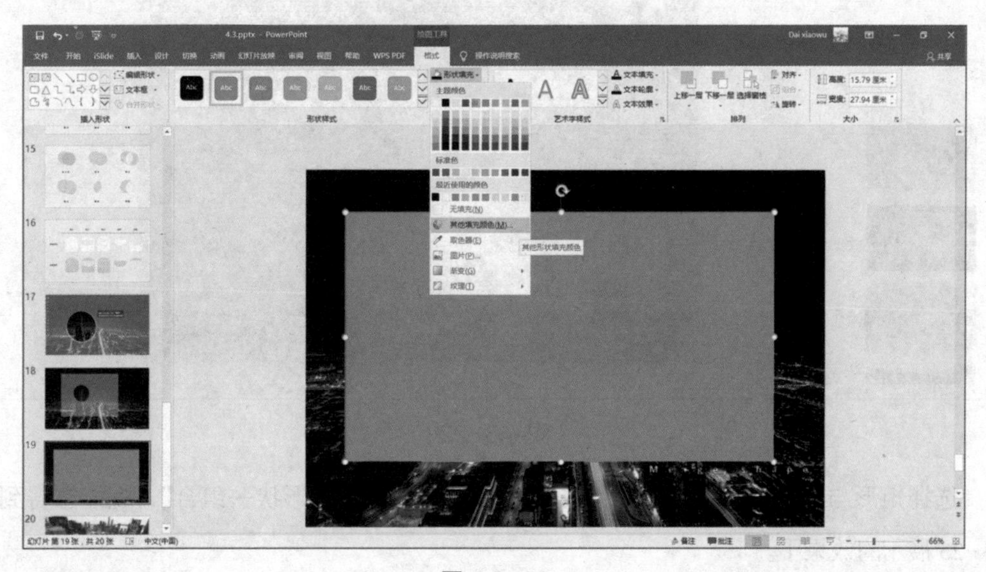

图 4.3-20

在弹出的“颜色”窗口中，找到底部的“透明度”一栏，如图 4.3-21 所示，就可以调整矩形形状的透明度，使其成为真正意义上的“蒙版”。在“透明度”一栏中，数值越高，则透明程度越强。

图 4.3-21

（2）根据前文中学习到的“合并形状”的知识做一页幻灯片。调整设置好透明度的矩形的大小，使其完全盖住位于底层的图像，并在矩形上方新建一个圆形形状，如图 4.3-22 所示。

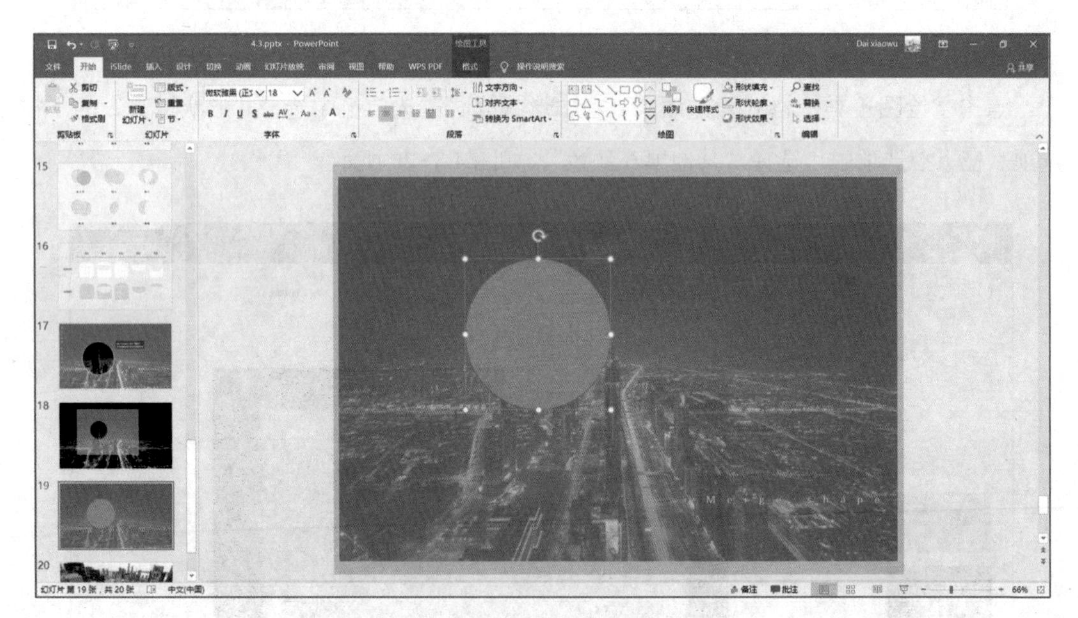

图 4.3-22

选择矩形与圆形，并执行“绘图工具—格式”→“合并形状—组合”，就能够得到图 4.3-23 展示的效果了。

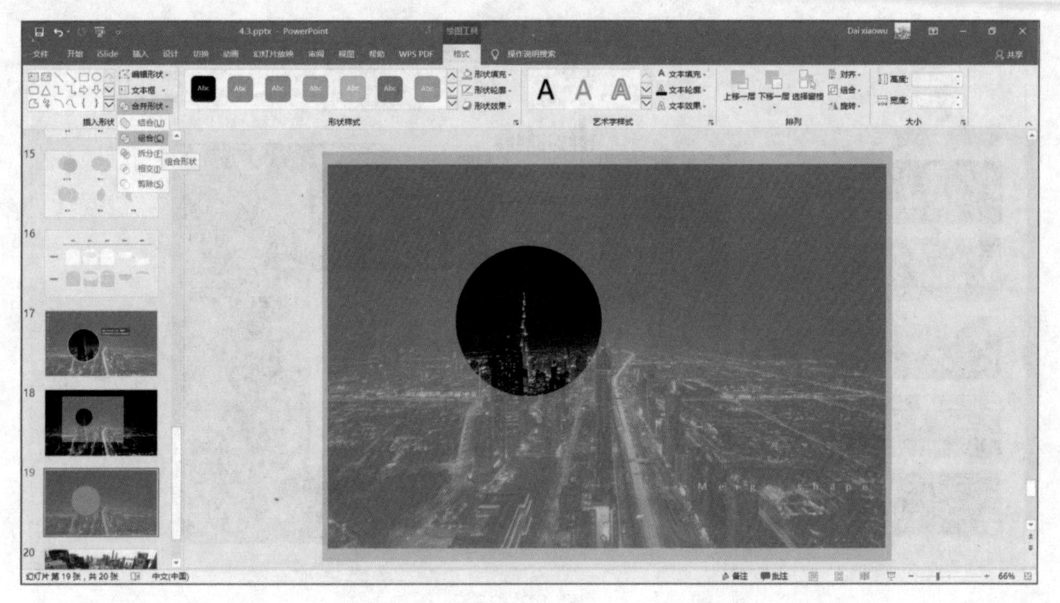


图 4.3-23

（3）在上个例子中，我们使用蒙版来突出下方图像中的主题或主要元素。还有一种情况，如果一页幻灯片中图像是元素的话，那么我们可以使用部分蒙版来解决文字的展示效果，如图 4.3-24 和图 4.3-25 所示。

图 4.3-24

图 4.3-25

2. 利用“渐变”融合

还是在画面中插入准备好的主题图像，然后再插入一个矩形并保持选中状态。点击“绘图工具—格式”选项卡，在“形状样式”选项组中选择“图形填充”的下拉选项。在下拉选项中，选择“渐变—其他渐变”，如图 4.3-26 所示。

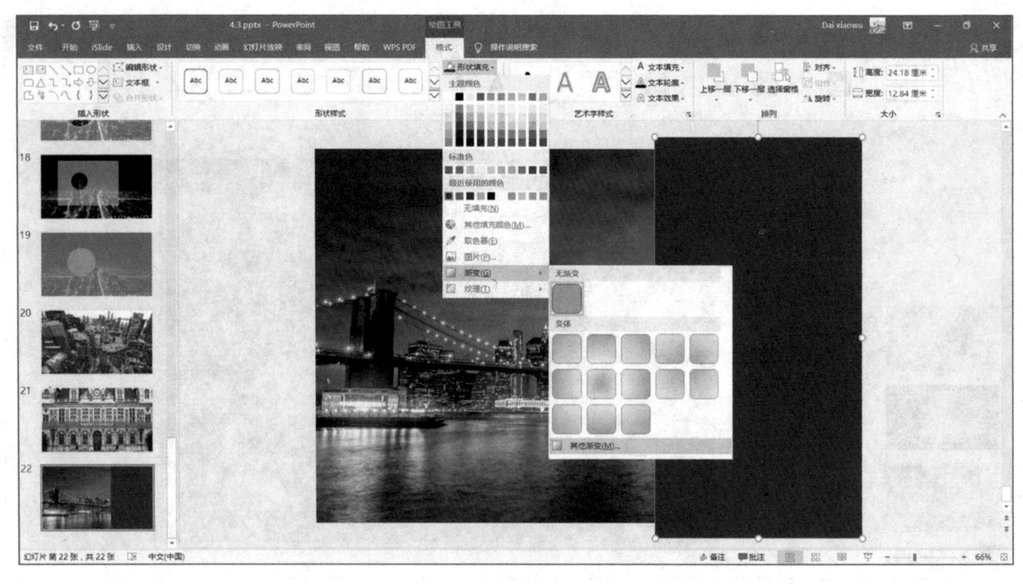

图 4.3-26

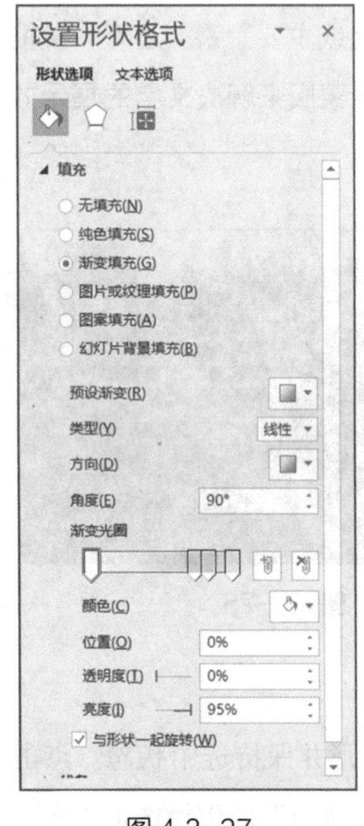


图 4.3-27

在幻灯片右侧弹出的“设置形状格式”窗口中，我们可以对图形填充的渐变效果做一些设置，如图 4.3-27 所示。

其中，渐变类型分为“线性”“射线”“矩形”和“路径”，如图 4.3-28 所示。在制作图形蒙版时，我们常常选择线性渐变。颜色则常常选择白色，当然，你也可以试试用其他颜色。

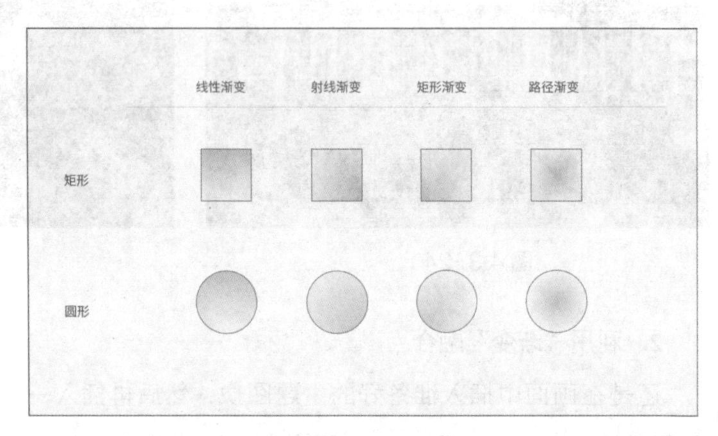


图 4.3-28

在本例中，由于蒙版的方向是从图像右侧到图像中心的，所以渐变类型我们选择了“线性”，渐变角度选择了“0°”，如图 4.3-29 所示。

图 4.3-30 中的“渐变光圈”选项，则可以设置图形中所填充颜色的渐变，选中位于颜色条上的“停止点”后，在“颜色”一栏中即可设置该停止点的颜色了。

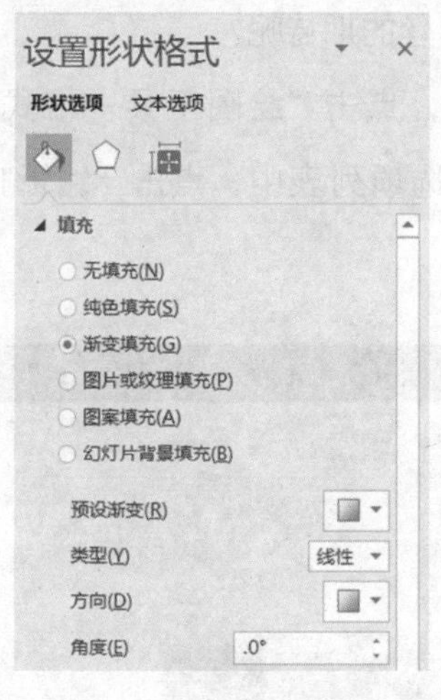

图 4.3-29

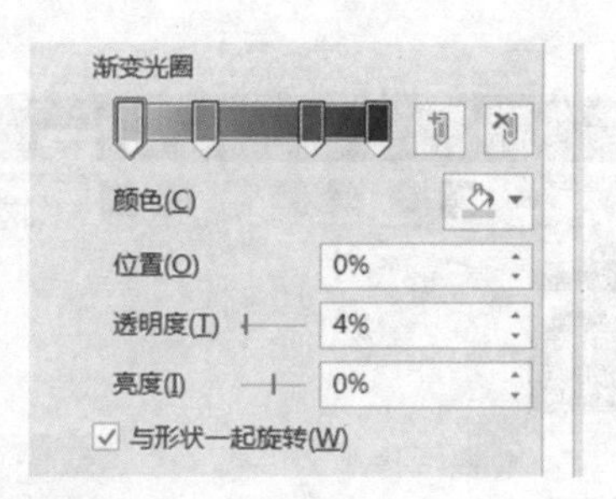


图 4.3-30

最后，想要实现该渐变图形蒙版与位于下方的图像之间的融合该怎么做呢？只需调节“透明度”即可轻松实现，并且，在每一个停止点上都可以设置透明度。根据实际情况进行调节，能让你的渐变蒙版效果更好，如图 4.3-31 所示。

**Tips**：对于想要在幻灯片中插入竖版全屏图像，却又不想因为放大而牺牲图像内容的PPT制作者来说，渐变蒙版简直就是救星，如图4.3-32所示。

图 4.3-31

图 4.3-32

## 4.3.6 给形状“整个容”

在 PowerPoint 中，我们能创建的形状十分有限，除了前文中介绍过的形状组以外，我们还可以使用“编辑顶点”功能来对既有形状进行修改。这样你创建的形状就不会千篇一律，毫无亮点了。而且经修改后的图形不光可以作为装饰，还可以更改样式来做蒙版、放大之后直接做封面等，关于这个功能，你有没有一丝丝的期待呢？

创建并选中图形，在案例中我们选择了矩形，点击“绘图工具—格式”选项卡→“插入形状”选项组→“编辑形状”下拉选项，在选项列表中，点击“编辑顶点”，如图4.3-33所示。

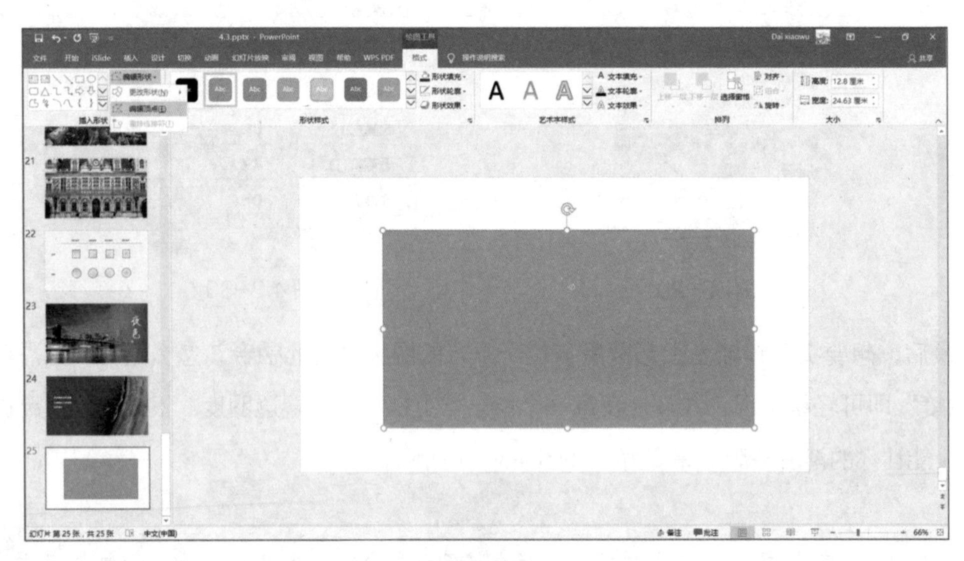

图 4.3-33

进入“编辑顶点”状态后，图形的四个角上会出现黑色的顶点，按住鼠标左键拖动这些顶点，就能够对图像进行自定义编辑了，如图 4.3-34 所示。图中虚线部分是预览线，根据预览线来让图形达到你的要求吧！

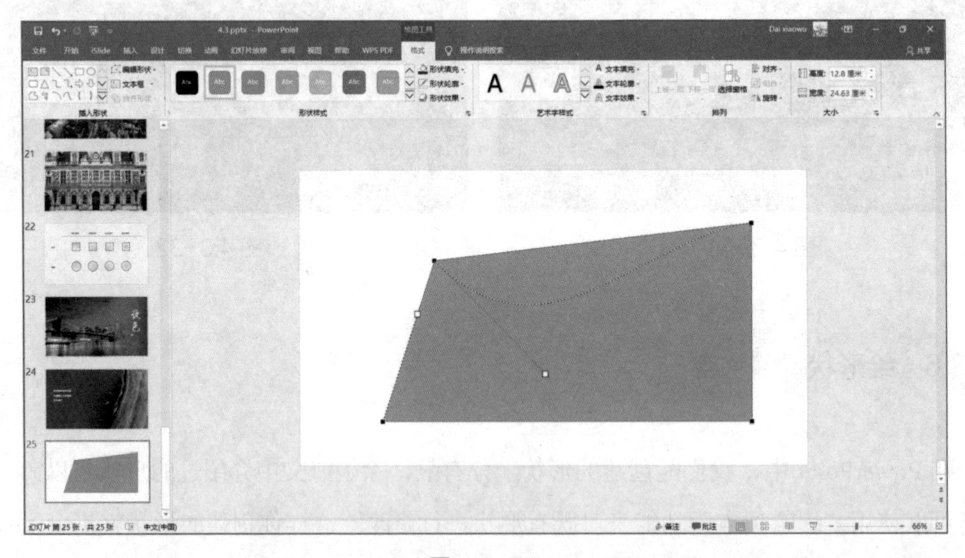

图 4.3-34

同时，在图形的边上点击鼠标右键，可以添加新的顶点，如图 4.3-35 所示。

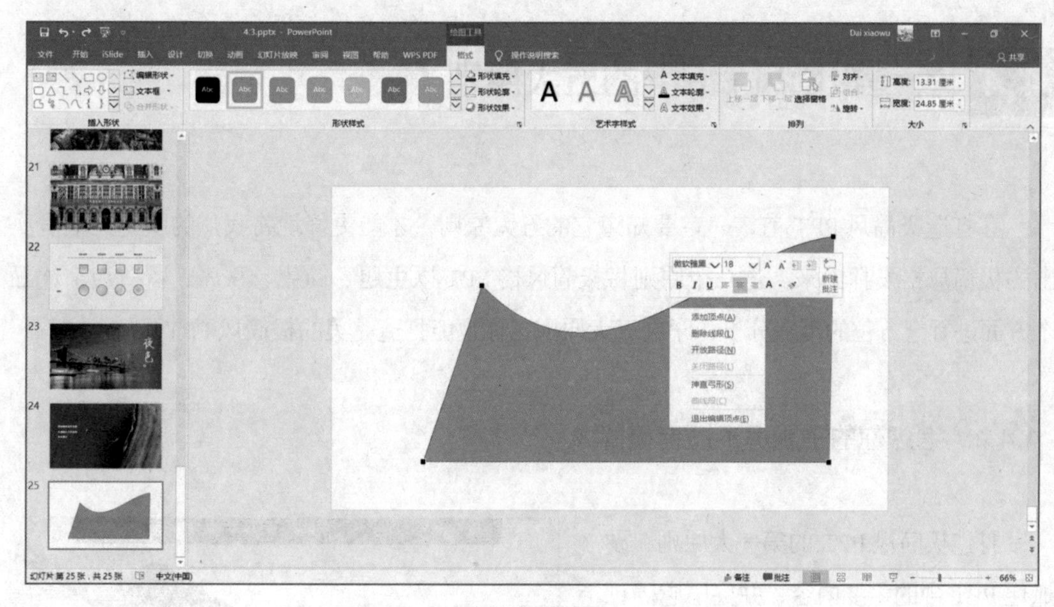


图 4.3-35

如图 4.3-36 所示，是对顶点调节后得到的一些形状。

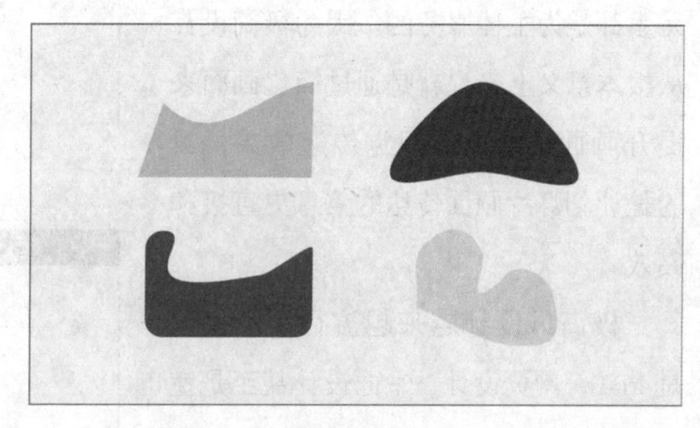

图 4.3-36

这些形状不仅可以当作一种用途来使用，还可以在众多相似形状中脱颖而出，非常独特，这样一来别人看到你的幻灯片之后就不会产生“千篇一律”的感觉了，如图 4.3-37 所示。

图 4.3-37

## 4.4 打造极简风 PPT 的五大原则

在打造极简风 PPT 前，一定要知道它的五大原则，才能更好地将我们的演示文稿呈现出的极简风格发挥出来。这几个原则将极简风格 PPT 以主题、简化、秩序、留白与字体五个方面进行全方位的覆盖分析，学会五大原则，你也能打造完美的极简风 PPT！

### 4.4.1 考虑你的主题适不适合极简风

打造极简风 PPT 的第一大原则：要抓住 PPT 中的主要内容，并突出它。

图 4.4-1

在极简风 PPT 设计界面，所有的元素都是为主体服务的，因为极简设计从根本意义上来说就是通过简化画面来提升画面带给人的视觉传达效果，目的是让幻灯片画面传达的信息更直接和高效。

图 4.4-2

极简风设计越来越流行，不仅仅是 PPT，网页设计、平面设计甚至是室内设计中都出现了该风格，其中不得不说的就是电子产品官网的极简风格网页设计了，例如华为、苹果公司的官网页面，如图 4.4-1、图 4.4-2、图 4.4-3 所示。由此我们可以总结出，极简风设计一定要在视觉上做到简单，也就是说，要简化界面。

图 4.4-3

所以，一旦界面简化，就意味着要删减和舍弃原有的信息，那么，如果你的 PPT 是总结、汇报或者通篇都是大篇幅文本内容的类型，那么可能不适合用极简风格；如果你的 PPT 用于发布会、个人或公司介绍，那么就完全可以基于极简风格来设计你的 PPT 了。

## 4.4.2 简化页面才是硬道理

打造极简风 PPT 的第二大原则：为页面做简化。

在前文中我们也提到，根据 PPT 的类型来决定 PPT 的风格，一旦选择了极简风 PPT，就要做页面的简化。这一简化并不是只简化文本内容，而是简化页面中出现的所有元素。

图 4.4-4

平时我们做演示文稿时，大多都先做一个 Word 文字文稿，在文字文稿的基础上产生制作 PPT 的一些思路。但文字需要观众逐步阅读才能理解，文字多的话，观众会花更多时间去阅读文字，这就与极简风的最终目的相悖了。所以，简化页面首先要简化文字。这里的“简化”并不是说要“删除”文字，而是将文字转化为观众更容易理解的图像、图形或颜色。通过对文字的“简化”，令幻灯片主题更加明确，内容更加清晰。在图 4.4-4、图 4.4-5 中，我们将文字内容“简化”成与 PPT 主题相关联的图像，以方便大家加深对极简风的理解。

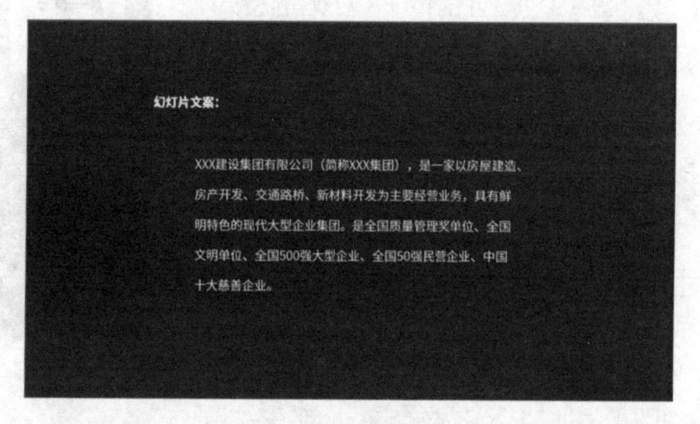


图 4.4-5

除了使用相关联的图片，我们也可以借助逻辑图，例如 4.2 小节中讲到的 SmartArt 图形，将具有逻辑性的文稿直接转化为图像，如图 4.4-6 所

图 4.4-6

示。同时，也可以加入图标等图示设计。

## 4.4.3　简单！简约！简而有序

打造极简风 PPT 的第三大原则：要保持页面的视觉平衡。

我们在设计幻灯片时，在排版的步骤中少不了要用到“对齐”功能，设计元素之间“对齐”了，就会产生视觉平衡。如果一味地追求简单、简约，把有利于幻灯片版式视觉平衡的元素统统删掉，就会让整页幻灯片变得空洞而无序，得不偿失。所以，不要让你的极简设计变成“简陋”的设计，如图 4.4–7 和图 4.4–8 所示。

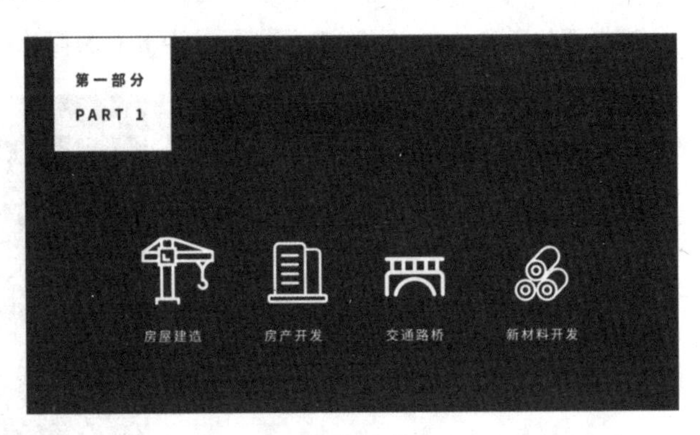


图 4.4–7

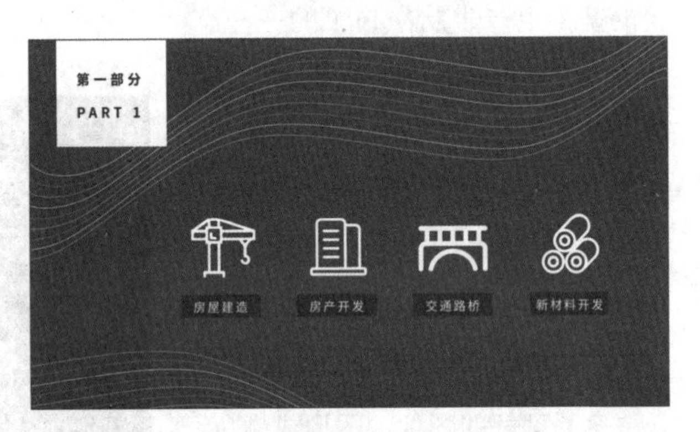


图 4.4–8

图 4.4–7 和图 4.4–8 对比可得知，如图 4.4–7 的幻灯片比如图 4.4–8 的幻灯片更加“简洁”，但在视觉的平衡上没有图 4.4–8 做得好。图 4.4–7 的幻灯片中虽有文字与图标、图形，但上部分留白过多，显得空洞；而本应在视觉中心点的四个图标与文本框却太过往下，整个页面都失去了平衡；并且，作为装饰的图标大小不一，使画面显得更加失衡，如图 4.4–9 所示。

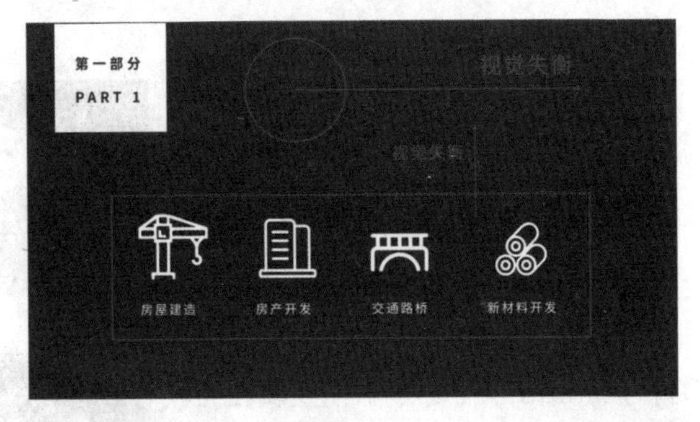


图 4.4–9

极简风格设计中的一个重要原则就是，页面中的各项元素相互之间有联系、相调和，使整个幻灯片界面保持视觉平衡。这才是极简风设计要求的“简而有序”。

## 4.4.4 留白是个大学问

打造极简风 PPT 的第四大原则：留白。

设计中留白的“白”指的不是颜色的“白”，而是空白的“白”。“留白”的全称是“留出空白区域”，指在页面中的某一区域没有任何元素，也没有任何装饰，处于空白的状态，如图 4.4-10 和图 4.4-11 所示。而在幻灯片设计中，留白能够让页面中的布局更加平衡，元素更加清晰，是设计幻灯片必须遵循的原则之一，同样也是设计极简风格 PPT 的原则之一。

图 4.4-10

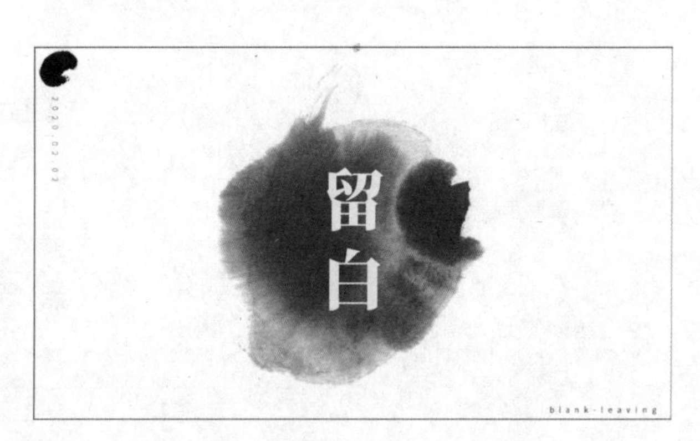


图 4.4-11

留白的原理其实是利用留白完成设计上的平衡，就像前文所说，使整个设计简而有序也需要页面的视觉平衡，这里把留白一项单独拿出来讲，是因为留白不仅适用于做极简风格的 PPT，还适用于任何类型的 PPT。通过刻意地留出足够的空白空间，使我们的幻灯片设计感更加强烈。

## 4.4.5 极简风 PPT 中的字体选择

打造极简风 PPT 的第五大原则：选择无衬线字体。

在极简风格 PPT 的设计中，我们常常用到的是无衬线字体。因为无衬线字体没有衬线、没有任何其他多余装饰和笔画的特点，与极简风 PPT 的整体风格相一致。极简风格与无衬线字体相得益彰，将极简发挥到极致，同时，字体也多以纤细为主，能令整体风格更为简洁，如图 4.4-12 和图 4.4-13 所示。

ABC ABC

最好选择纤细字体　较少用到粗壮字体

图 4.4-12

ABC ABC

衬线字体　无衬线字体

图 4.4-13

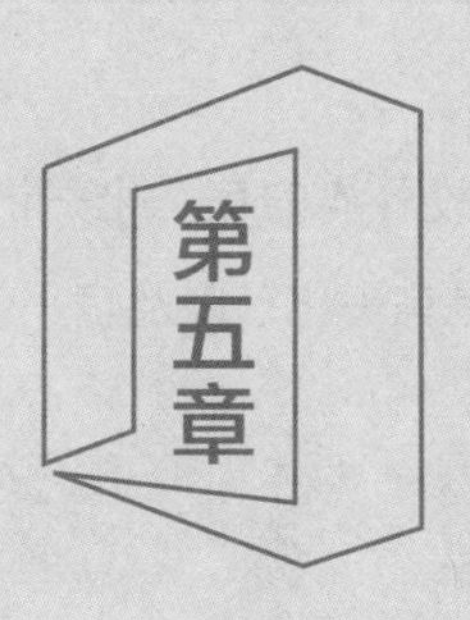


# 扁平化PPT——用好配色，让你的PPT靓起来

可以说，扁平化 PPT 是极简风 PPT 的升级版。在极简风 PPT 中，我们使用大量的基础形状来修饰我们的 PPT，而在扁平化 PPT 中，我们不仅能够使用到基础形状，还会借助扁平化插图及图标。同时，本章还会以丰富的配色知识，来为大家走上 PPT 高手之路铺平道路。

# 5.1 什么是扁平化

相信大家都听说过近年来风靡设计界的扁平化一词，那究竟哪种风格可以被称作是扁平化呢？接下来就带大家了解什么是扁平化，以及扁平化的几种表现形式。

## 5.1.1 解读扁平化

扁平化也被称作扁平化设计，扁平化设计的核心就是去掉冗余的装饰效果。扁平化的另一个特点就是去掉多余的透视、纹理、渐变等能体现出事物是三维的效果，转而让“信息”本身凸显出一种二维化设计风格。并且，扁平化风格在设计元素上强调抽象、极简、符号化，所有的元素边界都干净利落，没有任何设计手法中的渐变、阴影或羽化，在视觉外观上，给人以“一刀切”的感觉，如图 5.1–1 和图 5.1–2 所示。

图 5.1–1

扁平化设计风格比较常见于传统媒体，例如道路指示牌、报纸杂志等，如图 5.1–3 所示。不过，随着计算机网络技术的飞速发展，扁平化设计风格在各类软件、网站、海报界面甚至是各大公司的 LOGO 等领域越来越普及，如图 5.1–4 所示，成为迎合观众对信息快速浏览和吸收的手段之一。由于扁平化设计将多余的信息全部剔除，也造成了一定程度上的情感缺失——没有装饰，过于“冷静”。所以在扁平化设计中，要充分发挥配色的作用，一组好的、合适的配色会将扁平化自带的冰冷、机械属性减弱。

图 5.1–2

图 5.1-3

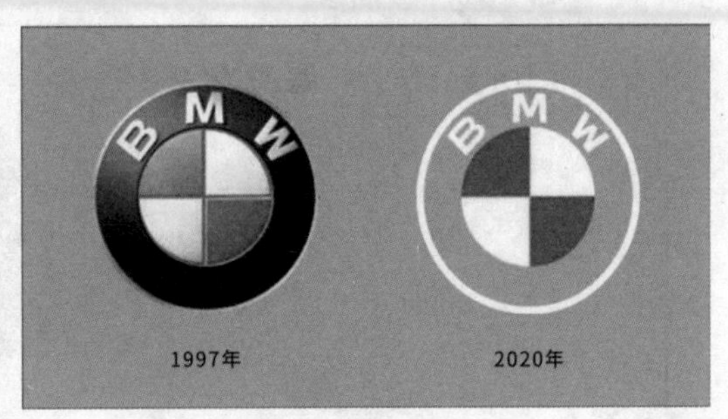


图 5.1-4

## 5.1.2　扁平化的常见表现形式

在介绍如何配色之前，我们要先了解一下扁平化的常见表现形式，在制作扁平化风格的演示文稿时，在形式与配色上都要做到视觉上的统一。

1. 纯扁平

这种类型的扁平化是最初始的形式，以形式单一、完全二维化为最大特点，可以看到画面中没有一点儿表现阴影与立体的感觉。随着扁平化逐渐发展和成熟，更多领域开始使用扁平化风格，扁平化的形式也悄然发生改变，如图 5.1-5 和图 5.1-6 所示。

图 5.1-5

在 PPT 设计中，普通的扁平化常常与极简风 PPT 很相似，但在颜色的使用和图形的使用中略微不同，通过图 5.1-7 可以看出，扁平化风格的 PPT 颜色相比极简风 PPT 更加丰富，图形的使用也更多。

图 5.1-6

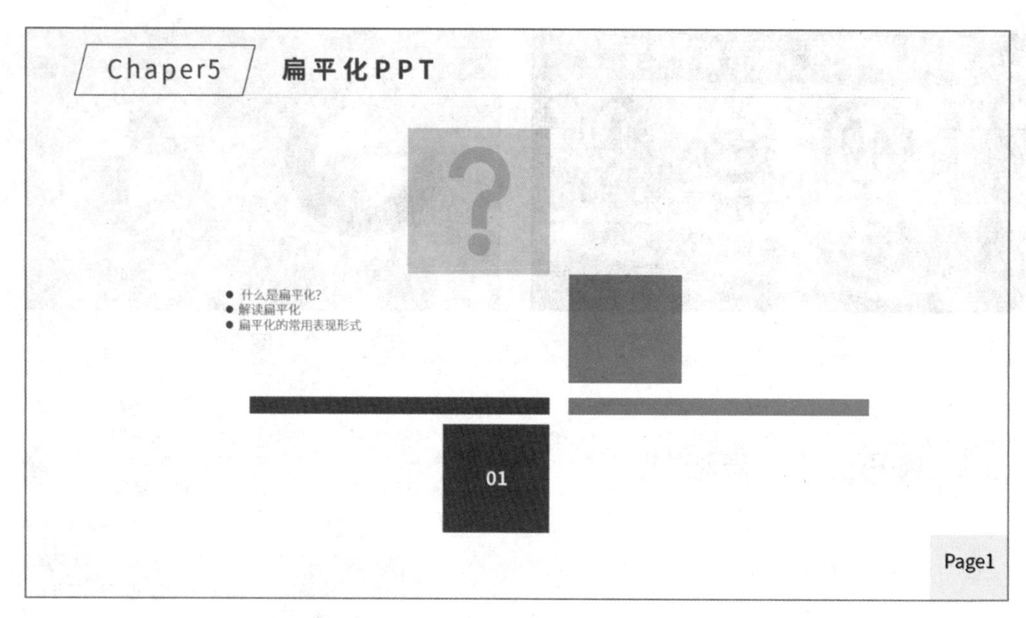


图 5.1-7

2. 长投影

在这一类型中，扁平化加入了对物体投影的表现，但也在最大限度上对投影进行扁平化的表达，阴影是扁平的，没有渐变与真正投影的明暗部分，这就是延伸投影，它在 PPT 中经常作为标题页出现，如图 5.1-8 所示。

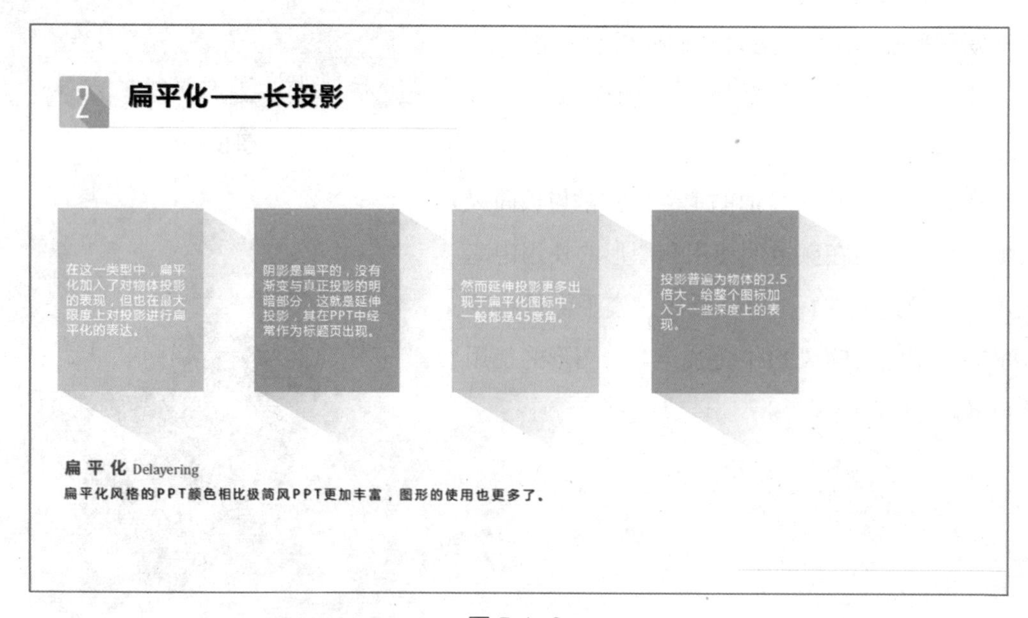


图 5.1-8

延伸投影更多出现于扁平化图标中，一般都是 45 度角，投影普遍为物体的 2.5 倍，给整个图标加入了一些深度上的表现，如图 5.1-9 所示。

图 5.1-9

3. 微投影

这里我们以“长投影”与“微投影”来做区分，与长投影不同，扁平化中的微投影在主体的细节中加入比较短小的阴影，比起长投影的块体投影，微投影可以说是线条状的投影。微投影在扁平化图标或插图设计中的使用，能够给主体增加一种立体感，同时，在主体的细节中加入短阴影，也能够给主体带来层次上的变化。在演示文稿的制作中，也常以图标的形式出现，如图 5.1-10 和图 5.1-11 所示。

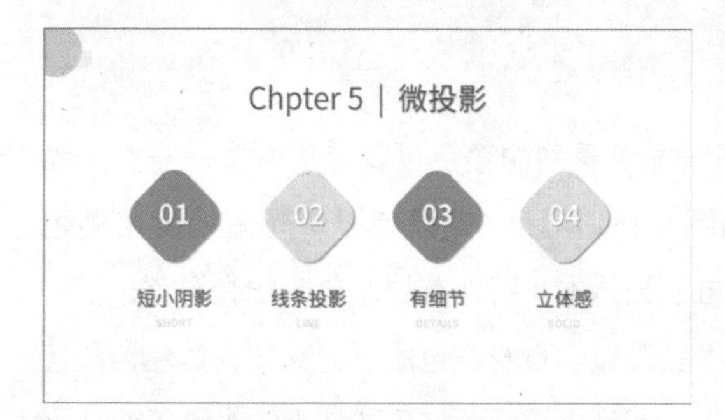


图 5.1-10

图 5.1-11

4. 伪 3D

通过前面的介绍，大家可能认为扁平化设计仅仅是平面的、二维的，但在扁平化逐渐成熟后，也出现了三维的形态。虽然扁平化在后期出现三维形态，但依然遵循了一些扁平化设计的原则。这一类扁平化设计则多以插图出现，设计中的细节，也就是阴影与高光的部分被表现得更多，如图 5.1-12 和图 5.1-13 所示。

图 5.1-12

图 5.1-13

## 5.2 关于色彩，你要知道这些

在扁平化演示文稿的设计与制作中，对于颜色的把控是重中之重。那么对于颜色，你了解多少呢？在学习如何配色之前，让我们先了解一下颜色的种类、属性，以及它们各自的性格吧！

### 5.2.1 色彩的种类

色彩是有分类的，一般来说，我们用眼睛能够看到的颜色可以分成两类，一类是光源色（RGB），一类是物体色（CMY），如图 5.2–1 所示。光源色即从光源处发出的色光，如各种颜色的灯光、橙色的火光，这种自发光体本身所拥有的颜色叫作光源色；相对的，本身不具备自发光这一特性，而吸收外界光源显示自身颜色的色，叫作物体色，如蓝色茶杯的颜色并不是茶杯自己发出的蓝色色光，而是外界光源打到茶杯上的光除了蓝色之外，都被茶杯吸收了，最后仅剩下蓝色的光被茶杯反射，从而使我们看到的茶杯呈蓝色。

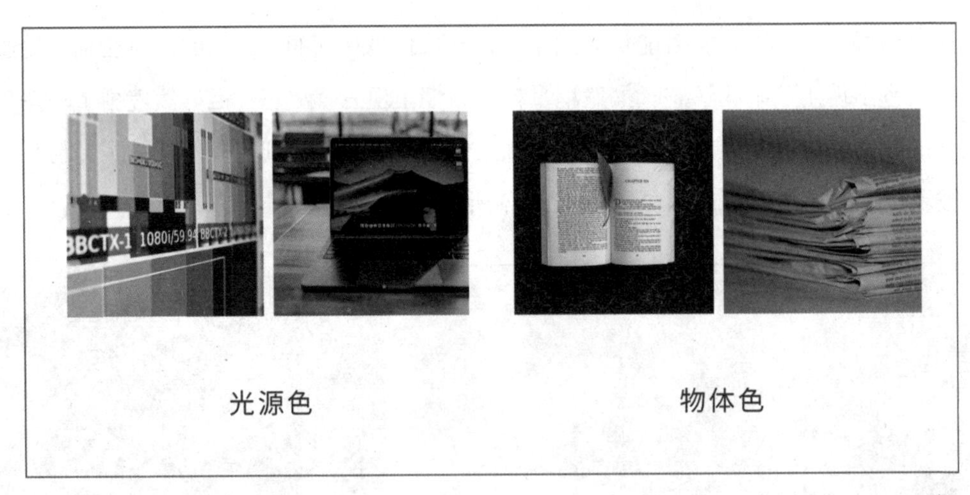


图 5.2–1

虽然我们在设计制作 PPT 时，一般用到的只有光源色，也就是 RGB 颜色，不过，在演示文稿中插入图片时，如果用到一些印刷品——图片格式为 CMYK 的图片时，会产生变色、变暗的情况。所以，这一节我们就针对这一情况，说明色彩的分类、为何图片会变色、电脑与印刷品显色的不同等问题。

由于人的肉眼有三种不同颜色的感光体，因此色彩系统常用三种基本色来表达，这三种颜色被称为“三原色”。其中的原色是指不能通过其他颜色的混合调配而得到的基本色。以不同的比例将原色混合就可以得到其他颜色。理论上，三原色可以调配出所有其他颜色，而其他颜色不能调配出三原色。

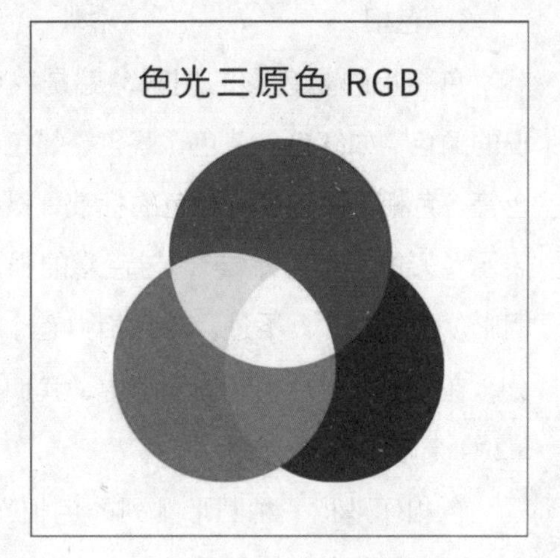

图 5.2–2

三原色中，包括作为光源色的色光三原色（RGB）和作为物体色的色料三原色（CMY）。

色光三原色（RGB）的三种颜色分别是R（红色）、G（绿色）、B（蓝色），如图5.2–2所示。这三种原色两两混合可以得到更亮的中间色，而三种原色等量混合则会得到白色，这被称作“加法混合”。色光三原色被广泛用于计算机、电视机等主动发光的产品中。

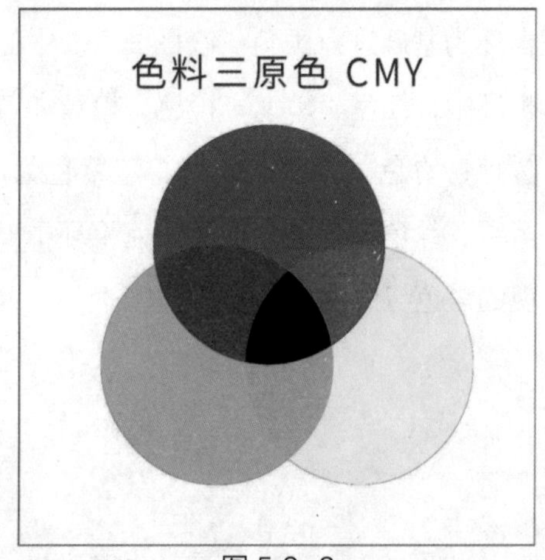

图 5.2–3

色料三原色（CMY）的三种颜色分别是C（青）、M（洋红）、Y（黄），如图5.2–3所示。对于这三种原色来说，它们的相互混合会越混合越暗，最终趋近于黑色，所以被称作是“减法混合”。色料三原色则用于书籍报刊印刷、绘制水彩油画、涂油漆等场合中。

虽然在理论上物体色的三种原色混合起来是黑色，但在实际印刷中，色料可表现的色彩范围与墨水制作工艺等条件有限，仅用色料的三种原色相加的结果实际上是一种暗红色。因此在现代印刷中，引入了K（黑色），CMY也由此升级为CMYK四色印刷。

## 5.2.2 色彩的三大基础属性

色彩有三大基础属性，即色相、明度和纯度。在学习演示文稿的配色之前，我们需要了解各属性的特征，掌握选择并调整颜色的原则，从而获得想要的配色。

1. 色相

色相指的是色彩的相貌，就是我们常说的颜色，如红色、黄色、蓝色、绿色、紫色等。色相是区分各种颜色的标准，只纯粹表示色彩的“相貌差异”，与色彩的强弱与明暗度没有关系。不过，在色相中有冷暖之分，在接下来对色相环的介绍中，我们用图 5.2–4 来做说明。

渐变形式的色相变化

图 5.2–4

色相环是指一种圆形排列的色相光谱，色相环中的色彩是按照光谱在自然中出现的顺序来排列的。大多数情况下，我们会以色相环为基础进行配色。在图 5.2–5 中的色色相环中，红色、橙红、橙色、橙黄和黄色为暖色；青色、青蓝、蓝色、蓝紫色为冷色；黄绿、绿色与紫色，以及在色相环中没有出现的黑色与白色为中性色。

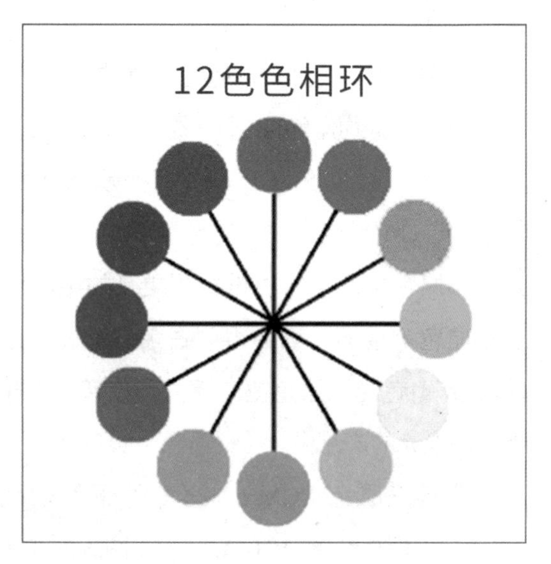


图 5.2–5

如图 5.2–6 所示，在色相环中，一条直线上的颜色为互补色，例如我们经常用到的黄色与紫色搭配、绿色与红色搭配、蓝色与橘黄色搭配等。色相环在配色中会经常用到，我们在后续的配色内容中将会做更多介绍。

图 5.2–6

2. 明度

明度表示的是色彩的明暗程度。如图 5.2-7 和图 5.2-8 所示，明度高颜色就发白，明度低颜色就发黑，所以颜色的明度一般用明亮、暗淡等词汇来描述。在所有可视色彩中，黄色的明度最高，紫色的明度最低。

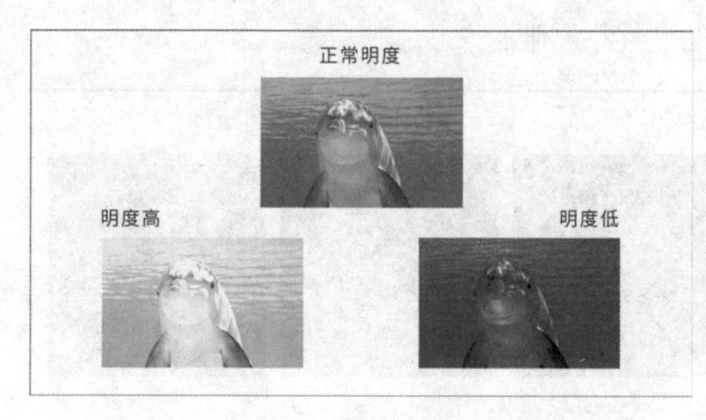


图 5.2-7

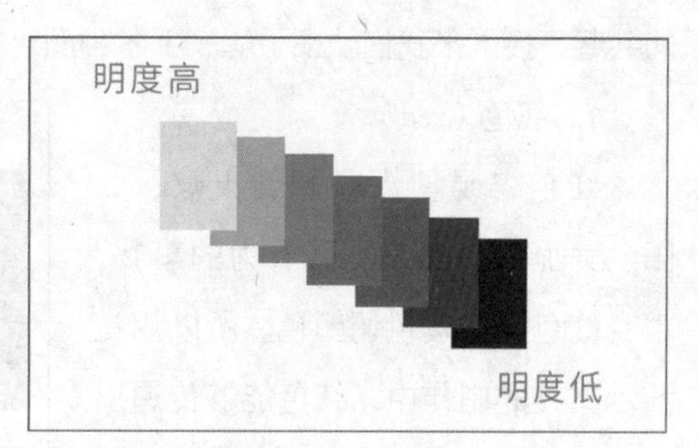


图 5.2-8

3. 纯度

纯度指的是色彩的鲜艳程度，也被称作饱和度，是影响色彩呈现的最终效果之一。如图 5.2-9 和图 5.2-10 所示，颜色的纯度越高，颜色就越鲜艳；颜色的纯度越低，颜色就越“灰”，越接近黑白色。在所有可视色彩中，红色的饱和度最高，蓝色的饱和度最低。

图 5.2-9

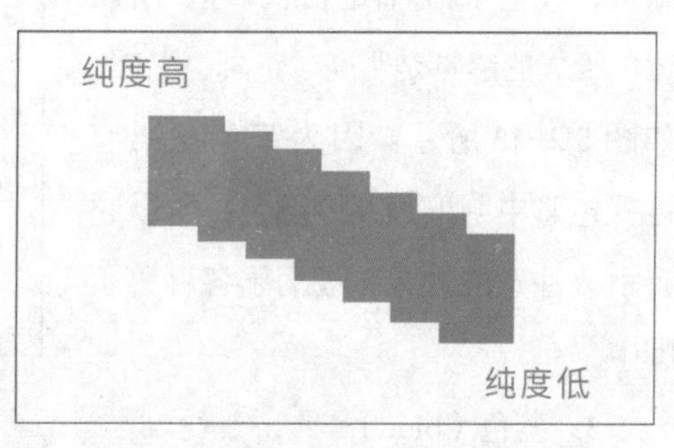


图 5.2-10

Tips：黑色和白色原本没有颜色，所以即使改变它们的纯度，它们也不会发生变化，如图5.2-11所示。

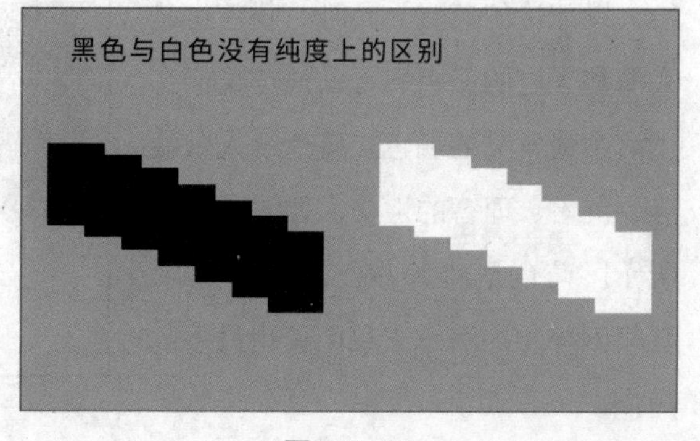


图 5.2-11

## 5.2.3 色彩的“性格”

不同的颜色给人的印象和感觉不同，我们在设计制作演示文稿时，通过色彩的“性格”来确定配色，能够更好地扣紧 PPT 主题，烘托演示文稿的氛围，也能够与观众建立情感上的共鸣，接下来我们就来了解一下各种颜色的“性格”吧！

1. 红色（red）

红色容易使人联想到火焰、太阳、鲜血等有热度、强有力的事物，本身红色也是暖色调颜色。所以用在演示文稿的制作中，红色能够传递出热情、活泼、强大、积极的感觉，如图 5.2−12 所示。

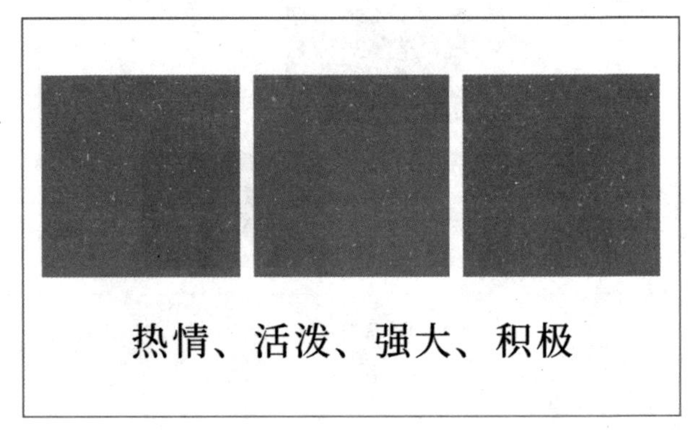


图 5.2−12

2. 黄色（yellow）

虽然黄色的色相与红色不同，但它同样能够使人联想到火焰和太阳。并且，黄色象征着阳光的颜色，所以黄色给人的感觉是明亮、童真、温暖，如图 5.2−13 所示。因为黄色是所有可视色彩中明度最高的颜色，所以它有引人注意的效果，被用于各种警示牌中。

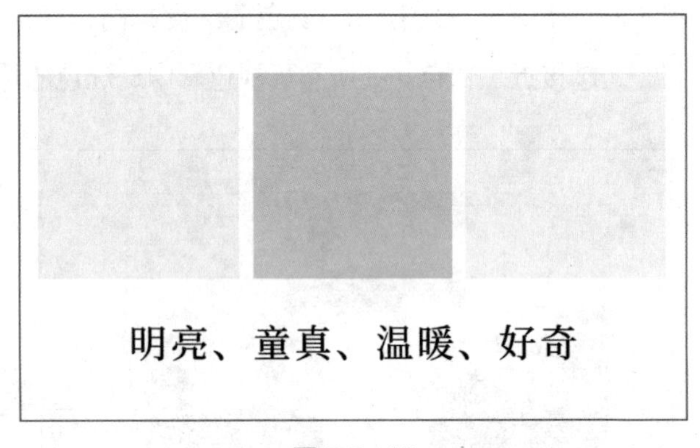


图 5.2−13

3. 蓝色（blue）

作为冷色调的典型颜色，蓝色给人以冰冷的感觉。同时，蓝色也是大海和天空的颜色，可以说是我们在生活中最常见的颜色。蓝色给人以冷静、沉着、理智的性格，如图 5.2−14 所示。蓝色是商务办公、高新技术、互联网等相关演示文稿中运用最多的颜色。

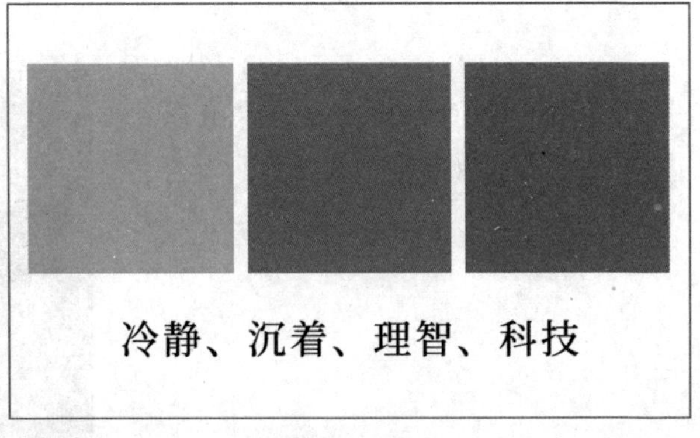


图 5.2−14

4. 橙色（orange）

橙色作为介于红色和黄色之间的颜色，它没有红色强烈，也没有黄色明亮，是一种充满温柔、积极健康的颜色，如图 5.2-15 所示。所以，一些与健康领域相关的演示文稿中，经常使用橙色。同时橙色的暖色属性也能够使人感到温暖，它也是一些常见食物的颜色，所以，食品、家具等相关类型的 PPT 也经常使用橙色。

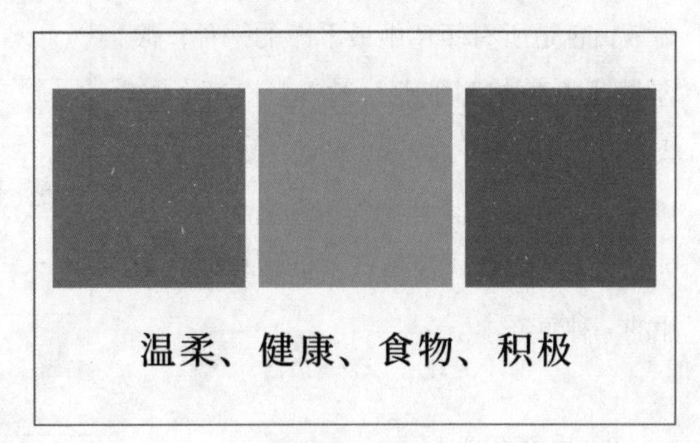


图 5.2-15

5. 绿色（green）

绿色是代表大树与森林的颜色，代表着健康与自然，如图 5.2-16 所示。绿色能够给人带来放松的感觉，也是有益身心的颜色，同蓝色一样，它也给人以冷静的感觉。但作为中性色来说，它没有冷色调的冰冷。

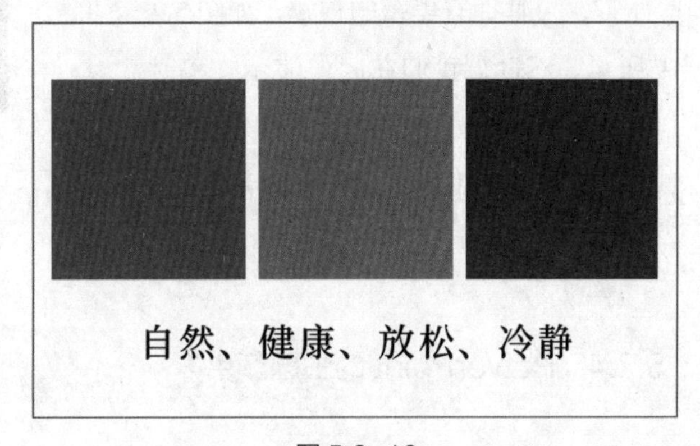


图 5.2-16

6. 紫色（purple）

同样是作为中性色的紫色，跨越了冷色和暖色，它既有红色的积极，又有蓝色的冷静，所以紫色传递着一种中性、神秘的感觉，如图 5.2-17 所示。同时，它的神秘也能够激发人的想象，给人一种高贵与优雅的气质。

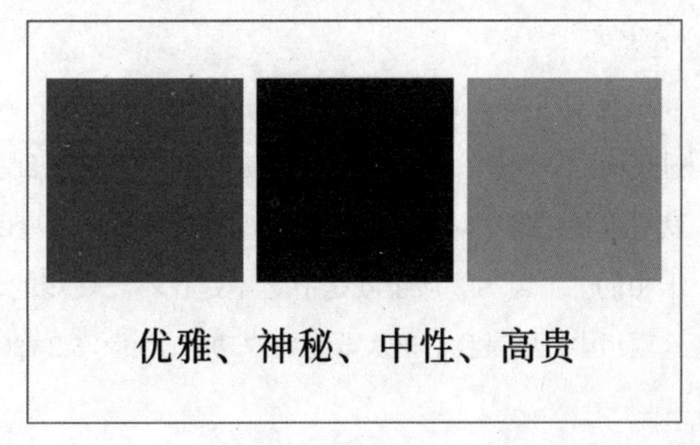


图 5.2-17

7. 白色（white）

白色是所有颜色中最干净的一种，很容易让人联想到纸张、雪花、冬季，给人纯洁、干净、神圣的感觉，如图 5.2-18 所示。在我们设计制作演示文稿时，是 PowerPoint 的默认背景色，也是我们最常用的一种颜色。

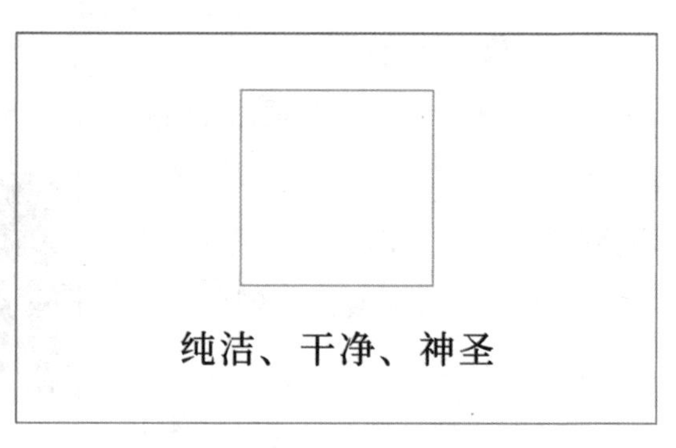


图 5.2-18

8. 黑色（black）

黑色给人的感觉一般是负面的，有一些压抑，同时拥有黑夜的神秘，如图 5.2-19 所示。不过，我们在制作演示文稿时，与其他颜色搭配好也会使我们的幻灯片更具有高级感，提升 PPT 的整体档次。

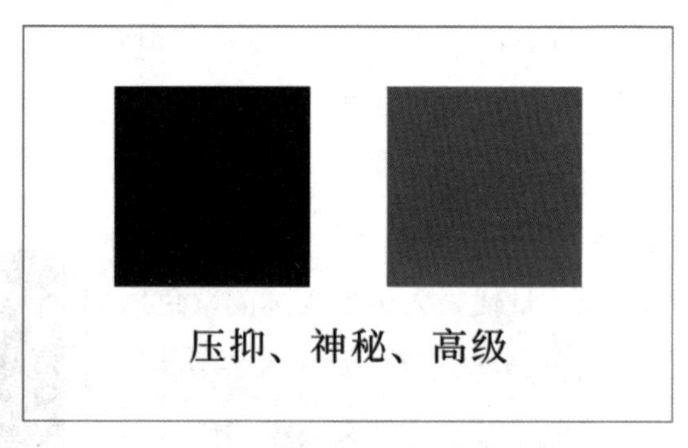


图 5.2-19

## 5.2.4 PowerPoint 的主题颜色

看到这里，相信大家对颜色都有了一定的了解，但是一提到 PPT 的配色，可能还是会感到头疼。在正式学习配色之前，我们可以先借助 PowerPoint 自带的主题配色方案来“应急”。

我们在第一章认识 PPT 中，曾经说建议大家不要使用 PowerPoint 中自带的模板，不过模板的“变体”我们还是可以使用的。在你已经制作好一张幻灯片并苦恼于如何配色时，就可以使用这个功能。制作一张幻灯片后想要改变配色，首先点击“设计”选项卡，选项卡中的“主题”选项组就是前文中建议不要使用的 PowerPoint 自带模板，后面的“变体”选项组中，则是我们这次要用到的功能，如图 5.2-20 所示。

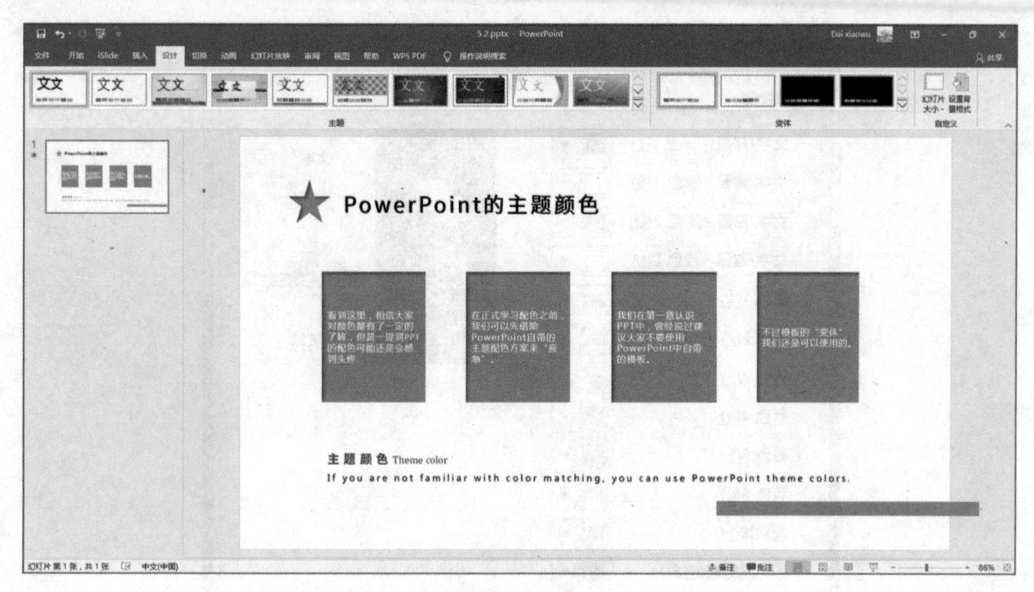


图 5.2-20

点开“变体”选项组的下拉选项，在“颜色”展开列表中，我们能看到很多配色方案，点击任意一个，即可应用该配色方案，如图 5.2-21 所示。

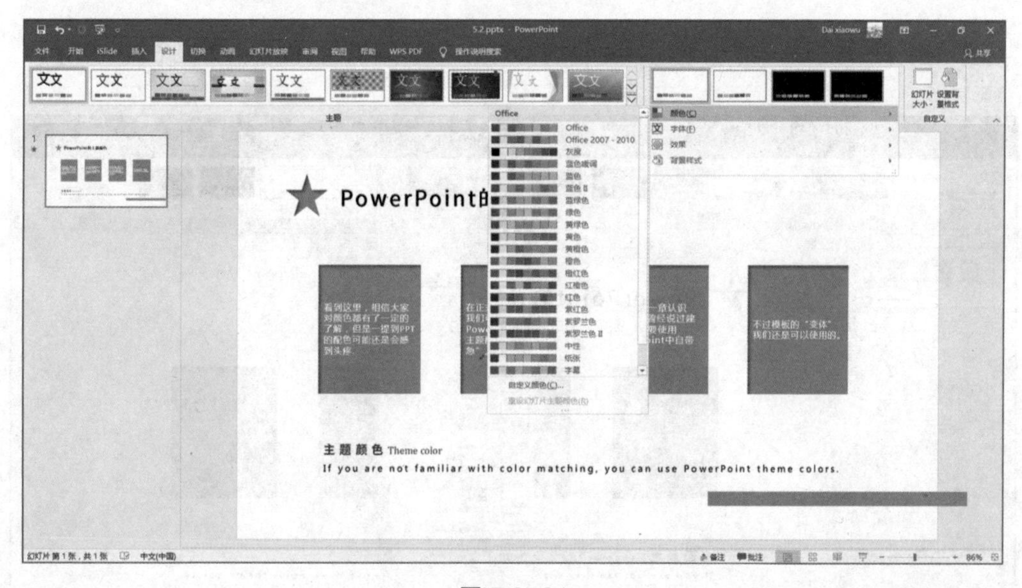


图 5.2-21

点“颜色”展开列表中的最下方“自定义颜色”，则可对当前配色方案中的颜色进行自定义设置，如图 5.2-22 所示。

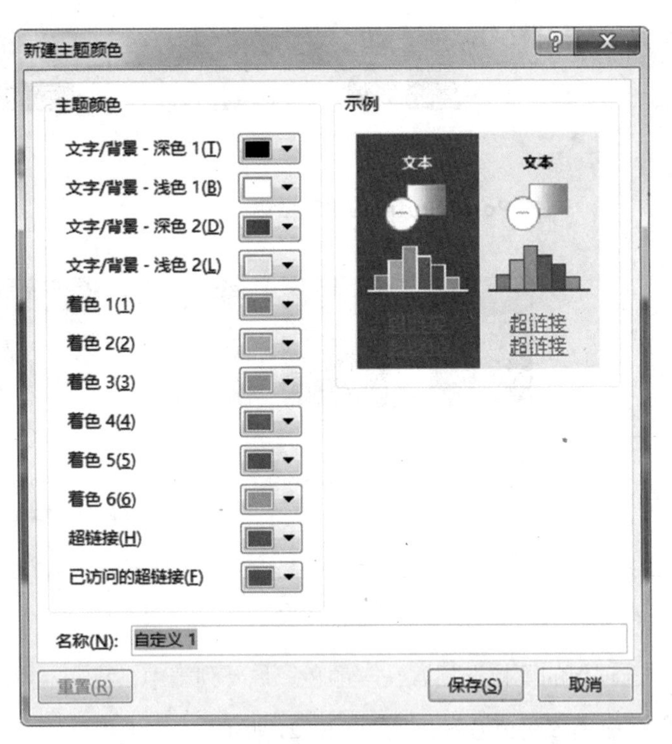


图 5.2-22

在“字体”展开列表中，还可以对当前幻灯片中的字体进行设置，如图 5.2-23 所示。

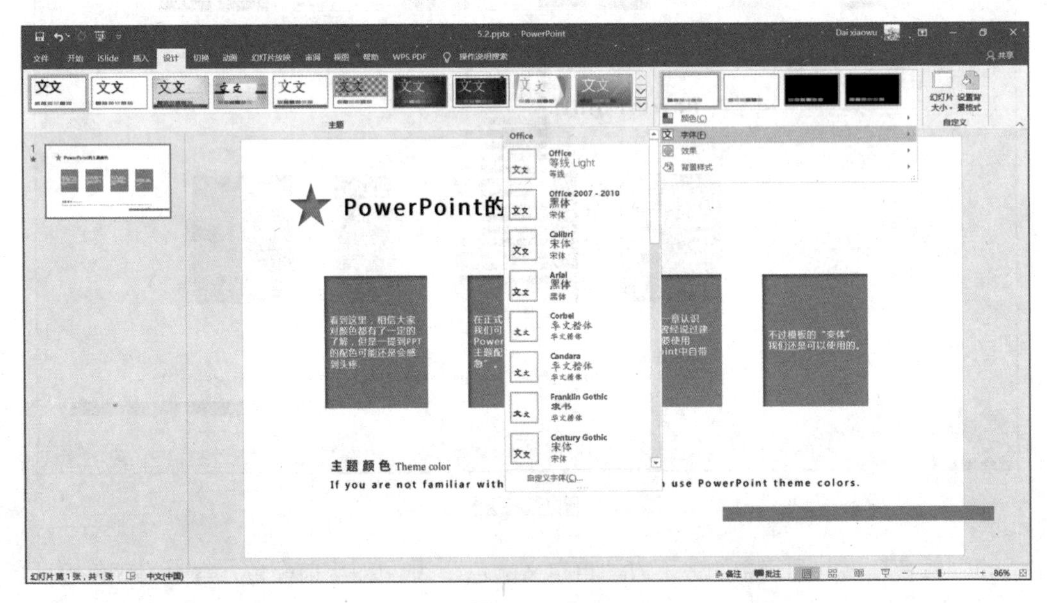


图 5.2-23

## 5.2.5 取色器，把颜色“据为己有”

自从 Office 2013 版本开始，PowerPoint 中也加入了类似 Photoshop、Illustrator 等专业设计软件中的“吸管工具”的功能——“取色器”。这个功能可以把我们在屏幕中看到的所有颜色都应用到 PPT 中所有与颜色有关的设计中。

将想要吸取颜色的图片或插图插入到幻灯片中，并选中想要填充颜色的形状，如图 5.2-24 所示。

图 5.2-24

点击“形状填充”，选择列表中的“取色器”，如图 5.2-25 所示。

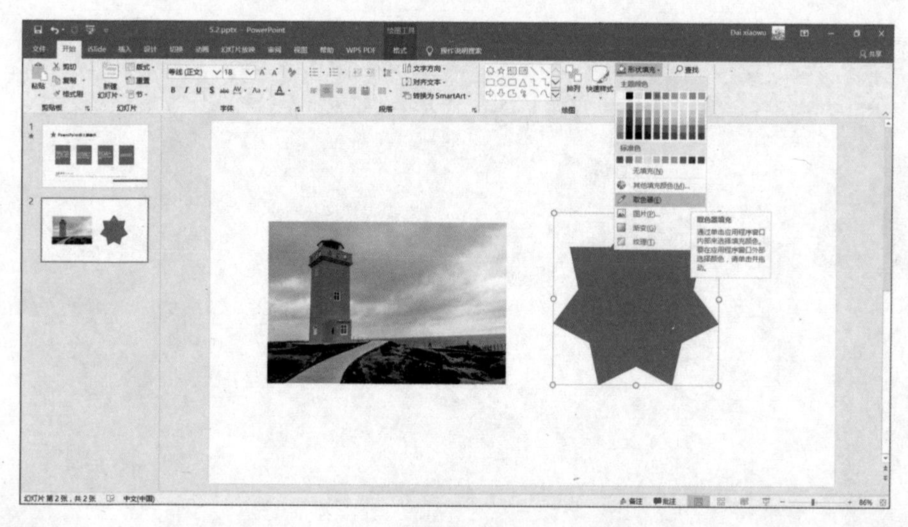

图 5.2-25

此时，鼠标光标变为吸管的形状，将光标移动到想取色的位置上并单击，取色填充就完成了，如图 5.2-26 所示。

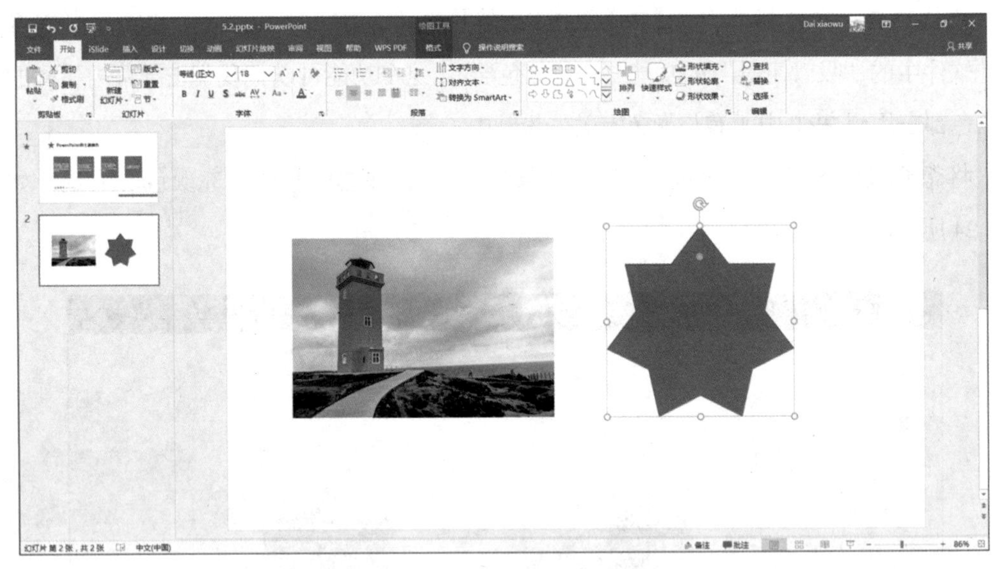


图 5.2-26

## 5.3 颜色怎么“玩”更高级

在了解了色彩的种类、色彩的属性和色彩的性格后，我们就可以将其与我们的演示文稿的主题、内容相结合，做出颜色丰富的、精彩的 PPT。

### 5.3.1 可辨识，并且醒目

1. 使颜色易辨识

在设计制作演示文稿之前，我们要清楚颜色之间的搭配有两个比较重要的原则，其中之一就是要使颜色容易被辨识，这就是颜色的辨识度。例如，我们在看图 5.3-1 和图 5.3-2 时，哪张比较容易被辨识呢？

图 5.3-1

图 5.3-2

如果颜色无法辨识，我们就要用到之前学到的关于颜色的知识了：在这种情况下，对比度，也就是颜色的明度与纯度相差较大的配色会更加容易被辨识，也更加容易吸引人的眼球。相对的，不容易被人眼辨识的颜色是色相相近的颜色，如图 5.3-3 和图 5.3-4 所示。

图 5.3-3

图 5.3-4

2. 使颜色更醒目

第二个原则就是要使颜色更加醒目，这就是颜色的醒目程度，这一原则更加侧重于我们做出的幻灯片能否引人注目。在图 5.3–5 和图 5.3–6 中，形状的大小是一样的，但是一眼看上去图 5.3–6 中的形状更加引人注目，吸引人眼球的效果更好。也就是说，相对于纯度低的颜色，纯度高的颜色更加醒目。

图 5.3–5

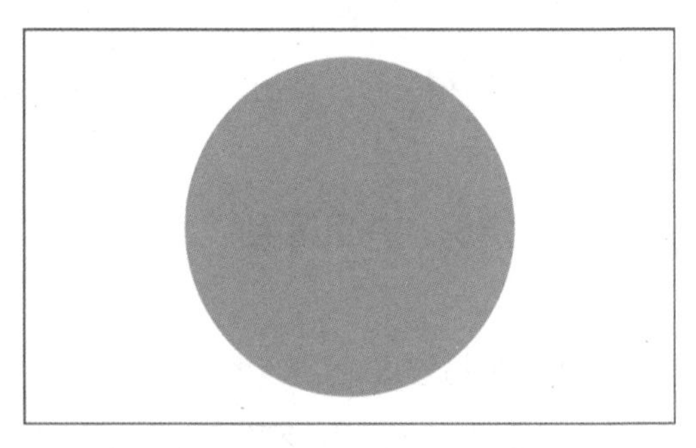

图 5.3–6

同样的，改变背景颜色也是一样的效果，图 5.3–7 和图 5.3–8 中，哪一个更吸引你的眼球呢？

图 5.3–7

图 5.3–8

总的来说，能否吸引人注意主要还是受颜色自身的色相和纯度的影响。一般来说，在颜色的醒目程度上，高纯度颜色高于低纯度颜色，有彩色颜色高于无彩色颜色，暖色系颜色高于冷色系颜色。如图 5.3–9 所示。

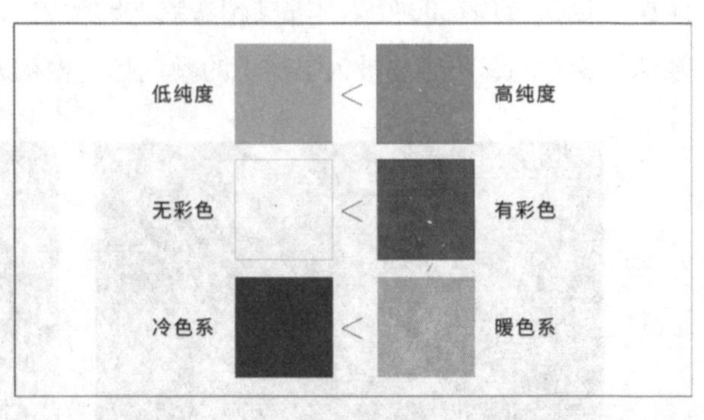


图 5.3–9

## 5.3.2 配色三部曲

配色是有步骤的，在这一小节，为大家准备了标准的配色方法。在设计制作演示文稿的配色时，需要先确定几种颜色作为设计的关键颜色。通常，有表达中心的主题色、作为打底颜色的基础色，还有用来提亮点缀的装饰色。

作为整个 PPT 设计的核心颜色，主题色一般用在最醒目的地方，占据整体颜色份额的 25%；基础色则使用在背景上，是决定整个 PPT 印象的颜色，占据整体颜色份额的 70%；而装饰色作为点缀应占整体颜色份额的 5%，起到辅助和衬托主题的作用，如图 5.3–10 所示。

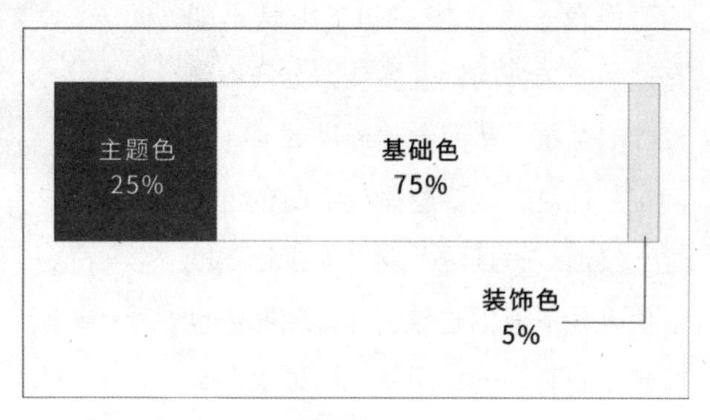


图 5.3–10

1. 确定主题色

创建主题颜色之前，要清楚你的 PPT 将表达何种情绪、要面对什么样的人群、最终将呈现出什么效果。在一般的商务办公场合，PPT 的主题色会直接使用某种特定商品、LOGO 等作为独立形象的颜色。

主题色的明度不宜太高，纯度也不宜太低，不然会出现颜色不易被辨识的情况。所以，在大多数情况下，一些纯度高、更加明确和易辨识的颜色更容易被人注意和表达主题，如图 5.3–11 所示。同时，在选择主题色时，也要反复斟酌演示文稿设计的目的。

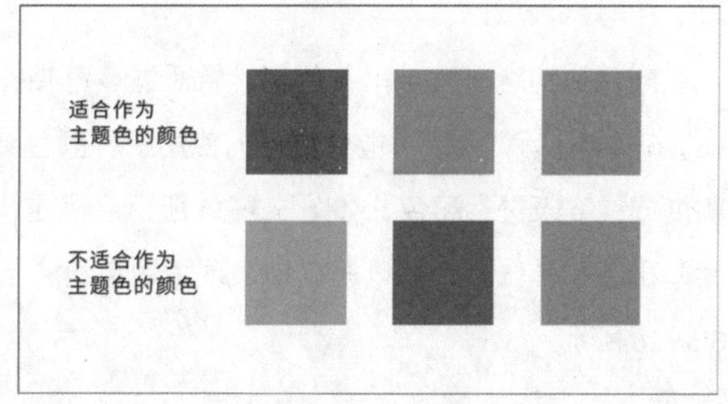


图 5.3–11

2. 确定基础色

在确定了主题色之后，就可以确定基础色了，由于基础色是大面积使用的背景色，所以相对来说明度较高、纯度较低的颜色比较适合，如图 5.3–12 所示。我们设计制作 PPT 的背景时

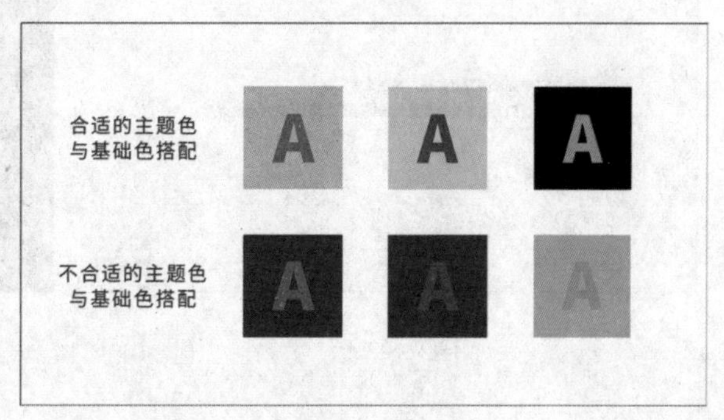


图 5.3–12

通常会使用白色、灰色、黑色等无彩色，或明度高、纯度低的颜色。不过，在一些情况下，也会将主题色与背景色反过来使用。所以，只要能够看出配色的效果并符合主题，配色是很灵活的。

3. 确定装饰色

装饰色，顾名思义就是用来装饰的。但在一个合格的 PPT 中是不能有过多的装饰的，过多装饰会找不到设计的主题，从而会起到反效果。在确定装饰色时，要避免与主题色色相过于接近，一旦两个颜色太接近，就会使人分不清主题与装饰，装饰色也就起不到装饰的作用了。如果主色是暖色，那么亮色一般选择冷色，反之也可，总的来说就是最好将两个颜色的差距拉到最大，如图 5.3−13 所示。

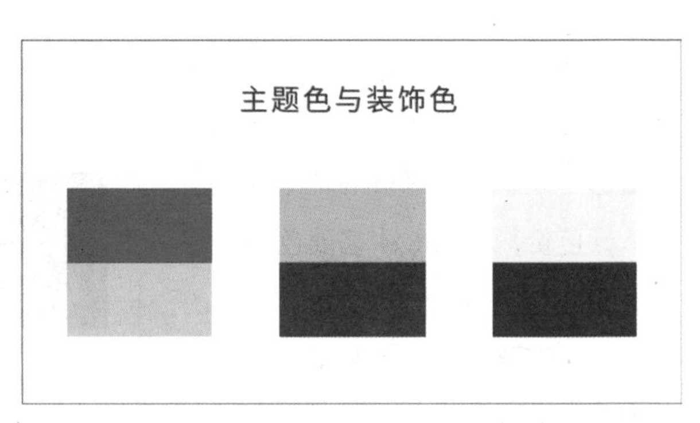


图 5.3−13

## 5.3.3 使用同色系颜色

同色系的意思就是单一色相，但通过该色相的明度和纯度可以形成一个颜色系统，如图 5.3−14 所示。大家可能会觉得只使用一种颜色会很无趣，其实我们可以通过改变颜色的明度或纯度来进行配色，如图 5.3−15 所示。确定主题色后，调整主题色的明度或纯度来作为基础色和装饰色，可以明确地表现主题色给人们带来的感觉，能够更加强调主题，如图 5.3−16 所示。

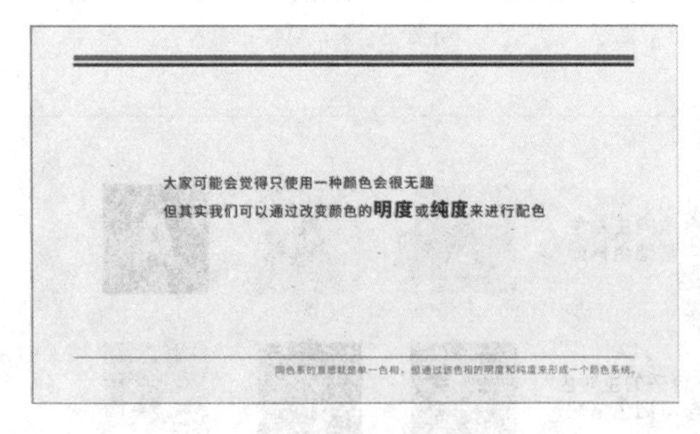


图 5.3−14

图 5.3−15

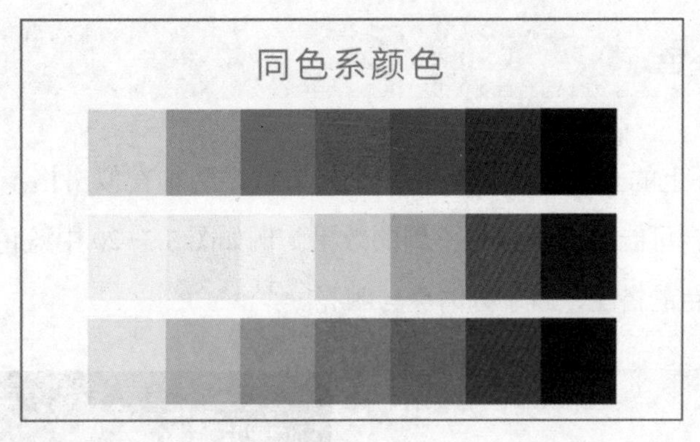


图 5.3-16

## 5.3.4 使用同色调颜色

同色调是指色相不同、色调（明度、纯度）相同的颜色，如图 5.3-17 所示。在这一类配色中，因为色相不同，所以效果比较活泼，但同时，也可以明确地给人“明快”“清新”的感觉，如图 5.3-18 和图 5.3-19 所示。

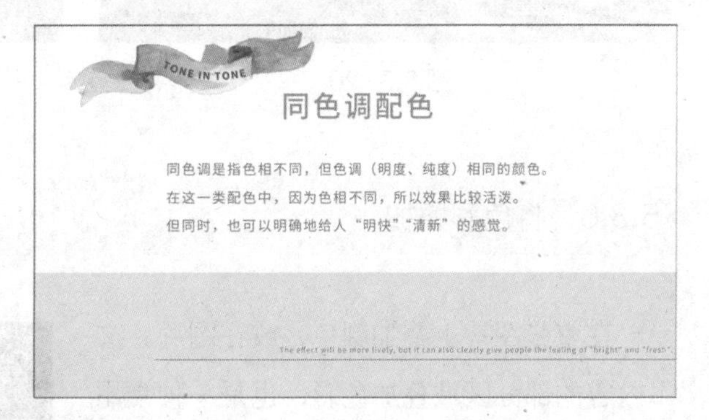


图 5.3-17

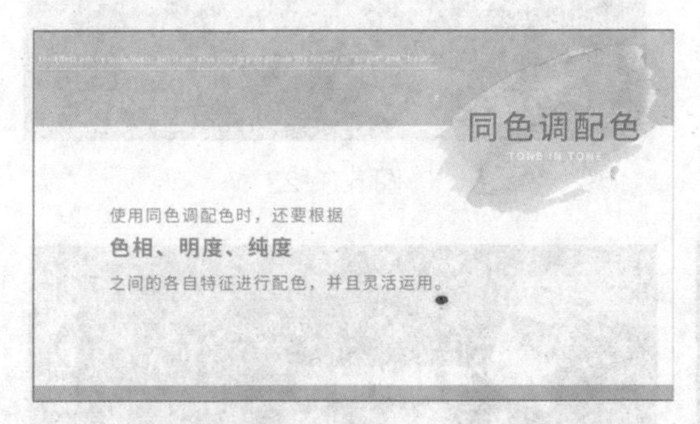


图 5.3-18

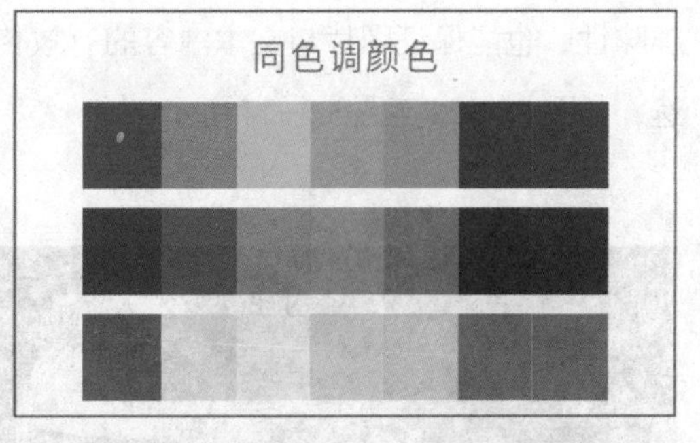


图 5.3-19

从图 5.3-19 中我们能够看出，使用同色调配色时，可能会因为颜色的色调过于类似，产生不容易被辨识的配色方案。所以使用同色调配色时，还要根据色相、明度、纯度之间的各自特征进行配色，并且灵活运用。

## 5.3.5 使用互补色

使用 12 色相环上的互补色配色也是一个好方法，两种看似格格不入的颜色经过色调的处理后，进行组合可能会产生意想不到的效果。例如图 5.3-20 中蓝色与橙色的搭配、图 5.3-21 中紫色与黄色的搭配，就十分清爽与明亮。

图 5.3-20

图 5.3-21

## 5.3.6 将色彩叠加

在整张图片上叠加颜色，或在图片、文本内容的部分区域叠加色彩，也是一种常用的配色方法。通过改变叠加颜色的透明度来划分幻灯片的空间，这样既能增添视觉上的趣味性，也能保证图片与文本内容的有效传达，如图 5.3-22 至图 5.3-24 所示。

图 5.3-22

图 5.3-23

图 5.3-24

## 5.4 配色方案推荐

在上一小节中，为大家介绍了几种配色的方案。对于新手来说，这几种方法虽然简单，但可能还是过于灵活多变。所以，我们在这一小节按照多种颜色搭配起来的效果，准备了一些配色方案，如果你因为给自己的演示文稿配色而头疼，那么就来看看吧！

### 5.4.1 清新优雅

如果是介绍一款贴身衣物的演示文稿，或是贴合令人放松的公司环境等风格的演示文稿，那么清新优雅的配色方案一定很适合。这一类配色能够让人感觉到放松和静谧，能够给人带来平和、自然的感觉，如图 5.4-1 至图 5.4-5 所示。

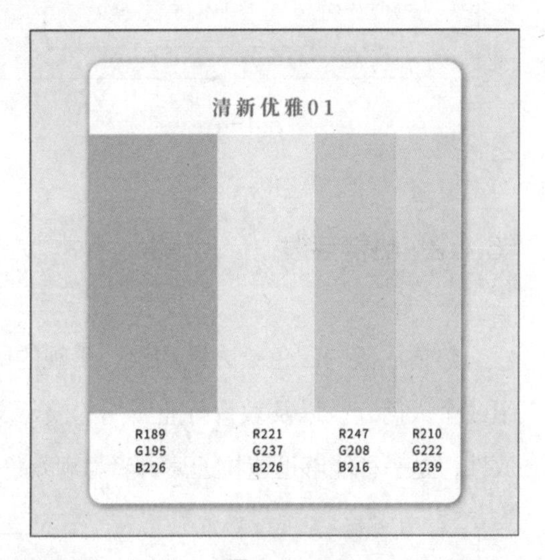


图 5.4-1

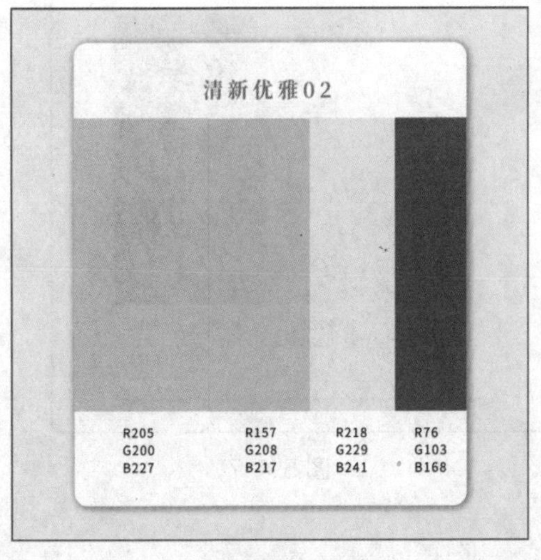


图 5.4-2

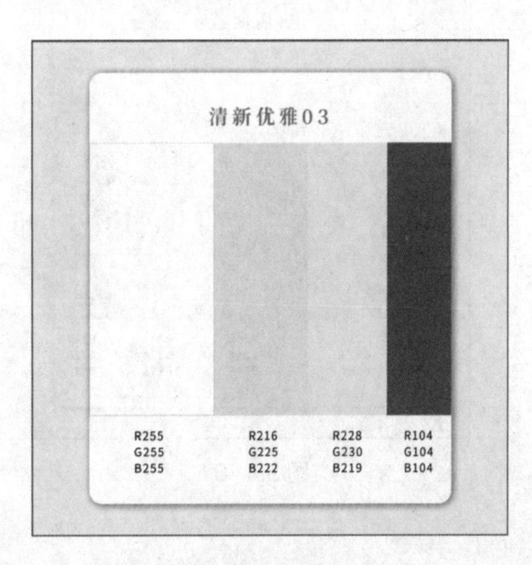


图 5.4-3

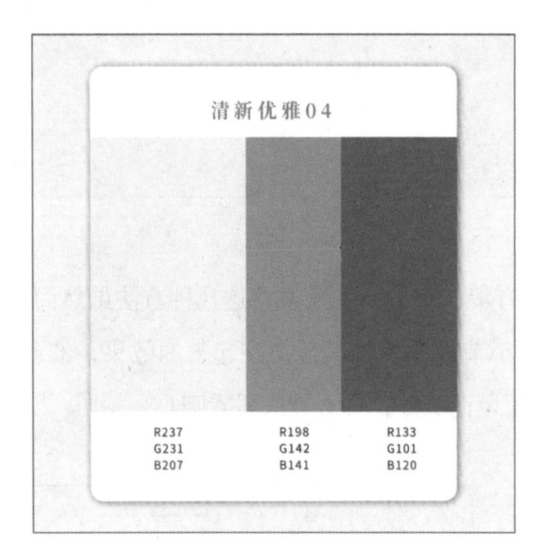


图 5.4-4

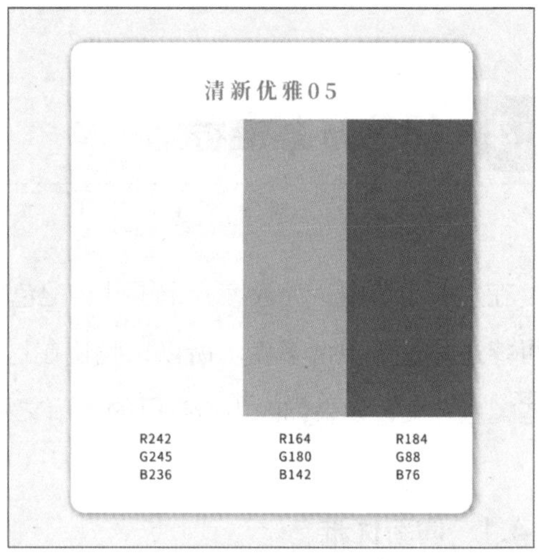


图 5.4-5

## 5.4.2 热情活泼

热情活泼的配色给人以欢快、乐观的印象，这种配色如果用于面向年轻群众的产品介绍或个人简介，以及教育行业所用的演示文稿的话，能够让观众感觉到强大的亲和力和开放性，是一种能够迅速拉近演讲者与观众之间距离的配色，如图 5.4-6 至图 5.4-10 所示。

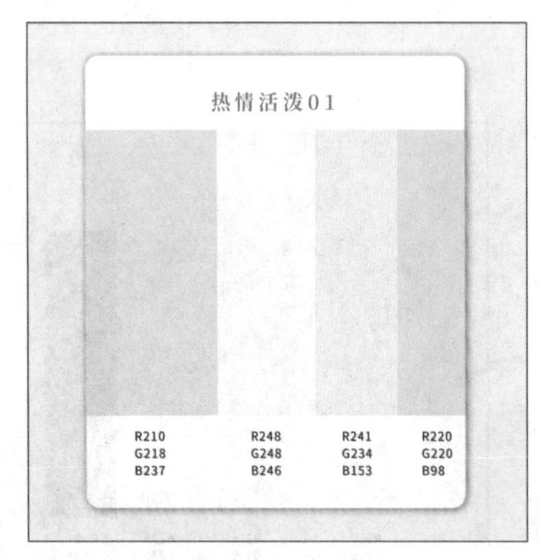


图 5.4-6

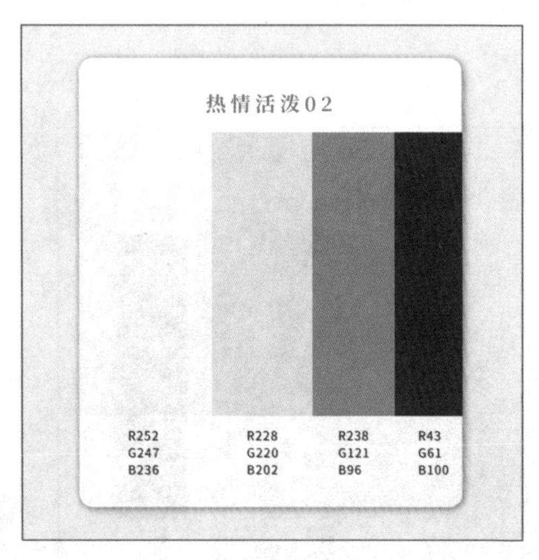


图 5.4-7

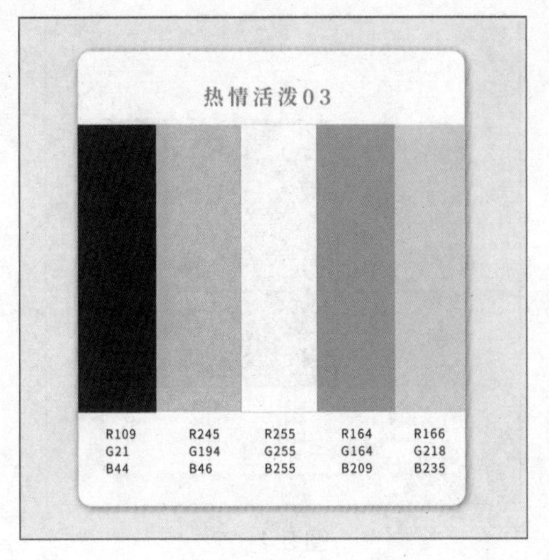


图 5.4-8

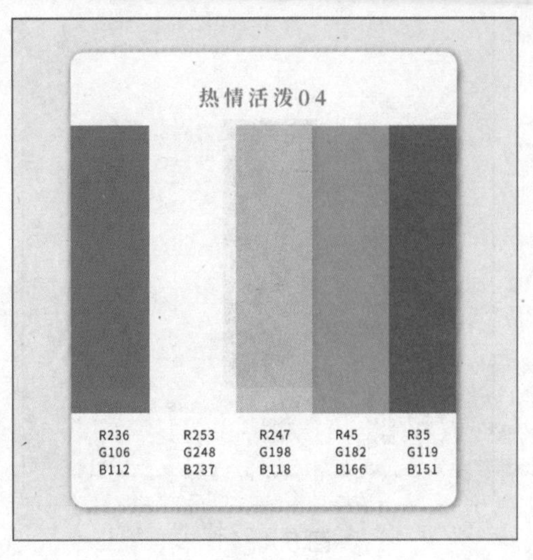


图 5.4-9

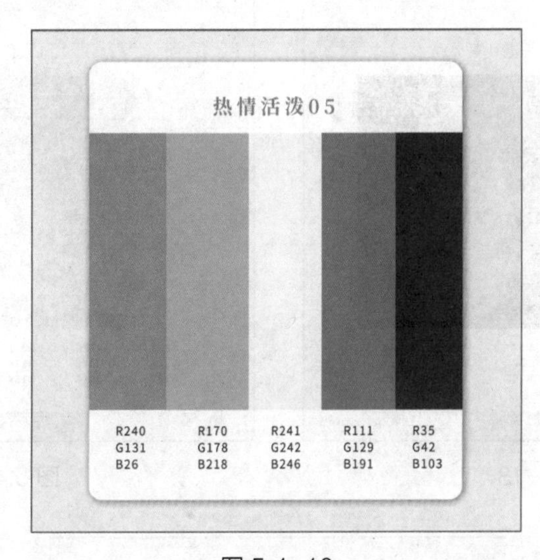


图 5.4-10

## 5.4.3 严谨庄重

教育行业中的学术交流报告，或者是介绍需要塑造权威、严谨形象的公司时，适合使用这一系列配色。大面积的深色给人以谨慎与认真的第一印象，其中加入一些亮色又可以打破过于沉重的氛围，如图 5.4-11 至图 5.4-15 所示。

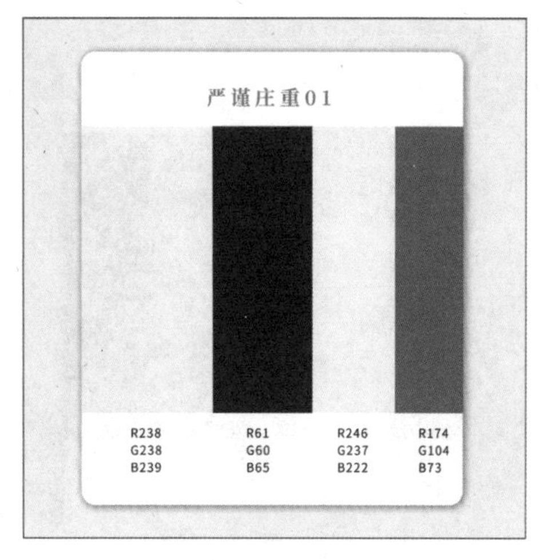


图 5.4-11

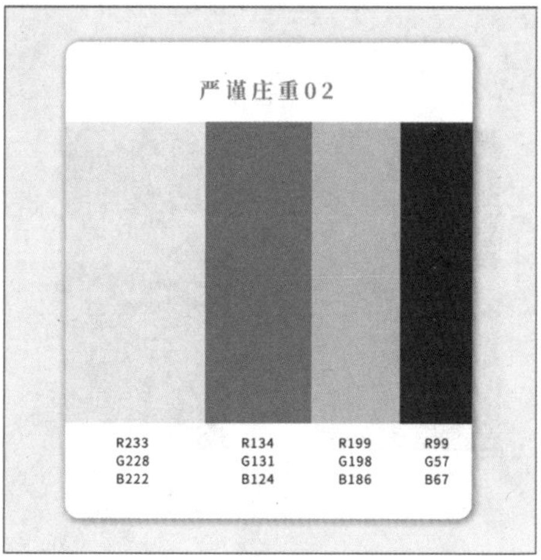

严谨庄重02

R233 G228 B222

R134 G131 B124

R199 G198 B186

R99 G57 B67

图 5.4-12

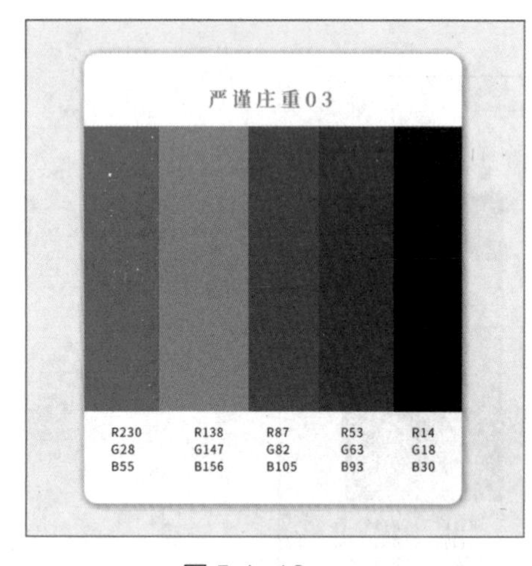


图 5.4-13

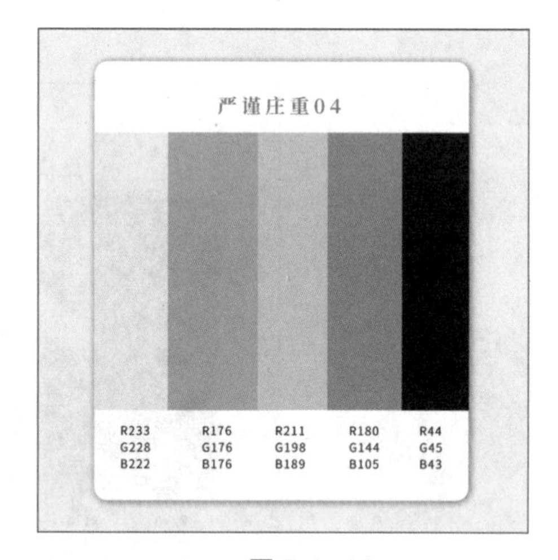


图 5.4-14

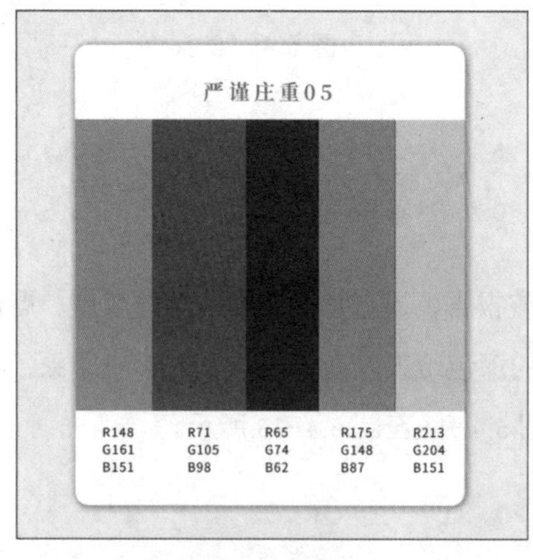


图 5.4-15

## 5.4.4 高端大气

适用于电子行业、工业的商品发布等场合，高端大气的颜色搭配体现了高新行业的科技感。金融行业、经济相关的论坛也可以用此类配色来表现具有行业特色的理性感和稳重感，如图 5.4-16 至图 5.4-20 所示。

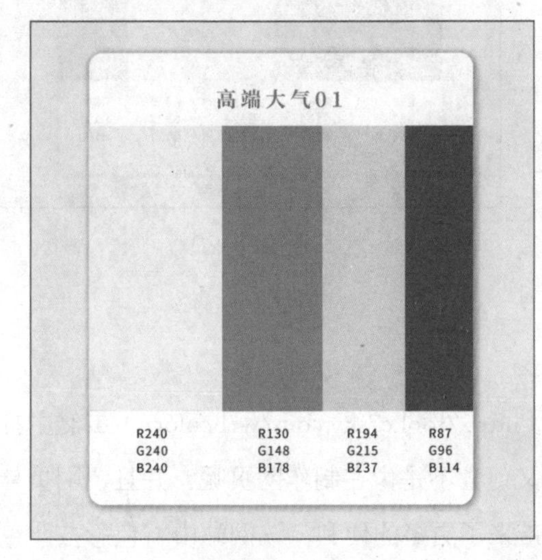


图 5.4-16

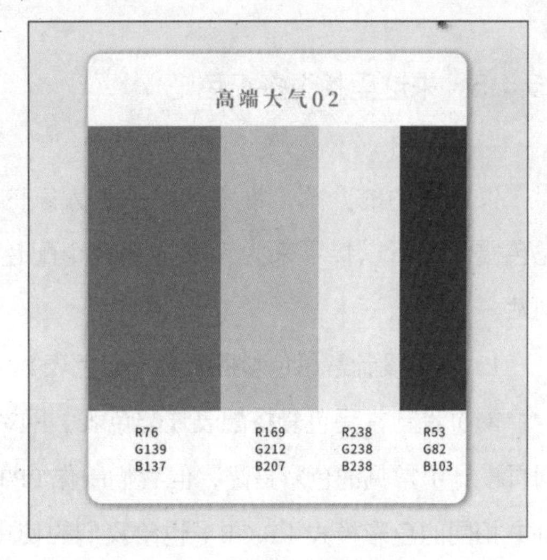


图 5.4-17

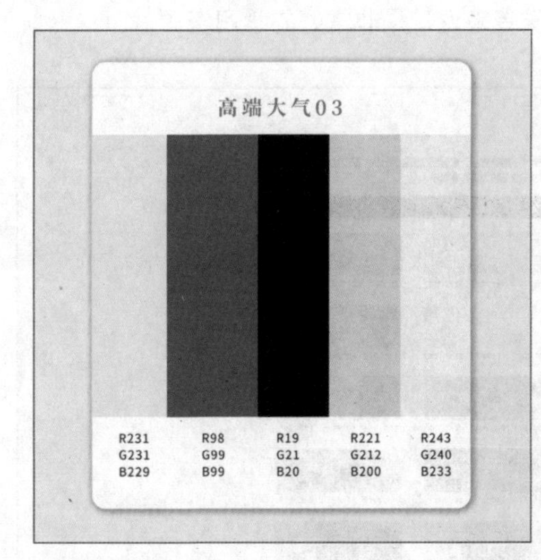


图 5.4-18

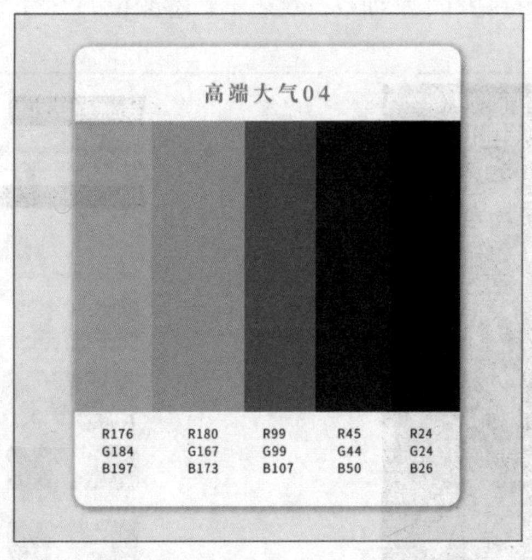


图 5.4-19

> Tips：由于本小节色卡中推荐的颜色是在印刷品中显示，所以颜色的格式为打印格式（CMY），与我们在实际制作演示文稿时在显示器上看到的颜色（RGB）相比，会有些许色差。

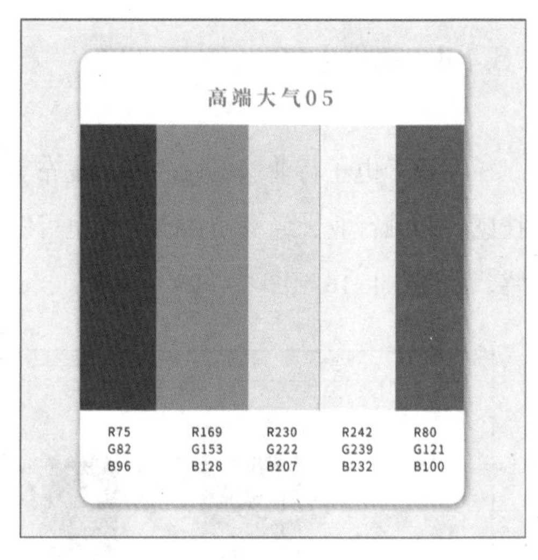


图 5.4-20

## 5.4.5 来这里找更多配色吧

仅靠书中的介绍，肯定满足不了大家的配色需求，所以接下来为大家推荐几个配色网站。

### 1. 网页设计常用色彩搭配表《配色表》

网页设计常用色彩搭配表《配色表》网站（http://tool.c7sky.com/webcolor/）虽然主打网页设计中常见的色彩搭配，但我们制作 PPT 又何尝不是像在制作网页呢？并且，网页与 PPT 相同的色彩模式（RGB）也给我们的使用带来了更多的便利。该网站中将色彩按照色相搭配进行分类，还会按照色彩的印象进行分类，如图 5.4-21 和图 5.4-22 所示。该网站里面的说明非常细致，对还不熟悉颜色的 PPT 制作者来说，是非常好的学习资源。

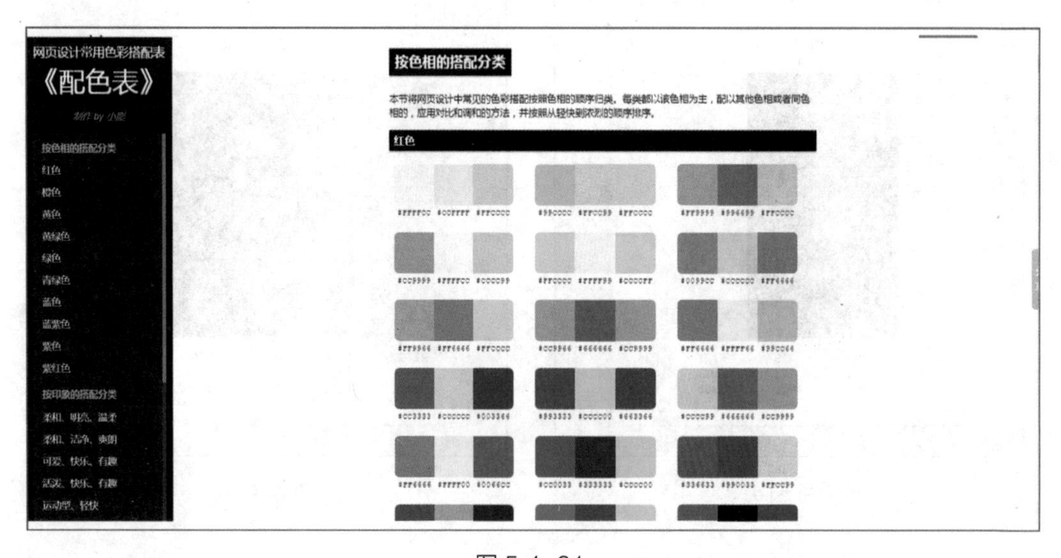


图 5.4-21

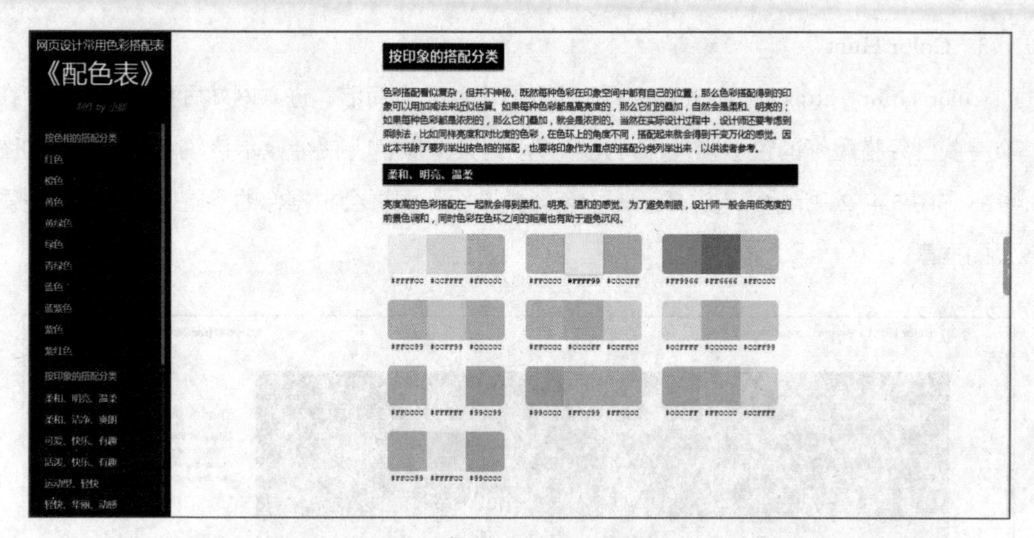


图 5.4−22

## 2. Flat UI Colors

Flat UI Colors（http://flatuicolors.com/）采集了各国扁平化设计中最受欢迎的色彩，如图 5.4−23 和图 5.4−24 所示。在这里，可以吸取复制任何你想要的色彩，并且可以通过选择相似的色调和饱和度，来实现快速配色。同时，还可以免费下载色值到本地。

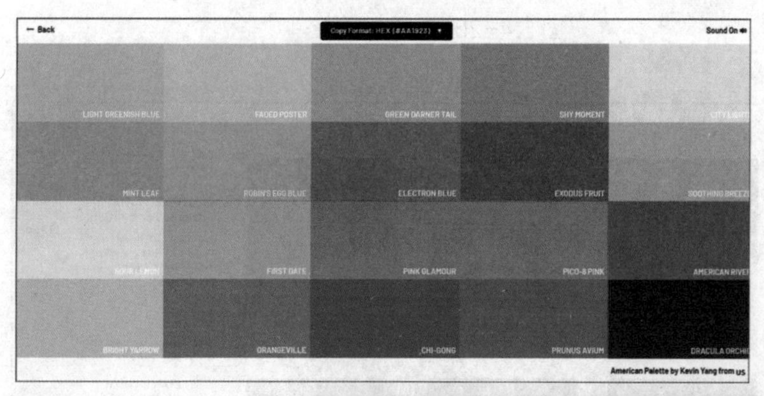


图 5.4−23

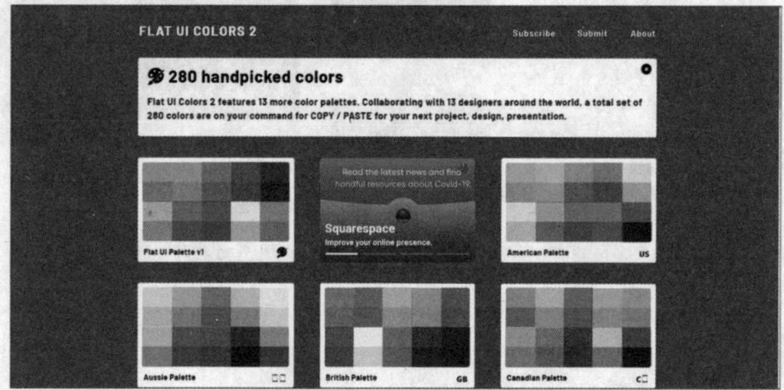


图 5.4−24

### 3. Color Hunt

Color Hunt（https://colorhunt.co/）的页面设计非常简洁，进入网站后我们可以直接在首页寻找已经搭配好的色彩预设，将光标移动到某个颜色上便会显示该颜色的色值，如图 5.4-25 和图 5.4-26 所示。点进任意一个色彩预设后，网页会根据你的意向进行其他组色彩预设的推荐。

图 5.4-25

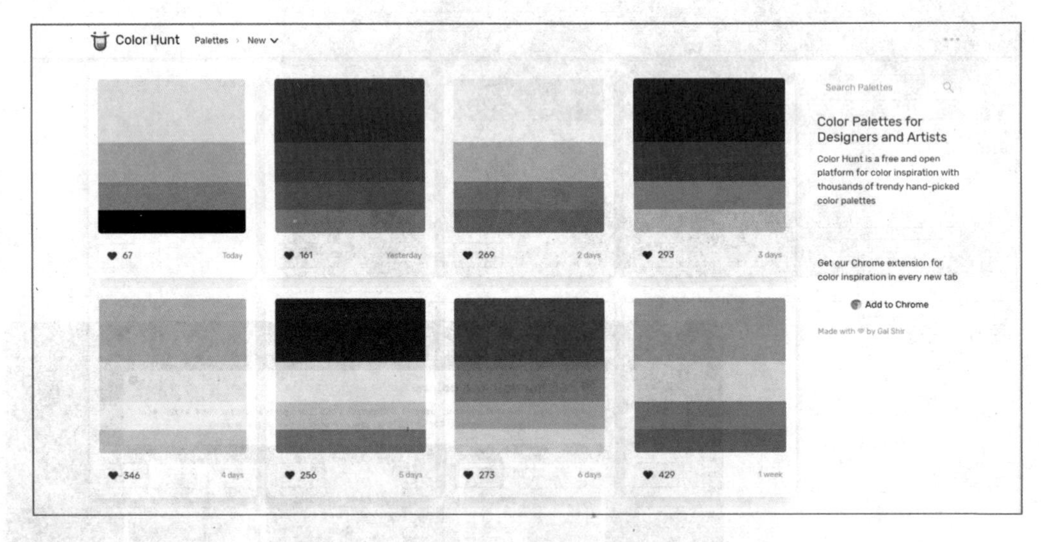


图 5.4-26

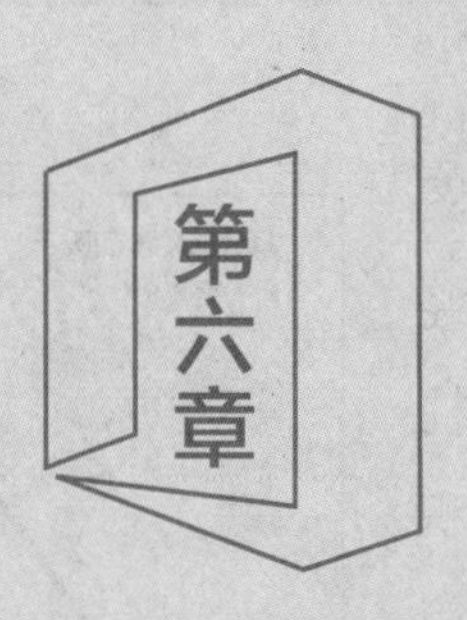


# 图表类PPT——图表也有新花样

虽然我们在商务办公制作 PPT 时，图表只在特定的场合能够使用，它就像是独立于 PPT 整个系统之外的一个功能。不过，能够用对用好图表才是判定你能否成为一个合格 PPT 制作者的重要指标。

# 6.1 你的“表”适合你吗

在一些特殊的演示场合，数据图表的使用不可避免。尽管我们都已经知道 PowerPoint 中的图表类型分为柱形图、条形图、折线图、饼图及面积图等，这些类型的图表生成也十分简单，但我们在实际使用它们时，还是会存在一些问题，例如在图 6.1–1 中，图表类型与数据不匹配，图表的样式过于简单、毫无美感，等等。

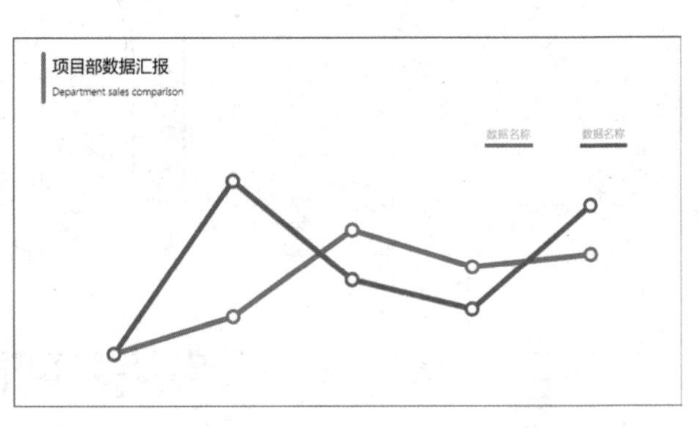

图 6.1–1

接下来，我们就来解决以上这些实际问题。首先，我们要知道图表存在于演示文稿中的意义：图表是数据的视觉化呈现。所以，每种图表的样式并不仅仅是要给大家更多的图表样式选择，而是要以不同的视觉化展示逻辑作为区分，让观众能够更好地理解演示文稿中的图表想要表达的数据。其次，我们将带领大家认识与了解在 PowerPoint 中可生成图表的类型，并以举例的方式来为大家解答“什么样的数据与什么样的图表相匹配”这一问题。

## 6.1.1 认识图表

在解决问题之前，我们先来认识一下，在 PowerPoint 中我们都能够建立什么样的图表。

1. Excel 式图表——表格

Excel 式图表在日常办公中大家经常见到，不过，将它放在 PPT 中却显得有些“格格不入”，从图表的意义上来讲，它甚至不能被称作是图表，而是“表格”，如图 6.1–2 所示。图表是数据的视觉化呈现，而 Excel

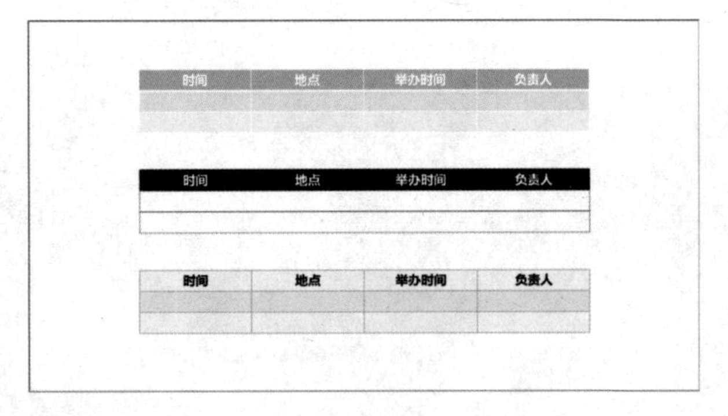

图 6.1–2

式图表则只有冰冷的数据，不能给人带来的数据视觉化呈现，所以我们在制作商务办公演示文稿时，需要对这种图表的使用场合先反复斟酌，再进行制作。

2. 柱形图

柱形图是以长方形的长度为变量来表达数据的统计报告图。柱形图由一系列高度不等的纵向矩形表示数据的分布，这种图表易于比较各组数据之间的差别。如图 6.1-3 所示，在 PowerPoint 中，柱形图分为堆积柱形图、簇状柱形图、百分比柱形图三种形式，以及这三种图表的三维形式。

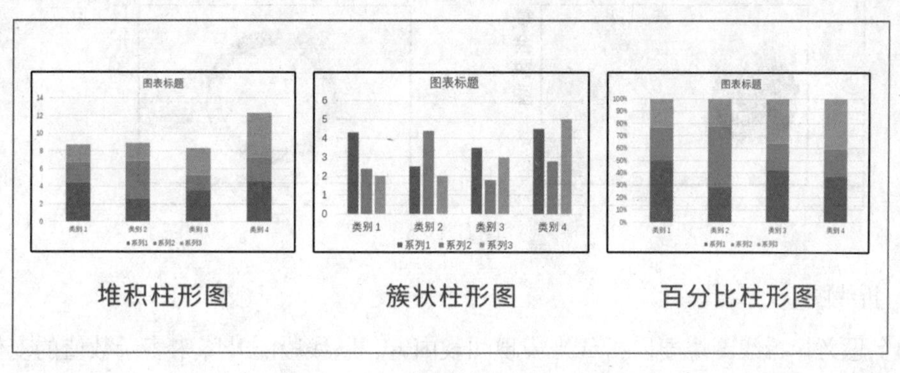


图 6.1-3

3. 条形图

条形图的功能与柱状图相同，二者仅在方向与视觉表现上有一些区别，如图 6.1-4 所示，在 PowerPoint 中，条形图分为堆积条形图、簇状条形图、百分比条形图三种形式，以及这三种图表的三维形式。

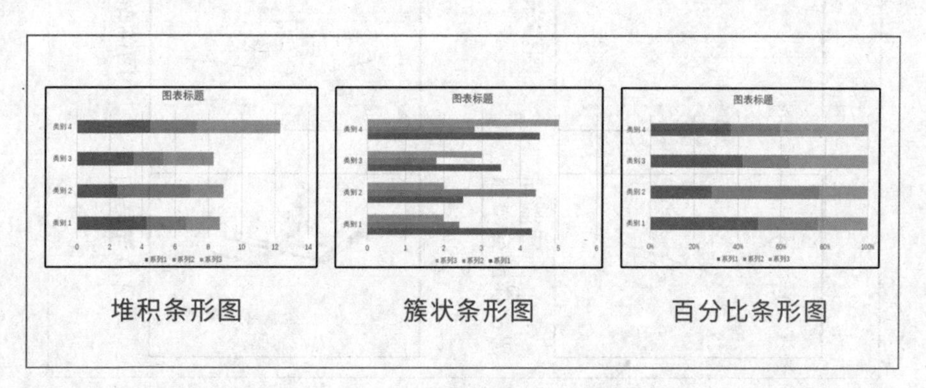


图 6.1-4

4. 饼图

饼图从外观上来看是以一个圆形的总面积表示全部或百分百，将其分割成若干个扇形来表示某事物内部各构成部分所占的比例。每个扇形代表每一组占据总体的数值，按照扇形面积的大小表示该组数值占比的多少。在 PowerPoint 中，饼图大致分为普通饼图、三维饼图、复合饼图和环形图，如图 6.1–5 所示。

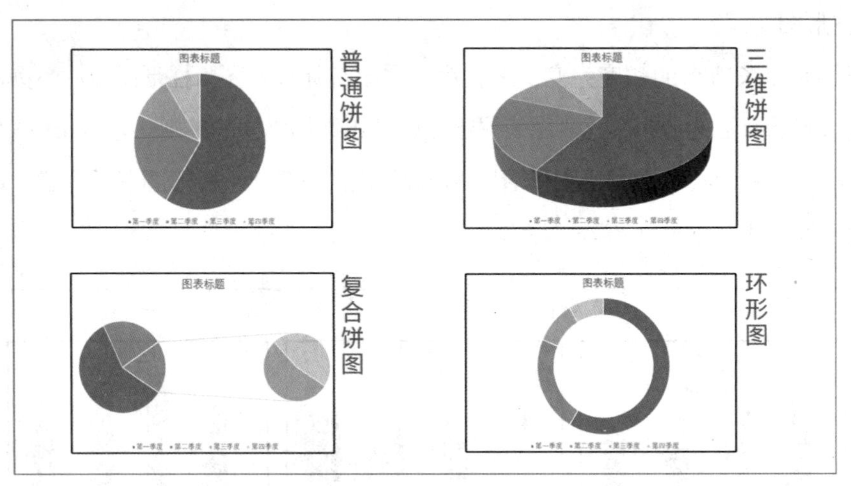


图 6.1–5

5. 折线图

顾名思义，折线图主要以折线来表现图表内容，以线段的升降来表示数值的变化，可以显示随时间变化而变化的连续数据，线段的上下波动可以方便地了解数据的波动，比较适用于表现数据上升或下降的趋势。在 PowerPoint 中，折线图分为普通折线图、堆积折线图、带有数据标记的折线图和三维折线图，如图 6.1–6 所示。

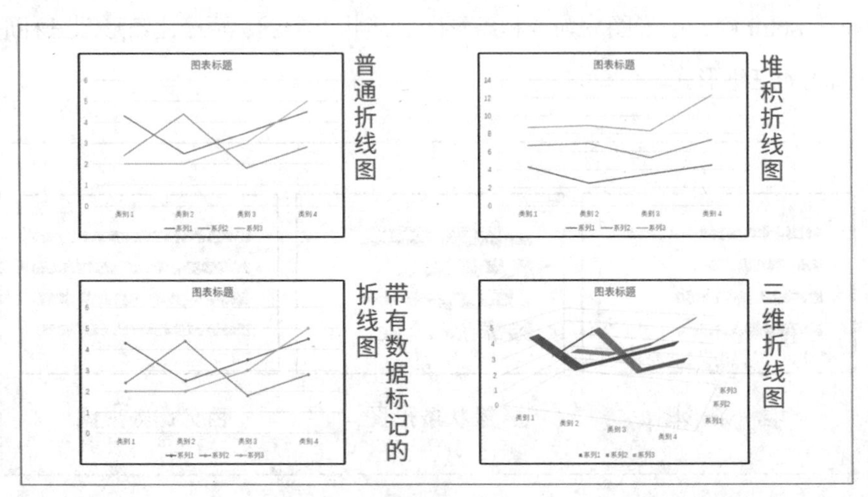


图 6.1–6

6. 面积图

面积图可以理解为将折线与矩形结合，将折线图中的仅用折线表示的数据波动，以面积来表现。在 PowerPoint 中，面积图分为普通面积图、堆积面积图、百分比面积图三种形式，以及它们的三维形式，如图 6.1-7 所示。

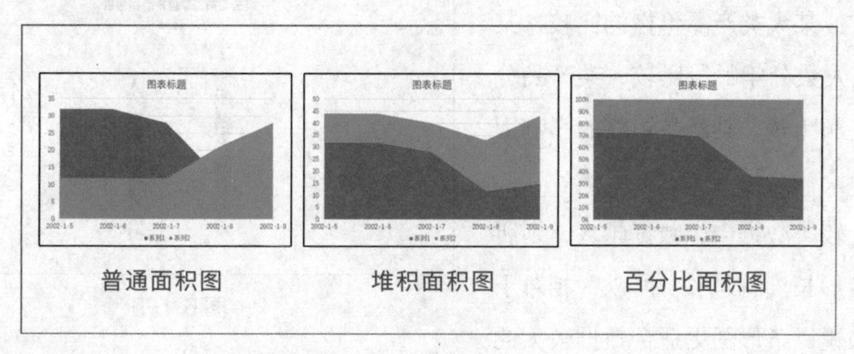


图 6.1-7

7. 其他图表

在 PowerPoint 中，除了上述几种主流图表之外，还有很多其他类型的图表，例如股价图、雷达图、树状图等，如图 6.1-8 所示。

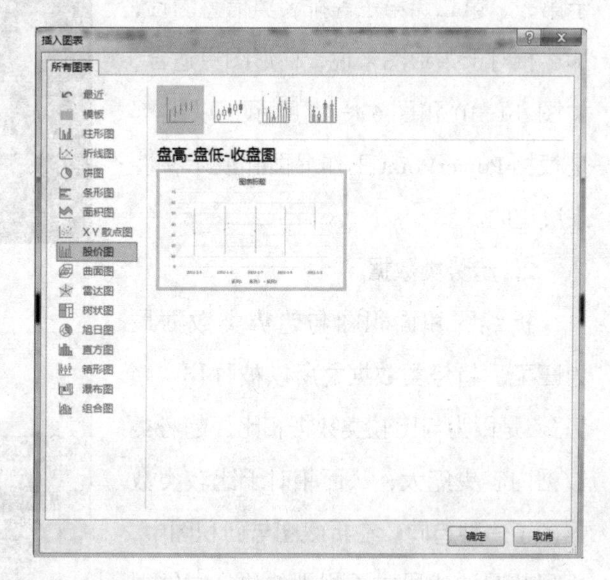


图 6.1-8

## 6.1.2 将数据分类，再选择图表

在开始制作图表类 PPT 之前，我们需要对所掌握的数据进行分类：在商务办公中，我们手中的数据大体可分为比较类数据、趋势类数据和比例类数据三种。接下来，我们将对这三种数据进行简单说明，并讨论这些数据应该使用什么类型的图表。

1. 比较类数据

如果你的数据属于比较类数据，那么你的图表更适合使用柱形图与条形图。柱形图能够通过高度的差异来反映数据间的对比，数据经由柱形图展示，可以有效和直观地对一套甚至几套数据进行快速的对比。但由于柱形图与条形图的图表特性，该类图表中的数据类型仅适合于中小规模的数据集。

那么什么类型的数据算是比较类数据呢？比较类数据为二维数据集（每个数据点包括 x 和 y 两个值），但只有一个维度需要比较。如图 6.1-9 所示，我们以某产品在某几个地区的销售额的数据进行分析，在这一组数据中，以某几个地区为 x 轴，以销售额为 y 轴，将各地区数据进行维度比较。比较类数据常见的类型有：某大类产品价格的比较、某App 活跃人数分年龄段比较、某产品分地区销售额比较、某产品销售的影响因素排行等。

在比较类数据中，数据越大，则所需要的矩形长度就越长。所以，相对于柱形图来说，条形图更适合数据较大的数据；在比较类数据中，如果倾向于展示第一、第二、第三等排名类信息的话，那么相对于条形图来说，柱形图更适合，如图 6.1-10 和图 6.1-11 所示。以上都是根据 PowerPoint 工作界面和展示特性来决定的。

2. **趋势类数据**

折线图和面积图与趋势类数据最为匹配。趋势类数据之所以被称作“趋势”，是因为与比较类数据相比，趋势类数据内容更庞大，从而相对于比较类数据多了一种趋向。在折线图与面积图中，表现趋势的线段或不规则的边，能够很好地表现出这一类型数据的特点，如图 6.1-12 和 6.1-13 所示。并且，由于线段之间的连续，这两类图表的应用能更好地表达某一数据在一段时间内的变化。在折线图中，数据之间比较的特性被减弱了；而在面积图中，由于面积的视觉表现较为强烈，在表现数据的整体趋势的同时，也表现出了一些对比。

基于我们对折线图的了解，折线图

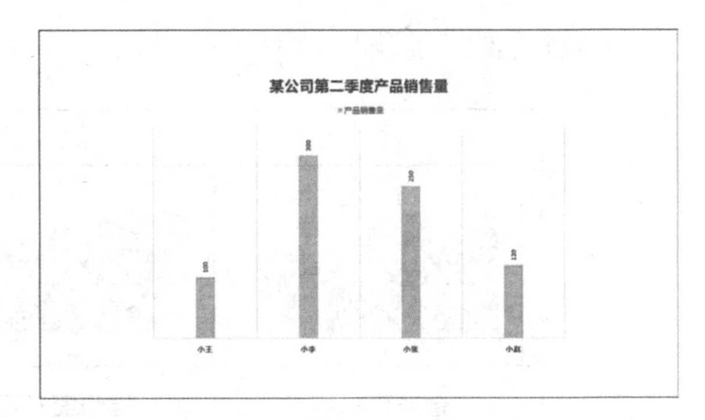


图 6.1-9

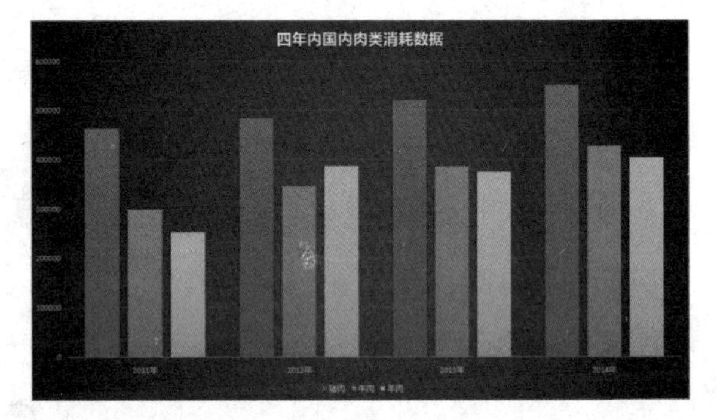


图 6.1-10

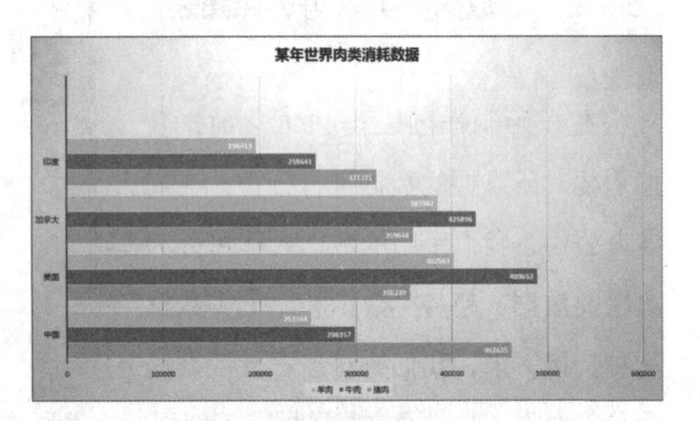


图 6.1-11

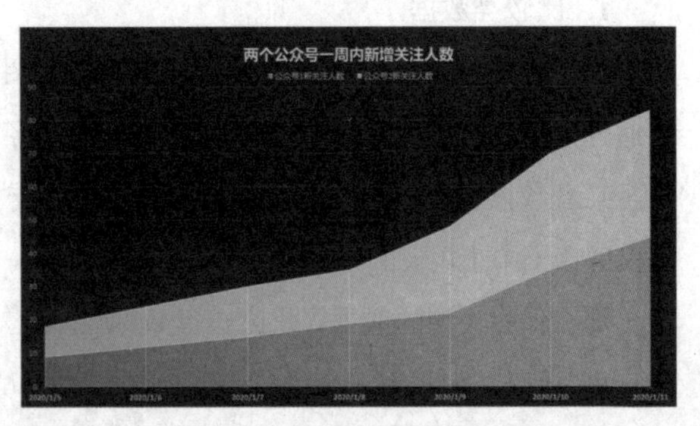


图 6.1-12

可大致分为两类，一类是不带数据标记的折线图，还有一类是带有数据标记的折线图。通过图 6.1-14 和图 6.1-15 的对比，可以看出，不带标记点的折线图更加强调数据的整体走势，而带有标记点的折线图则除数据的趋势外，还强调每个数据点的细节。

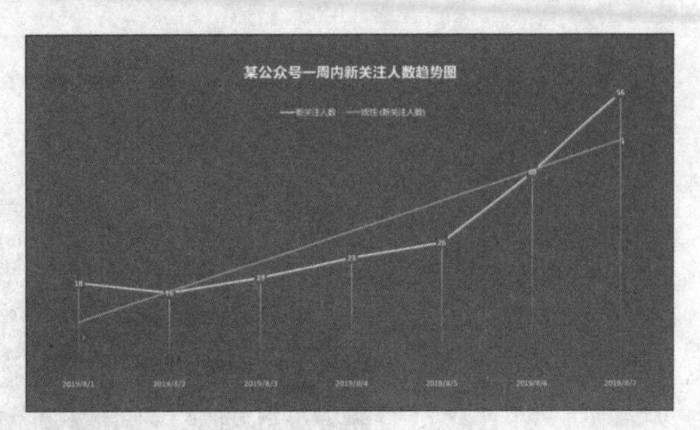

图 6.1-13

面积图同折线图一样，也可表示数据变化的趋势，但它与折线图相比，在数据的挑选条件上还是有一定区别的。如果数据集中包含多组数据，或者数据集中的数据有高有低很不规则时，面积图的多层叠加会使数据变得不清晰、难以辨认，所以这时我们应该选择折线图，如图 6.1-16 和图 6.1-17 所示。

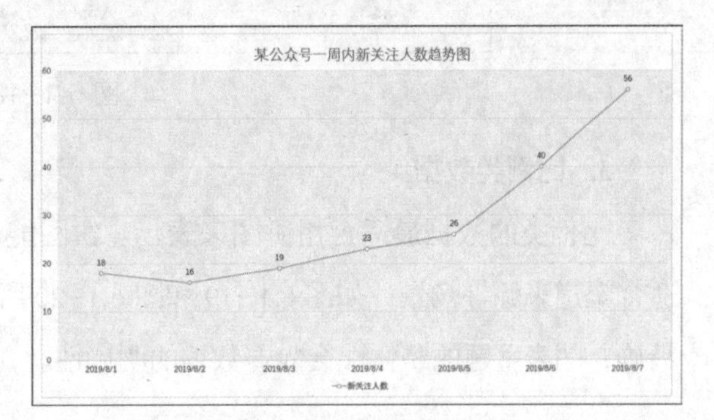

图 6.1-14

那面积图该何时使用呢？当数据组别较少，并且数据的趋势一致时，用面积图来表现数据，会展示出更好的效果，如图 6.1-18 所示。面积图比折线图更能够引起观众对数据趋势的注意。

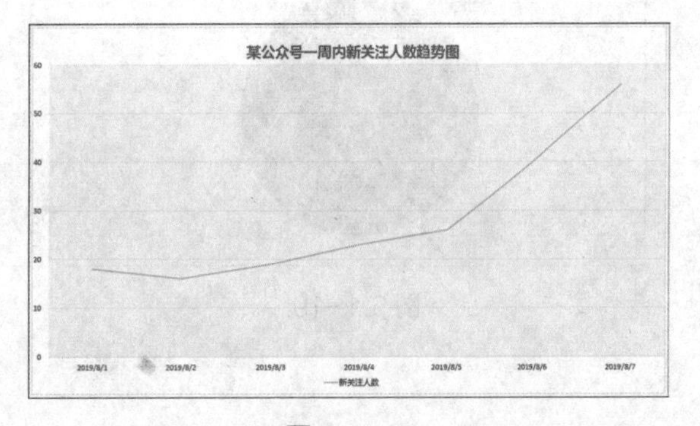

图 6.1-15

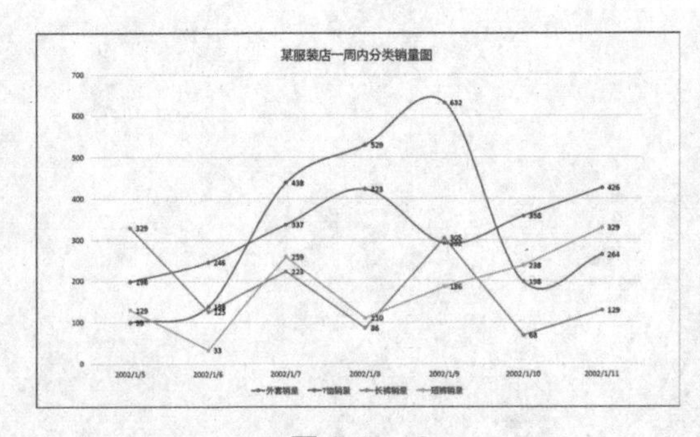

图 6.1-16

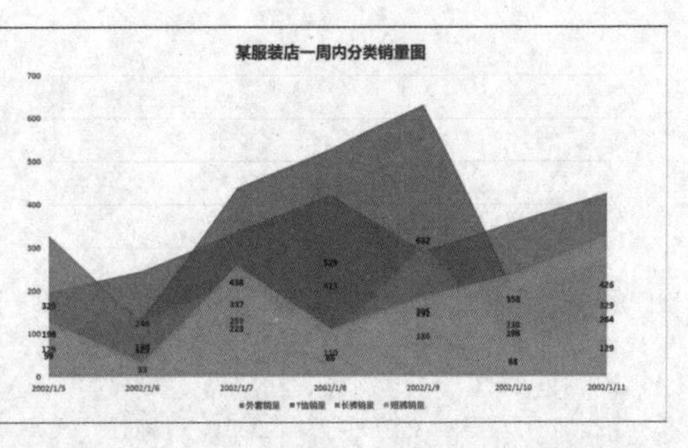

图 6.1-17

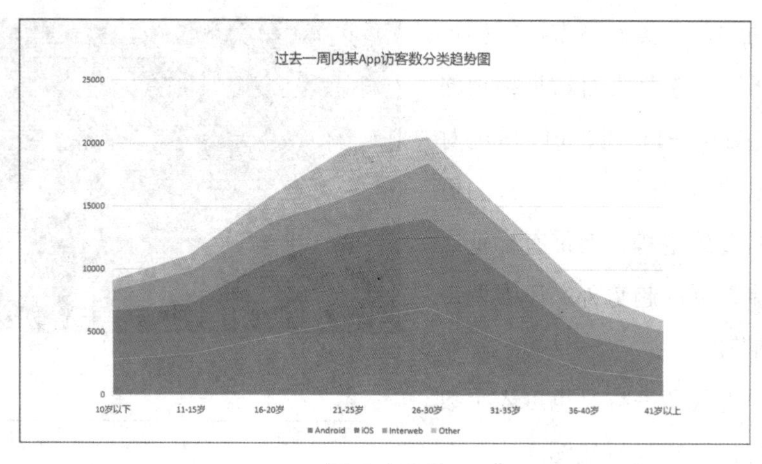


图 6.1-18

3. 比例类数据

比例类的数据最适合用饼图来表示。饼图能够明确显示比例类数据的比例情况，尤其适合渠道来源等场景，如图 6.1-19 和图 6.1-20 所示。不过，饼图中所包含的数据不宜过于精确，图表主题的整体性会削弱数据的明确性。

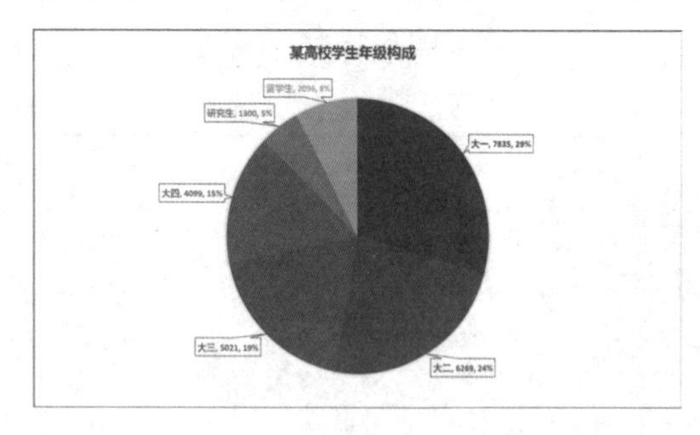


图 6.1-19

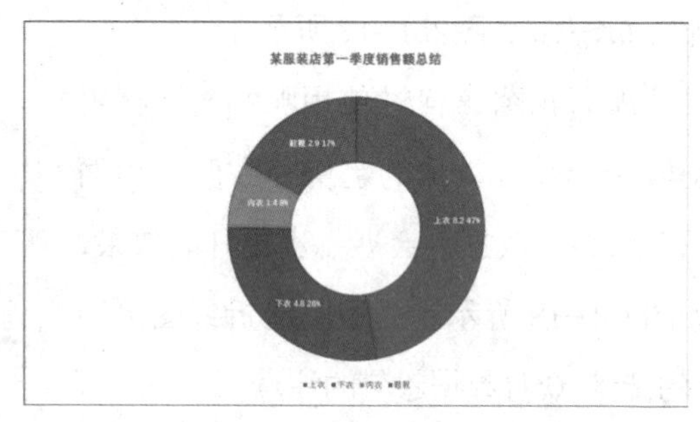


图 6.1-20

# 6.2 插入图表与超链接

将图表类型与数据进行匹配后，就要开始在 PowerPoint 中创建我们想要的图表了，接下来，就来学习如何在演示文稿中插入图表吧！

## 6.2.1 表格的创建

在 PowerPoint 中，插入表格的方法有很多，大家可以根据自己的习惯来选择创建表格的方法。接下来，我们将为大家介绍常用的插入表格的方法。

点击“插入”选项卡→“表格”选项组的“表格”下拉选项。在下拉选项的矩形矩阵中，我们可以根据所掌握的数据，来确定表格的行数与列数。将光标置于矩形矩阵上方，在幻灯片的编辑区就会出现表格的预览，如图 6.2–1 所示。

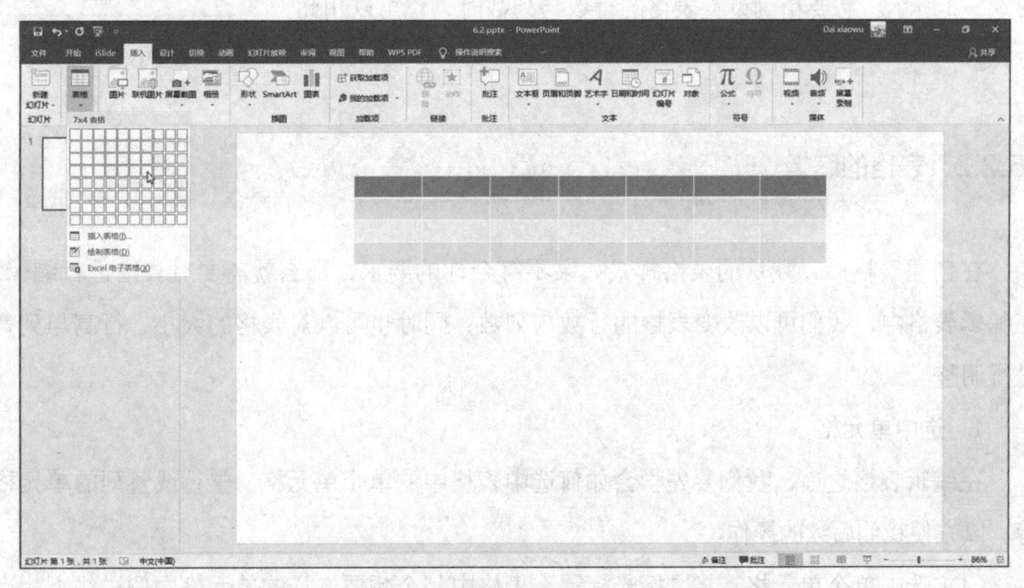


图 6.2–1

在合适的位置点击鼠标，即可成功创建表格，如图 6.2–2 所示。

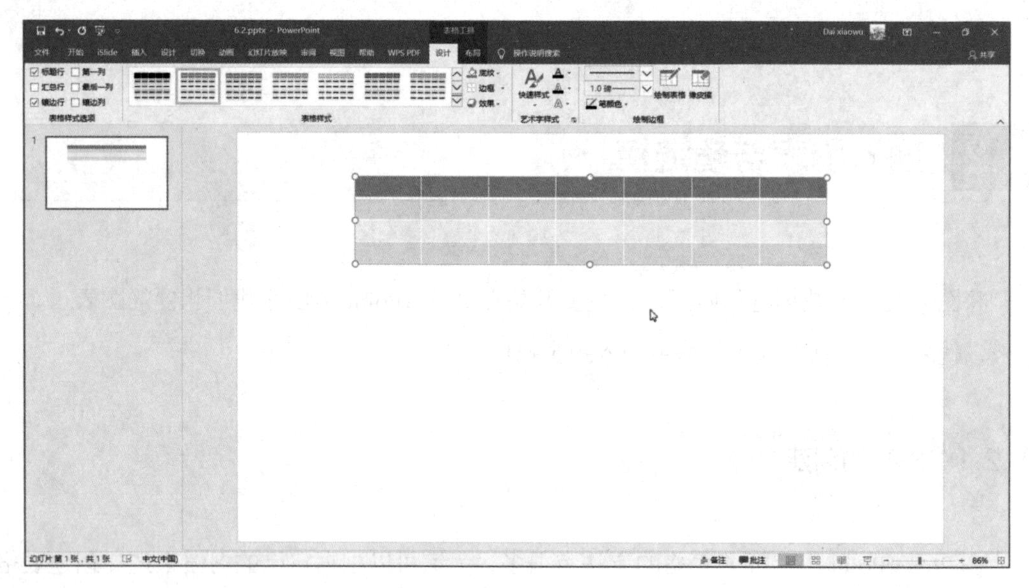

图 6.2-2

在矩形矩阵中，可设置的表格行数与列数有限。这时，我们可以在“表格”下拉选项中点击“插入表格”，在随之弹出的窗口中，进行行数与列数的设置，点击确定即可创建表格。如图 6.2-3 所示。想要精确设置表格的行数与列数时，也可以用此方式。

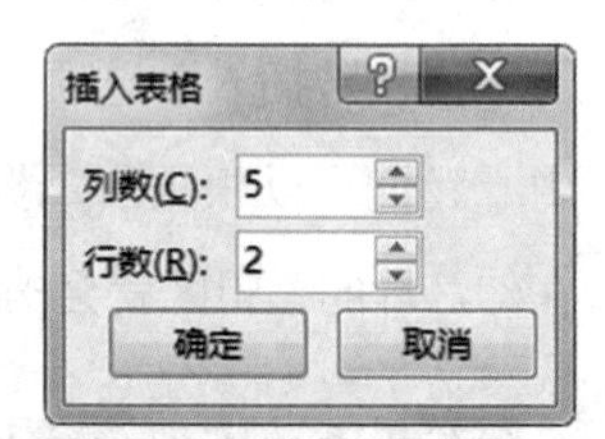


图 6.2-3

## 6.2.2　表格的编辑

在创建表格后，默认的表格样式如果不符合你的要求，那么就需要对表格进行编辑。在编辑表格中，我们可以改变表格的行数与列数，同时也可以对表格的大小、行高与列宽进行调整。

1. 选中单元格

在编辑表格之前，我们要先学会如何选中表格中的单个单元格、整行或整列的单元格等，以方便我们后续的操作。

（1）选中单个单元格。将鼠标光标置于表格中某个想要选择的单元格左侧边线上，当光标变为箭头形状时单击鼠标，即可选中该单元格，如图 6.2-4 所示。

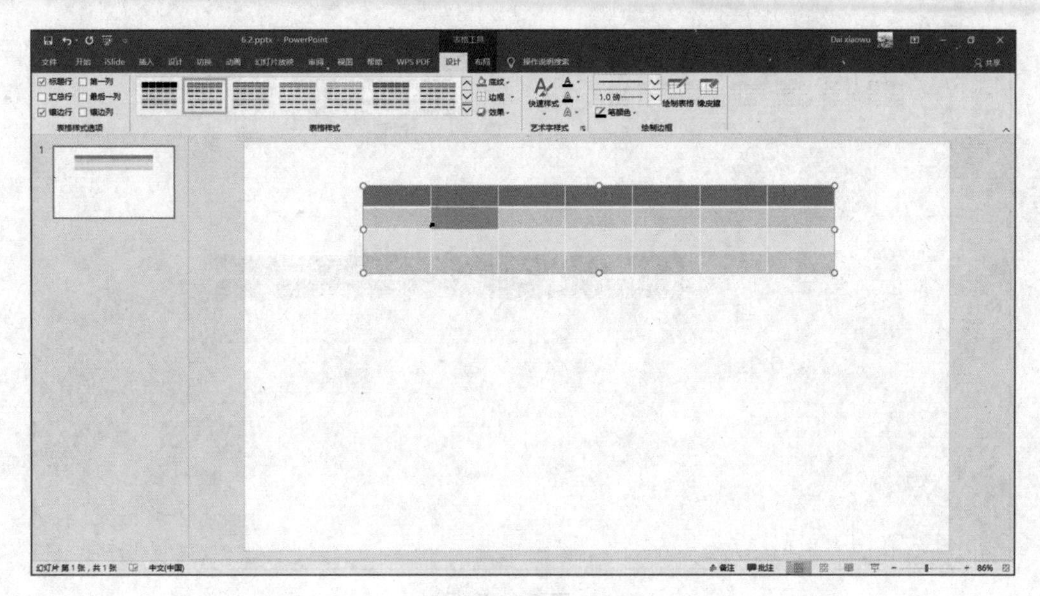

图 6.2-4

（2）选中连续的单个单元格。将鼠标光标置于表格中需要选择的单元格区域的左上角单元格上方，这时鼠标光标变为文本输入的占位符。按住鼠标左键并拖动鼠标到单元格区域的右下方，松开鼠标即可选中连续的单元格区域，如图 6.2-5 所示。

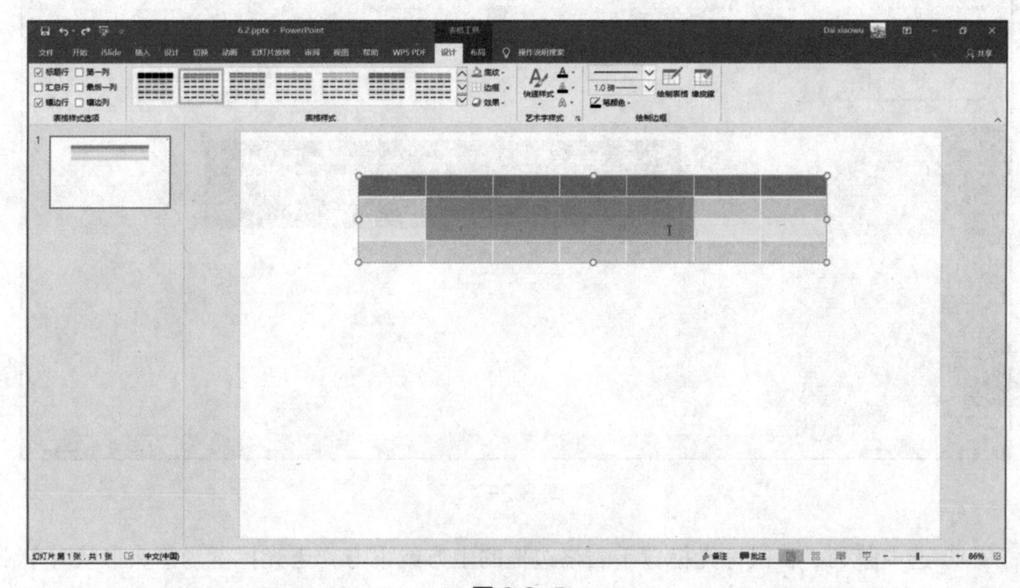

图 6.2-5

（3）选中整行。将鼠标光标置于表格边框的左侧或右侧，待光标变为箭头形状时单击鼠标，即可选中光标箭头所指的整行单元格，如图 6.2-6 所示。

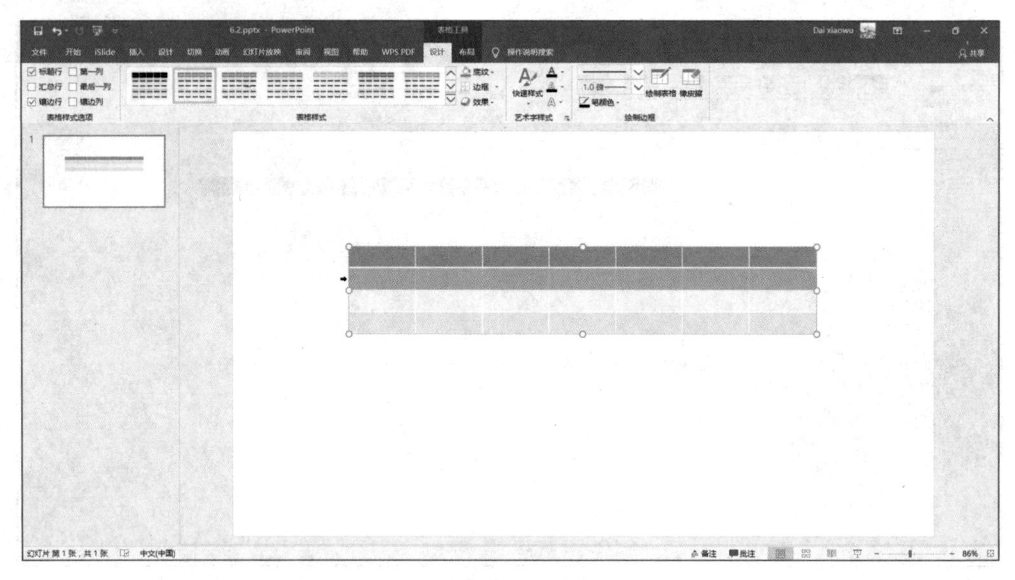


图 6.2-6

按住鼠标左键不放，进行拖曳，即可选中连续的整行，如图 6.2-7 所示。

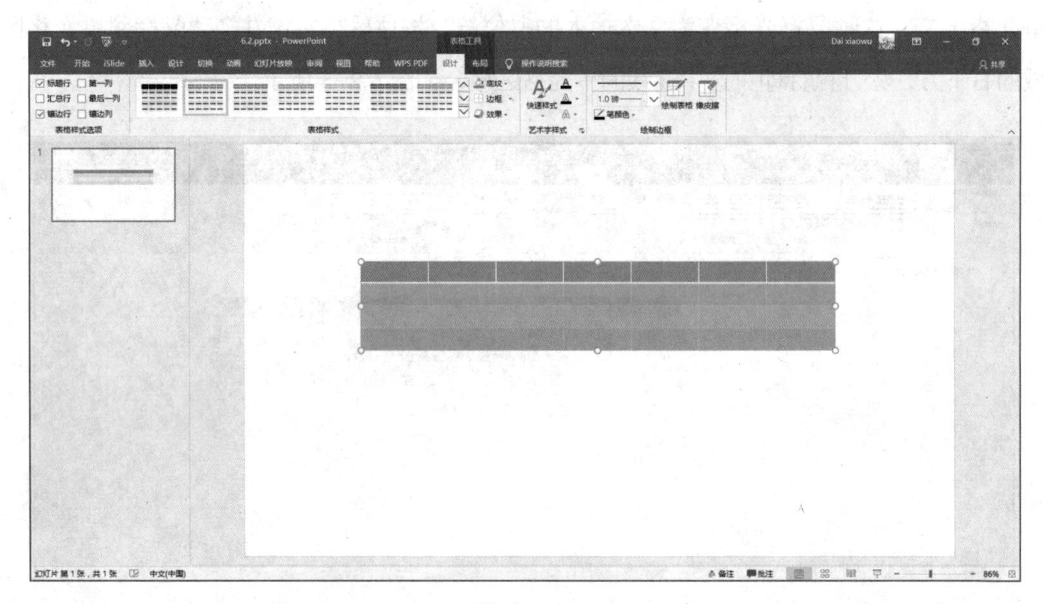


图 6.2-7

（4）选中整列。将鼠标光标置于表格边框的上方或下方，当光标变为箭头形状时单击鼠标，即可选中光标箭头所指的整列单元格，如图 6.2-8 所示。

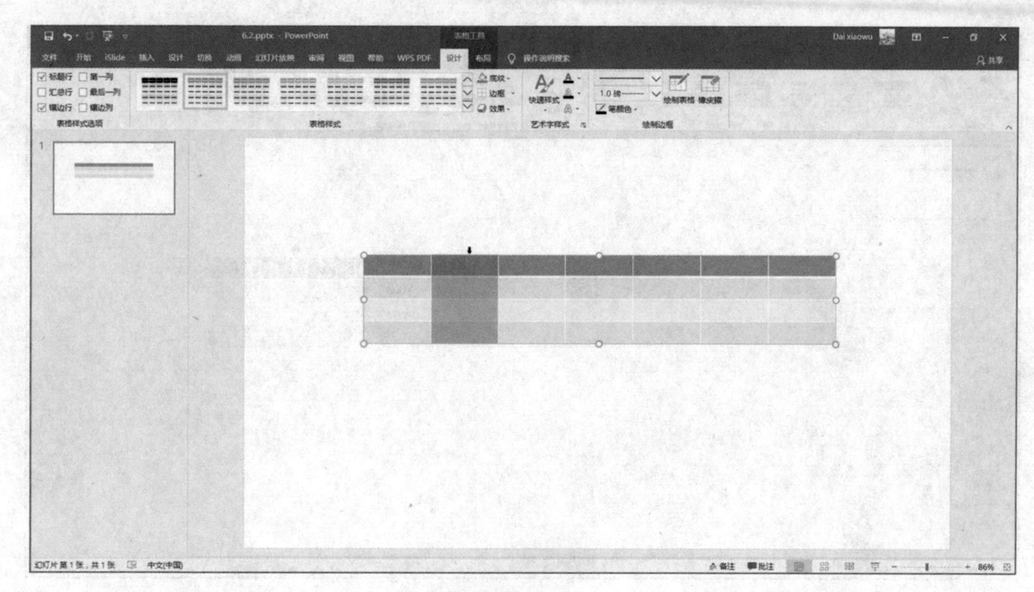


图 6.2-8

按住鼠标左键不放并进行拖曳，即可选中连续的整列，如图 6.2-9 所示。

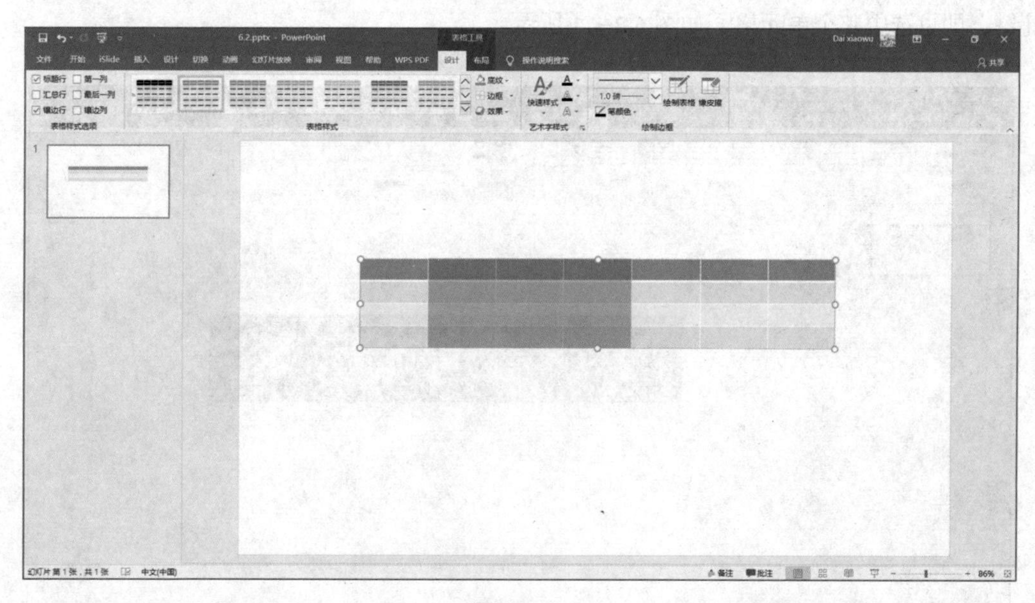


图 6.2-9

（5）选中整个表格。将光标置于表格四个边中的任意一个边上，当鼠标光标变为十字星箭头时单击鼠标左键，可以选中整个单元格，如图 6.2-10 所示。

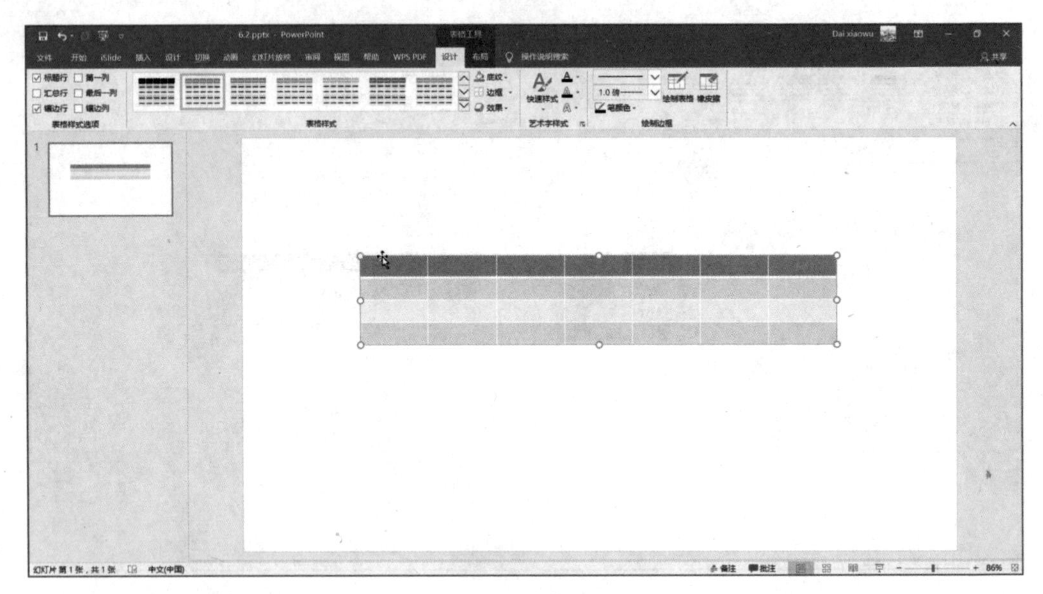

图 6.2-10

也可以将鼠标光标置于表格中任意的单元格中，点击选中该单元格，按 Ctrl+A 全选快捷键，即可选中整个单元格，如图 6.2-11 所示。

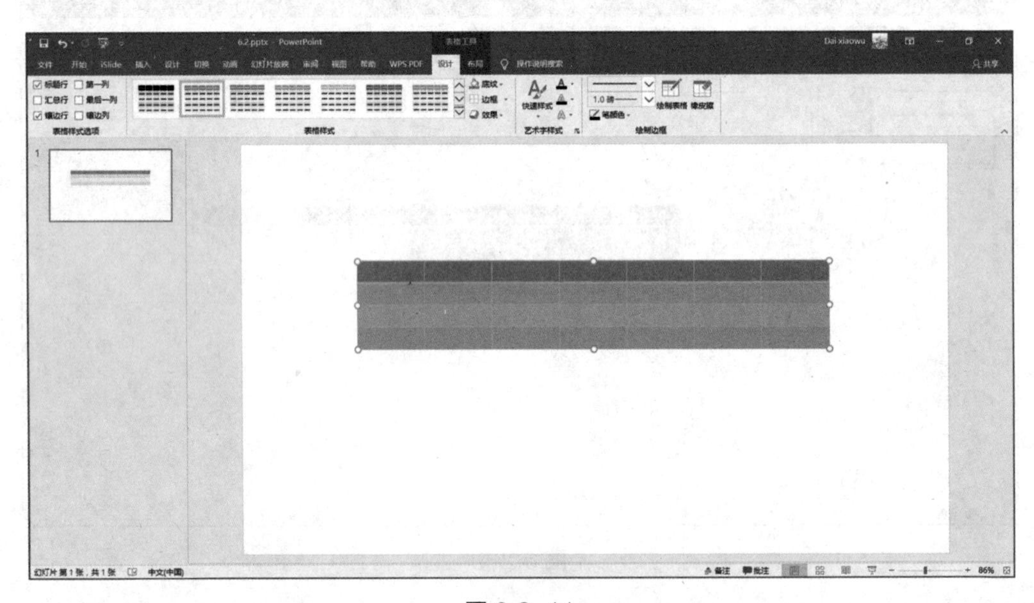

图 6.2-11

2. 改变表格的行数与列数

首先，选中已创建的表格，点击“表格工具—布局”选项卡，在“行和列”选项组中，可以看到四个选项。分别为“在上方插入”“在下方插入”“在左侧插入”和“在右侧插入”，如图 6.2-12 所示，大家可以根据自己的需要来选择在哪个方向插入行或列。

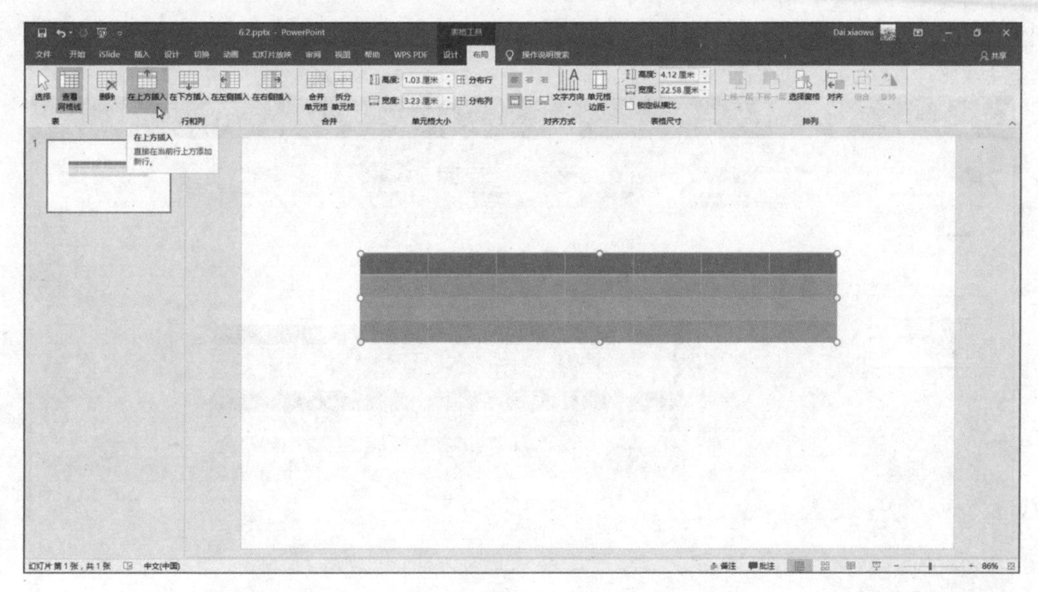

图 6.2-12

这里大家要注意，上述四个选项中的“上方”或“左侧”等方向，是根据你当前选择的某一行或列为基准的。在图 6.2-13 中，我们选择了第一个单元格为数字 3 的整行，点击“在上方插入”后，在该行上方就插入了新的一行。

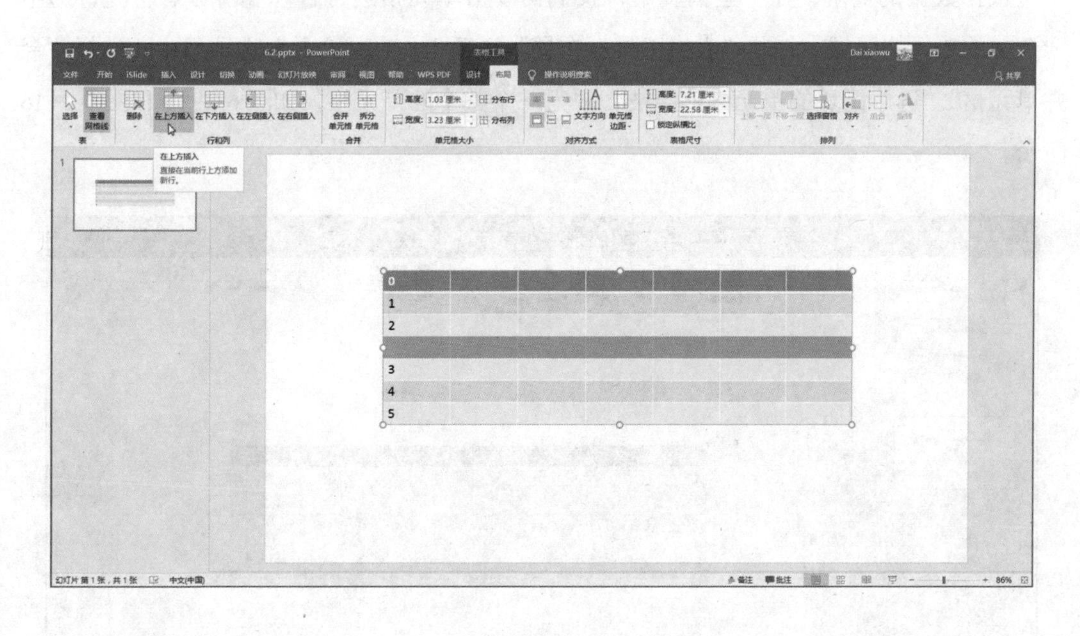

图 6.2-13

如果输入数据之后，发现有的数据需要删除，那么就需要删除行或列。这时，我们首先选中要删除的行与列，随后选择“表格工具—布局”选项卡，在选项卡中的“行和列”

选项组中，点击“删除”，在“删除”的下拉选项中，选择删除行或列，如图 6.2-14 所示。

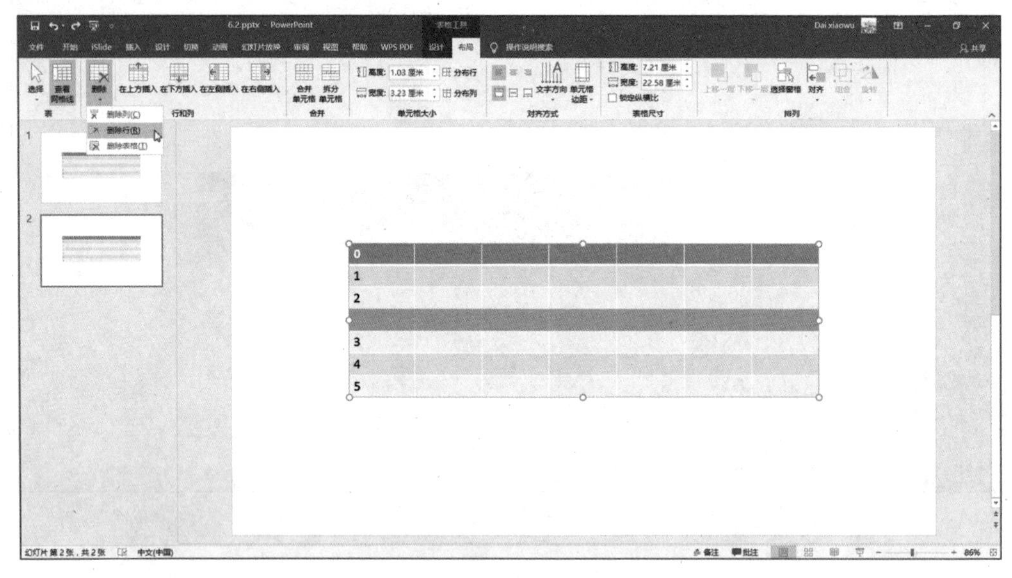


图 6.2-14

3. 合并和拆分单元格

根据数据的需求，在一些情况下，我们需要对单元格进行合并和拆分。首先，选中要合并的单元格区域，打开“表格工具—布局”选项卡，在“合并”选项组中，选择“合并单元格”，选中区域的单元格就会被合并为一个整个的单元格，如图 6.2-15 和图 6.2-16 所示。

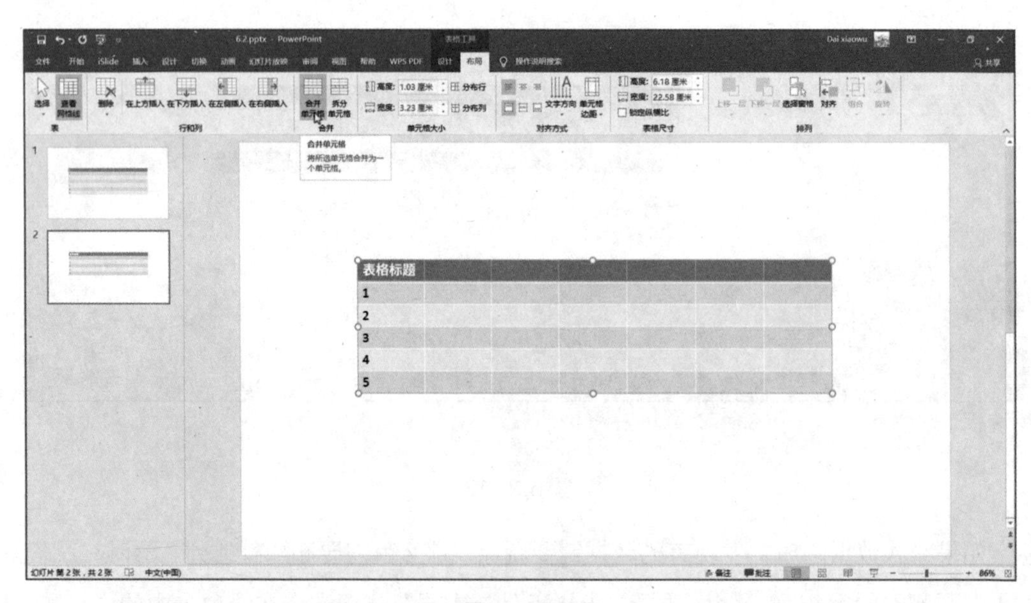


图 6.2-15

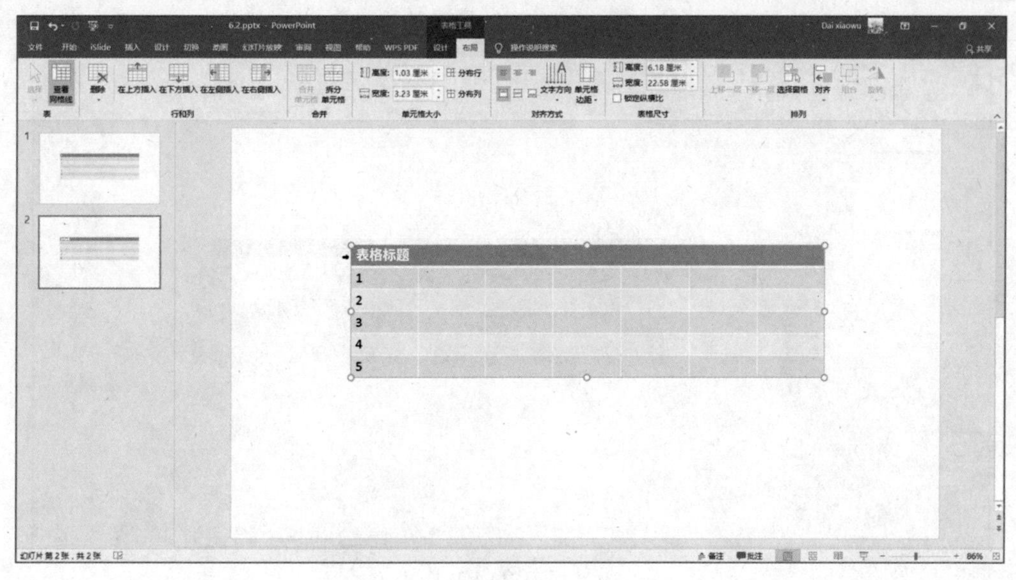


图 6.2-16

拆分单元格和合并单元格的操作一样，只不过拆分单元格要点击“合并”选项组中的“拆分单元格”选项，点击该选项后，会弹出对话框，在对话框中可以设置要拆分的行数与列数，如图 6.2-17 和图 6.2-18 所示。设置好数值后点击确定，选中的单元格就会被拆分，如图 6.2-19 所示。

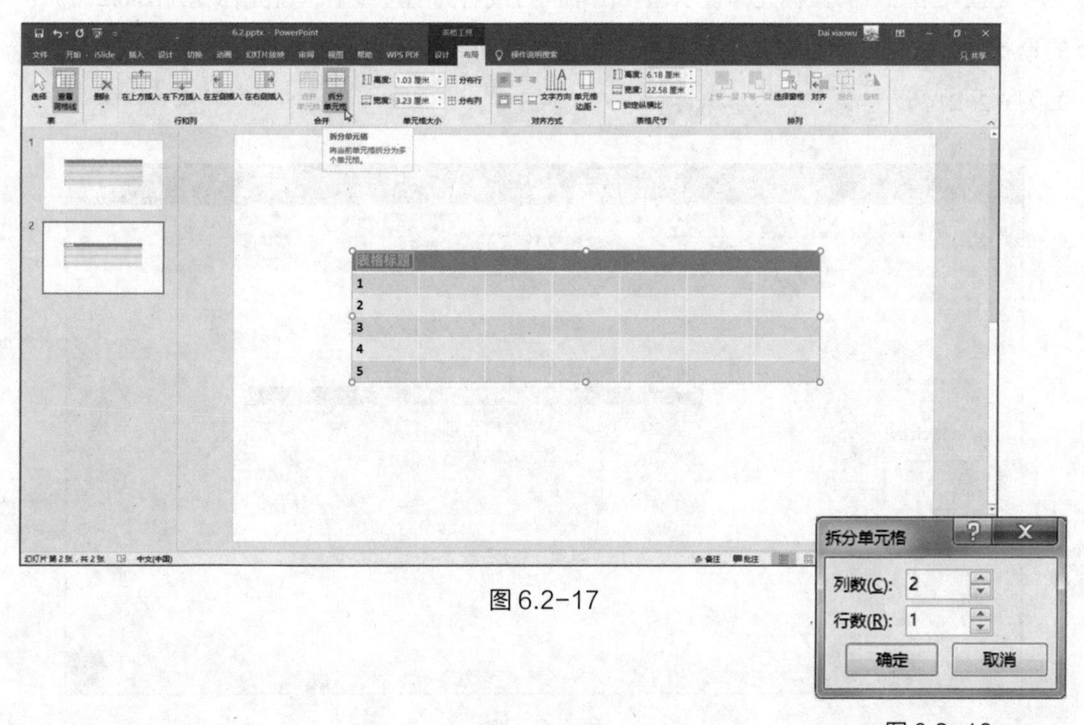


图 6.2-17

图 6.2-18

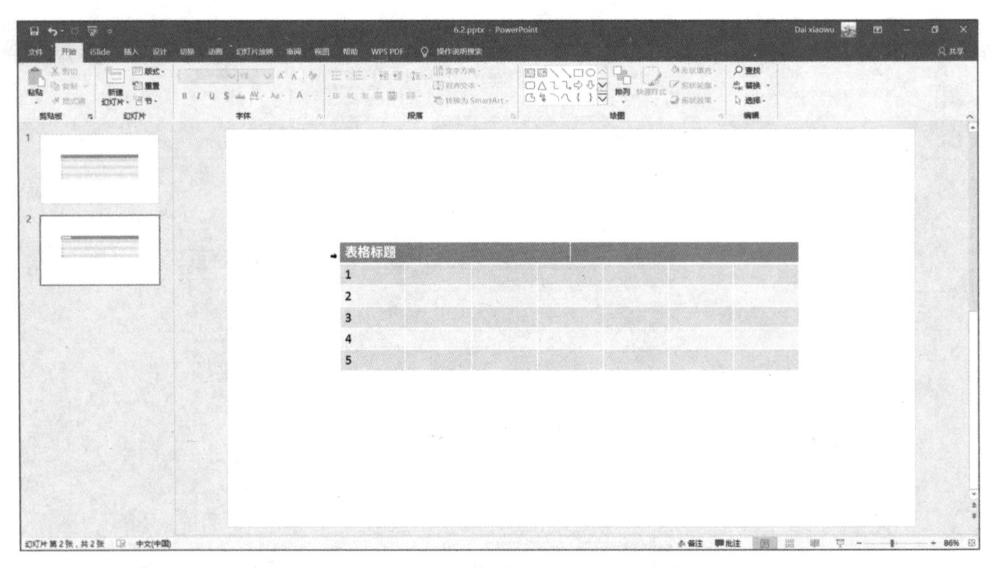


图 6.2-19

4. 调整表格的大小、行高与列宽

在表格中输入数据文本后，需要调整表格整体的大小、表格中字体的大小与表格的行高与列宽。字体的大小调整相信大家已经熟悉了，接下来我们介绍如何调整表格的大小、行高和列宽。

建立表格后，将鼠标光标置于需要调整的行或者列的边线上，待光标变为图 6.2-20 中的形状后，按住鼠标左键并拖动鼠标。将边线拖动到合适的位置，松开鼠标即调整完毕，如图 6.2-21 所示。

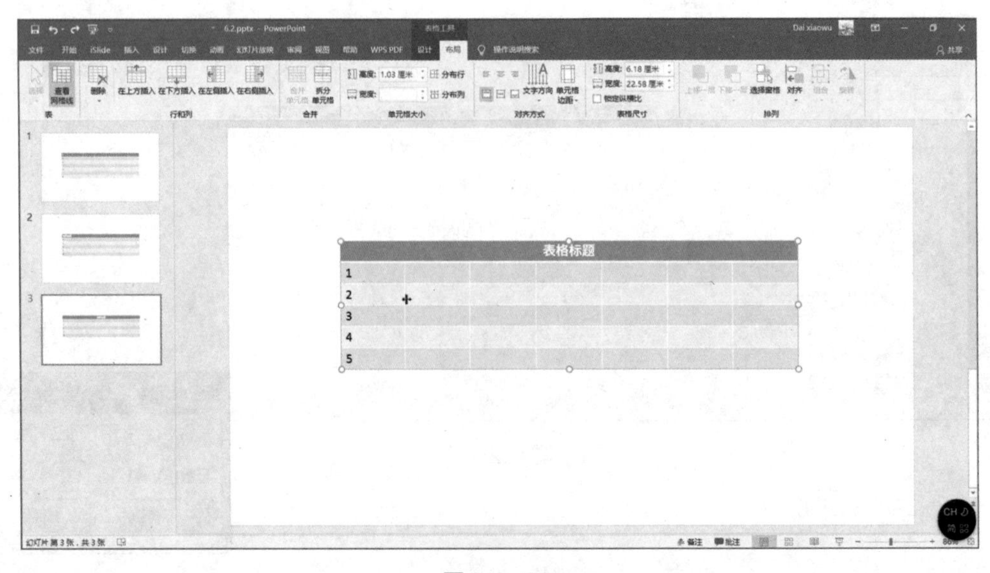


图 6.2-20

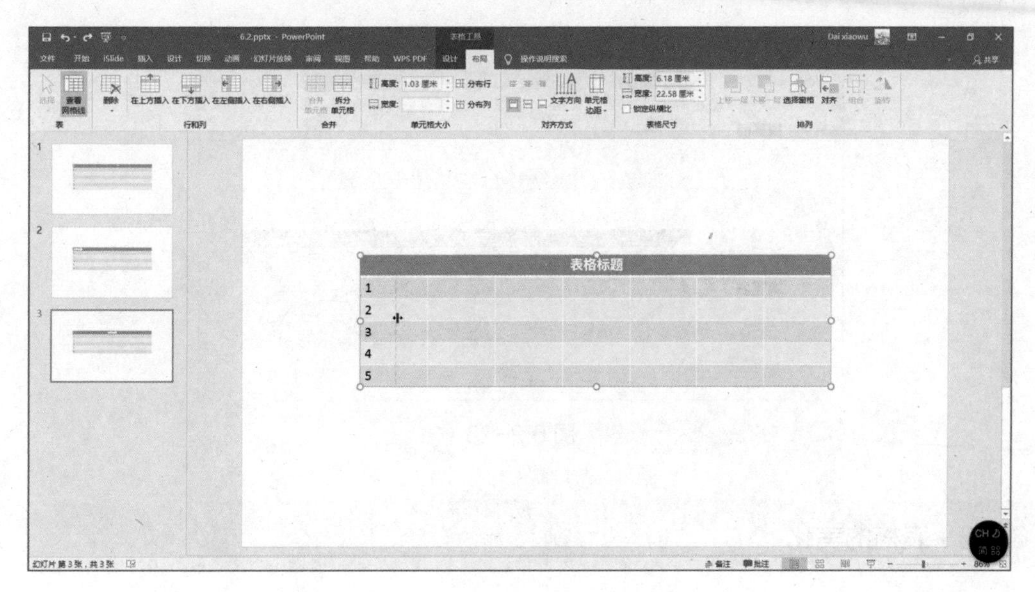


图 6.2-21

调整表格的大小与调整图片大小的操作方法是一样的。将鼠标光标置于表格四边中任意一边，当光标变为双箭头时，按住鼠标左键进行拖曳，松开鼠标后就得到了新的表格，如图 6.2-22 所示。

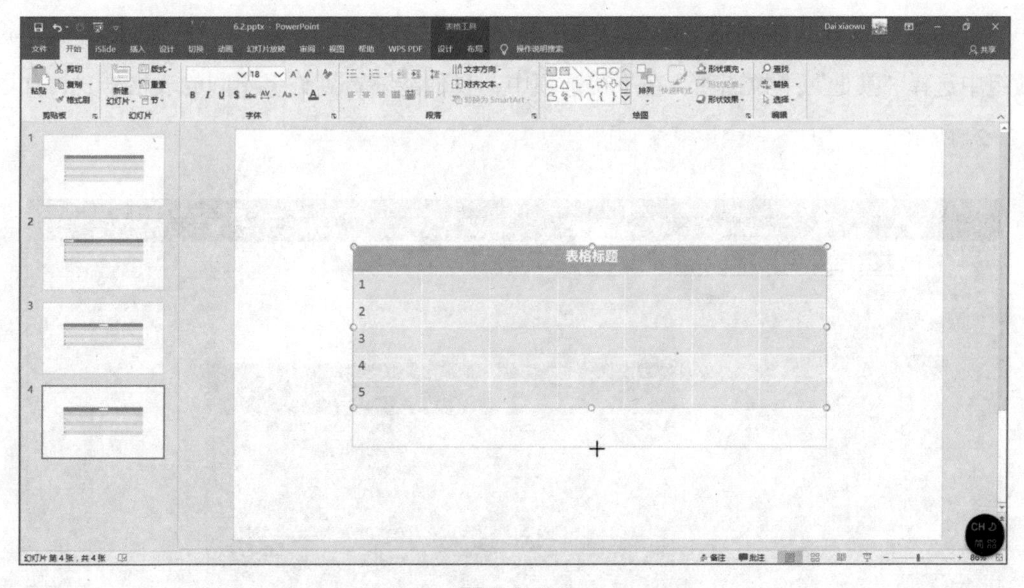


图 6.2-22

这一方法可以将表格加宽或拉长，表格内部的行宽或列宽会随着表格原本的宽度或长度平均分布。在图 6.2-23 中，由于我们预先设置好了第一列的列宽，所以在加宽整个表格时，该列的宽度依旧比其他列的宽度要小。

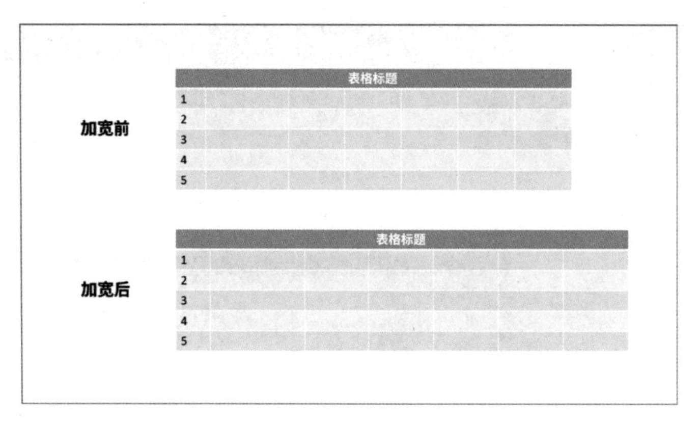


图 6.2-23

## 6.2.3　表格的美化

在前文的所有案例中，我们都没有对案例进行美化，看到这里，大家是否已经出现“审美疲劳”了呢？其实，观众在观看设计制作的演示文稿时，看到大量重复的表格数据，也会产生审美疲劳。所以，我们接下来就对表格进行美化吧！

1. 直接使用表格样式

选中要更改样式的表格，然后点击“表格工具—设计”选项卡，在“表格样式”选项组中选择“其他”下拉选项。在下拉选项中，我们能够看到许多不同的表格样式，如图 6.2-24 所示。

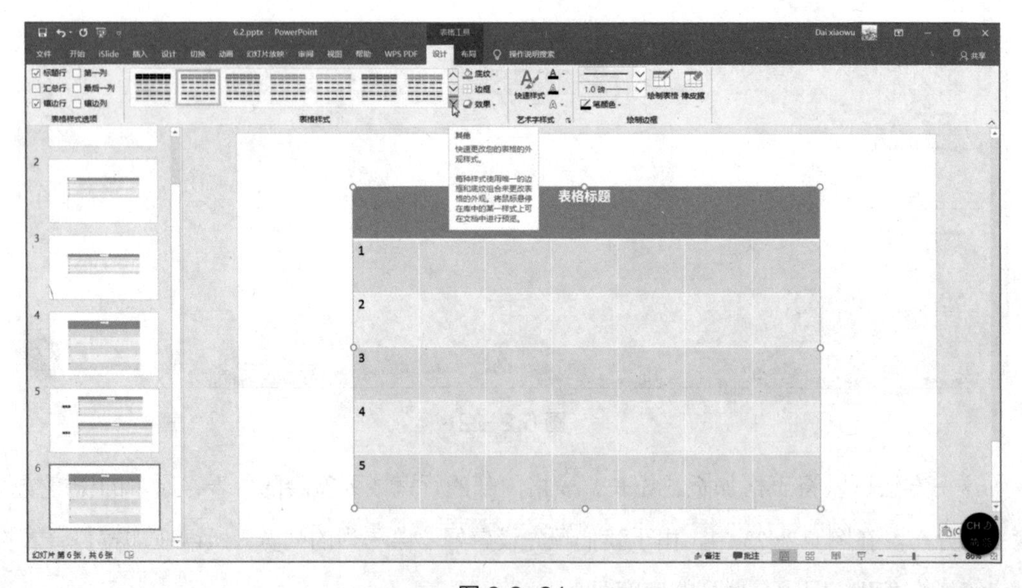


图 6.2-24

将鼠标光标移动至某个样式缩略图上，幻灯片工作区就会出现表格样式的预览。单击样式缩略图，即可应用该样式，如图 6.2–25 所示。

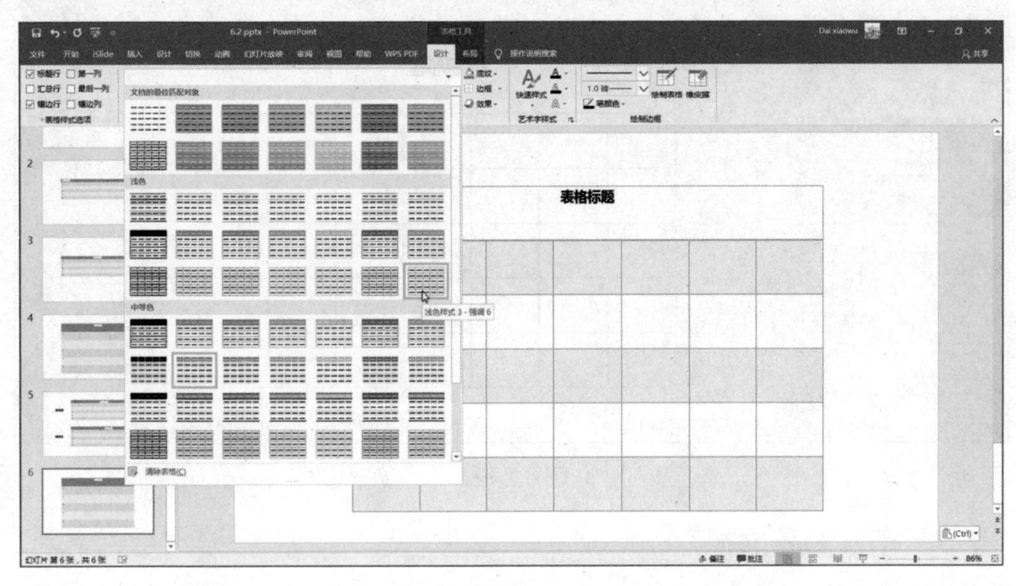


图 6.2–25

如果想要清除当前更改的样式，则可以在“表格样式”下拉列表中选择“清除表格”，如图 6.2–26 所示。

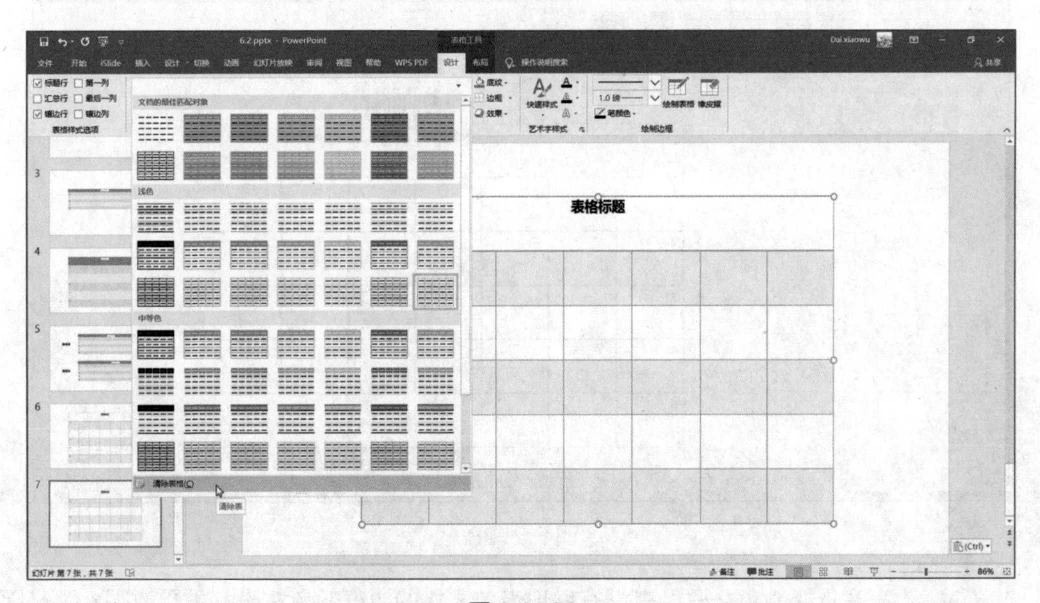


图 6.2–26

清除表格样式后，表格会呈现无底色、无文字变色的基本样式，如图 6.2–27 所示。

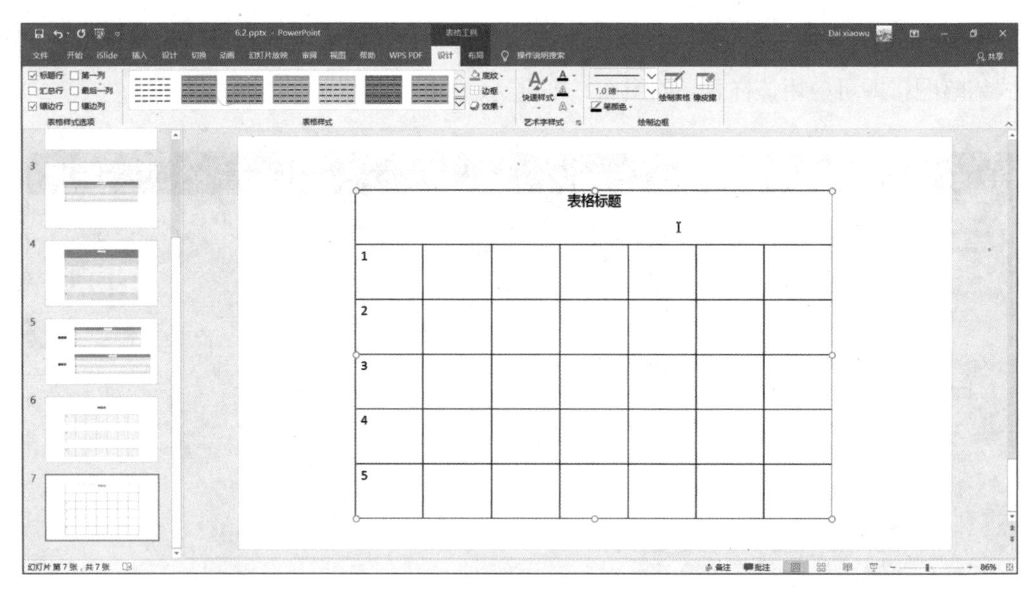


图 6.2–27

2. 单独设置表格的边框

选中表格，点击“表格工具—设计”选项卡，在“绘制边框”选项组中单击“笔颜色”的下拉选项，在展开列表中可以选择更改表格边框的颜色，如图 6.2–28 所示。

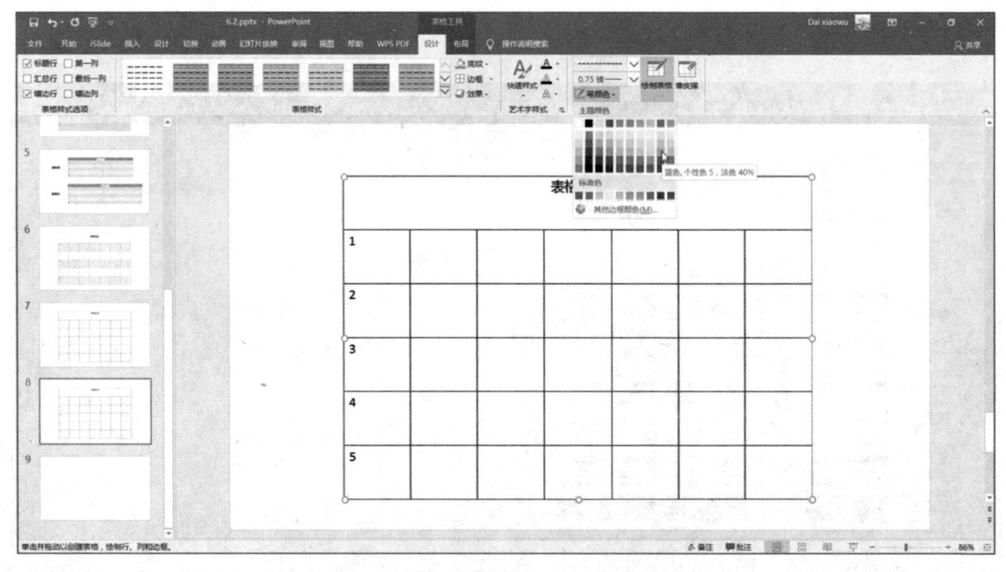


图 6.2–28

不过，大家在选择颜色之后，有没有发现当前表格的边框颜色并没有被更改呢？那是因为我们还有一步要做：点击“表格样式”选项组右侧的“边框”下拉选项，在下拉列表中选择你要更改的表格边框，才能成功设置表格边框的颜色，如图 6.2–29 所示。

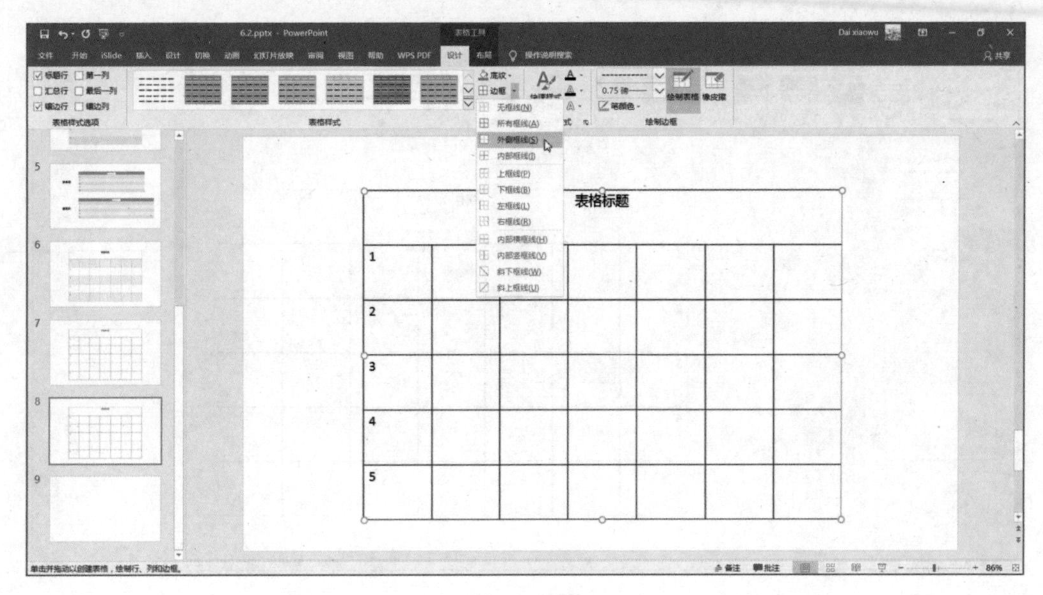


图 6.2-29

同时，在“绘制边框”选项组中的“笔样式”下拉选项中可以设置表格边框的样式，如图 6.2-30 所示。

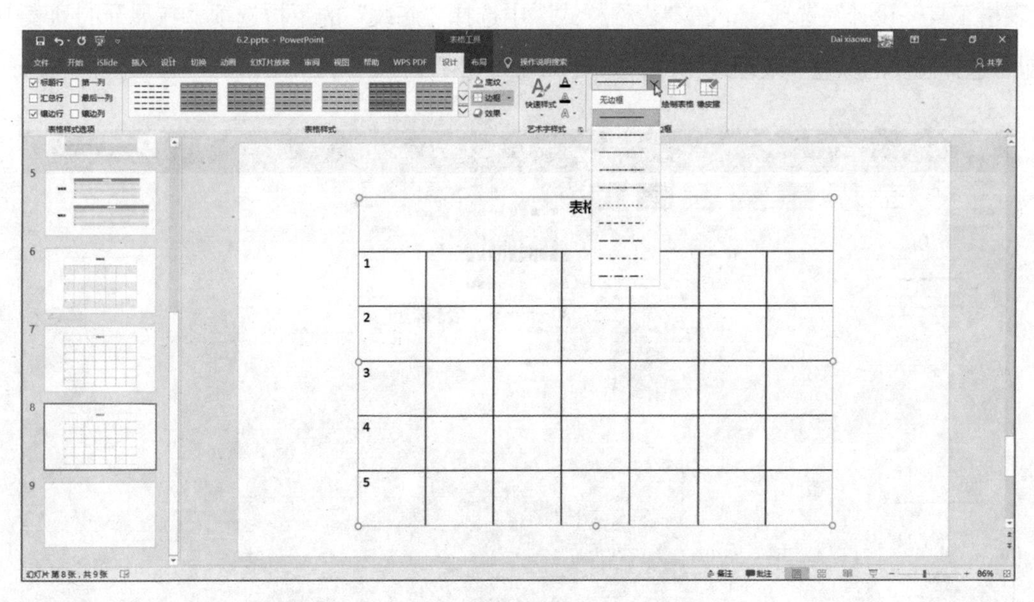


图 6.2-30

在“绘制边框”选项组中的“比画粗细”选项中可以设置表格边框的粗细，如图 6.2-31 所示。在设置边框样式与边框粗细时，与设置边框颜色的步骤一样，设置后不要忘了点击“表格样式”选项组中的“边框”，选择你要更改样式的边框。

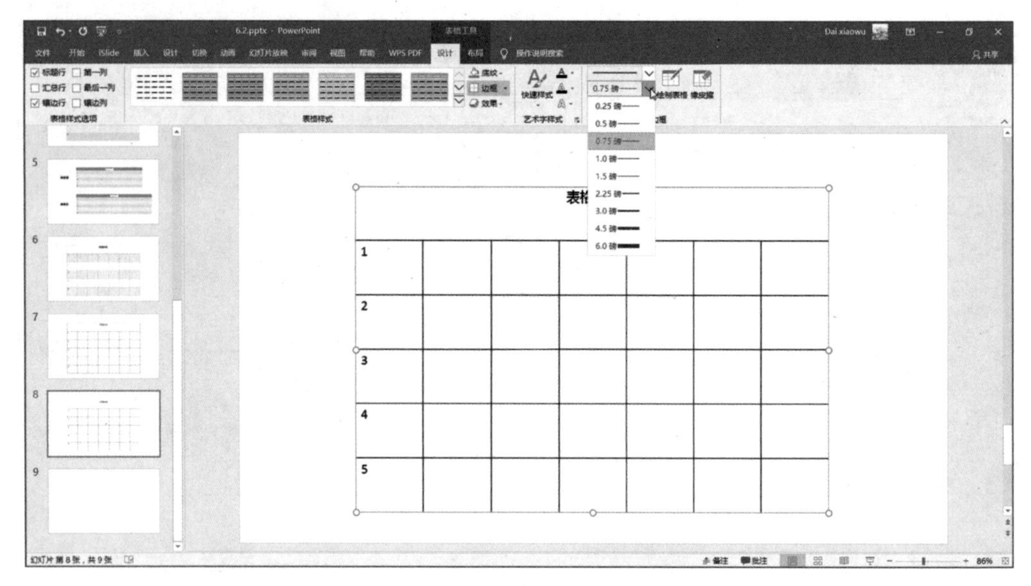


图 6.2-31

3. 设置表格底纹

对表格的边框进行设置后，接下来我们对图表的底纹进行设置。首先选中表格，点击“表格工具—设计”选项卡，在“表格样式”中选择“底纹”的下拉选项，在展开的列表中即可选择想要的颜色、纹理或图片，如图 6.2-32 所示。

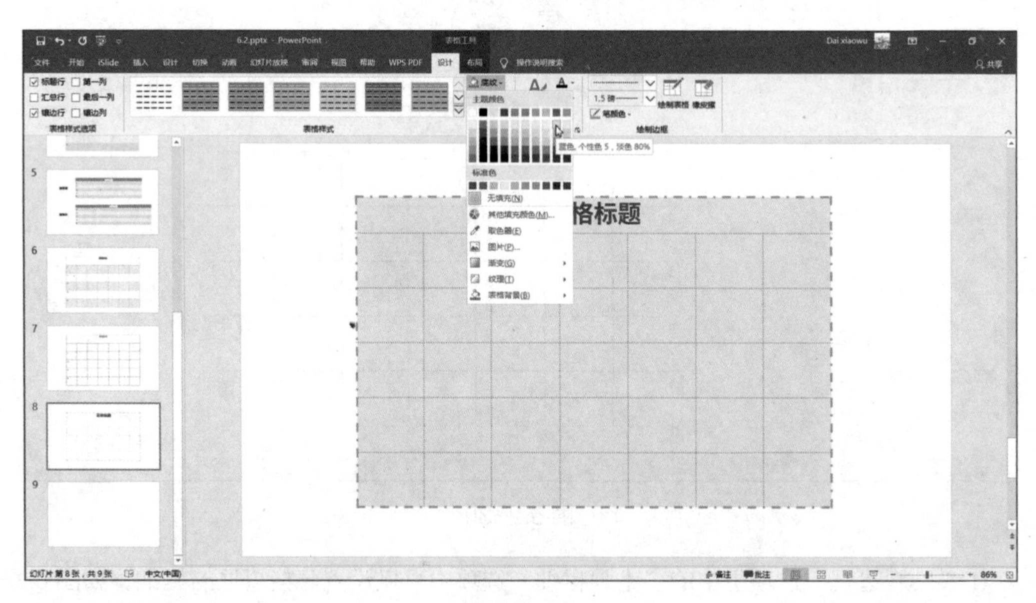


图 6.2-32

4. 设置表格的特殊效果

设置表格的特殊效果与设置图形图像的特殊效果是共通的，点击“表格工具—设计”

选项卡，在“表格样式”选项组中选择“边框”的下拉选项，即可设置表格的特殊效果，如图 6.2-33 所示。

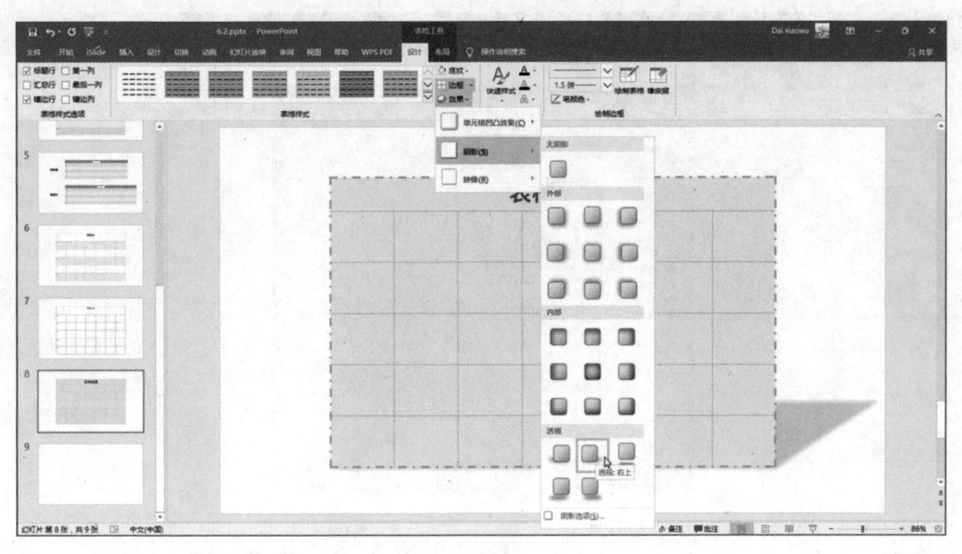

图 6.2-33

## 6.2.4 创建图表

在 PowerPoint 中，内置了许多不同类型的图表，在 6.1.1 小节中，我们对图表的样式进行了简单的介绍，接下来我们就来学习如何在演示文稿中插入图表，以及编辑图表。

点击“插入”选项卡，在“插图”选项组中就可以看到“图表”选项，如图6.2-34所示。

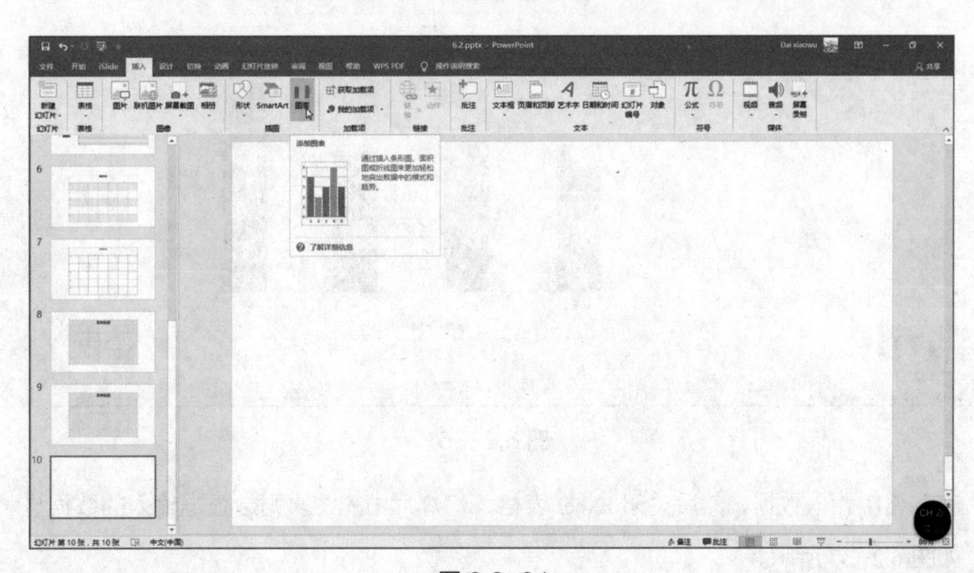

图 6.2-34

点击“图表”，在弹出的窗口中，左侧一栏可以选择图表的类型，右侧一栏上方可以选择当前图表的样式，如图 6.2–35 所示。

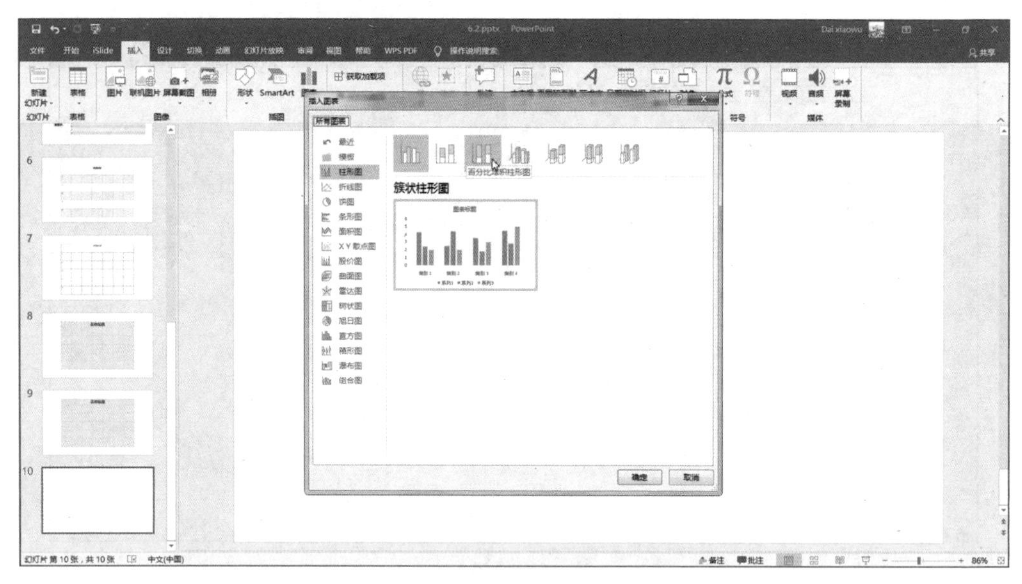

图 6.2–35

选择好图表类型与图表样式后，点击“确定”即可在幻灯片中成功插入图表。这时，在图表的上方会同步出现一个 Excel 表格，如图 6.2–36 所示。

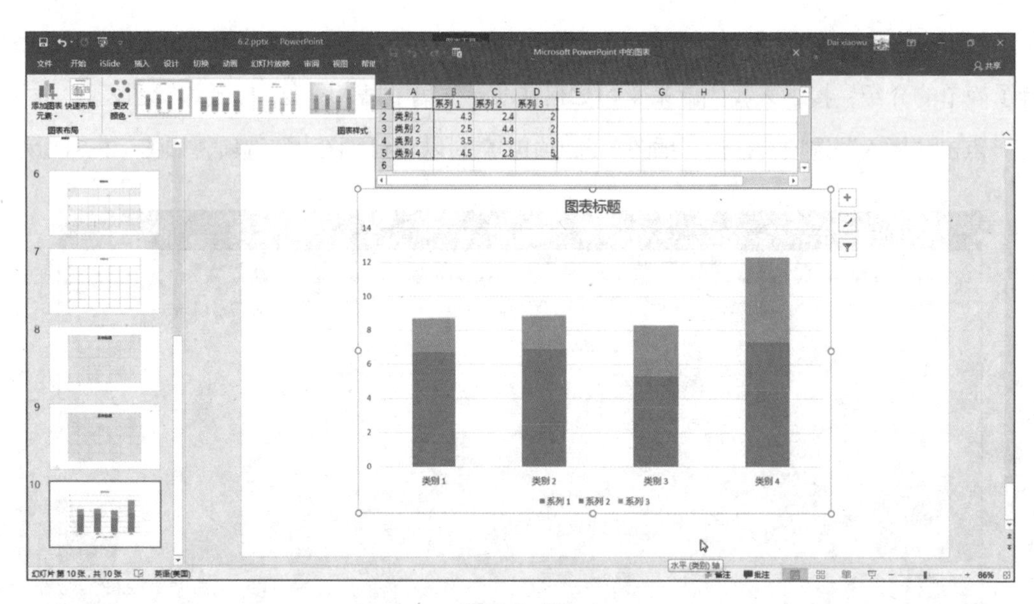


图 6.2–36

在表格中输入数据，然后关闭 Excel 表格，幻灯片中的图表则会根据输入的数据显示出来，如图 6.2–37 所示。

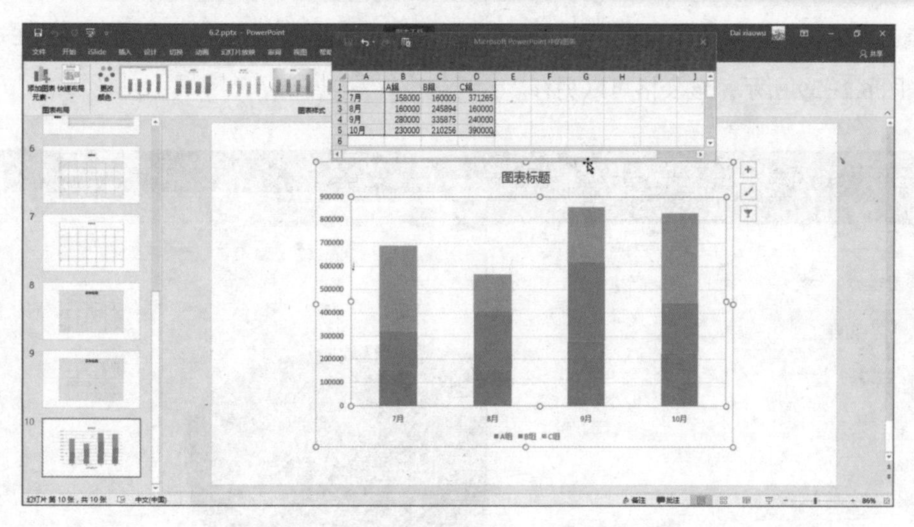


图 6.2-37

## 6.2.5 图表的编辑

在幻灯片中插入图表后，我们可以根据手中的数据对图表进行编辑，例如修改图表数据、更改图表类型或添加图表元素等。

1. 修改图表数据

选中图表，打开“图表工具—设计”选项卡，在“数据”选项组中，点击“编辑数据”的下拉选项，选择下拉列表中的“编辑数据”，如图 6.2-38 所示，即弹出可更改数据的 Excel 表格。

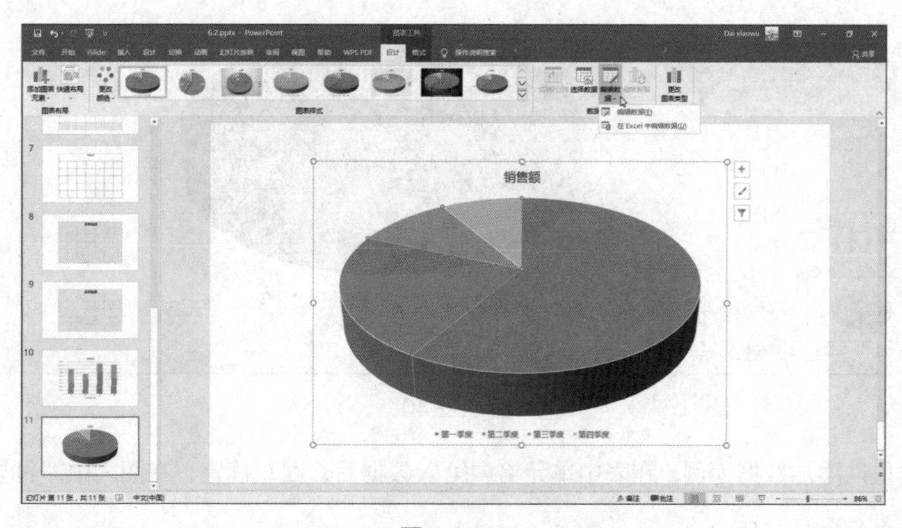


图 6.2-38

点击“编辑数据”下拉列表中的“在 Excel 中编辑数据”，则会在新的窗口弹出 Excel 表格，如图 6.2-39 所示，该表格可以另存。

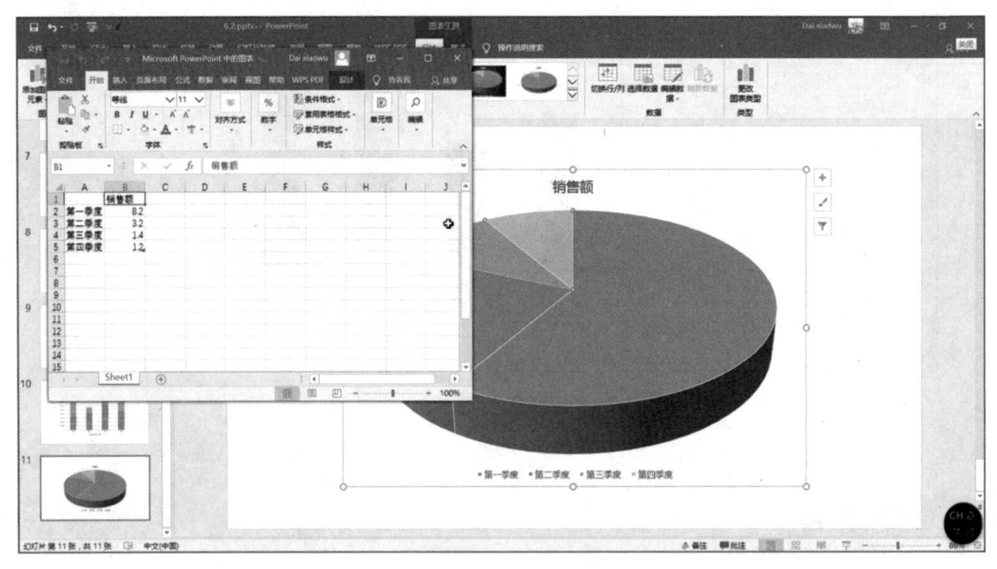


图 6.2-39

那么，如何增加或删除图表中的数据呢？与编辑表格一样，直接删除单元格中的数据，或者在空白的单元格中输入数据，即可实现删除或增加数据，如图 6.2-40 所示。

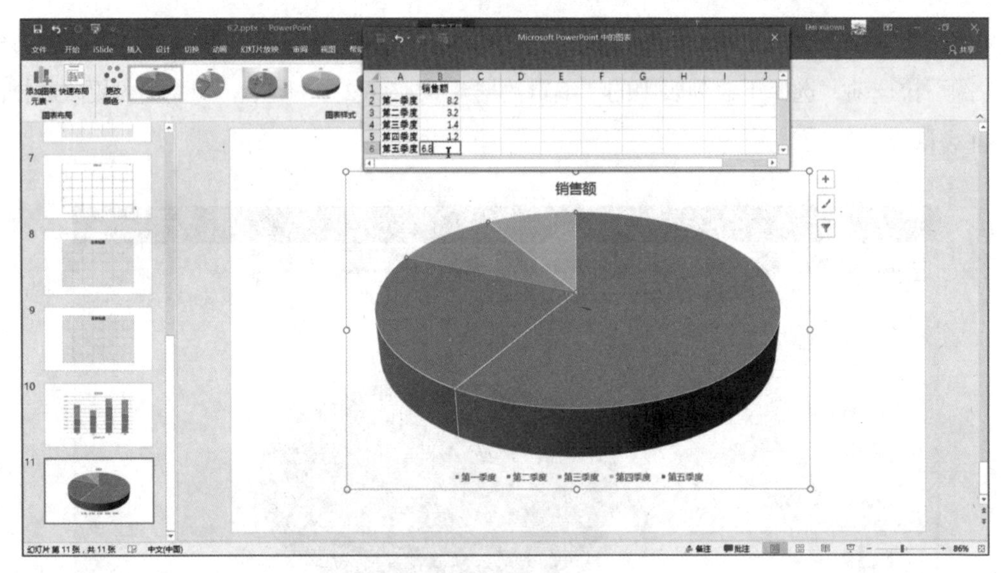


图 6.2-40

这里以添加数据为例，在表中单元格内输入数据后，回车确定，在图表中即可显示出来，如图 6.2-41 所示。

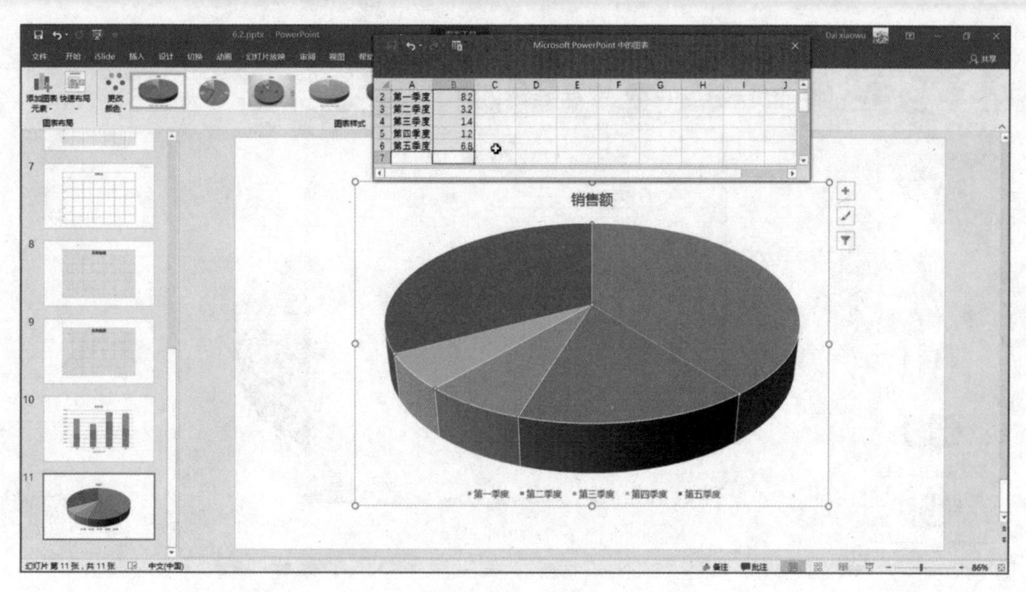


图 6.2-41

2. 更改图表类型

输入数据后，发现图表类型不符合数据的表达，怎么办？其实在 PowerPoint 内不删除数据也可以直接改变图表的样式。

选中要更改的图表，打开“图表工具—设计”选项卡，在“类型”选项组中点击“更改图表类型”，如图 6.2-42 所示。

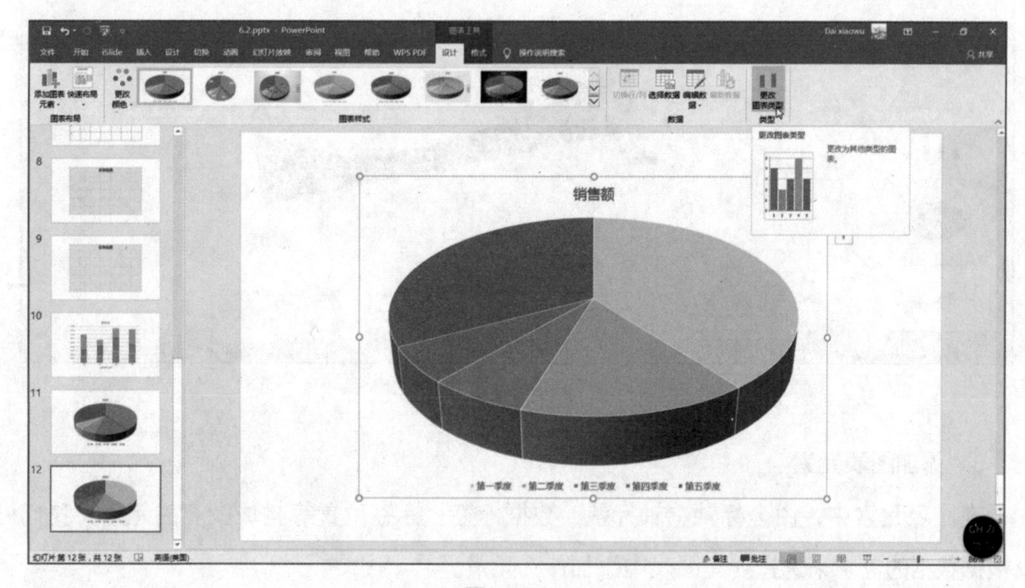


图 6.2-42

在弹出的窗口中，可以对当前选择的图表类型进行更改，如图 6.2-43 所示。

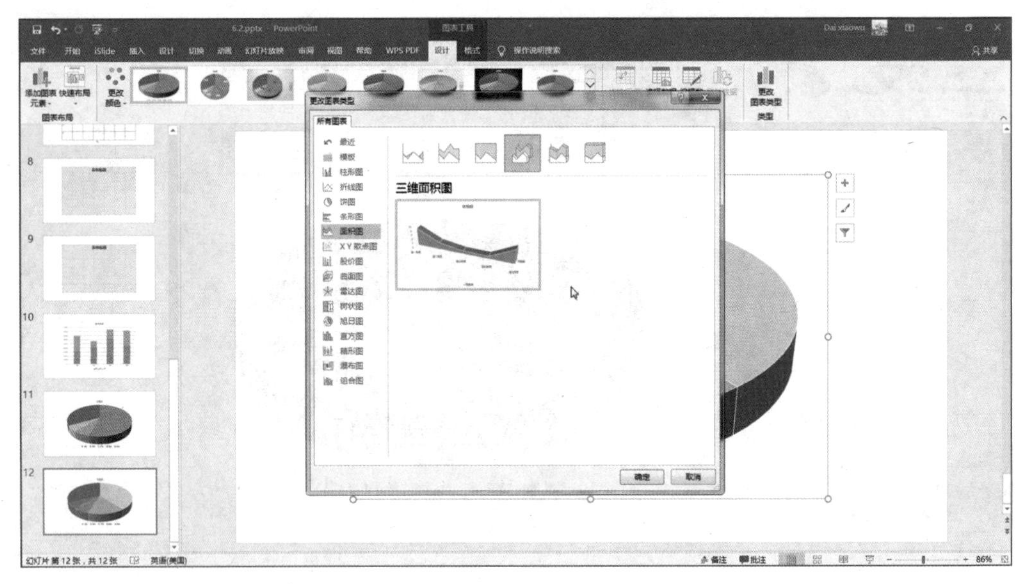

图 6.2-43

最后单击确定，当前选中图表的类型就改好了，如图 6.2-44 所示。

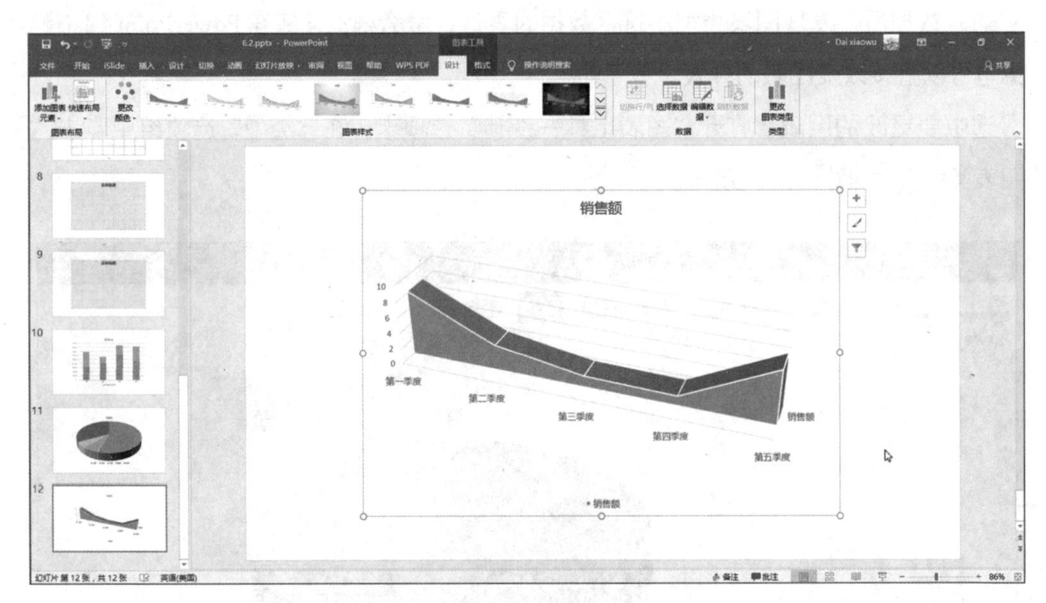


图 6.2-44

3. 添加图表元素

在图表元素中，由坐标轴、轴标题、数据标签、标签位置等构成图表的元素，我们可以根据数据的需求来选择要在图表中添加什么元素。

选中图表，点击“图表工具—设计”选项卡，在“图表布局”选项组中选择“添加图表元素”下拉选项，在展开的列表中即可选择要添加的图表元素，如图 6.2-45 所示。

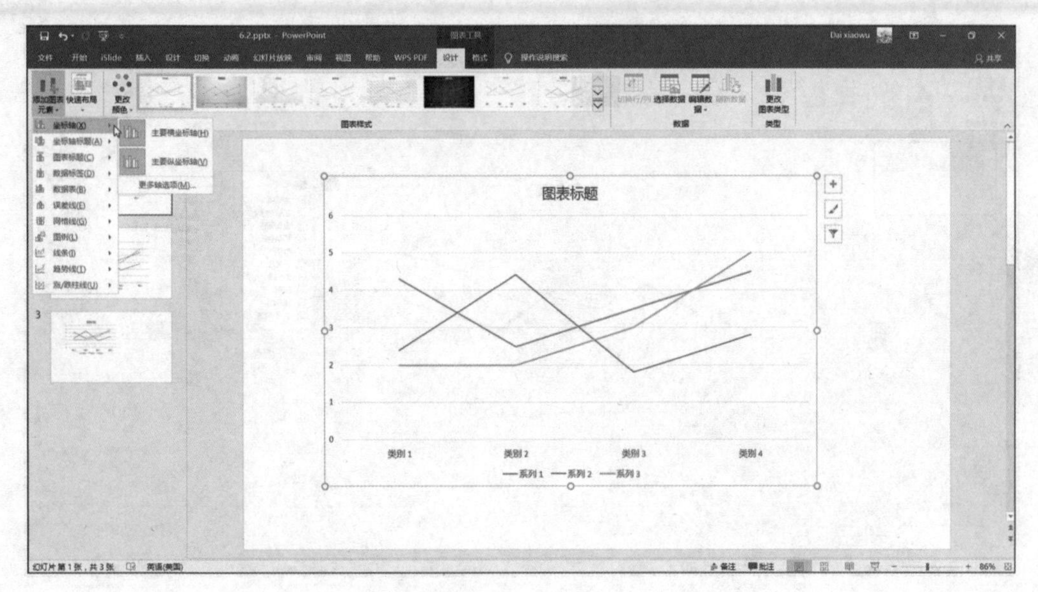


图 6.2-45

或者，选中图表后，在图表右侧出现三个图标，如图 6.2-46 所示。

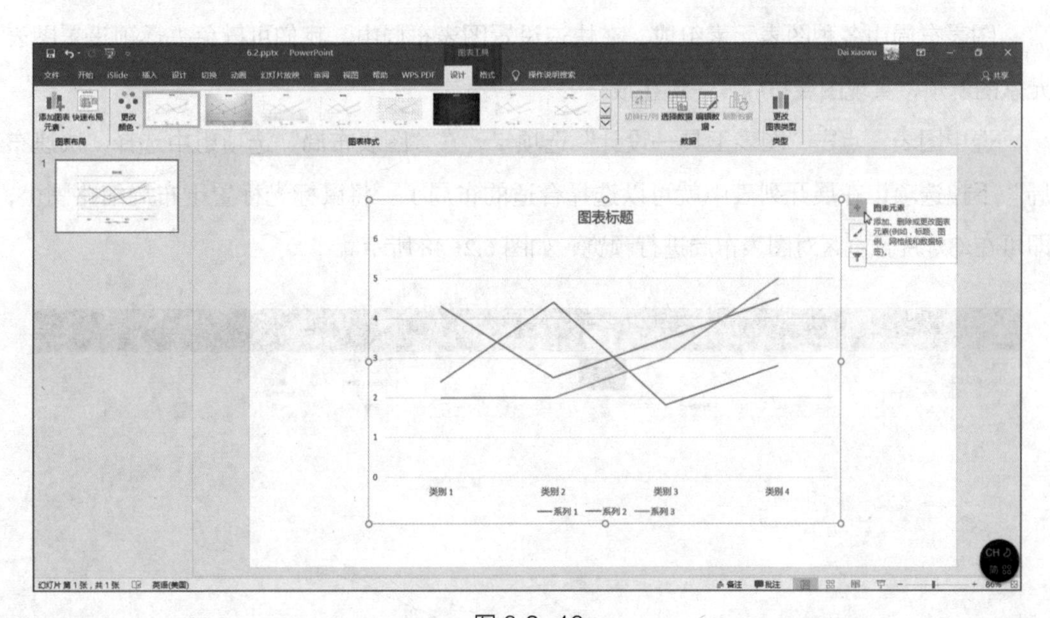


图 6.2-46

选择十字形图标，在展开的列表中也可以选择要添加的图表元素，如图 6.2-47 所示。

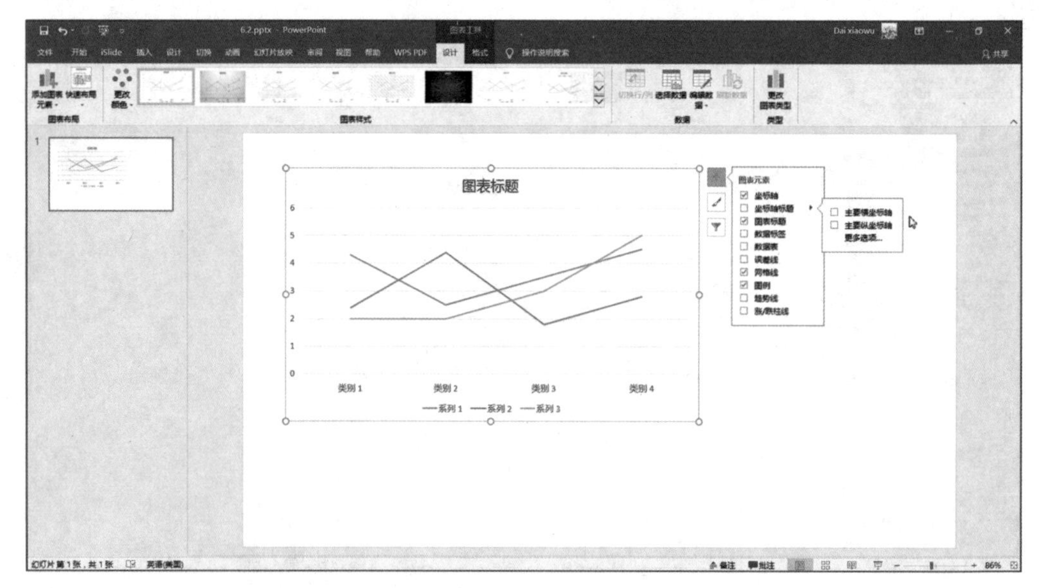


图 6.2-47

4. 快速设置图表布局

图表布局由各种图表元素组成，在快速设置图表布局中，我们可以免去逐项设置图表元素的麻烦，实现图表布局“一键生成”。

选中图表，点击“图表工具—设计”选项卡，在“图表布局”选项组中选择“快速布局”下拉选项，在展开列表中就可以选择合适的布局了。将鼠标光标置于布局缩略图上，即可在幻灯片预览区对图表布局进行预览，如图 6.2-48 所示。

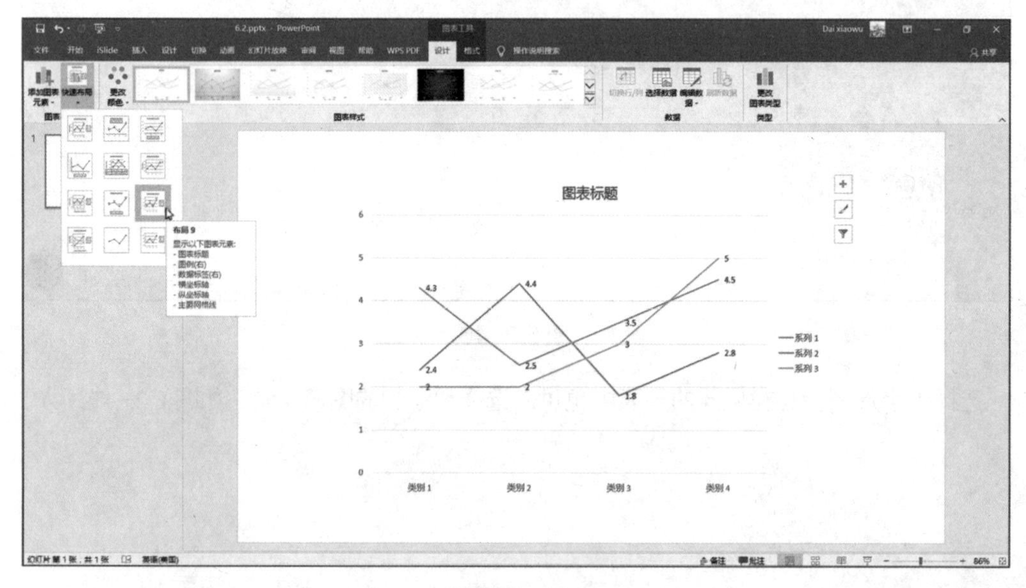


图 6.2-48

## 6.2.6 图表的简单美化

为什么说是简单美化呢？因为这一小节与表格的美化相似，是通过 PowerPoint 中自带的图表样式，或者更改图表的配色来对当前图表进行美化的。当然，还有升级版本的表格美化方法，在后文中我们会一一介绍。

1. 更改图表的整体样式

选中图表，打开“图表工具—设计”选项卡，在“图表样式”选项组中选择“其他”下拉选项，如图 6.2-49 所示。

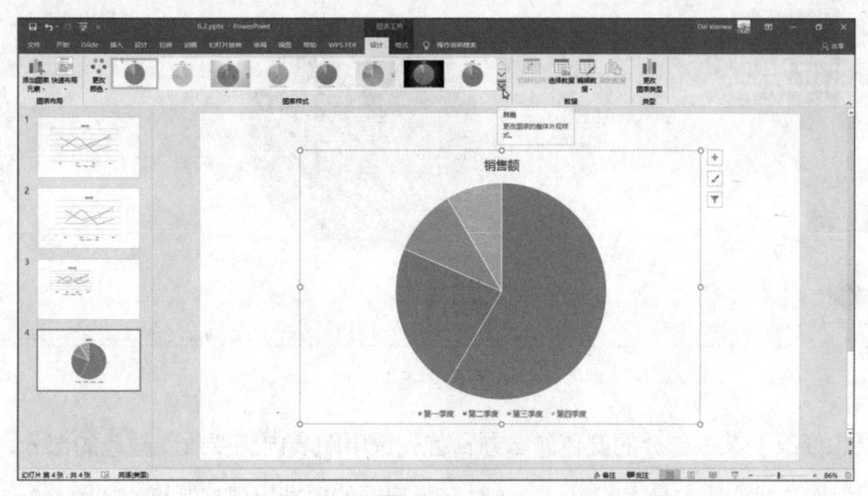


图 6.2-49

在展开的列表中选择心仪的图表样式，将鼠标光标置于图表样式缩略图上即可看到图表样式的预览，点击缩略图即可应用该图表样式，如图 6.2-50 所示。

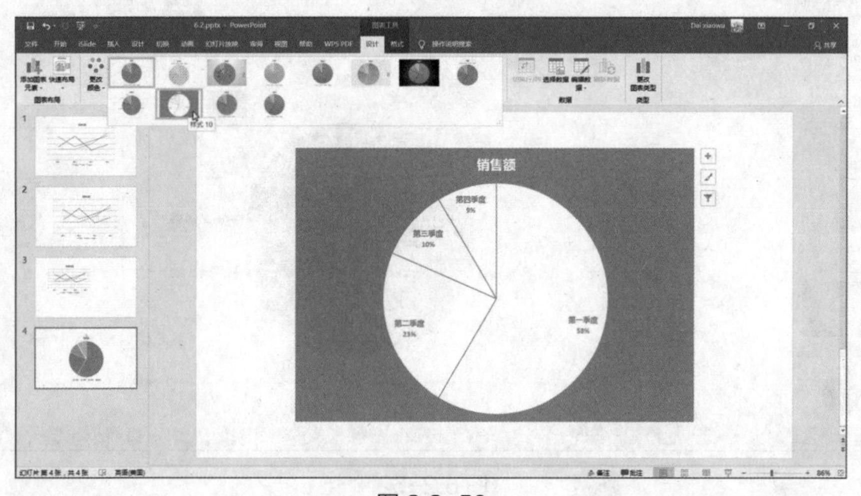


图 6.2-50

## 2. 更改图表的局部颜色

如果整套的图表样式都不符合设计需求的话，那么我们也可以对图表的局部颜色进行修改。选中图表后，点击“图表工具—设计”选项卡，在“图表样式”选项组中单击“更改颜色”下拉选项，在展开的列表中，可以选择不同的表格配色，如图 6.2-51 所示。

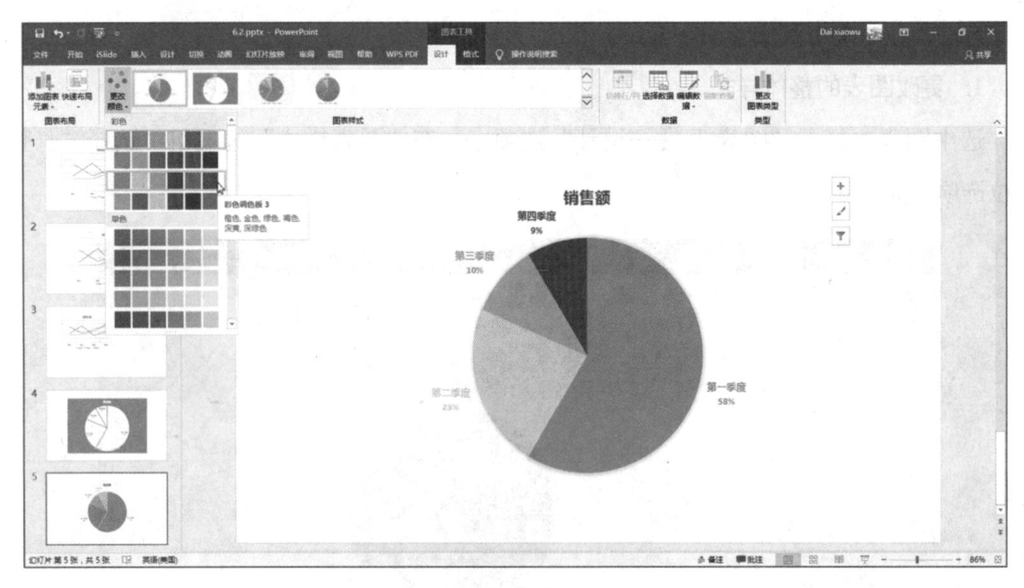


图 6.2-51

如果想要改变某一部分的颜色怎么办？首先选中图表内想要改变颜色的部分，以下图中的饼图为例，我们选中最大的扇面，这时在该扇面的顶端出现控制点，如图 6.2-52 所示。

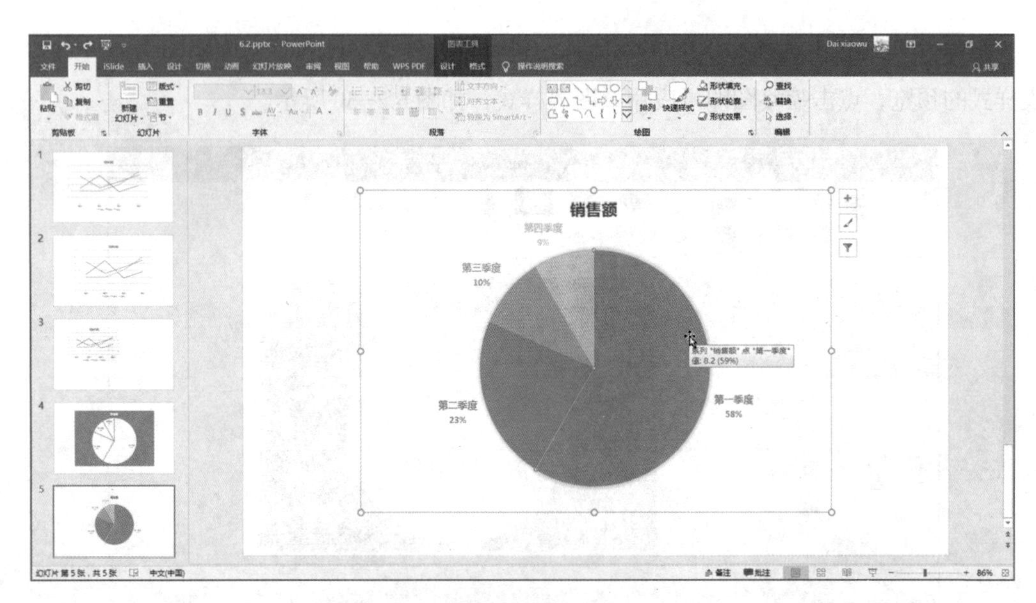


图 6.2-52

随后，点击“图表工具—格式”选项卡，在“形状样式”选项组中的“其他”下拉列表中，可以直接选择当前选中的扇面形状的样式，如图 6.2–53 所示。

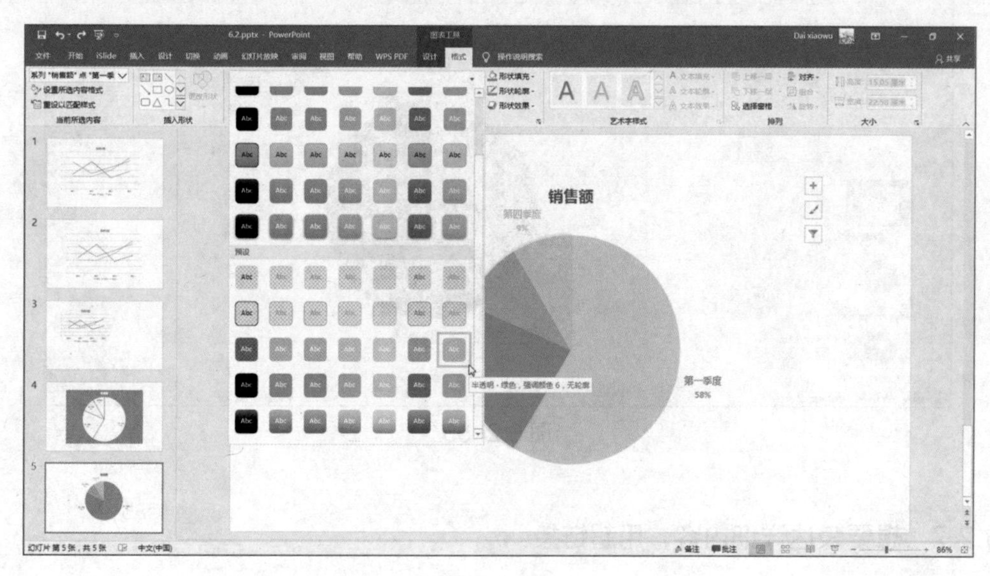


图 6.2–53

在右侧的“形状填充”“形状轮廓”和“形状效果”中，可以分别对当前选中的扇面形状进行填充颜色、轮廓及效果设置，如图 6.2–54 所示。在“艺术字样式”中，也可以对选中的文本进行编辑。

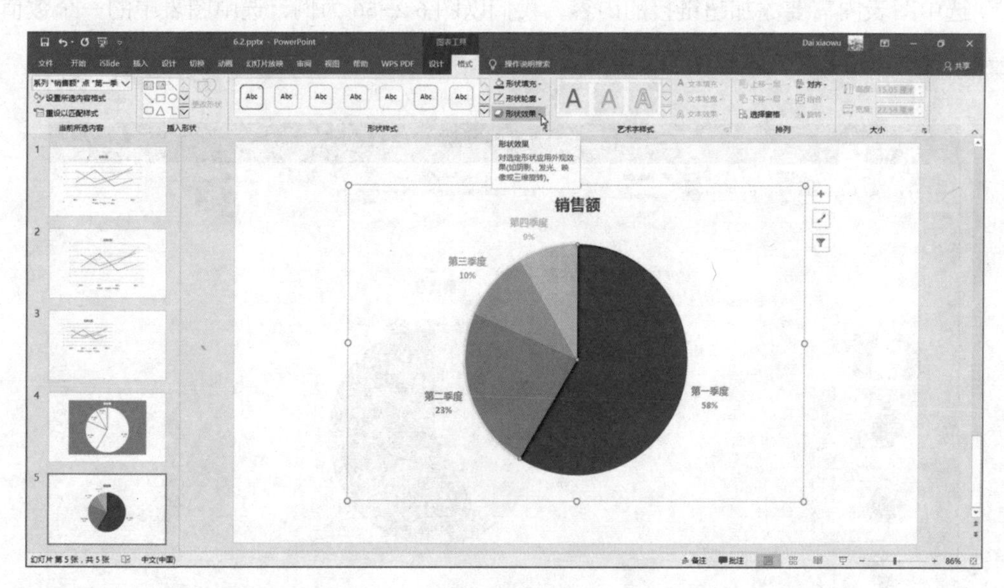


图 6.2–54

同时，选中图表的背景，也可以更改背景的填充颜色等样式，如图 6.2–55 所示。

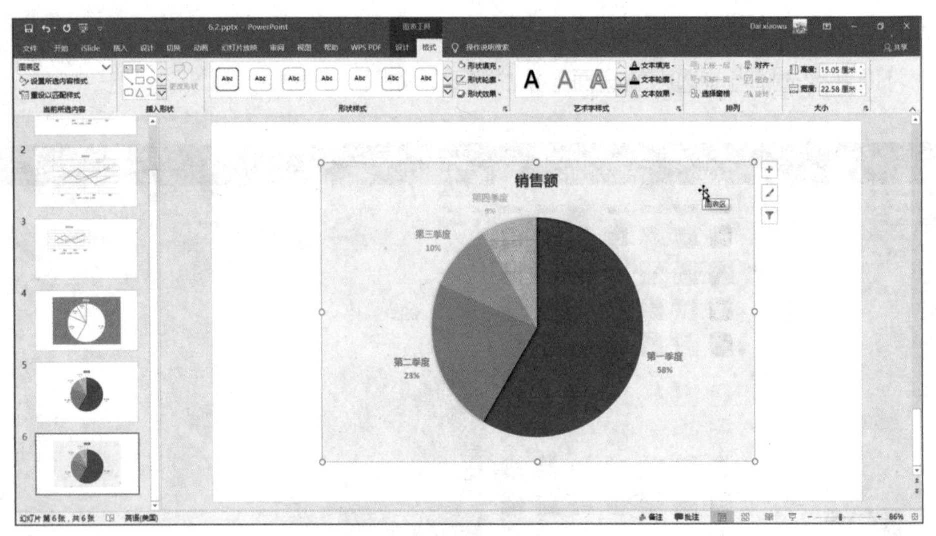


图 6.2-55

## 6.2.7 想要表达详细内容，用超链接

如果一张幻灯片内放不下很多内容，或者一个主图表内还需要其他数据的支撑，这时，我们可以使用超链接。点击超链接即可跳转到你想要的幻灯片页面，或演示文稿外的某一文件当中。

选中图表内需要添加超链接的内容，我们以图 6.2-56 为例，选中图表中的一个数值。注意，这里一定要将文本框中的文字内容全选。

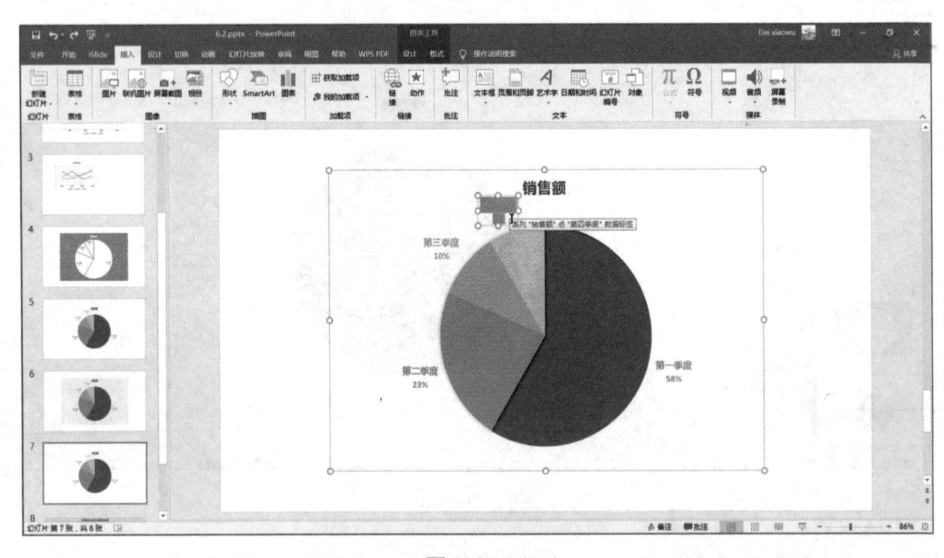


图 6.2-56

打开“插入”选项卡，选择“链接”选项组中的“链接”选项，如图 6.2-57 所示。

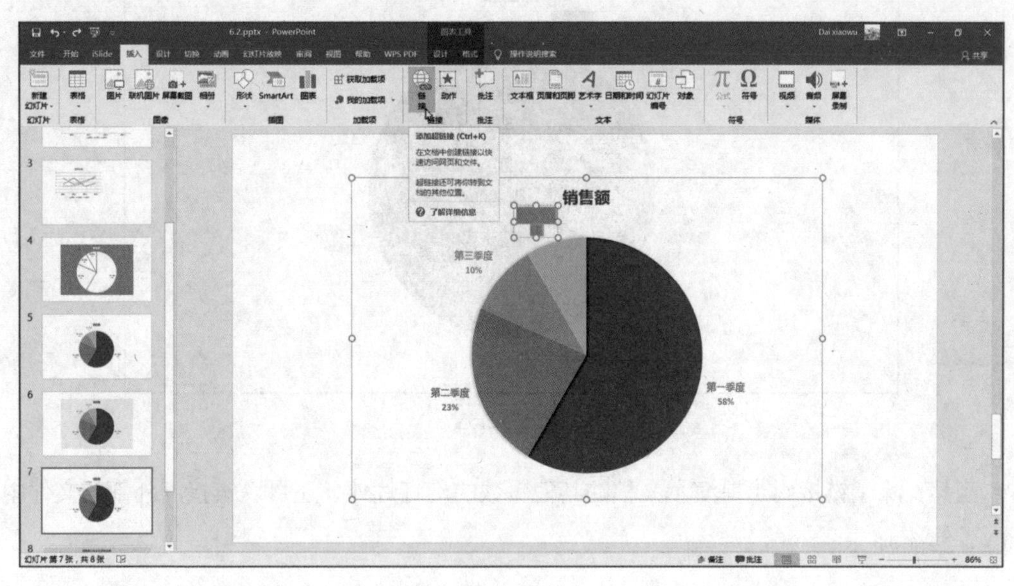


图 6.2-57

在弹出窗口的左侧选项中选择“本文档中的位置”，随后在右侧选项中，选择想要链接到的幻灯片页数，如图 6.2-58 所示。

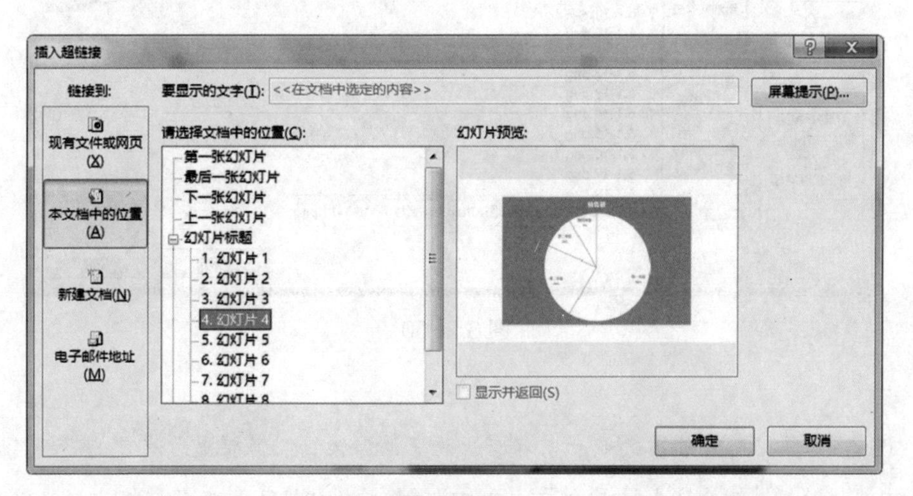


图 6.2-58

最后点击“确定”，成功添加超链接的表现就是当前选中的文本内容变成带有加粗下划线的样式，并且将鼠标光标移动到该文本内容上，光标变成小手指的样式，如图 6.2-59 所示。单击鼠标即可链接到上一步中设置的链接页面了。

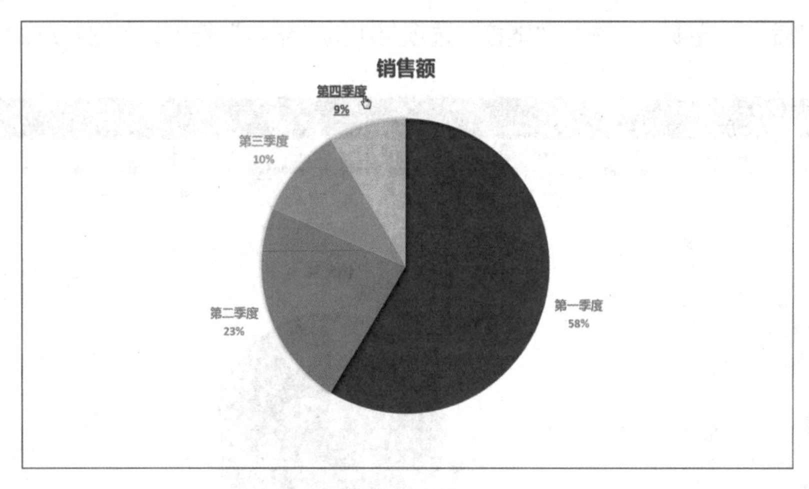


图 6.2-59

当然，除了链接到当前演示文稿的其他页数的幻灯片外，还可以链接到外部的文件中，如图 6.2-60 所示。

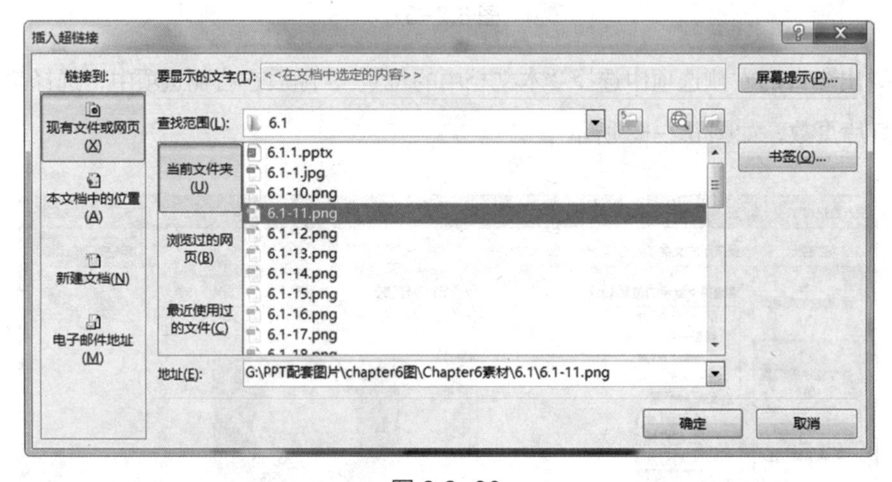


图 6.2-60

Tips：如果幻灯片的页数或者内容有所改变，那么我们需要更改当前的超链接。只要选中添加过超链接的文本，再次进行添加超链接的操作即可更换超链接。

# 6.3 给你的图表“升级”吧

在演示文稿中，一组有力的数据通常是最好的材料，而一份合格的图表则是利用数据与视觉说服观众的关键所在。我们在商务办公中设计制作演示文稿时，仅会用 PowerPoint 中自带的图表样式或将其进行小小的改变。但这种图表大家都已经司空见惯了，普通并且没有新意。所以，在这一小节，我们搜集整理了数种美化图表的小方法，并且按照前文中对图表的几个大分类进行归纳与总结。如果你对自己的图表不满意，如果你还想在制作图表上更进一步，如果你对如何美化图表束手无策，那么就一起来学习吧！

## 6.3.1 图表初进阶

美化图表的第一步，就是要学会如何使当前的图表看起来更美观与直接，我们首先避免任何花哨的美化手法，先对图表进行普通的美化。

1. 化繁为简，去掉多余内容

这里提到的多余内容，就是图表中的图例、坐标或刻度线等附加项目。在一个图表中，往往用不到那么多附加项目来对图表进行说明，附加项目过多的话，反而会混淆观众的视线，影响图表的直观性。例如，图 6.3-1 和图 6.3-2 进行对比，哪一个更加美观、更加直观呢？

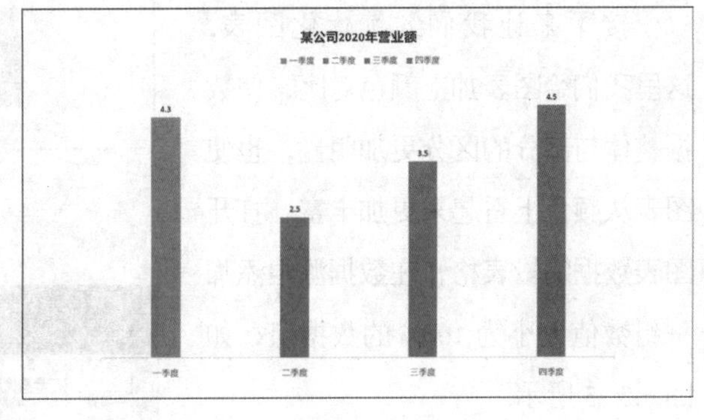


图 6.3-1

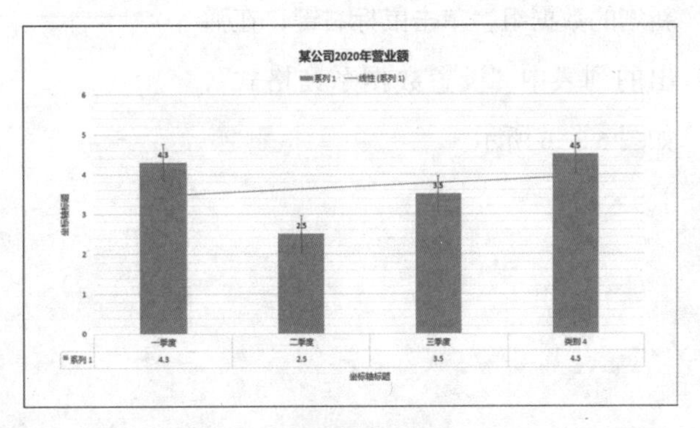


图 6.3-2

**2. 改变外形，不要千篇一律**

以柱形图为例，我们常见的柱形图都以矩形为主来表示图表中的数据，如图 6.3-3 所示，那么许多的柱形放在一起不免令人感觉枯燥。这里我们不妨将矩形改成其他形状，如图 6.3-4 所示，将柱形图中的矩形改为三角形，方法其实很简单，只要在幻灯片中插入一个三角形，将三角形样式改好后 Ctrl+C 复制这个三角形，选中图表中的矩形按 Ctrl+V 进行粘贴即可。这样一来，图表立刻摆脱平庸，与众不同了。

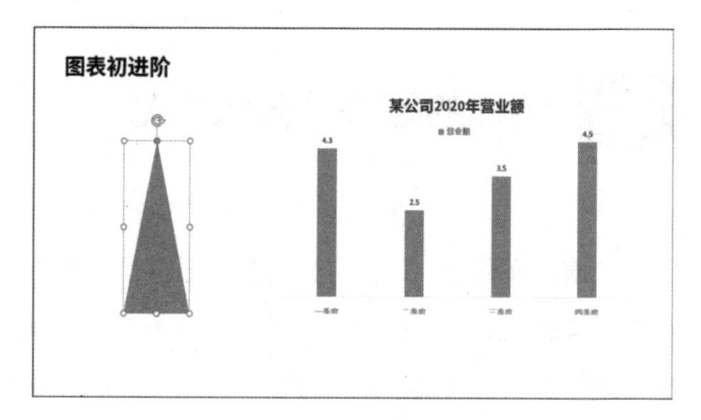


图 6.3-3

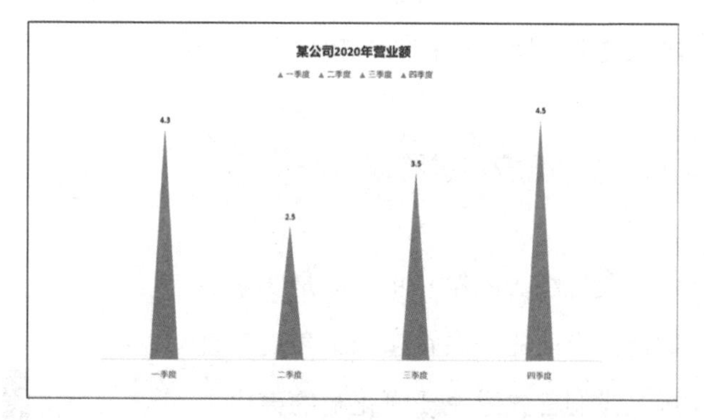


图 6.3-4

**3. 加入对比，强化视觉效果**

接下来让我们继续优化图表，这里我们给图表加上颜色对比，使数据整体与部分的区分更加明显，也使图表从颜色上看起来更加丰富。打开图表数据编辑表格，在数据源中添加一组数值大小为 100% 的数据组，如图 6.3-5 所示。

Microsoft PowerPoint 中的图表

| | A | B | C | D |
|---|---|---|---|---|
| 1 | | 广告费投 | 全部投入 | 列2 |
| 2 | 一季度 | 43% | 100% | |
| 3 | 二季度 | 25% | 100% | |
| 4 | 三季度 | 35% | 100% | |
| 5 | 四季度 | 45% | 100% | |

图 6.3-5

将数据添加到图表中后，选中新增的数据组，单击鼠标右键，在弹出的列表中“设置数据系列格式”，如图 6.3-6 所示。

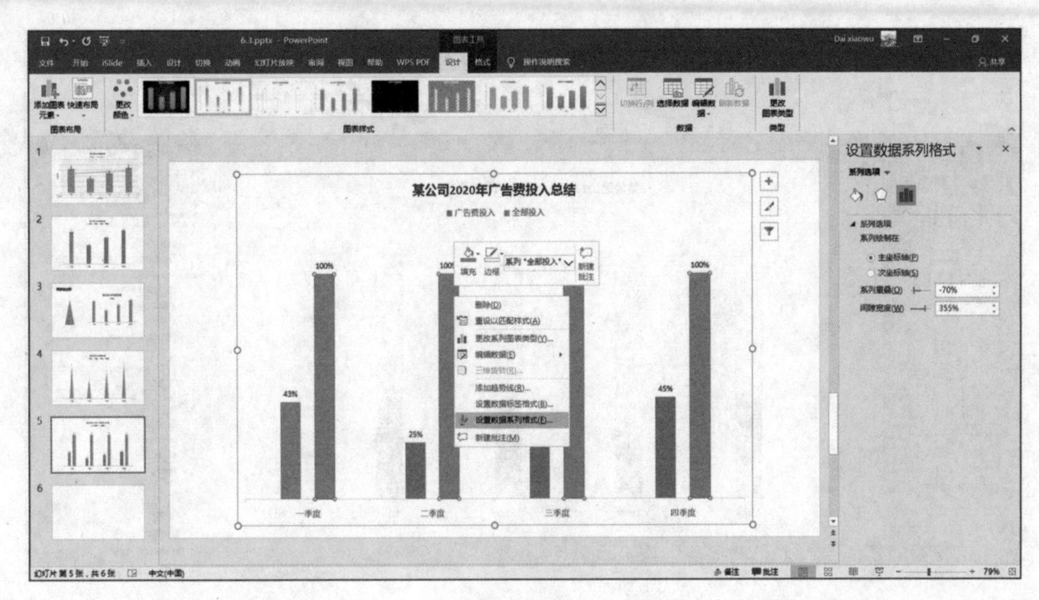


图 6.3-6

在弹出的“设置数据系列格式”中，选择“次坐标轴”，这时图表中的两个数据组合并为一个，如图 6.3-7 所示。

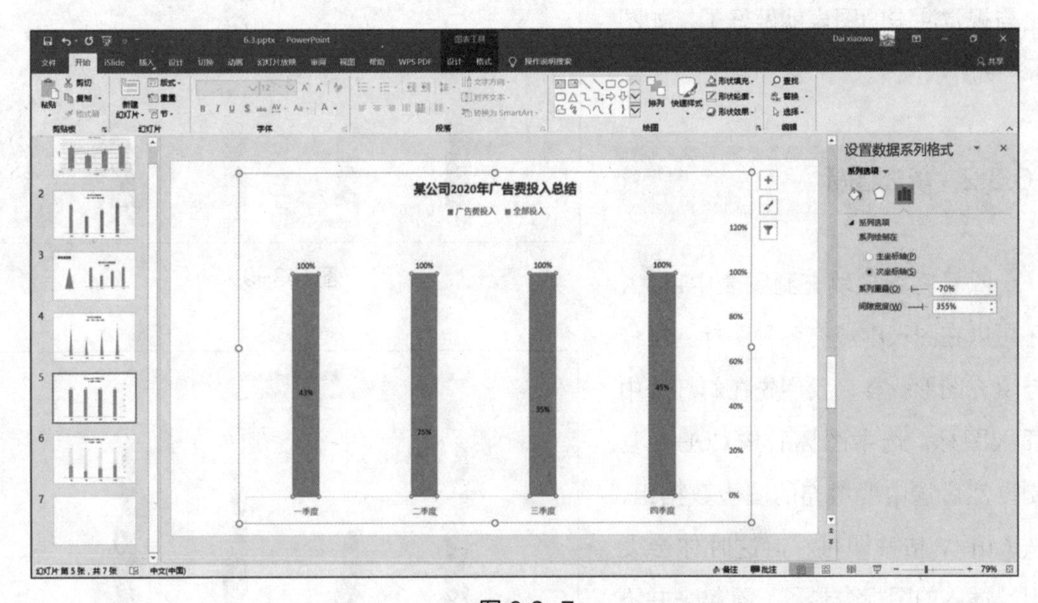


图 6.3-7

接下来，点击“填充与线条”，在“填充”中调整数据系列的透明度及颜色，如图 6.3-8 所示。

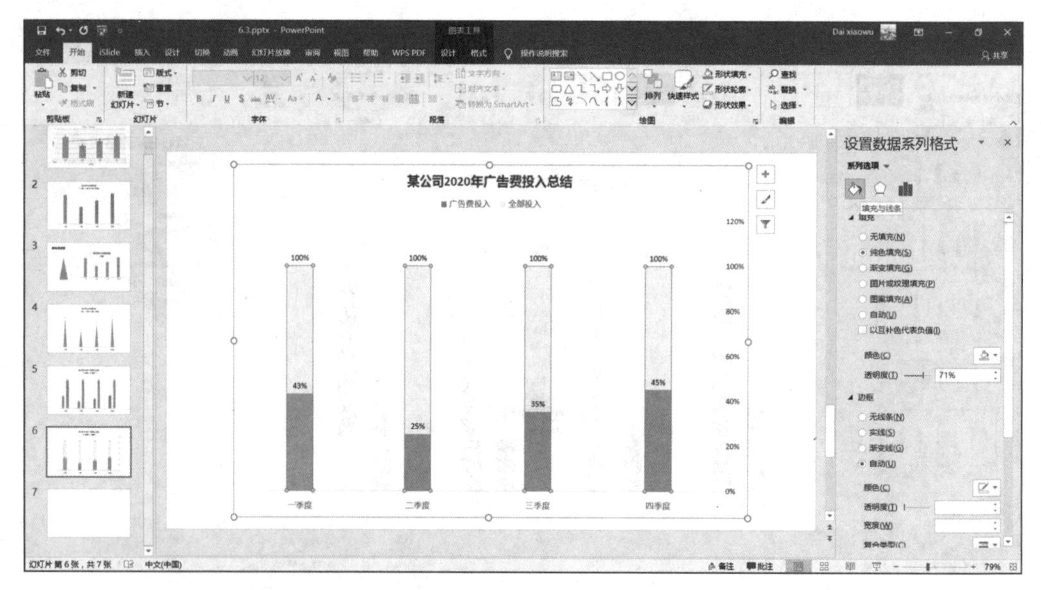


图 6.3-8

最后按照化繁为简的原则，对图表样式进行简化，这样一个带有对比与视觉冲击的图表就做好了，如图 6.3-9 所示。

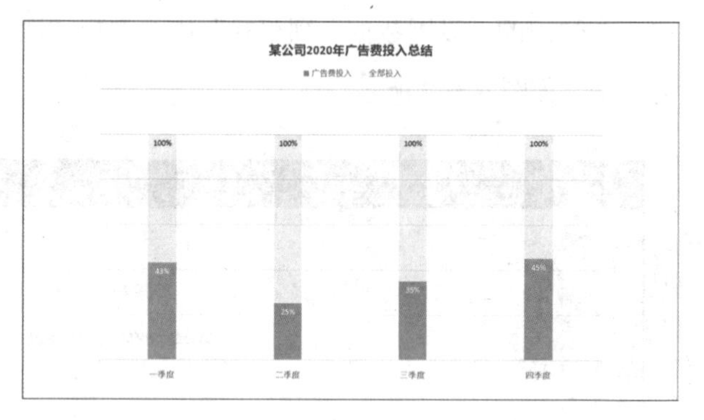


图 6.3-9

## 6.3.2 填充图标

除了将图形填充到图表中以外，还可以在图表中填充各种图标。操作与填充图形一样，我们先在幻灯片中插入图标，选中图标后按 Ctrl+C 复制，然后选中要填充的图表数据组，按 Ctrl+V 粘贴即可。但这时你会发现，插入的图标变形了，看起来并不美观，如图 6.3-10 和图 6.3-11 所示。

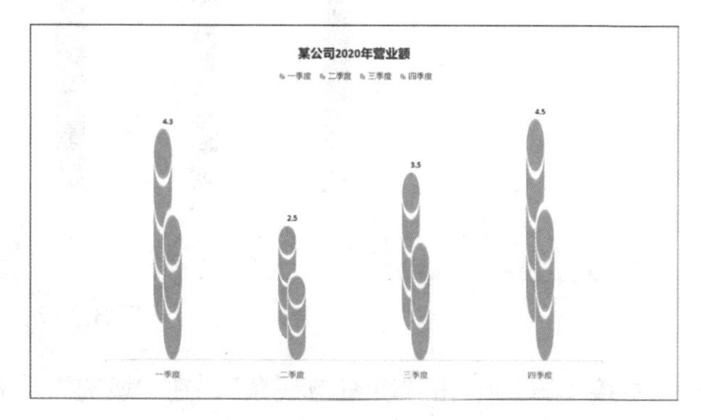


图 6.3-10

应该如何使图表看起来更加舒服呢？当然是让图标不变形、正常显示了。选中图表中的数据组，单击鼠标右键，在展开列表中，选择“设置数据系列格式”，如图 6.3-12 所示。

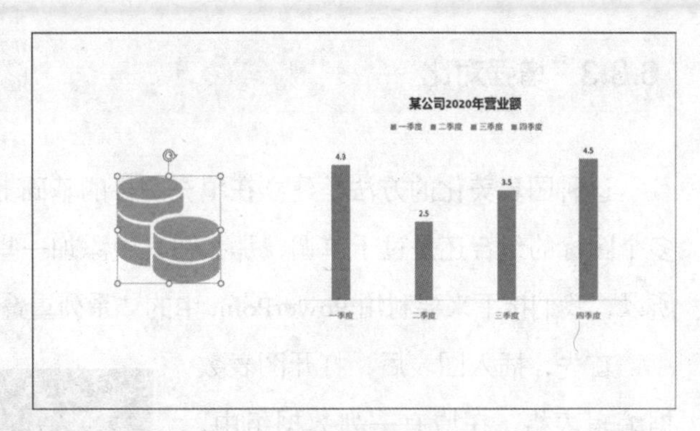


图 6.3-11

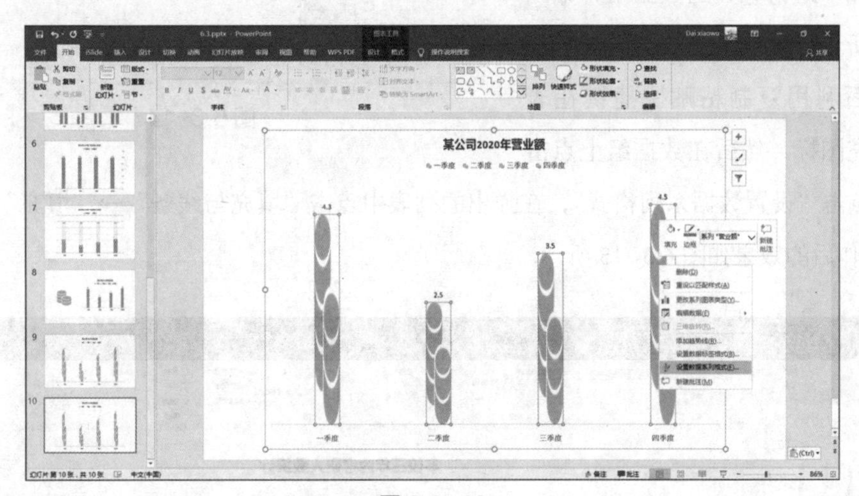

图 6.3-12

在弹出的列表中点击“填充与线条”→“填充”→“层叠”，就可以将图标完美、合适地适配到数据组上了，如图 6.3-13 所示。

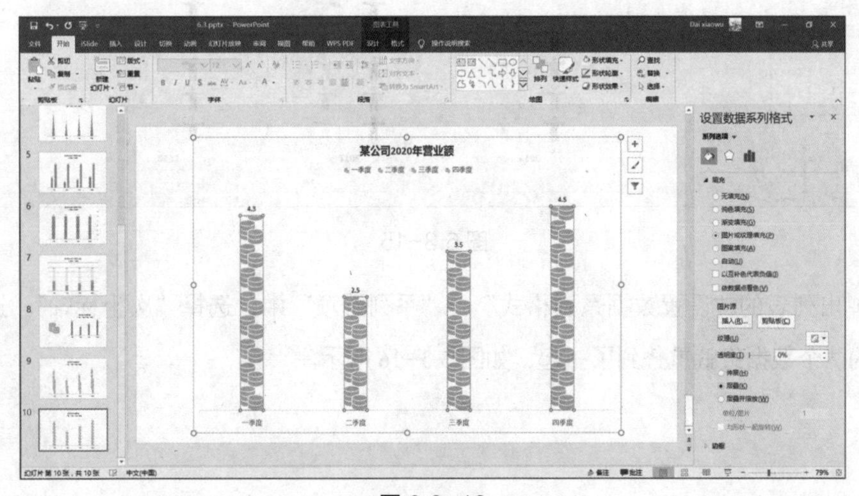

图 6.3-13

## 6.3.3 增强对比

这种图表美化的方法是建立在填充图标的基础上衍生出来的。如果填充图标案例中的多个图标的组合还是过于单调，那么在其中添加一些变化能否展现出更好的视觉效果呢？所以，我们接下来要利用 PowerPoint 中的“系列重叠”功能来为图表添加对比效果。

首先，插入图表后，打开图表数据编辑表格，在原有一列数据组中，另外添加一组为总数的数据组，如图 6.3-14 所示。

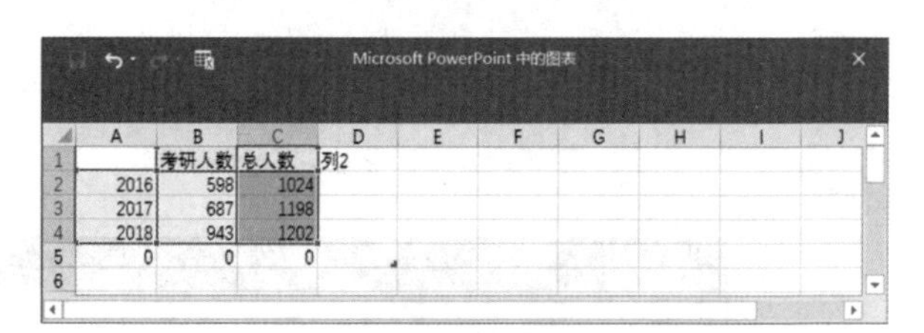



| | A | B | C | D |
|---|---|---|---|---|
| 1 | | 考研人数 | 总人数 | 列2 |
| 2 | 2016 | 598 | 1024 | |
| 3 | 2017 | 687 | 1198 | |
| 4 | 2018 | 943 | 1202 | |
| 5 | 0 | 0 | 0 | |
| 6 | | | | |

图 6.3-14

随后利用复制粘贴快捷键在表格中填充图标，然后在数据组上点击右键，点击“设置数据系列格式”，在弹出的列表中点击“填充与线条”→“填充”→“层叠”，操作后的效果如图 6.3-15 所示。

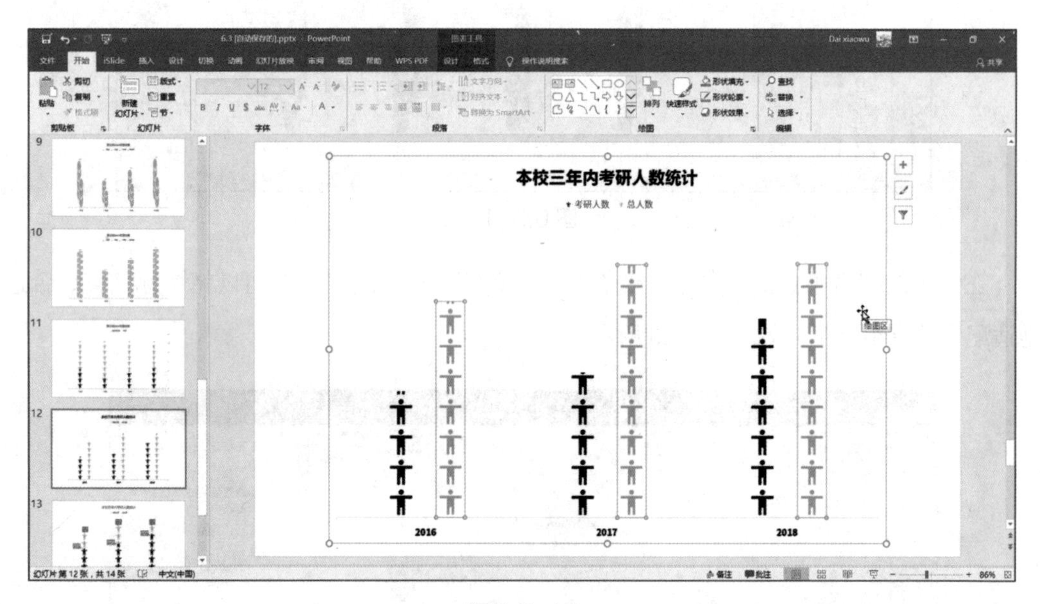



图 6.3-15

在弹出列表的“设置数据系列格式”→“系列选项”中，选择“次坐标轴”。选择后，图表中的两个数据组就重叠到了一起，如图 6.3-16 所示。

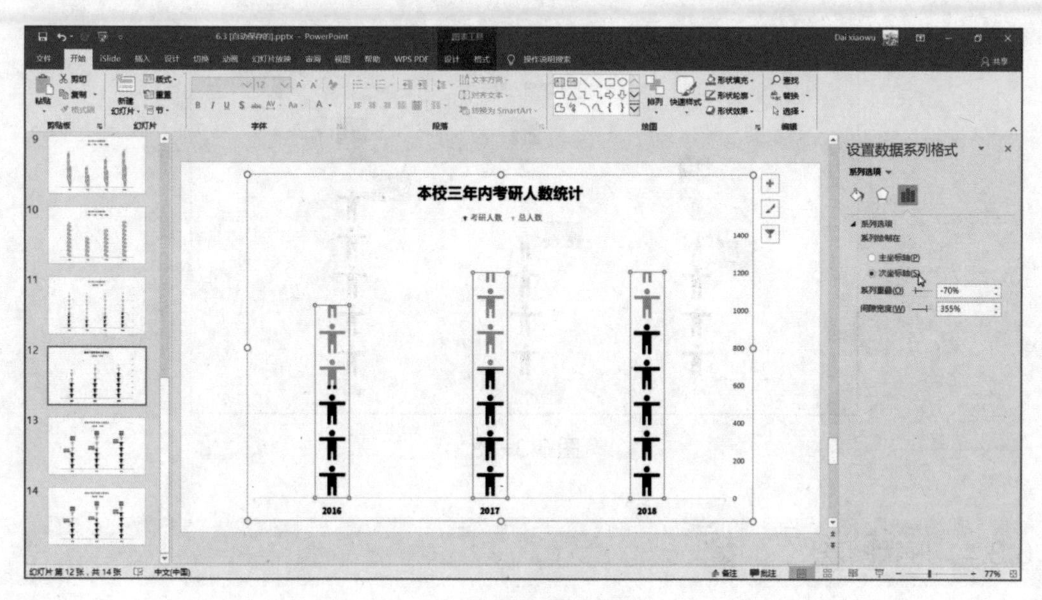


图 6.3-16

在上一步中，两组数据组的重叠因为大小及颜色都一致，所以比较难以辨识。这时我们可以点击弹出列表中的“填充与线条”→“填充”，调整数据填充颜色的透明度，就可以明确地辨别两组数据组了，如图 6.3-17 所示。

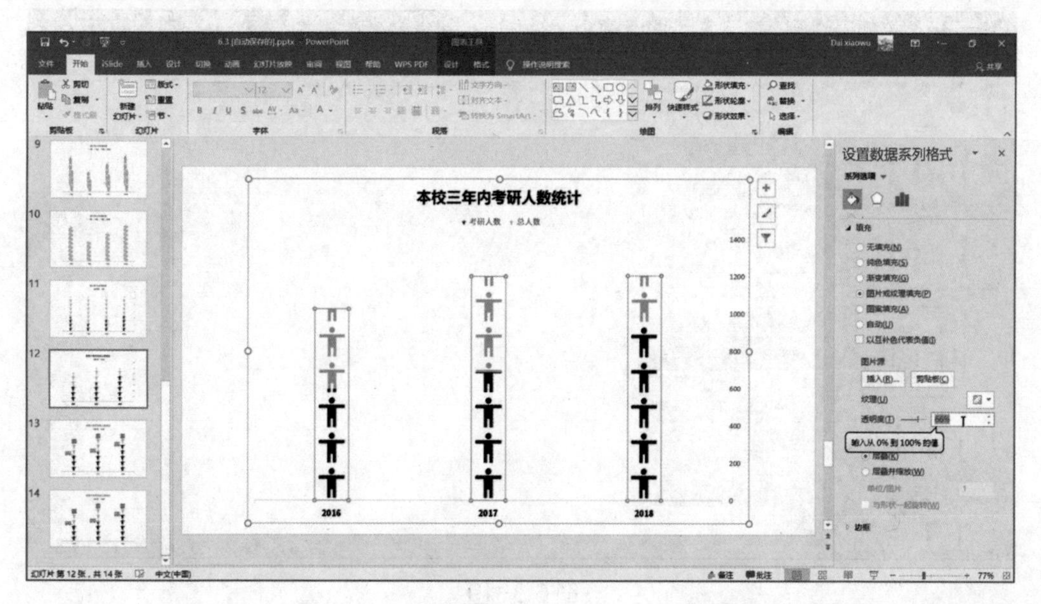


图 6.3-17

最后我们再将图表进行简化，去掉多余的图表附加项目，再对图表中要强调的数据信息进行强化，一个新鲜、吸引人的简单图表就做好了，如图 6.3-18 所示。

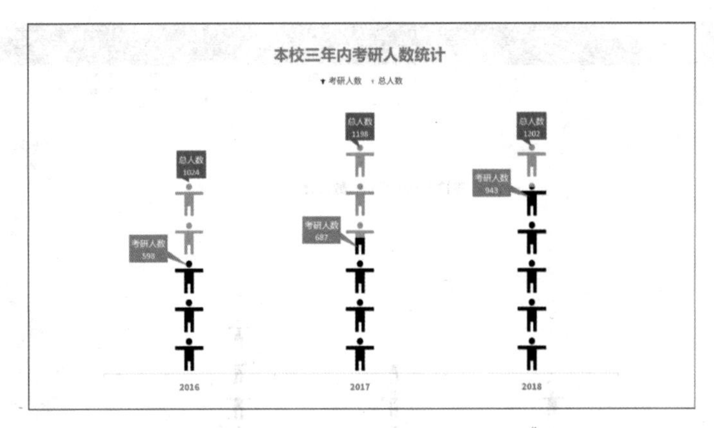


图 6.3-18

## 6.3.4 形状图表

我们还可以直接利用形状来绘制图表，在这一类型的图表中，我们不会用到图表工具，而是完全使用形状与文字。点击“插入”选项卡，在“形状”下拉选项中，选择需要插入的形状样式。在本案例中，我们选择插入圆角矩形，如图 6.3-19 所示。

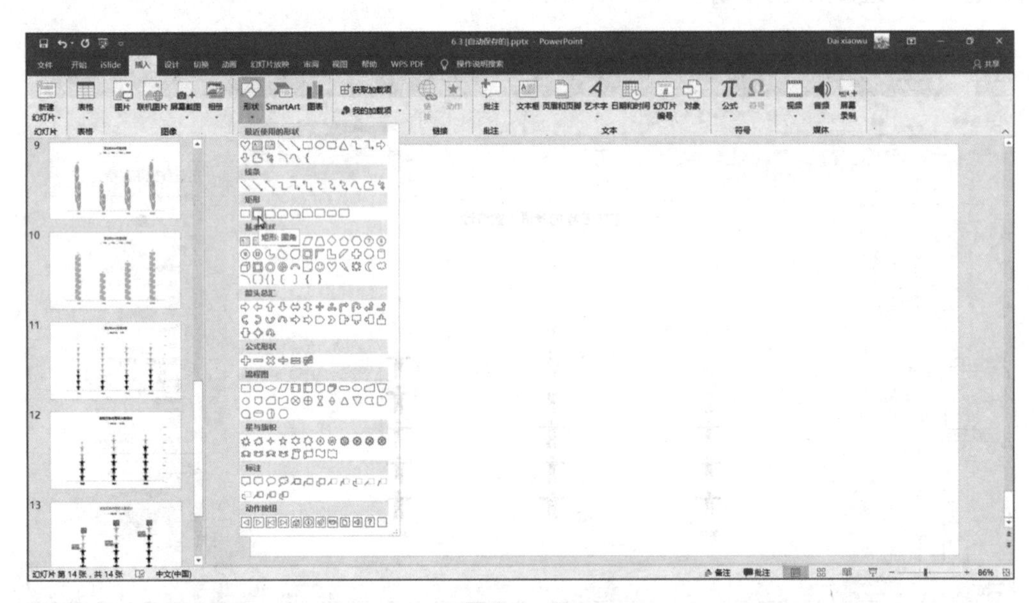

图 6.3-19

插入圆角矩形后，调节矩形的控制点，让矩形的圆角变得更圆。在图 6.3-20 中，鼠标光标所指的黄色点位置即为控制点，按住鼠标拖曳该控制点可调节圆角矩形中四个角的度数。

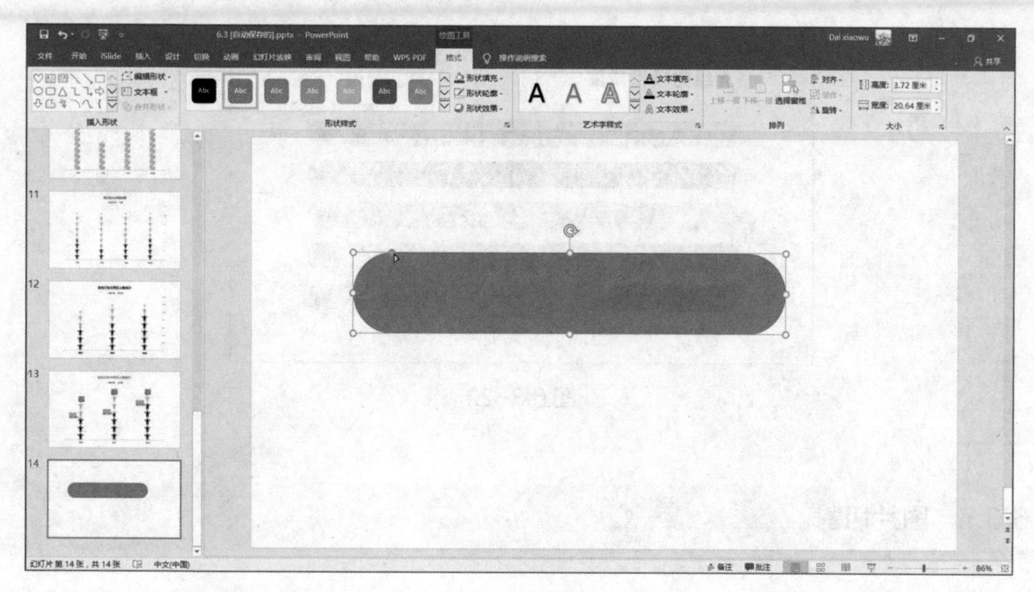

图 6.3-20

复制一个圆角矩形并拉长，更改形状的填充颜色及样式，在本案例中我们选择用灰色作为底色，用鲜艳的颜色来表现数据，如图 6.3-21 所示。

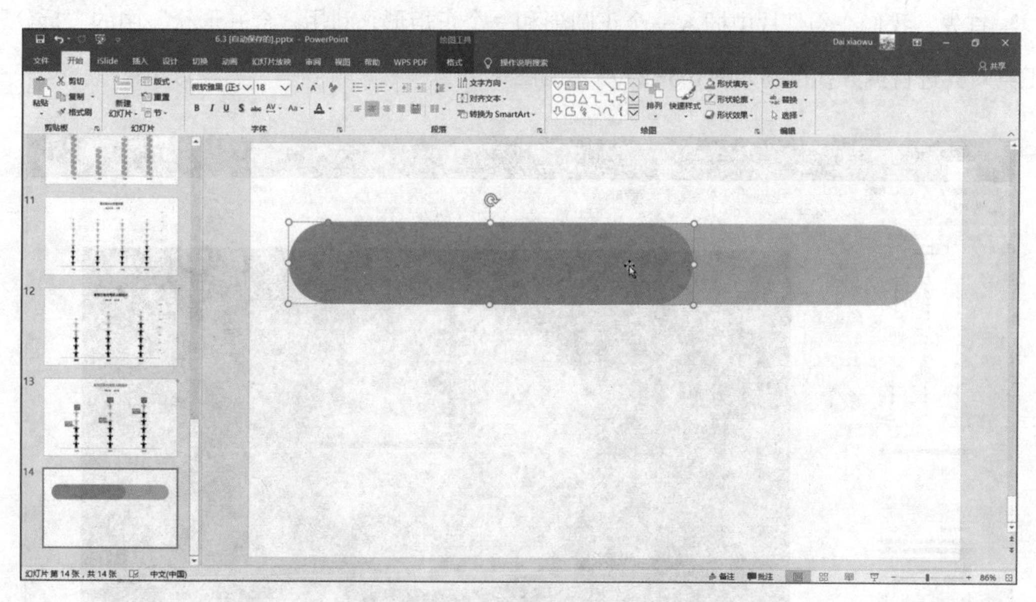

图 6.3-21

最后，多复制几组形状，更改位于上层的形状颜色，并为表示比例的形状根据数据调节长度，令画面看起来更加丰富，如图 6.3-22 所示，这样就完成了一个形状图表的绘制。

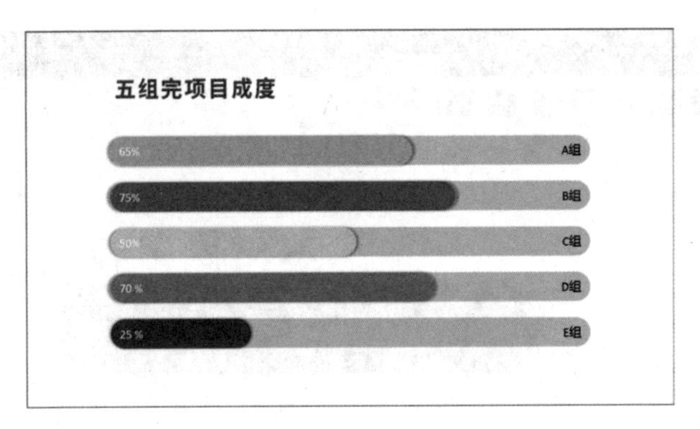


图 6.3-22

## 6.3.5 图片切割

当你需要整合很多张幻灯片的数据时，可以利用一些有趣的图片设计来代替枯燥的图表。当然，这并不表示在同一个演示文稿中的每一张幻灯片都要使用图片设计，但我们可以在普通的图表中，穿插一些不同类型的设计来丰富演示文稿的视觉效果。

首先，我们在幻灯片中插入一个正圆形和一个正矩形，利用“合并形状”中的“拆分”工具对其进行拆分，得到如图 6.3-23 所示的图形。

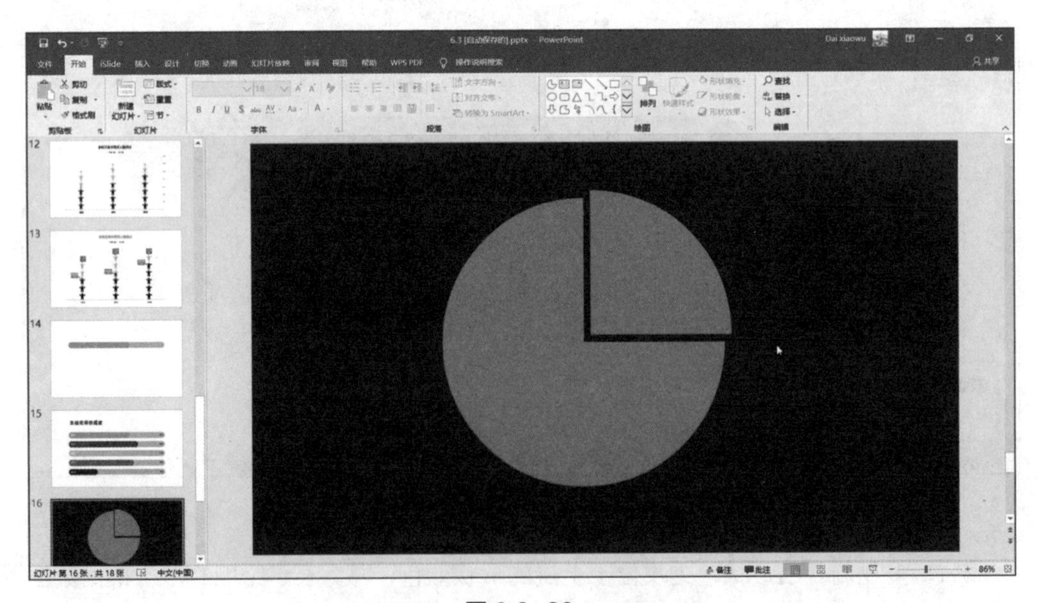

图 6.3-23

插入一张与数据相关的图片，如图 6.3-24 所示，根据之前插入的形状大小进行删除背景或放大缩小。

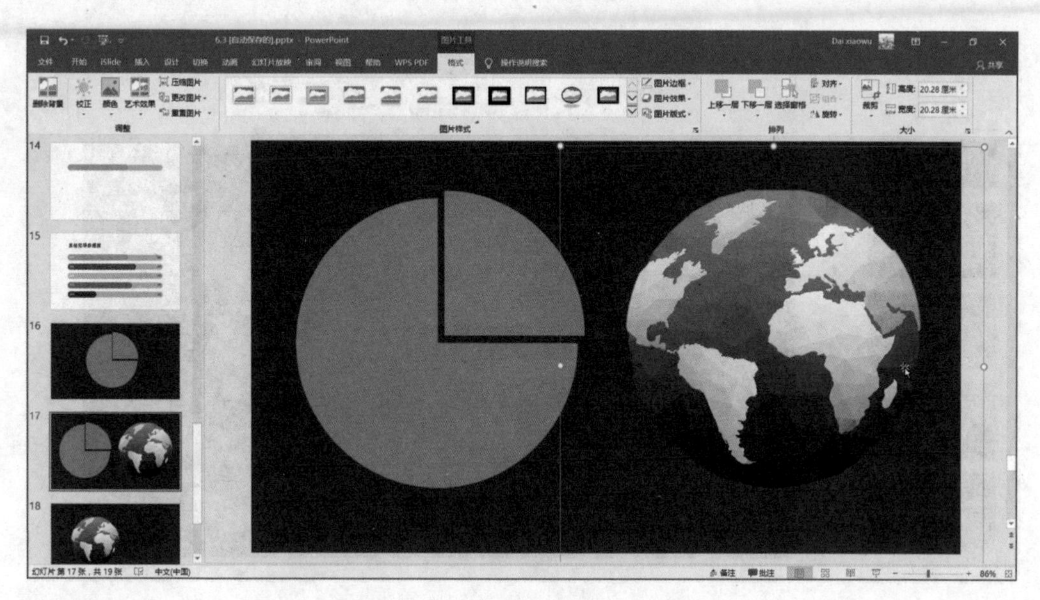

6.3-24

将图形中的其中一部分与后插入的图片叠放，使二者完全重叠。根据“先选中的在上面”这一原则，先选择插入的图片，再选择图形，对其进行“合并形状”→“相交”操作，如图 6.3-25 所示。

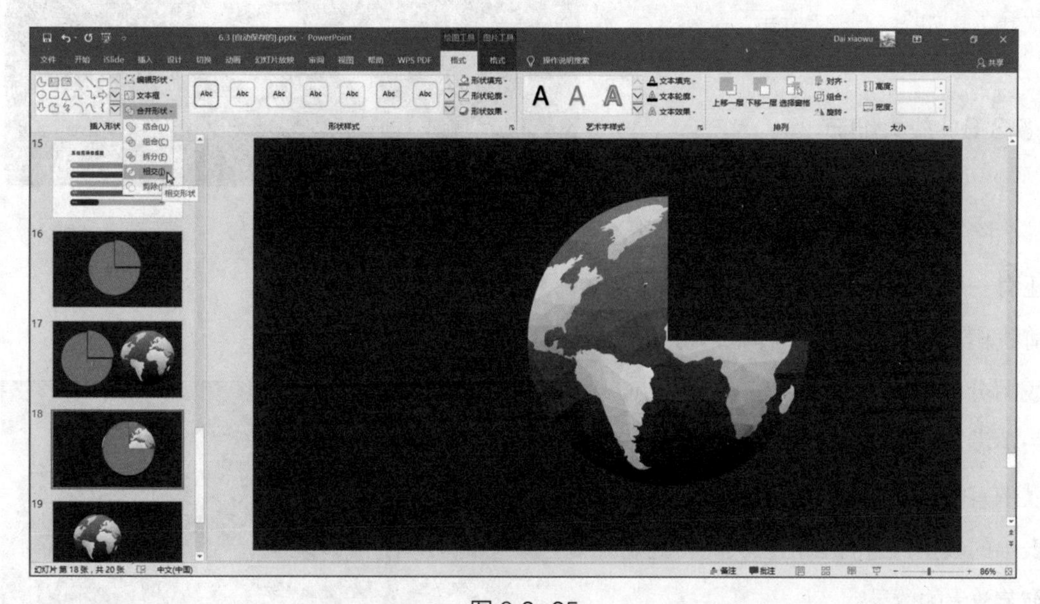

图 6.3-25

最后将图形另外的部分按照上述办法进行同样的操作，就可以得到一个被“裁剪”过的图片图表的雏形了，如图 6.3-26 所示。

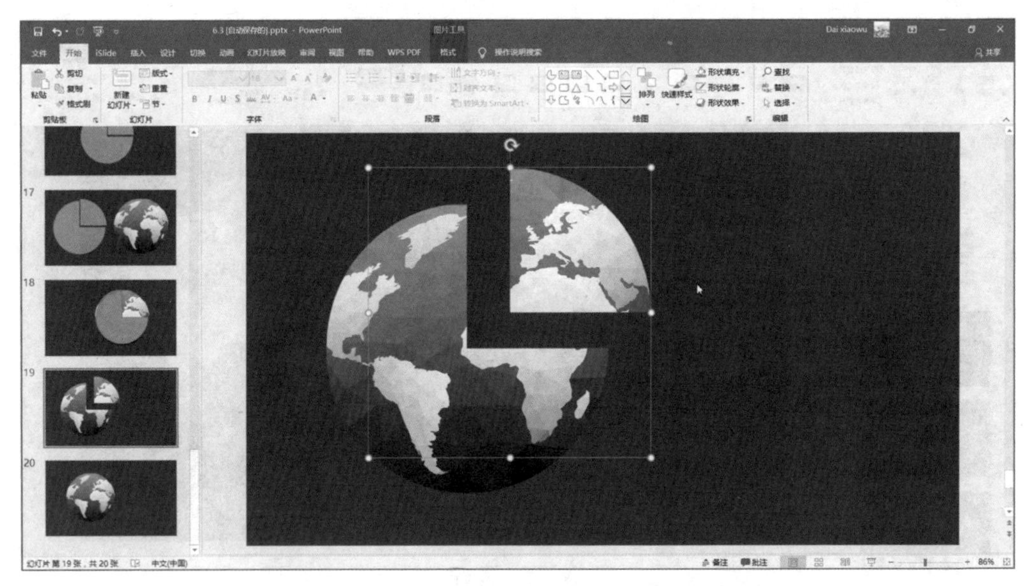

图 6.3-26

再调整图形的位置，添加主题与数据等文本内容，或者加一些其他指示型的形状，一个与众不同的图表就做好了，如图 6.3-27 所示。

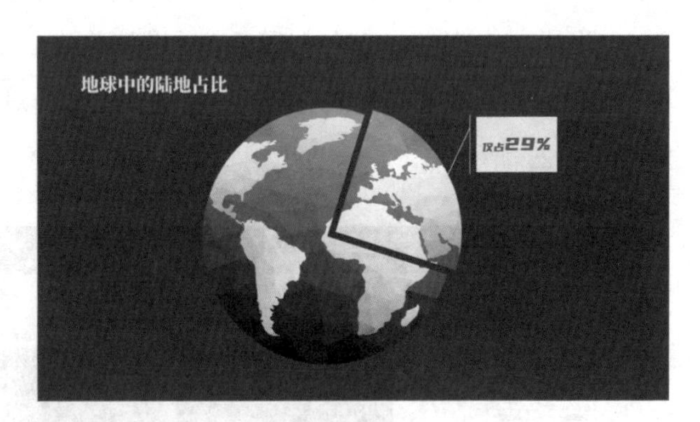


图 6.3-27

## 6.3.6 放大细节

除了以上几种类型的图表之外，还有一种图表——折线图的美化。此前我们在对折线图的了解中，得知折线图分为两大类，一类带有数据点，一类没有数据点。在本小节中，我们以带有数据点的折线图为基础，将图表中的数据点进行强化，从而得到将细节放大的效果。

先在幻灯片中插入“带有数据标记的折线图”，并输入数据，如图 6.3-28 所示。

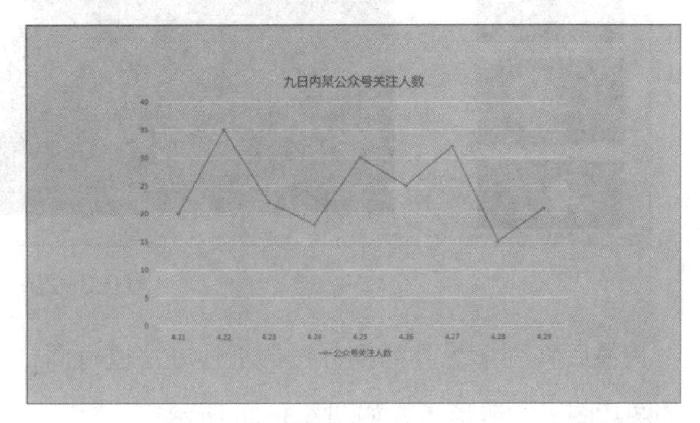


图 6.3-28

利用“添加图表元素”将多余元素如图例、纵轴、刻度线等元素进行删除，化繁为简。同时，为图表添加数据标签，如图 6.3-29 所示。

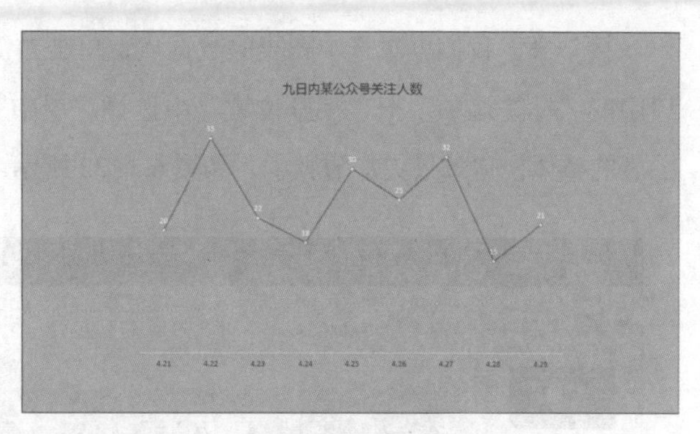


图 6.3-29

选中图表中的数据组，鼠标单击右键选择“设置数据系列格式”，在弹出的窗口中依次选择“填充与线条”→“标记”→“标记选项”，对数据点的形状及大小进行设置，在本案例中我们设置数据点为圆形，如图 6.3-30 所示。

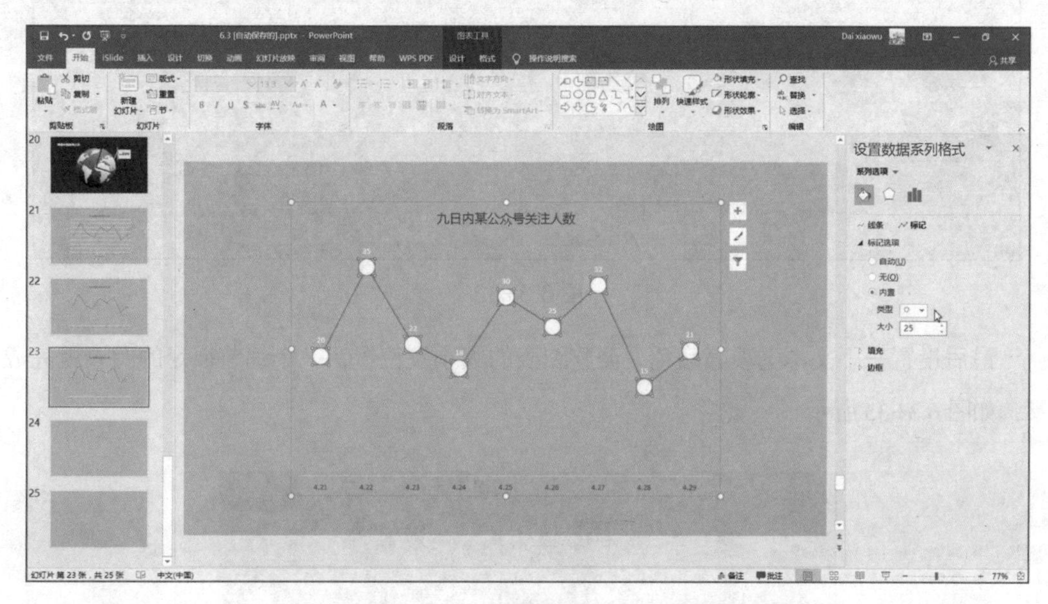


图 6.3-30

随后我们根据配色方案，更改数据点的填充颜色、边框颜色和宽度，如图 6.3-31 所示。在“标记选项”的下方“填充”中即可更改。同时，在“设置数据系列格式”窗口中，选择“填充与线条”→“线条”，也可更改图表中的折线颜色。

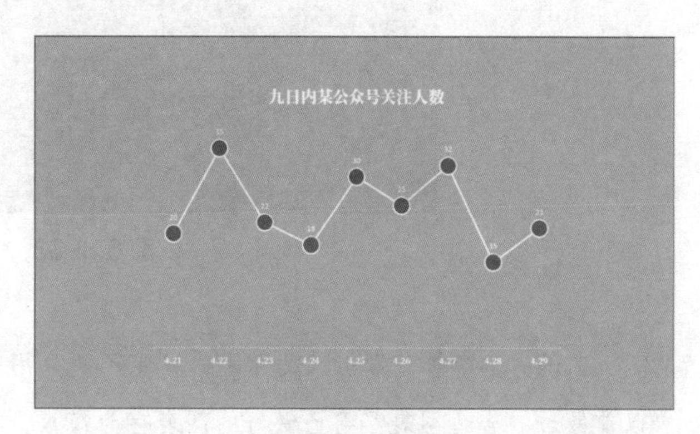


图 6.3-31

接下来，我们再次选中图表的数据点，单击右键选择“设置数据系列标签”，在弹出窗口中的“标签选项”→“标签位置”中选择“居中”。这时，数据标签将在数据点内显示，图表的整体视觉效果更加清爽了，如图 6.3–32 所示。

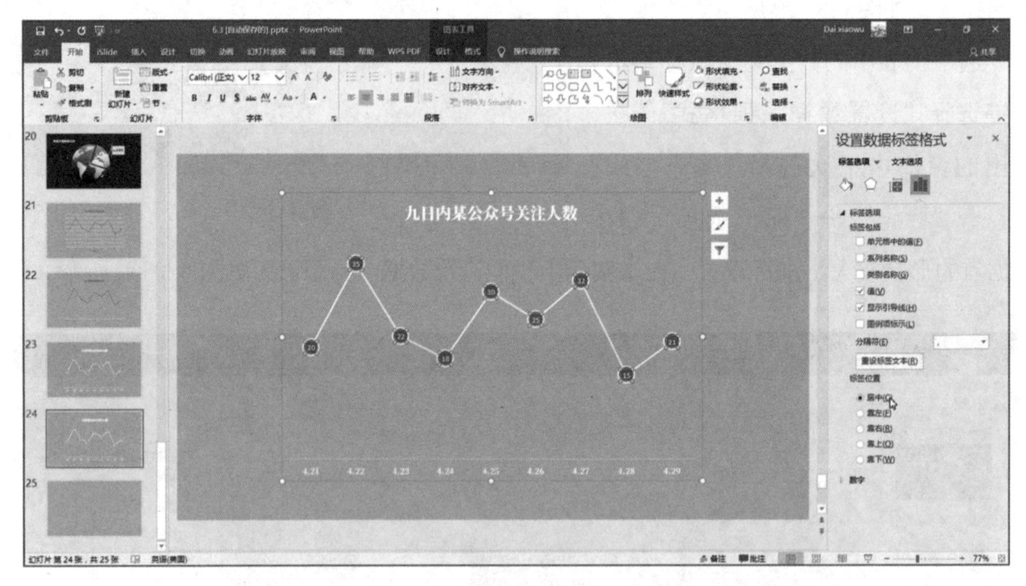


图 6.3–32

最后设置一下文本选项等颜色，调整图表的大小及位置，一个细节很足的图表就完成了，如图 6.3–33 所示。

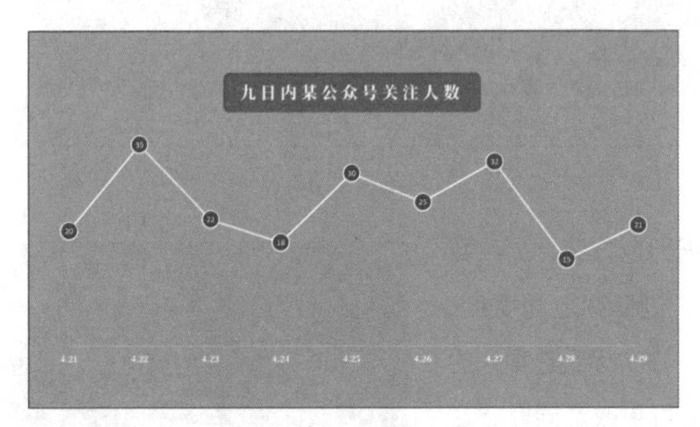


图 6.3–33

**Tips**：辛辛苦苦做出来的图表，一定不想只用一次吧？遇到棘手的数据，是否想起以前做过的合适图表？将已做好的图表存为模板，想用就用！如图6.3–34所示，先选中图表，再单击右键选择“另存为模板”即可。

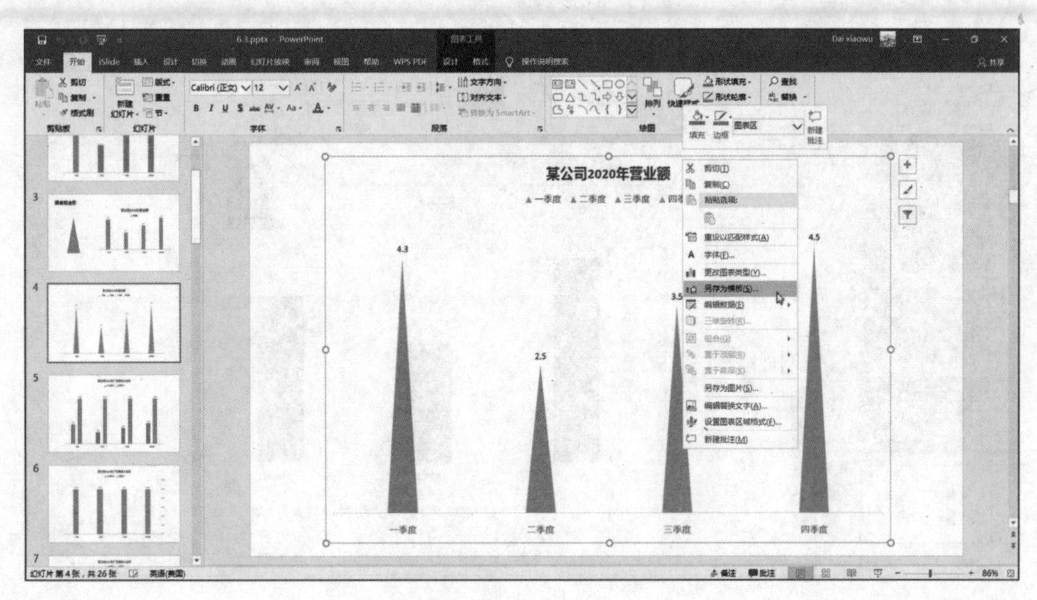

图 6.3-34

随后会弹出一个“保存图表模板的窗口”，如图 6.3-35 所示，我们将图表保存到默认文件夹中后，在新的演示文稿中新建一个图表。

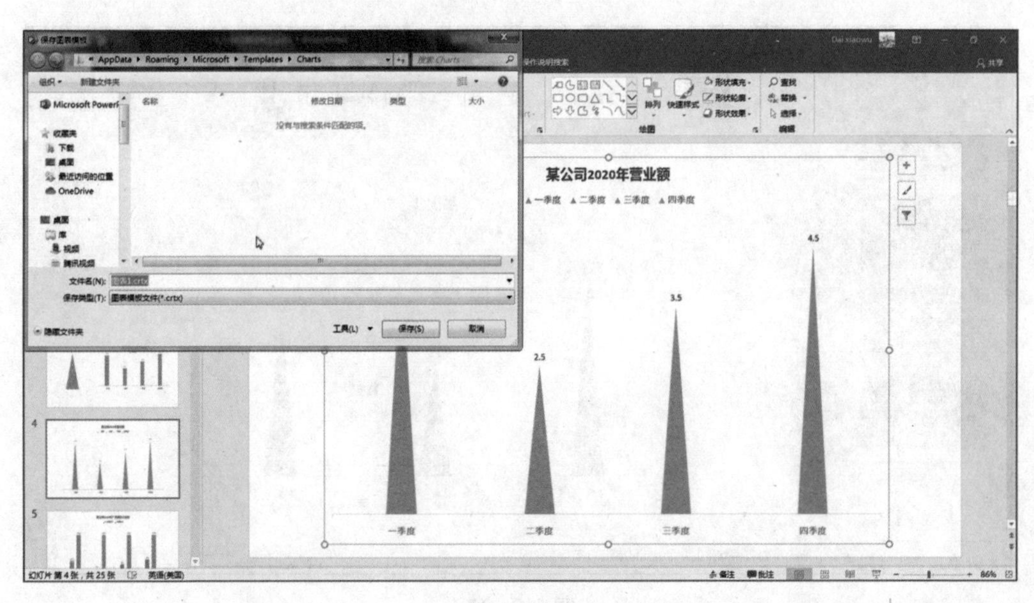

图 6.3-35

选中新演示文稿中的图表，在“图表工具—设计”选项卡中选择“更改图表类型”，如图 6.3-36 所示。

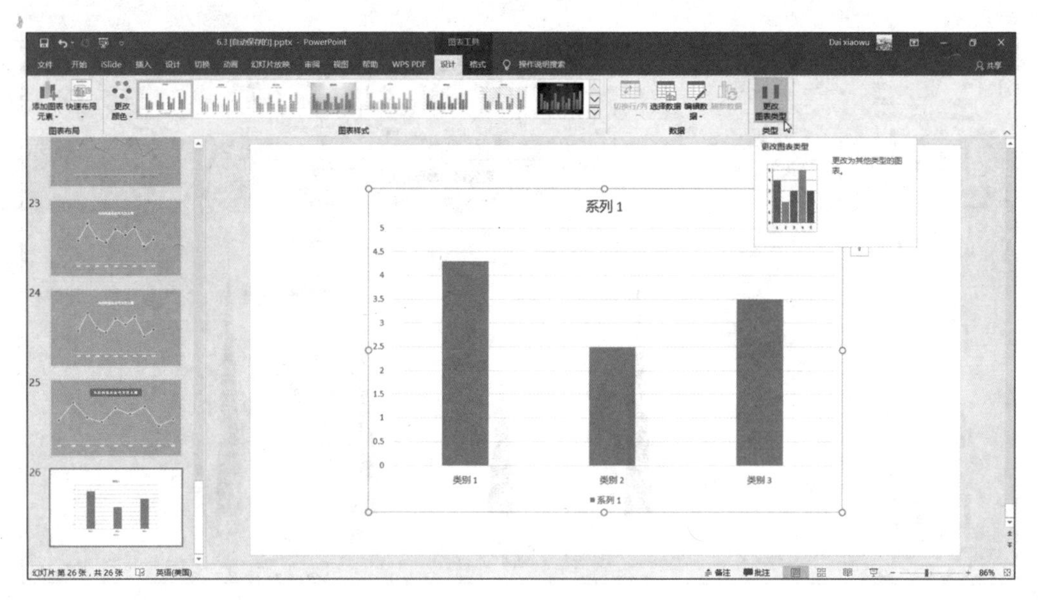


图 6.3-36

在弹出的窗口中选择“模板”，即可看到刚刚我们保存好的模板，点击“确定”应用模板，一个新的图表就做好了，如图 6.3-37 所示。

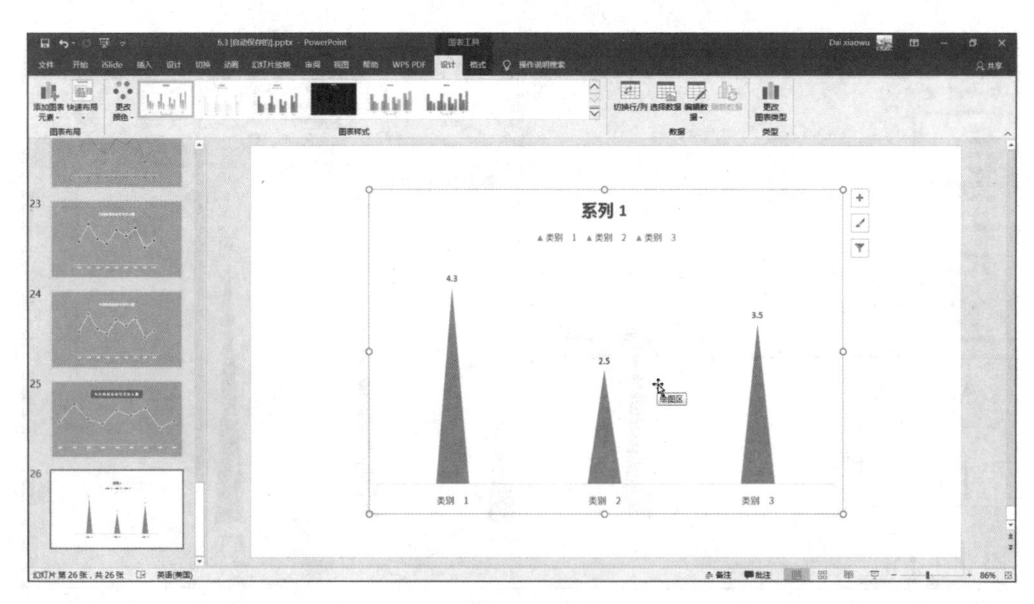


图 6.3-37

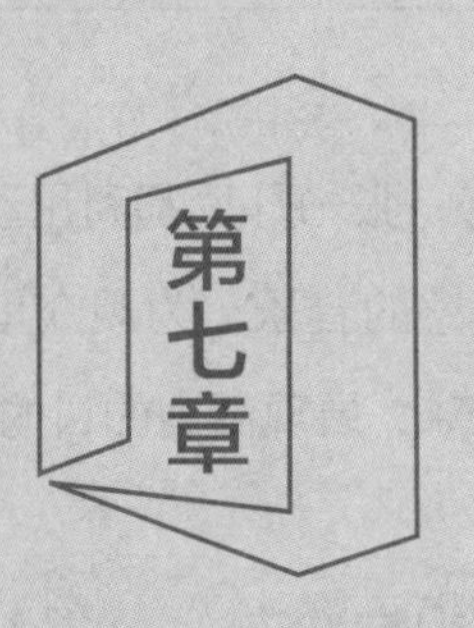


# 快闪PPT——动起来，让你的演说更出彩

“快闪 PPT”是近几年风靡于 PPT 界的一种新类型，它和我们生活中出现的“快闪”——一种短暂的行为艺术的概念类似。在这一类 PPT 中，我们不可避免地要使用到 PowerPoint 2016 中的两个重要功能——动画和音视频插入，接下来我们就来看看如何制作一个有趣的快闪 PPT 吧！

## 7.1 青春 + 活力，酷炫 + 有型，吸引眼球就靠它

快闪 PPT 是将演示文稿中的每一张幻灯片都利用动画效果，使其中的元素或整个页面短暂地出现与消失，再配合有节奏感的音乐，为观众呈现出有趣味性的、丰富的视觉与听觉上的盛宴，从而实现 PPT 吸引眼球、展现活力的目的。

### 7.1.1 排版简洁也能有强烈的视觉冲击

快闪这一风格初次出现在大荧幕上，是在 2016 年苹果 iPhone7 发布会后的官方宣传中（见图 7.1–1）。自从该视频火遍网络之后，“快闪”风火速席卷了屏幕中的各个角落。虽然快闪 PPT 的界面效果与文案内容十分简洁，但由于其快速的动画切换，能够给人带来非常强烈的视觉效果。比起普通的演示文稿，快闪 PPT 更能吸引人的眼球，受众的视线随着演示文稿的画面跳动而不能移开，达到了有效传输信息的目的。

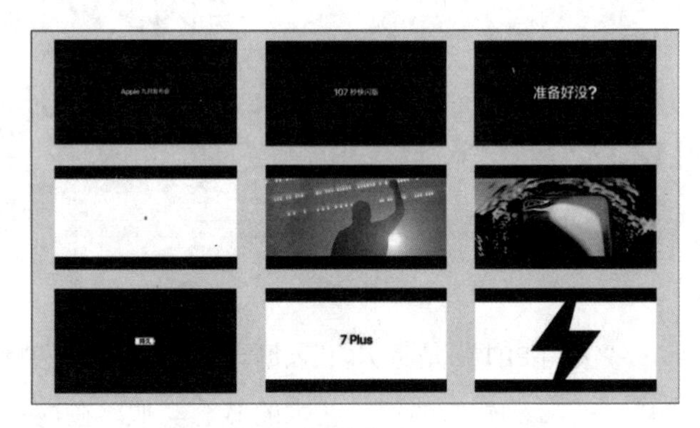


图 7.1–1

而每一张幻灯片的页面内容，通常使用纯色或比较简洁的背景，由于每一页面中的内容很少，所以排版也十分简单。在快闪 PPT 中，更多需要用文字与动画来传播信息，在页面中的文字内容必须非常精简，以便让观看者能够在极短的时间内看清演示文稿的内容。

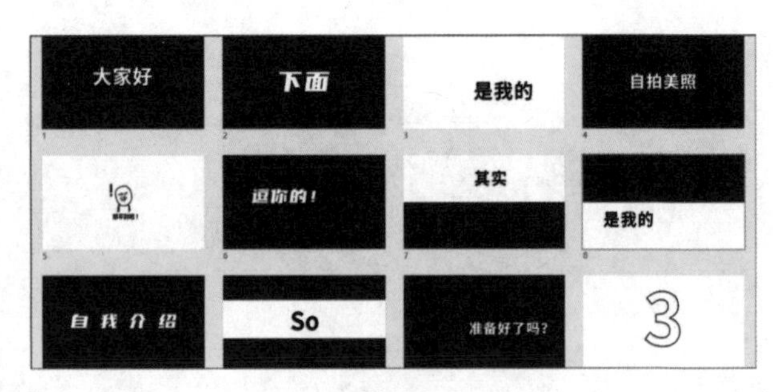


图 7.1–2

如果想要做快闪类的 PPT，而演示文稿中文字内容比较多，那么可以根据第二章中高桥流 PPT 的制作方式，对文字内容进行简化，同时也可

以将一句话拆分成几个独立的短语，利用动画逐个显现。对于要强调的文字内容，与高桥流 PPT 的制作方式一样，改变文字的颜色、字体、字重大小等方法对文字进行视觉强化，如图 7.1–2 所示。

图 7.1–3

在快闪 PPT 中，更多需要用文字与动画来传播信息，在理论上图像可以不用或不应多用。不过，在最近流行的比较活泼轻松的快闪型 PPT 中，表情包一类的生动有趣的简洁图像经常被用到，如图 7.1–3 所示。

## 7.1.2 背景音乐与超强的节奏感

快闪 PPT 中，每张幻灯片的画面都十分简洁，但为其添加背景音乐要十分讲究——如果一份没有声音的快闪 PPT 摆在你眼前，你觉得它有吸引力吗？你的视线还会跟随它的变化而动吗？答案一定是否定的，没有音乐和节奏的快闪 PPT 就没有灵魂。快闪 PPT 必须配上快节奏明显、强劲有力的音乐，才会有效果，才能打动与感染观众。幻灯片的快节奏切换，基于其中插入的音频节奏，在现代网络词语中，叫作“卡点”。只有卡准每一个“点”，快闪 PPT 的精髓和魅力才会完全发挥出来。夸张一点说，音乐才是快闪 PPT 的灵魂。一般具有强烈的节奏感、动感十足的音乐是上上之选，这类音乐在网络上也很容易找到，如图 7.1–4 所示。

图 7.1–4

### 7.1.3 动画效果与切换效果的合理选择

由于快闪 PPT 中绝大多数都应用了快节奏的动画效果，因此，选择基本的动画效果就可以满足快闪 PPT 的大部分要求。快闪 PPT 中的动画，用得最多的是进入、退出和消失，以及小部分的放大与缩小的动画效果，这是非常基础的。

此外，幻灯片的切换效果也是同样的道理，一般都用基础的切换效果，甚至不使用切换效果。因为前后两张幻灯片的巨大反差，如文字大小变化、不同的文字位置、前后两张幻灯片的背景颜色对比等，这样一来，幻灯片的快速切换就可以产生强烈的动感效果，则可以不使用幻灯片的切换效果，如图 7.1–5 所示。那具体什么是基本的动画效果，什么又是幻灯片的切换效果呢？在后文中我们会有详细讲解。

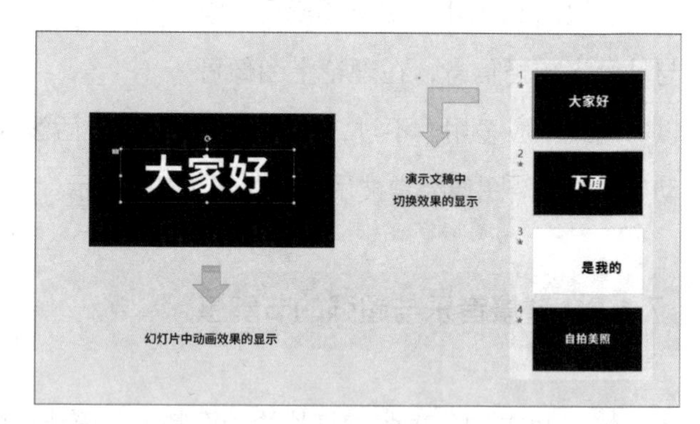


图 7.1–5

### 7.1.4 动画效果与切换效果节奏的完美控制

动画效果与切换效果的播放节奏控制非常重要，幻灯片中的元素与页面要配合背景音乐的节奏，既能“卡准点”，又能让观众看清楚内容。如果在一个节奏点刚好配合一个变化动画效果或切换效果，就会给观众一种舒适的感觉。当然，还是要以能让观众看清楚幻灯片内容为首要任务。

一般来说，动画效果与切换效果的播放时长控制在 0.2~0.5 秒之间最合适，这些细节上调节需要多次尝试，并且在调整一项效果时，可能其他项的效果也要更改，所以很需要耐心。而幻灯片的播放方式一般设置为自动播放动画和自动切换幻灯片，如图 7.1–6 所示，这样就不会因为需要

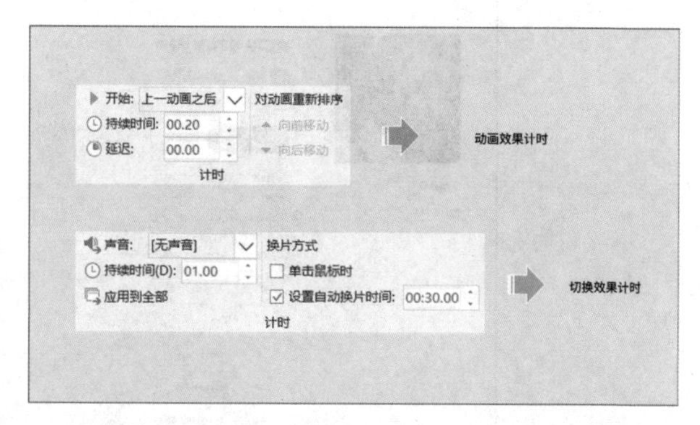


图 7.1–6

手动切换幻灯片等情况，破坏整个演示文稿的连贯性。

### 7.1.5 演示文稿整体时间的把握

对于快闪型 PPT 的整体时间，最好以短小、精悍为准，2 分钟以内是一个很合适的时长。如果快闪型 PPT 的演示时间过长，反而会不利于信息的传播，因为观众在观看长时间快速切换的演示文稿时，会产生视觉疲劳。而且，人的注意力并不能够太长时间一直集中于一处，如果眼睛没有得到休息，观众就会产生疲劳，从而对 PPT 的内容产生厌恶感。所以，一定要控制快闪型演示文稿的整体时间，不要过长。

要想把控好时间，首先演示文稿中的内容必须精简，少体现重点信息之外的东西。同时，在选择动画效果与切换效果时，最好使用简单的、基础的效果。在 PowerPoint 2016 中，并没有统计演示文稿总时长的功能，所以大家做好 PPT 后，可以将幻灯片导出制作成视频，以便于我们统计演示文稿的总体时长，如图 7.1–7 所示。

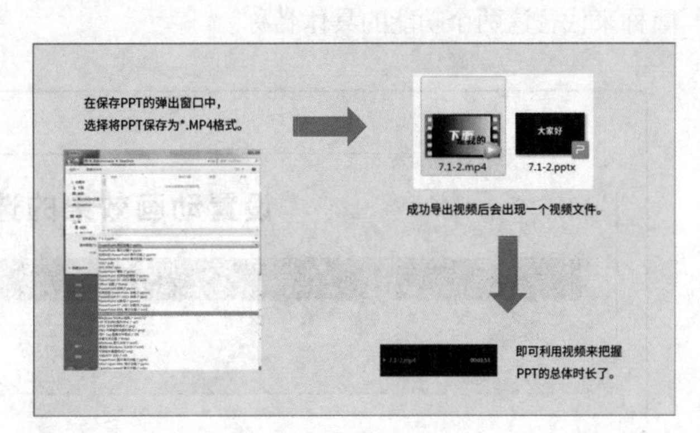


图 7.1–7

# 7.2 PPT 动画与切换效果的制作

在制作快闪 PPT 时，我们主要用到的就是 PowerPoint 2016 中的两个功能——设置元素的动画效果和为幻灯片设置切换动画效果，如图 7.2-1 所示。动画效果可以设置文本、图像、图形等元素在幻灯片中的动画效果，而幻灯片切换动画效果则是幻灯片之间上下页切换时的动画效果。在本章中对这两个功能介绍时，我们以“动画效果”和“切换效果”的简称来代替这两个功能的具体名称。

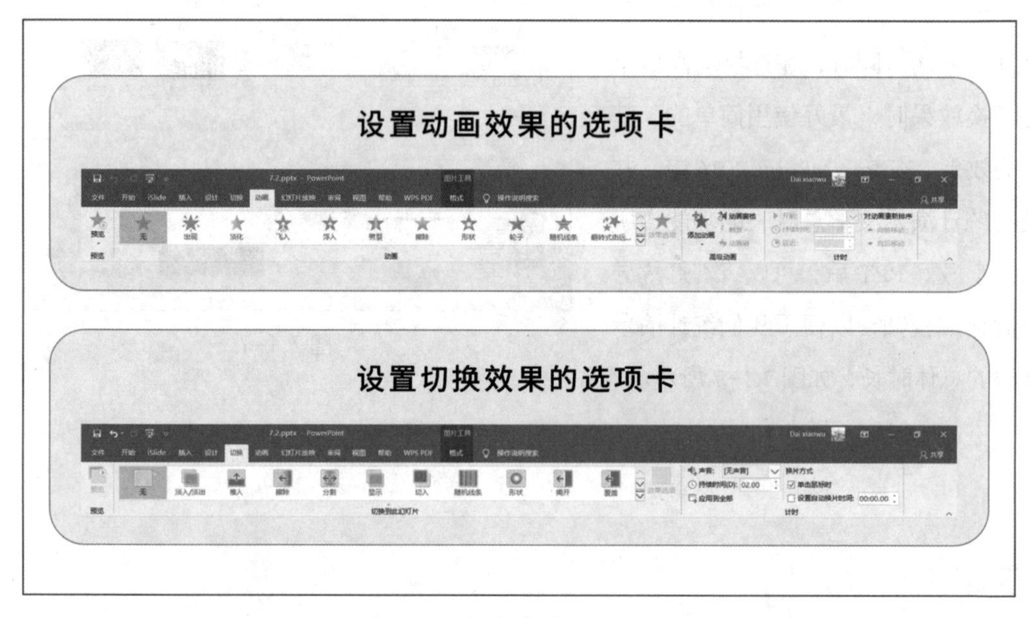


图 7.2-1

## 7.2.1 幻灯片中动画效果的四种类型

在 PowerPoint 2016 中，根据动画效果的功能将动画分为“进入动画”“退出动画”“强调动画”和“路径动画”四种类型，每一种类型中又包含了多种动画效果。在幻灯片中，每个元素可以设置一种动画效果，也可以设置多种动画效果——组合动画。接下来我们将对这四种类型的动画效果进行详细介绍。

1. 进入动画

进入动画可以理解为是元素“进入”到幻灯片中，是一个从无到有，从幻灯片中逐渐出现的过程。首先打开“动画”选项卡，在“动画”选项组中，可以看到有很多动画效果，如图 7.2–2 所示。

图 7.2–2

点击“其他”下拉选项，我们就能看到全部的动画效果了，位于第一栏的就是“进入”动画，如图 7.2–3 所示。

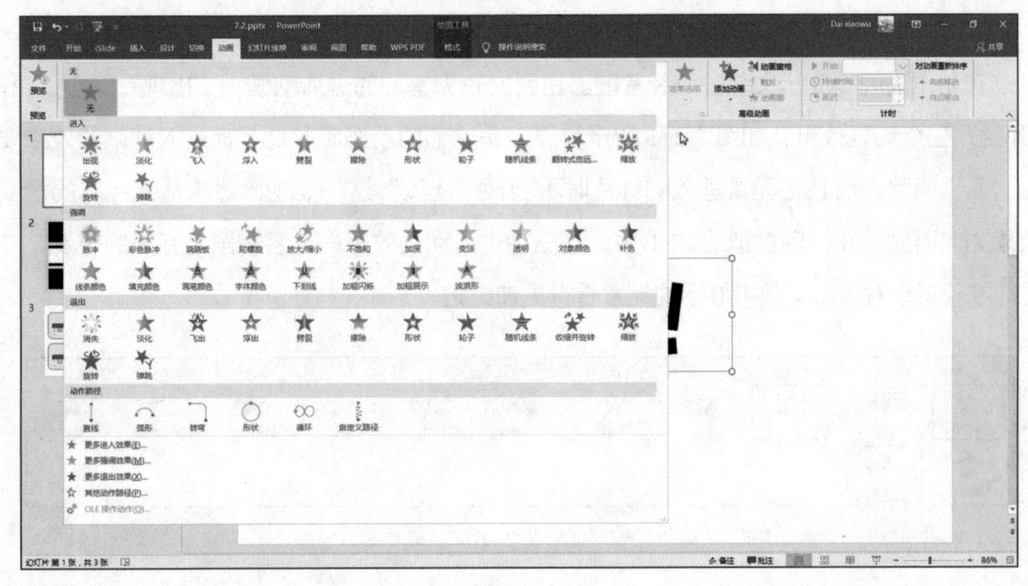


图 7.2–3

可以注意到，我们没有选中幻灯片中的某一元素之前，动画效果一栏是灰色的，且没有办法应用，所以在设置元素的动画效果时需要先选中该元素。选中该元素后，动画效果一栏会变成彩色，如图 7.2–4 所示。

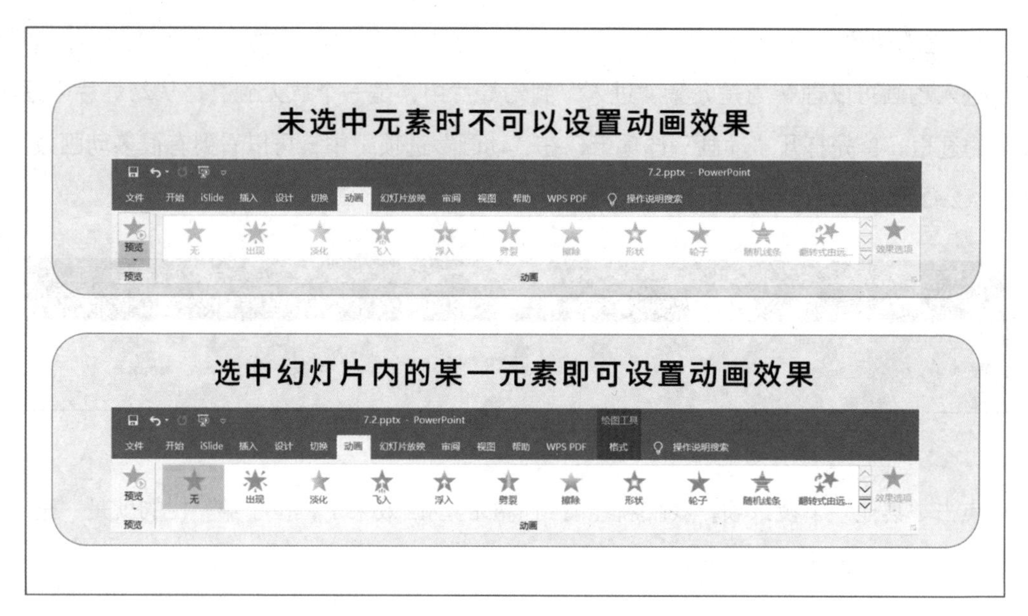


图 7.2-4

在制作快闪类演示文稿时，经常能够用到的较为基础的进入动画为“出现”“飞入”和“弹跳”三个动画效果，如图 7.2-5 所示。原因是它们的动画时长比其他进入动画的效果要短，便于调整，而且在元素进入幻灯片时不会像“淡入”这一类动画效果从无到有的渐变效果如此明显。在快闪类型的 PPT 中，这三种进入动画效果一是容易跟上音乐的节奏，二是能够让观众对演示文稿中展示的元素看得更加清楚。

图 7.2-5

不过，大家如果想要挑战一下自己，那么可以在“动画”选项卡→“动画”选项组→“其他”下拉选项中，选择“更多进入效果”，按照“基本”“细微”“温和”与“华丽”四种效果，来挑选适合自己的演示文稿的进入动画，如图 7.2-6 所示。

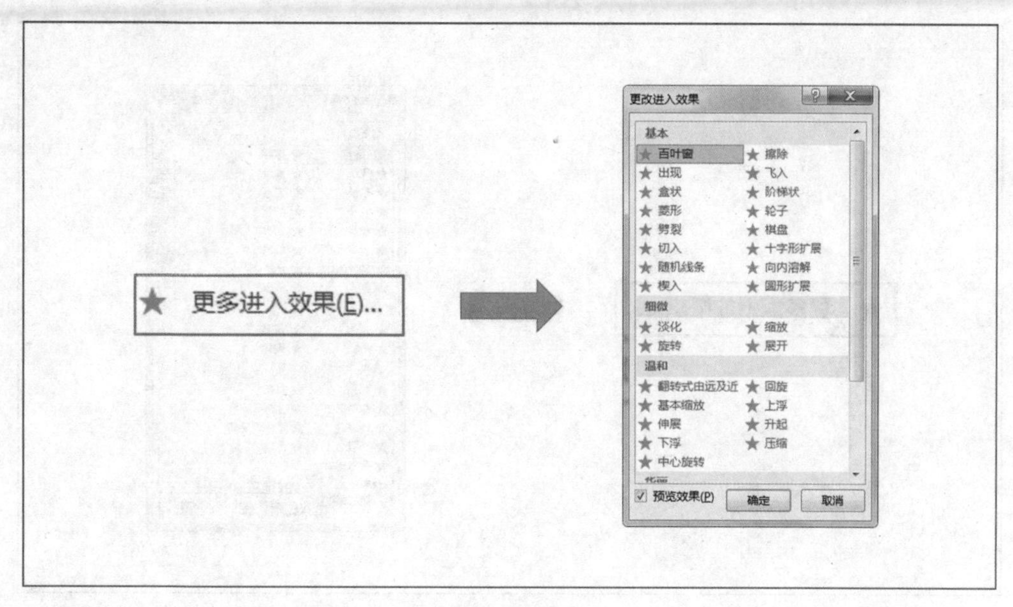


图 7.2-6

Tips：选中你想要添加动画效果的元素，然后勾选弹出界面中左下角的“预览效果”，随后在动画效果中点击任意一种动画效果，即可在当前的幻灯片内预览动画效果。

2. 退出动画

与进入动画相反，退出动画是元素从幻灯片中“退出”，它是一个从有到无、从幻灯片中逐渐消失的过程。但进入动画和退出动画在选择动画效果上也有相同之处，这体现在选择动画时长较短，并且没有渐变效果的动画效果，例如“消失”“飞出”“弹跳”，如图 7.2-7 所示。

图 7.2-7

如果展开列表中的几种退出动画效果没有你满意的选项，可以选择“更多退出效果”选项，如图 7.2-8 所示，按照“基本”“细微”“温和”与“华丽”四种效果选择更合适的动画效果。

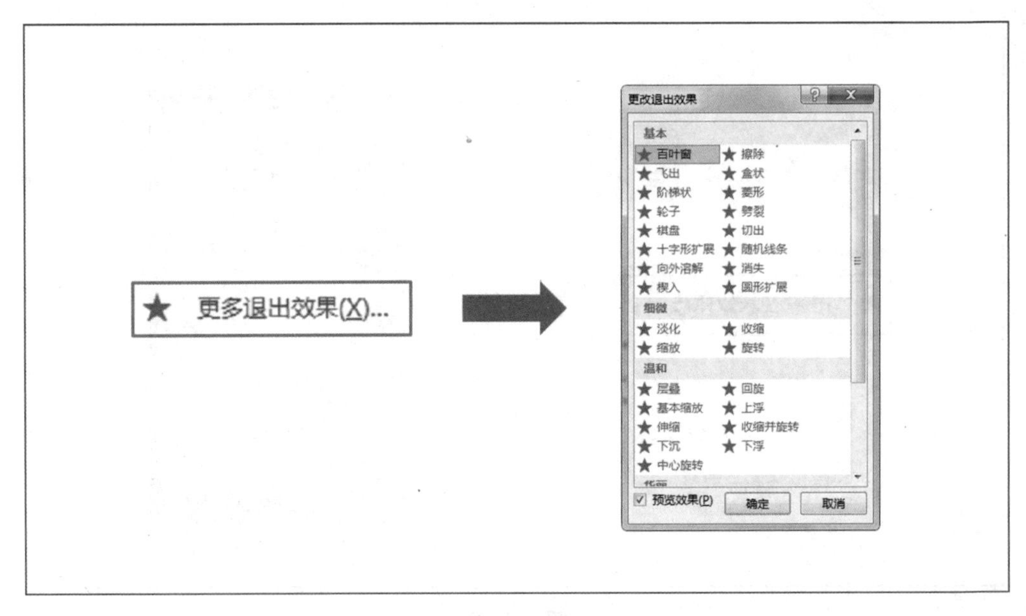


图 7.2-8

3. 强调动画

强调动画是指，在幻灯片的放映过程中，能够强调某一元素以达到吸引观众目光的动画效果。这一类动画效果以对幻灯片内的元素进行放大、缩小、旋转等改变来对元素进行强调。强调动画与进入和退出动画类似，同样在这一大类别中包含几种不同的动画效果。它们的添加方式也是相同的，选择“动画”选项卡，在“动画”选项组中选择“其他”下拉选项，在展开列表中，就可以选择强调动画了，如图 7.2-9 所示。

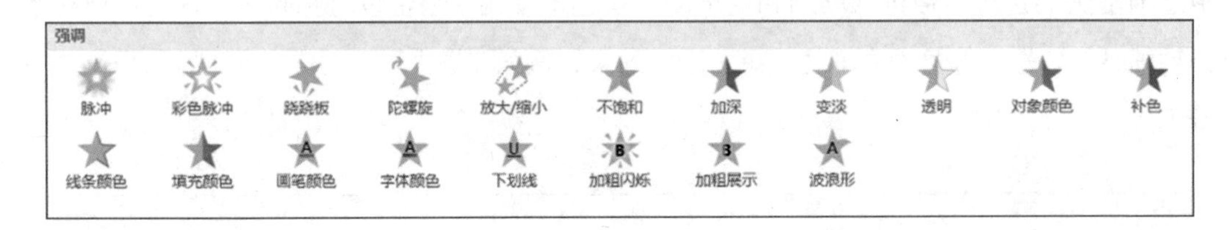


图 7.2-9

同时，强调动画这一大类型中也分为“基本”“细微”“温和”与“华丽”四种类型，只要点击“更多强调效果”就能够选择，如图 7.2-10 所示。

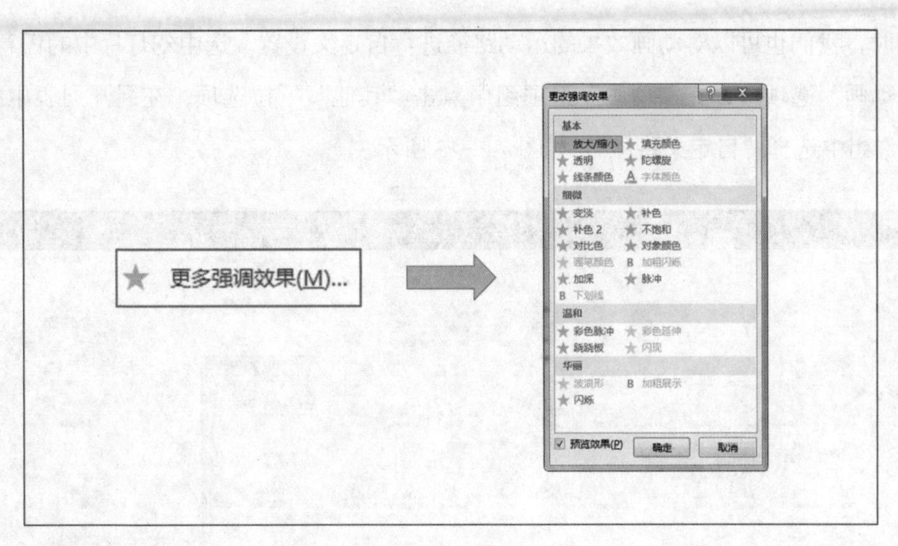


图 7.2-10

4. **路径动画**

光听这个名字是不是觉得难以理解？这里来为大家解释一下，路径动画其实是指幻灯片中的元素按照一定的“路径”进行运动，形成的一种动画效果。利用路径动画效果，幻灯片内的元素不光可以垂直或水平运动，还可以按照弧形、转弯、形状等轨迹进行运动，如图 7.2-11 所示。

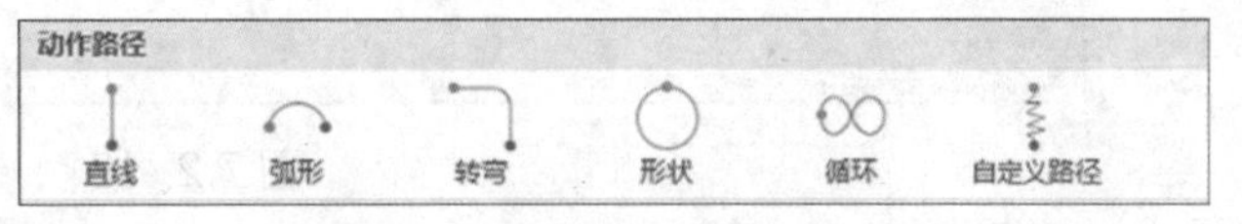


图 7.2-11

在“其他”下拉列表中的“其他动作路径”选项中，可以选择更多动画效果的路径，如图 7.2-12 所示。

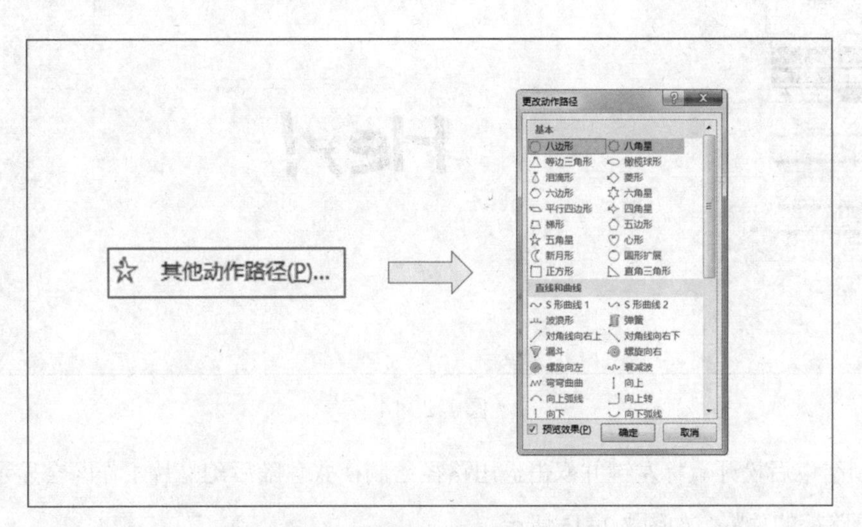


图 7.2-12

同时，我们也可以对动画效果的运动路径进行自定义设置。选中幻灯片中的任意元素，打开“动画”选项卡，在“动画”选项组中点击“其他”下拉选项，在展开列表中的“动作路径”组中选择“自定义路径”，如图 7.2-13 所示。

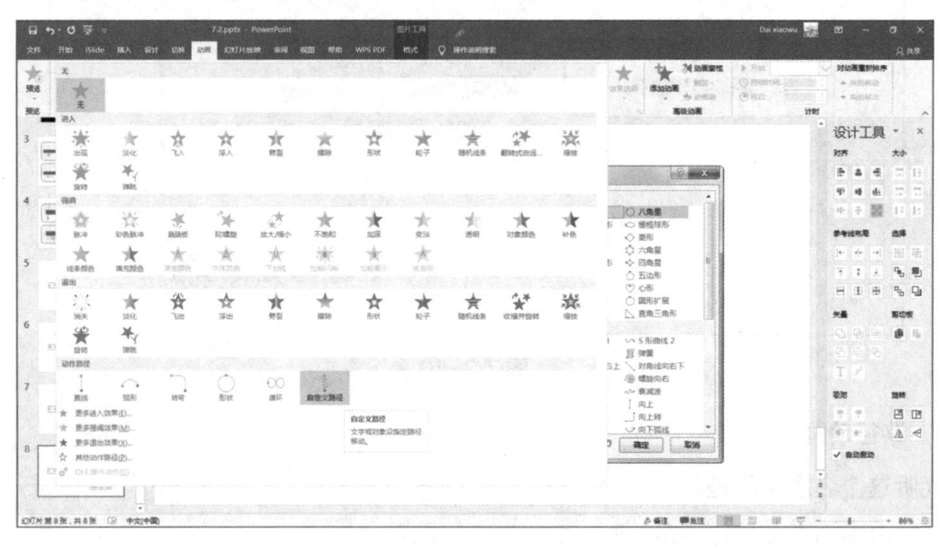

图 7.2-13

选中“自定义路径”选项后，将鼠标光标移动到幻灯片的工作区，这时，鼠标为“十”字形。按住鼠标左键，拖动鼠标进行动画路径的绘制，如图 7.2-14 所示。

图 7.2-14

绘制结束后松开鼠标左键并双击退出路径绘制模式。随后幻灯片工作区会显示刚刚绘制的动画路径的预览，如图 7.2-15 所示。

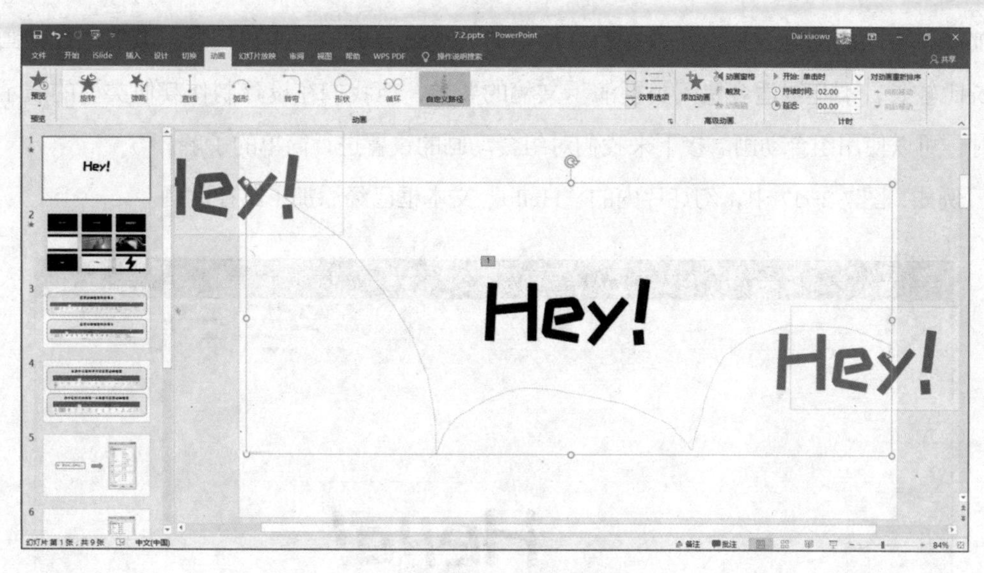


图 7.2-15

最后，查看幻灯片的动画效果。点击“动画”选项卡最左边的“预览”按钮，即可实现动画效果的查看，如图 7.2-16 所示。

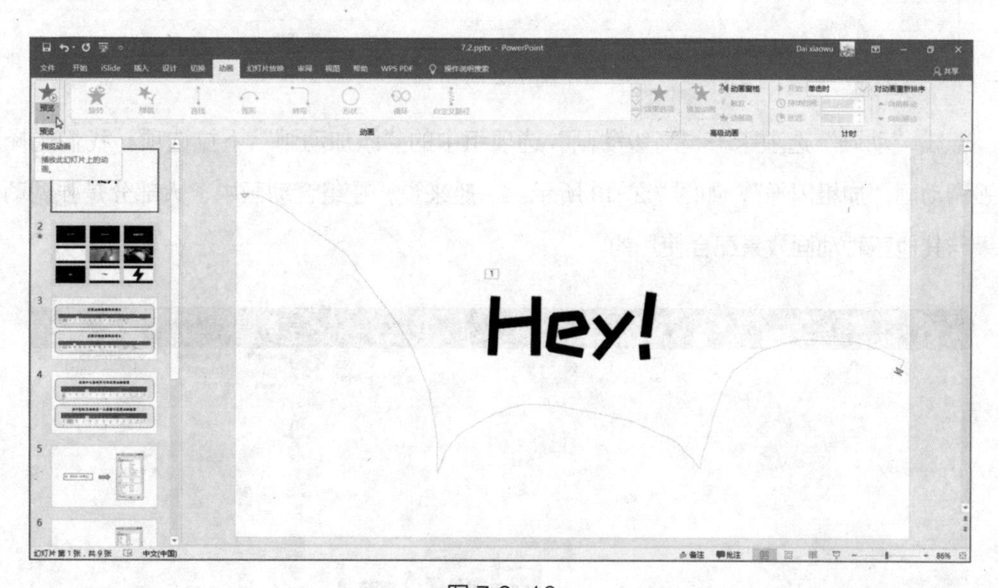


图 7.2-16

## 7.2.2 组合不同的动画类型

为幻灯片内的一个元素添加两种或两种以上的动画效果被称为组合动画。在幻灯片中，一个元素如果只有一种动画效果，那么元素的表现则存在一定的局限性，但如果我们为其添加多种不同的动画效果，元素在幻灯片中的表现就会更加明显和亮眼。虽然组合动画的时长比较长，不是很适合快闪类型演示文稿的要求，但我们在设计制作其他类型的演示文稿时，可以使用组合动画。接下来我们对组合动画的设置进行简单的了解。

例如，图 7.2-17 中，幻灯片内的“Hello”文本框已经添加了路径动画。

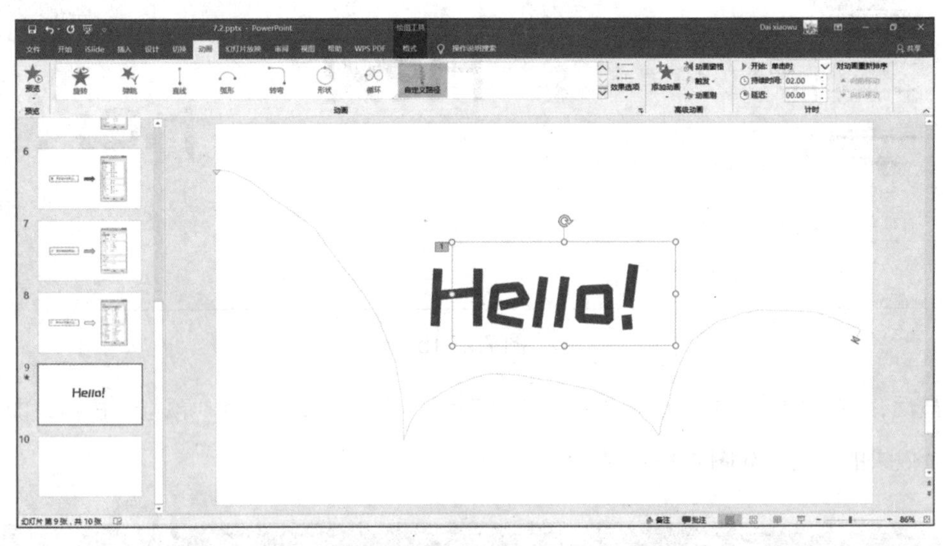


图 7.2-17

点击“动画”选项卡→“高级动画”选项组中的“添加动画”下拉选项。我们选择添加强调动画“加粗闪烁”，如图 7.2-18 所示。一般来说，在组合动画中，大部分是强调动画效果与其他三种动画效果配合使用的。

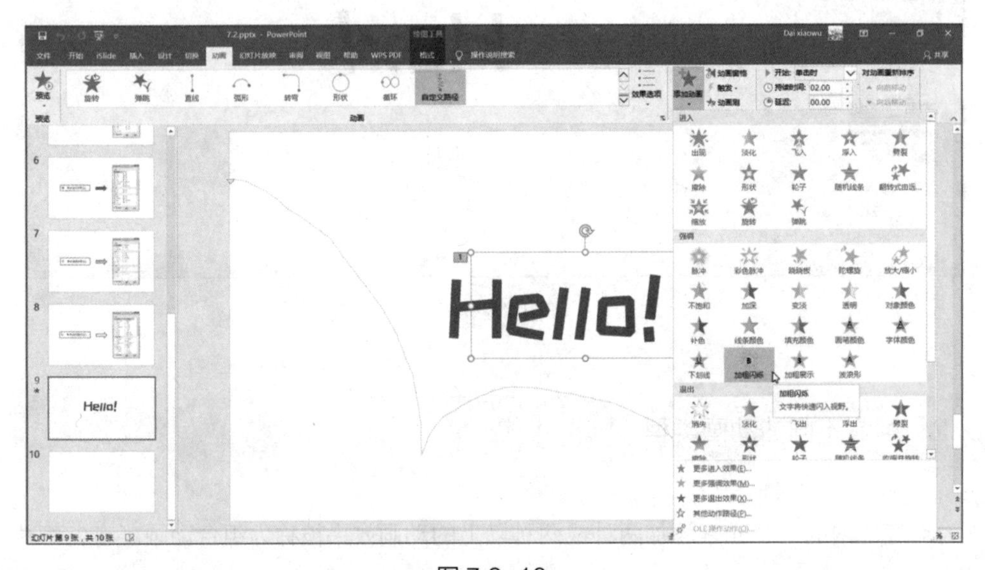


图 7.2-18

进行过上一步操作后，幻灯片内出现了两个表示动画效果的序号“1”和“2”，如图7.2-19。我们先添加自定义路径动画，再强调动画“加粗闪烁”，所以“1”代表自定义路径动画，“2”代表强调动画。

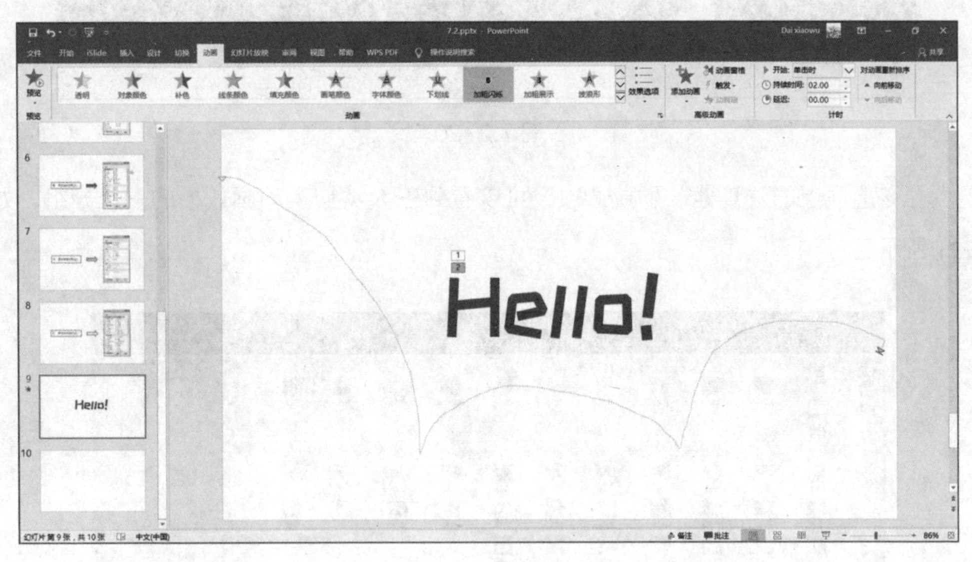


图 7.2-19

Tips：如果想要取消某一个动画效果的话，只要点击幻灯片中位于元素旁边的动画序号，按Delete键删除即可。

## 7.2.3 为幻灯片设置切换效果

为幻灯片设计切换方式与为幻灯片设置动画最大的差别就是二者的对象不同。为幻灯片设置动画其实是“为幻灯片存在的元素设置动画效果”，其对象是位于幻灯片中的图片或文字等独立的元素，所以在一张幻灯片内，我们能设置多种不同的动画效果；但为幻灯片设置切换效果的对象则是整页幻灯片，幻灯片中无论是图像还是文本，都被归结为“一页幻灯片中的整体”。我们可以这样理解：切换效果就像是一个个独立的房间，动画效果则是每个房间中摆放的家具。接下来，我们就对幻灯片的切换效果设置进行讲解。

### 1. 应用切换动画效果

PowerPoint 2016 中内置的切换效果分为“细微”“华丽”与“动态内容”三大类，我们可以选择合适的切换效果来制作演示文稿。那么应该如何应用切换效果呢？我们首先在演示文稿内新建一页幻灯片，打开“切换”选项卡，在“切换到此幻灯片”选项组中，我们能看到部分切换效果的按钮，如图 7.2-20 所示。

图 7.2-20

点开该选项组的“其他”下拉选项，可以看到三大类切换动画效果的一个分组，如图 7.2-21 所示。

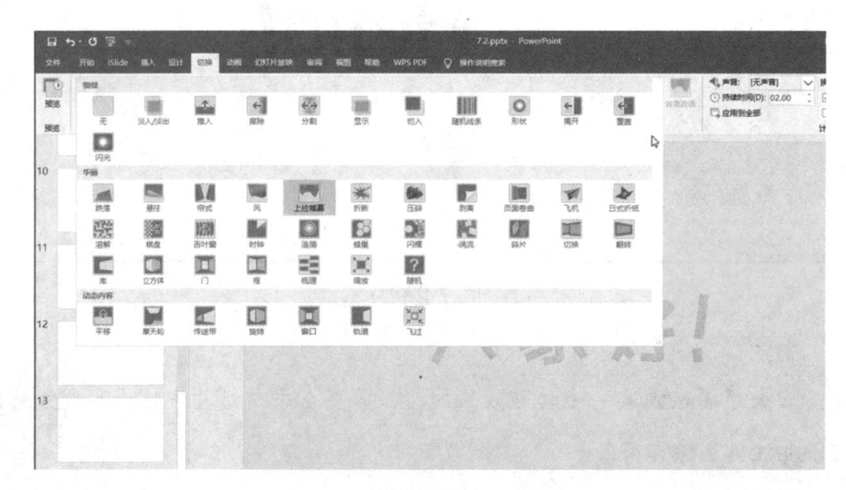

图 7.2-21

我们选择“华丽”组中的“折断”效果，选择切换效果后点击“切换”选项卡中最左边的“预览”按钮，即可预览当前设置的切换效果，如图 7.2-22 所示。

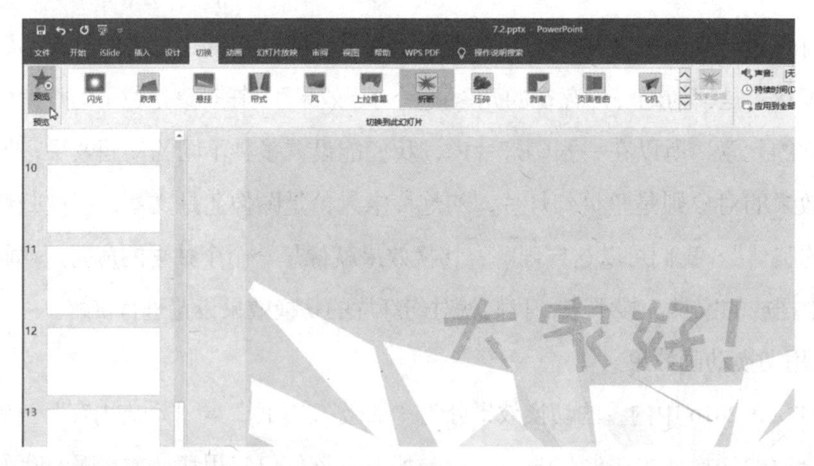


图 7.2-22

这时我们可以发现，在“切换”选项卡的“切换到此幻灯片”选项组中最右侧，有一个“效果选项”是灰色的，如图 7.2-23 所示，表示不可用。

图 7.2-23

这是由于我们应用的“折断”切换效果没有其他效果形式。接下来我们换一个切换效果，点开“其他”下拉选项，选择“细微”组的“擦除”，选定切换效果后，“效果选项”的按钮变为彩色，如图 7.2-24 所示，也就是变为可用的状态。

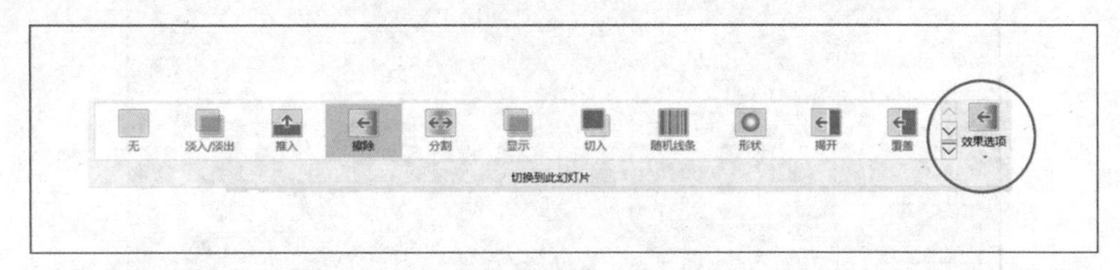


图 7.2-24

点击变为彩色的“效果选项”，在下拉列表中，显示了“擦除”切换效果的另外几种形式，如图 7.2-25 所示。“擦除”切换效果默认是从右至左的一个形式，但在“效果选项”中我们可以将其改为由上至下、由左上至右下等多种形式。

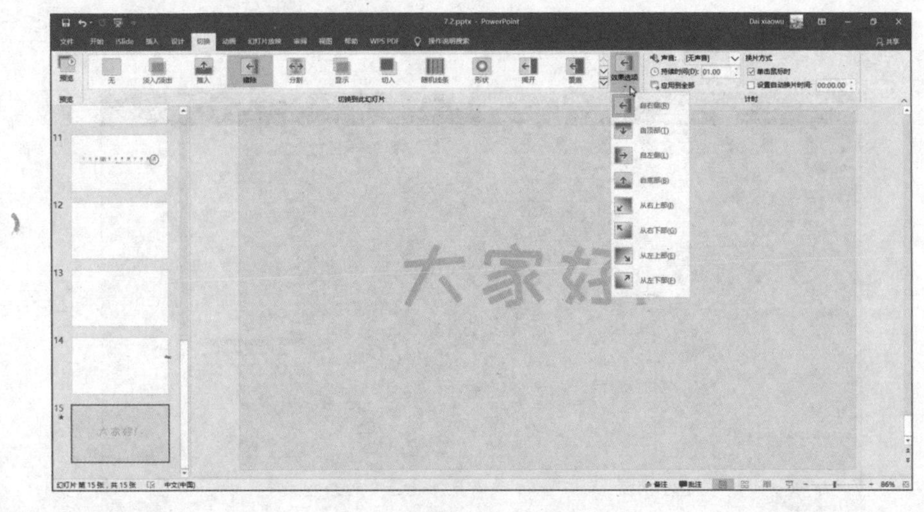


图 7.2-25

## 7.2.4 切换效果音效、方式与时间的设置

设置好演示文稿中每一页幻灯片的切换效果后，我们可以在此基础上为幻灯片的切换效果添加音效、设置换片方式与换片持续时间。

1. 为幻灯片添加切换音效

选中设置了切换效果的幻灯片，打开“切换”选项卡，在“计时”选项组中单击“声音”的下拉按钮，如图 7.2−26 所示。

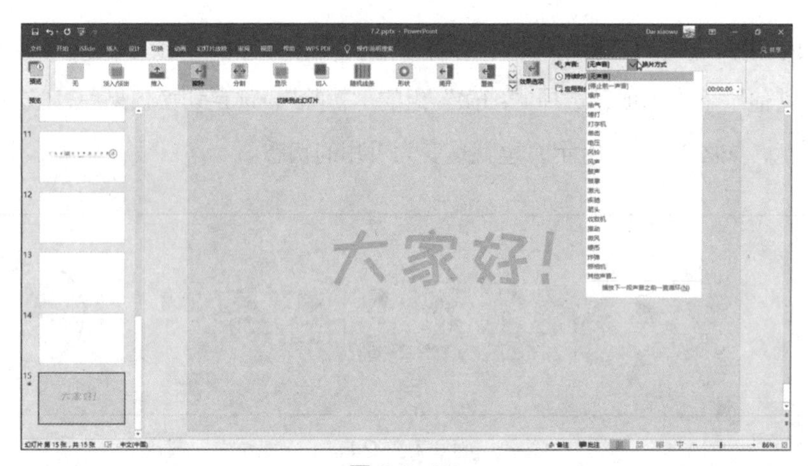

图 7.2−26

在展开列表中，选择任意选项，即可为幻灯片的切换效果添加选中的音效。同时，如果 PowerPoint 中内置的音效不符合大家的要求，我们也可以为切换效果添加自定义音效。只要在“声音”下拉列表中选择“其他声音”这一选项，在弹出的窗口中选择自己下载好的音效、音频文件即可，如图 7.2−27 所示。

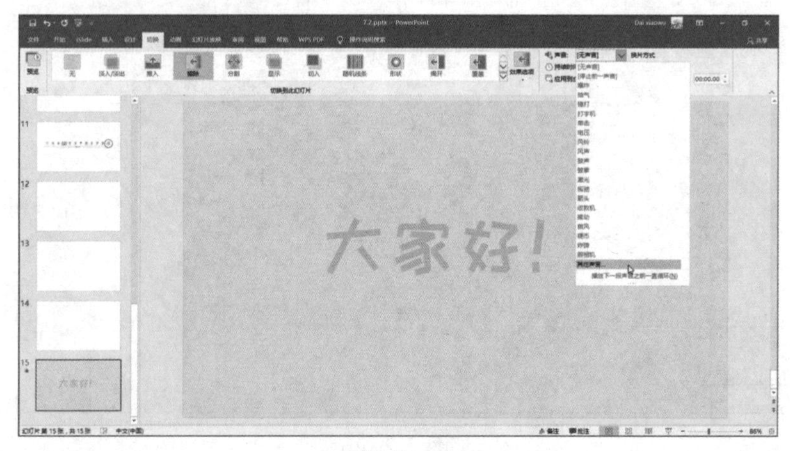

图 7.2−27

如果选中“播放下一段声音之前一直循环”这一选项，如图 7.2-28 所示，则代表在下一页幻灯片切换音效播放之前，本页幻灯片的切换音效会一直循环播放。

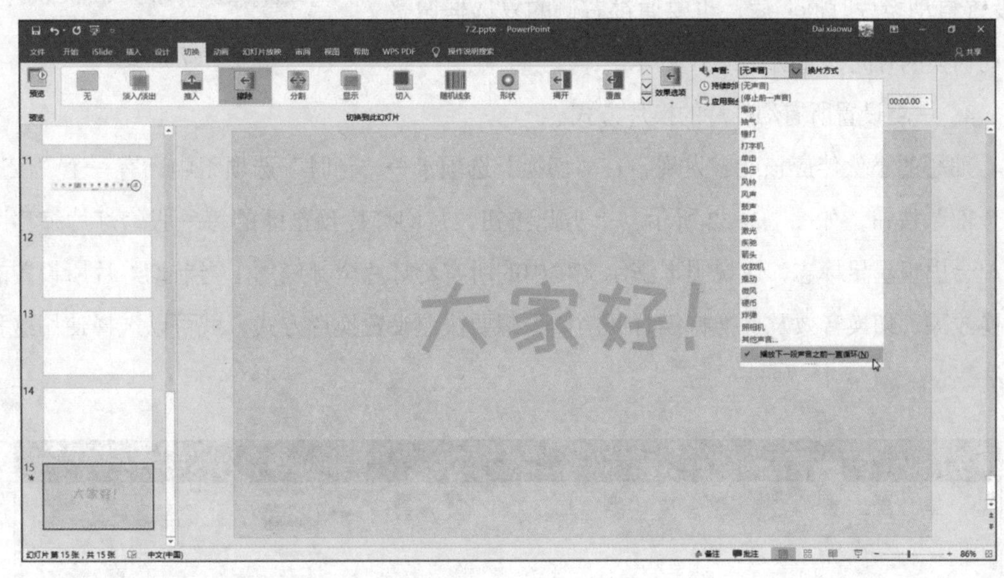


图 7.2-28

2. 设置切换效果的持续时间

在“切换”选项卡,“计时”选项组“声音”下方的“持续时间”选项中，可以对幻灯片的切换速度进行设置，只要在时间栏中输入相应的数字即可，如图 7.2-29 所示。

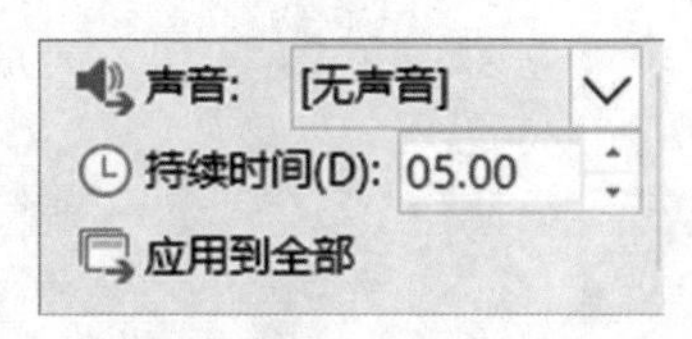


图 7.2-29

时间栏中输入的数值越大，幻灯片的切换速度就越慢。如图 7.2-30 所示，我们为本页幻灯片设置了“随机线条”切换效果，持续时间设置为 5 秒。则在预览时,“随机线条”切换效果的持续时间为 5 秒。

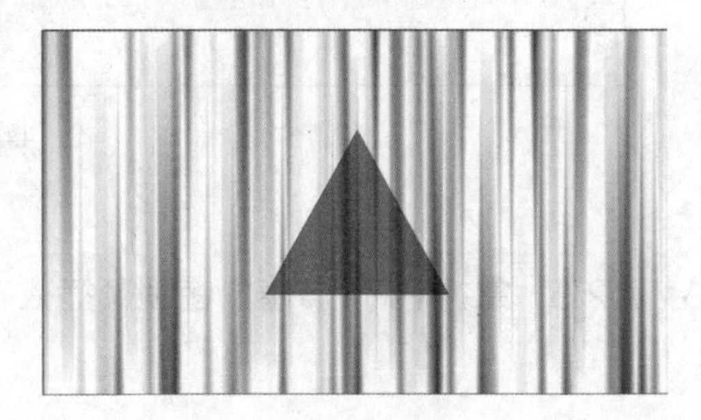

图 7.2-30

由此可见，在我们设计制作快闪 PPT 时，切换效果的时间不宜过长，否则会失去“快”和“闪”的特点。

3. 设置换片方式

放映时，控制幻灯片切换效果的方式有两种：一种是用户主观地使用鼠标进行单击，幻灯片才会切换到下一页；另一种是设置好换片时间后，让幻灯片自动切换。

在“切换”选项卡→“计时”选项组中，右侧的“换片方式”可以对两种切换方式进行选择，在选择“设置自动换片时间”后，也要通过右侧的复选框调整自动切换的时间，如图 7.2-31 所示。

图 7.2-31

4. 一键设置所有幻灯片的换片方式

细心的小伙伴应该能够发现，在“切换”选项卡→“计时”选项组中，有一个“应用到全部”按钮，如图 7.2-32 所示。单击此按钮，在幻灯片预览区的每一张幻灯片缩略图旁都会出现星星标志，这说明本演示文稿中的所有幻灯片全都应用了当前幻灯片所设置的切换效果、切换音效及切换持续时间。如果想要快速设置换片方式，就可以选择使用这种方法。

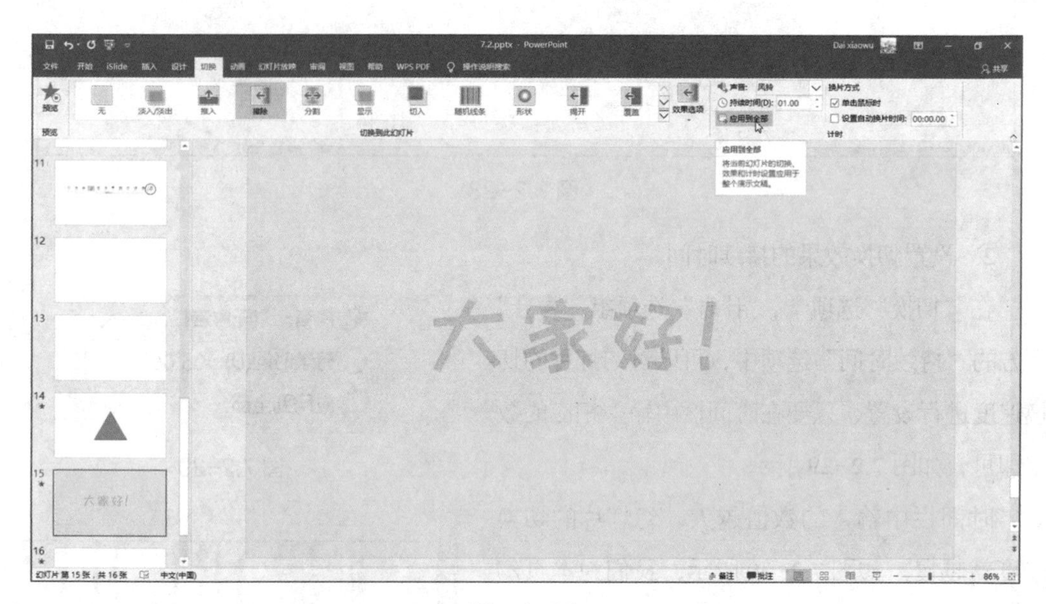


图 7.2-32

## 7.2.5 掌控 PPT 节奏的音视频插入

快闪 PPT 的灵魂——节奏，由演示文稿中插入的音乐来实现；而一般快闪 PPT 开头的倒计时，则由演示文稿中插入的视频来实现。当然，在制作其他类型的演示文稿时，加上与之风格相适应的背景音乐，或活泼或舒缓，同样能为 PPT 加分。

1. 在幻灯片中插入音频

在幻灯片中插入音频有两种方式：一种是插入电脑中的本地音频文件，另一种是直接将录制声音插入到幻灯片中。在 PowerPoint 2016 中，支持的音频格式有我们常用的“.mp3”“.wma”，也有我们不常用的“.aiff”“.mid”等格式，如图 7.2-33 所示。

**支持的音频文件格式**

| 文件格式 | 扩展名 |
| --- | --- |
| AIFF 音频文件 | .aiff |
| AU 音频文件 | .au |
| MIDI 文件 | .mid 或 .midi |
| MP3 音频文件 | .mp3 |
| 高级音频编码 - MPEG-4 音频文件* | .m4a、.mp4 |
| Windows 音频文件 | .wav |
| Windows Media Audio 文件 | .wma |

图 7.2-33

（1）插入本地音频文件。打开“插入”选项卡，在“媒体”选项组中点击“音频”下拉选项，如图 7.2-34 所示。

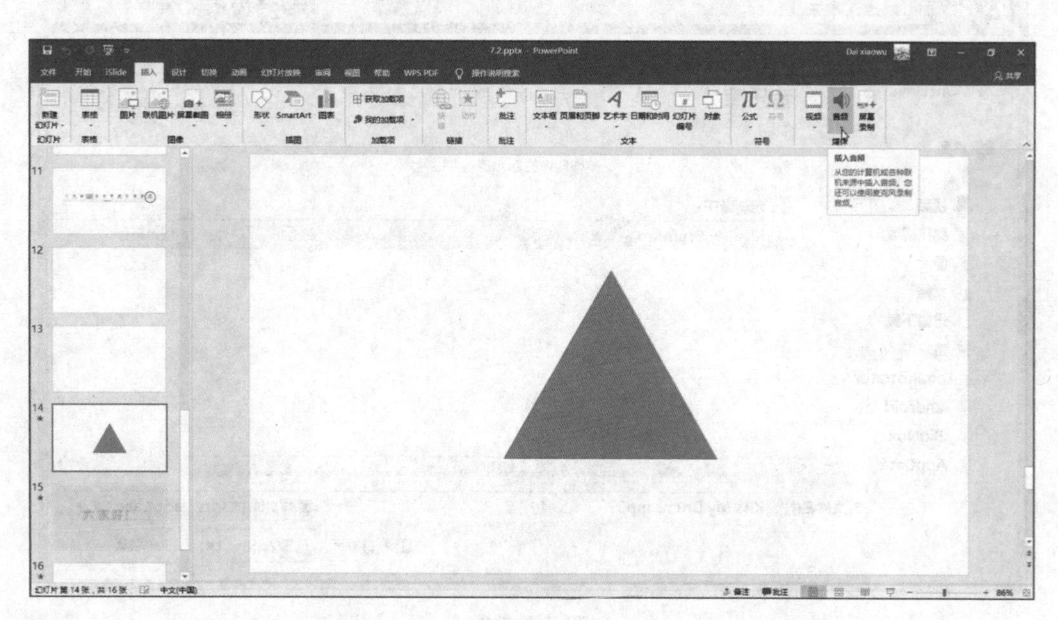


图 7.2-34

在展开的列表中选择“PC 上的音频”选项，如图 7.2-35 所示。

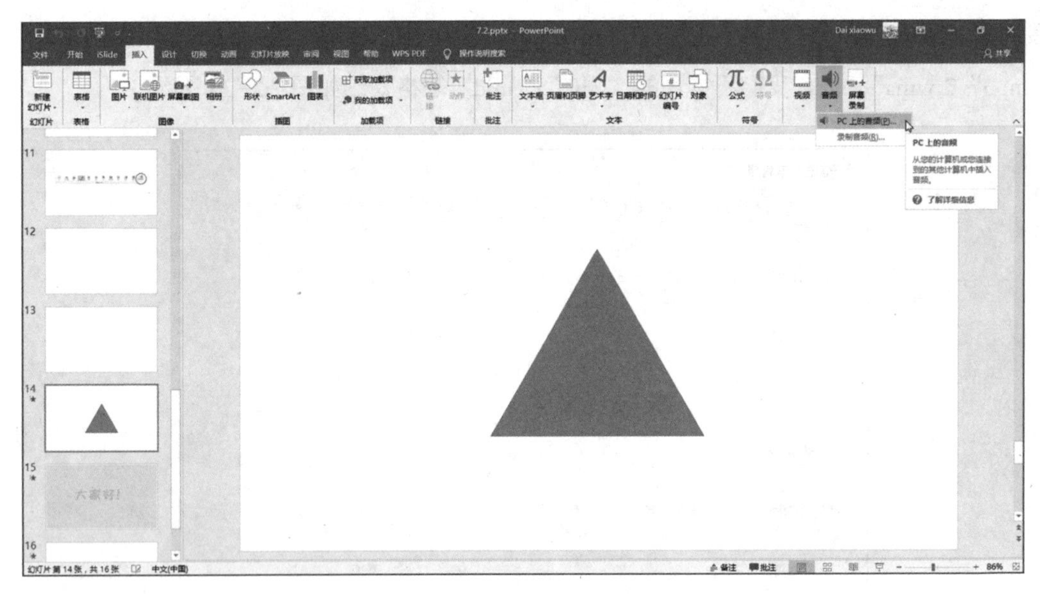

图 7.2-35

在弹出的窗口中选择电脑上的音频文件，点击“插入”即可在幻灯片内插入音频，如图 7.2-36 所示。

图 7.2-36

插入音频后，在幻灯片的工作区出现表示该页已插入音频的图标，图标下类似音乐播放器的组件可控制音频。

（2）插入录音。我们也可以在幻灯片内插入自己录制的录音来作为幻灯片的旁白。打开“插入”选项卡，在“媒体”选项组中选择“音频”下拉按钮，在展拉开的列表中选择“录制音频”，如图 7.2-37 所示。

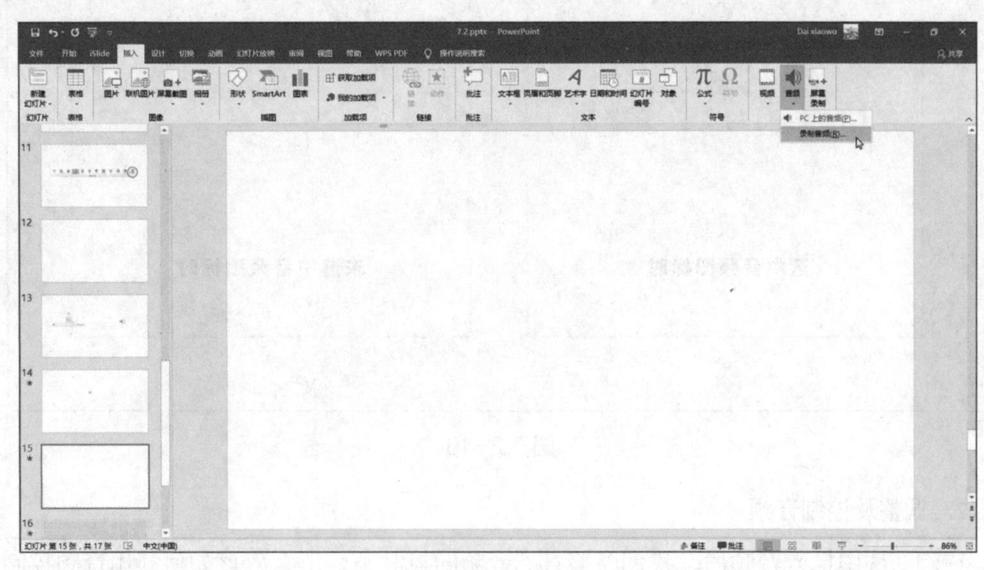

图 7.2-37

点击后弹出“录制声音”窗口，我们可以在“名称”一栏输入录音文件的名称，单击红色按钮表示开始录制，如图 7.2-38 所示。

图 7.2-38

录制完毕后，按蓝色按钮停止录制。最后点击“确定”即可将录制好的音频插入到幻灯片中，如图 7.2-39 所示。

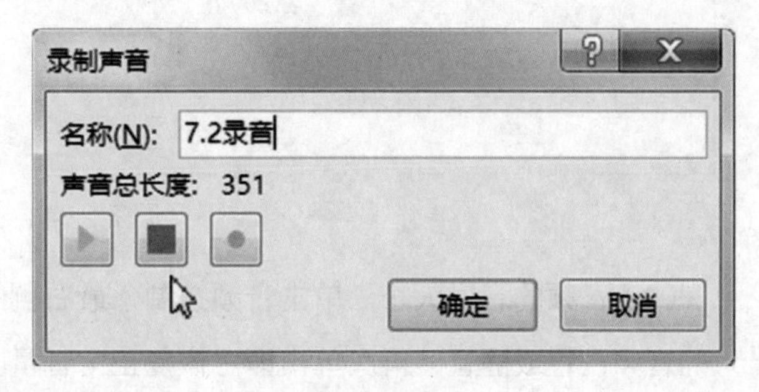


图 7.2-39

对比上下两种音频可以看出，不论是本地音频还是录制的音频，在插入到幻灯片后都只显示一个图标。当选中图标时，音频控制条会显示在图标下方；当未选中图标时，音频控制条会隐藏，如图 7.2-40 所示。

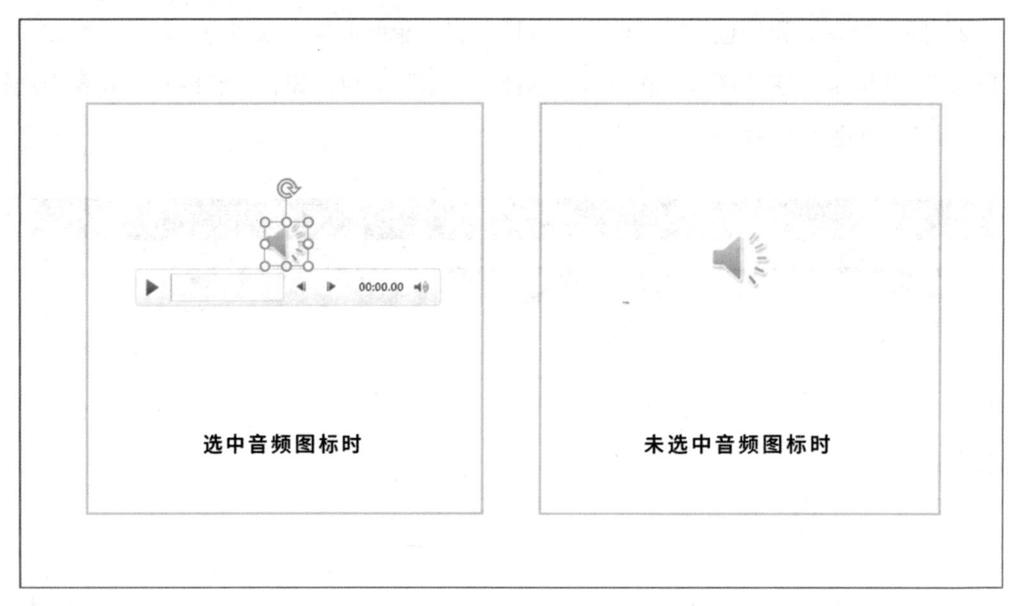


图 7.2-40

2. 调整及控制音频

在幻灯片中插入音频后，我们能够看到音频的控制条，那么应该如何利用音频控制条来控制音频呢?

（1）音频的播放与暂停。首先，选中音频图标，这时幻灯片工作界面中出现音频控制条，点击“播放 / 暂停”按钮即可播放当前插入的音频，再次点击该按钮即可暂停播放音频。“播放 / 暂停”键右侧的进度条代表当前插入音频的播放进度，如图 7.2-41 所示。

图 7.2-41

（2）音频的音量大小。单击音频控制条最右侧的小喇叭图标，即可将当前幻灯片中插入的音频设置成静音，再次单击即可恢复正常音量。拖动音量控制点，可以调整音频的音量大小，如图 7.2-42 所示。

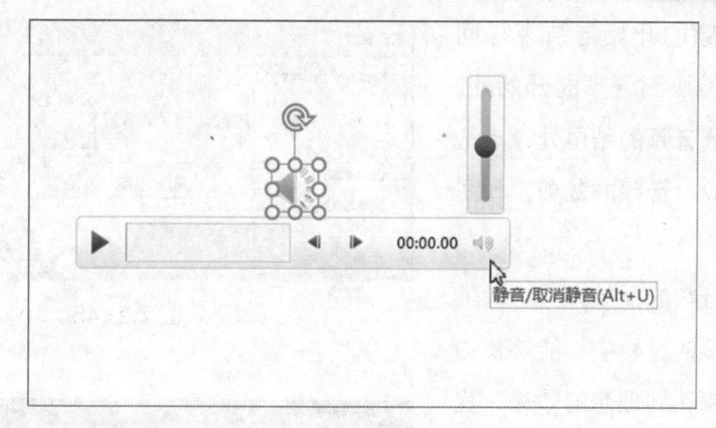


图 7.2–42

（3）裁剪音频。当幻灯片中插入的音频过长时，可以对音频进行裁剪。选中幻灯片中的音频图标，点击“音频工具—播放”选项卡，在“编辑”选项组中选择“裁剪音频”，如图 7.2–43 所示。

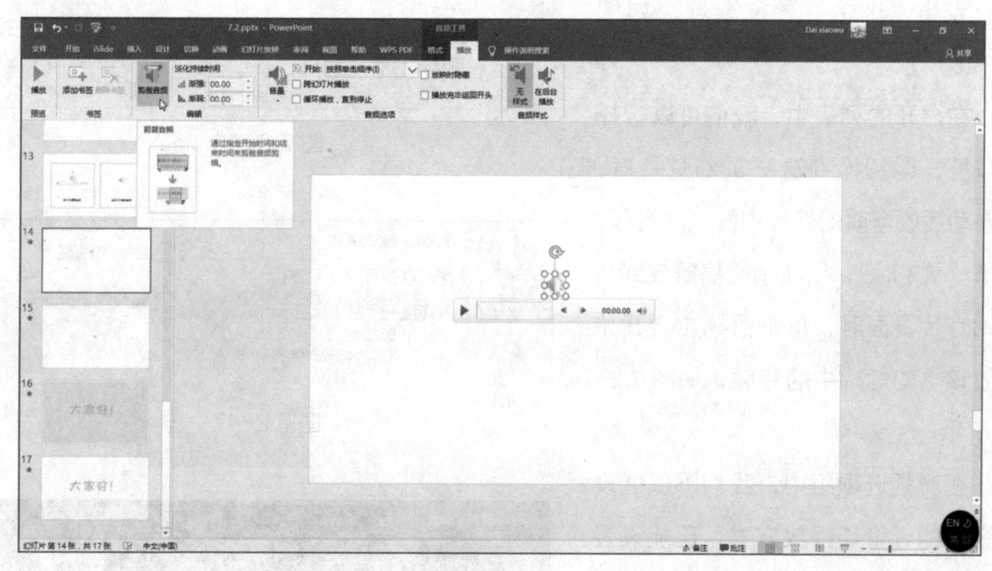

图 7.2–43

在弹出的“裁剪音频”对话框中，单击“播放”按钮可以预听整个音频，根据幻灯片的需要，利用进度条调整音频的播放进度，记住音频从哪里开始，在哪里结束，如图 7.2–44 所示。

图 7.2–44

确定好音频的开始与结束时间后，挪动绿色滑块到音频的开始处、挪动红色滑块到音频的结尾处，点击确定，即可完成对音频的裁剪，如图 7.2-45 所示。

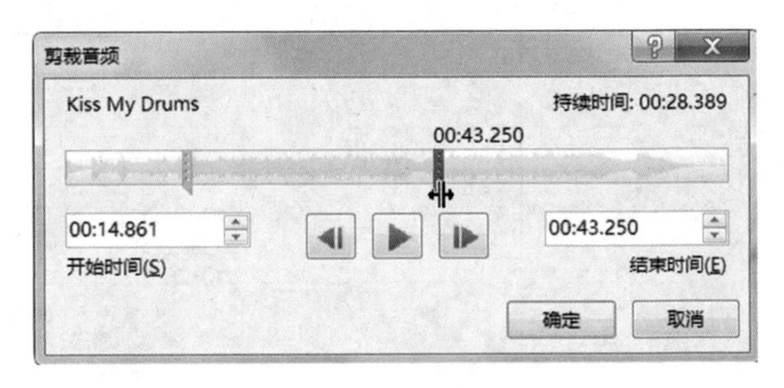


图 7.2-45

（4）设置音频的播放方式。为了在放映演示文稿的过程中，能够使幻灯片插入的音频达到理想的效果，我们可以选择自动播放音频或循环播放音频等多种音频播放方式。首先我们选中音频图标，打开“音频工具—播放”选项卡，在“音频选项”选项组中，点击“开始”下拉选项，如图 7.2-46 所示。

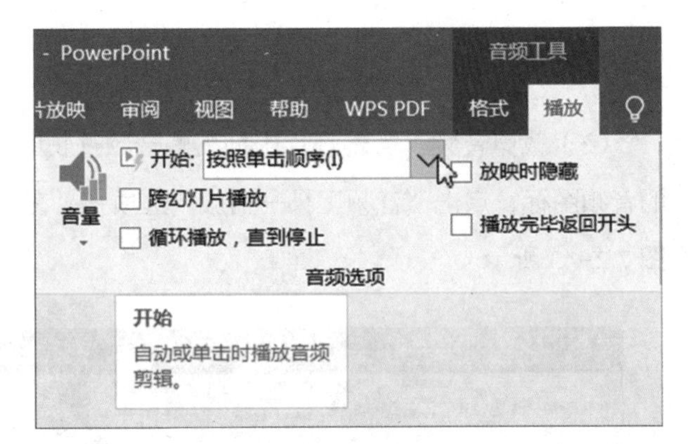


图 7.2-46

在展开的列表中，我们可以选择“自动”，即切换到这一页幻灯片时，则自动播放当前幻灯片中插入的音频。选择“单击时”，则演示文稿播放到当前幻灯片页面时，单击鼠标才会开始播放该页幻灯片中的音频，如图 7.2-47 所示。

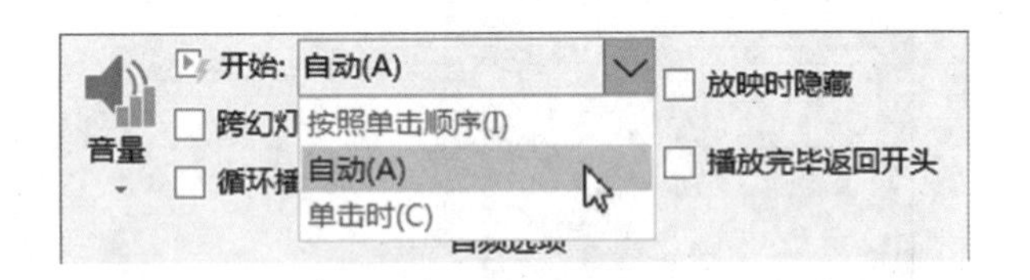


图 7.2-47

在音频选项组中，我们不仅能设置音频的音量与播放方式，还能设置音频跨幻灯片播放和循环播放等，如图 7.2-48 所示。勾选“跨幻灯片播放”复选框，则当前选中的音频不只在本页幻灯片中播放，即使翻到下一页幻灯片，本页幻灯片中的音频也会继续播放。

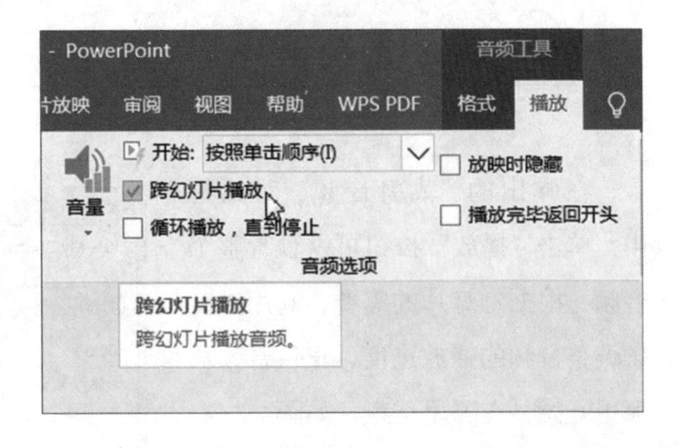


图 7.2-48

勾选“循环播放，直到停止”复

选框，如图 7.2-49 所示，则在一页幻灯片中比较短小的音频则会一直循环，直至本页幻灯片放映结束。

（5）调整音频图标。在设置好音频后，我们也可以调整音频图标的外观。点击“音频工具—格式”选项卡，我们可以看到与图形格式选项卡几乎相同的选项，如图 7.2-50 所示。

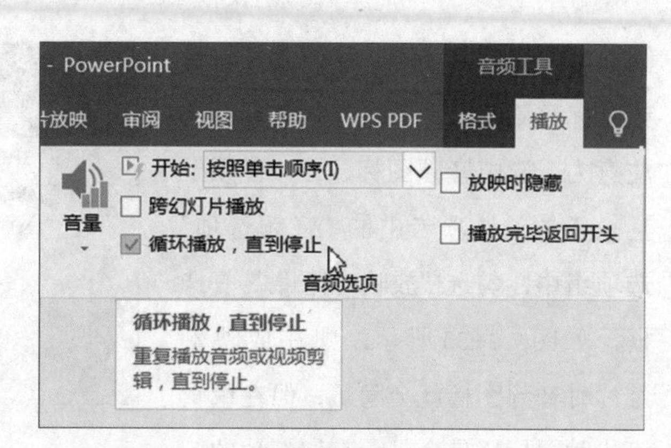


图 7.2-49

图 7.2-50

选中音频图标，在“音频工具—格式”选项卡的“调整”选项组中选择“颜色”下拉选项，在展开列表中可以选择音频图标的颜色，如图 7.2-51 所示。

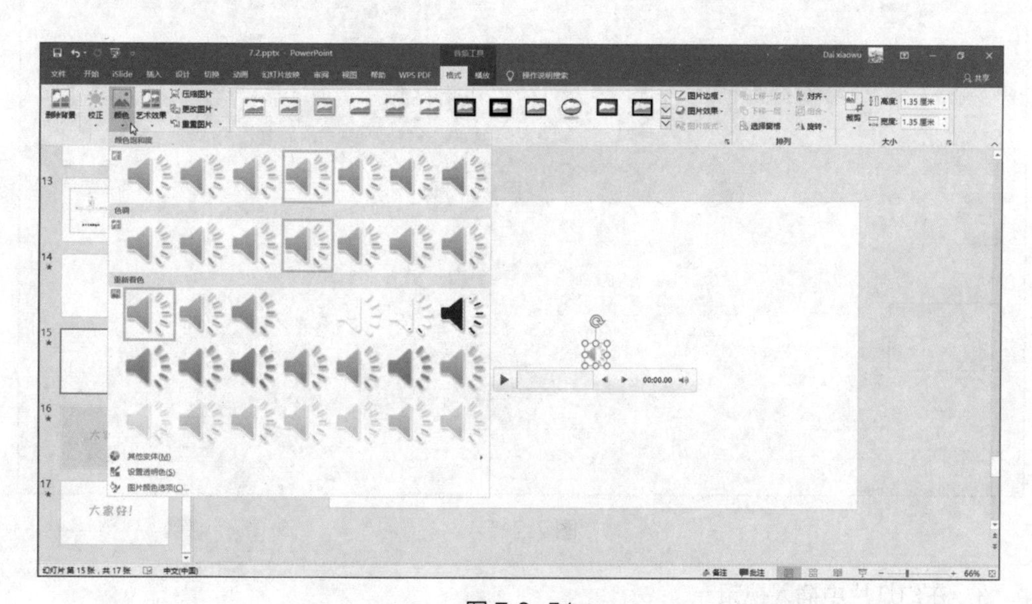

图 7.2-51

同理，其他选项可以对音频图标的亮度、对比度、阴影样式、边框进行设置。如图 7.2-52 所示，为音频图标添加了颜色和边框，以及透视的阴影样式。

图 7.2-52

（6）隐藏音频图标。为了保持页面的美观和整洁，在设计制作快闪类型的演示文稿时，我们最好将音频图标隐藏起来，以防止分散观众的注意力。选中音频图标，在“音频工具—播放”选项卡中的“音频选项”选项组中，勾选“放映时隐藏”复选框，如图 7.2-53 所示，则在放映幻灯片时音频图标就会隐藏，但在编辑模式时图标还是会显示在幻灯片的工作区。

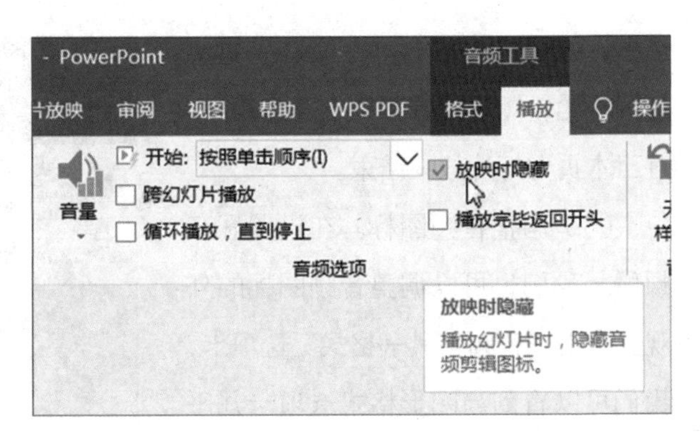


图 7.2-53

同时，我们还可以直接将小喇叭图表拖动至幻灯片工作区外，这样一来即使不隐藏图标，在放映演示文稿时也看不到音频图标了。在幻灯片的工作区，按住 Ctrl 键配合鼠标滚轮向下滚动，缩小整个幻灯片工作区，将音频图标拖到工作区外即可，如图 7.2-54 所示。

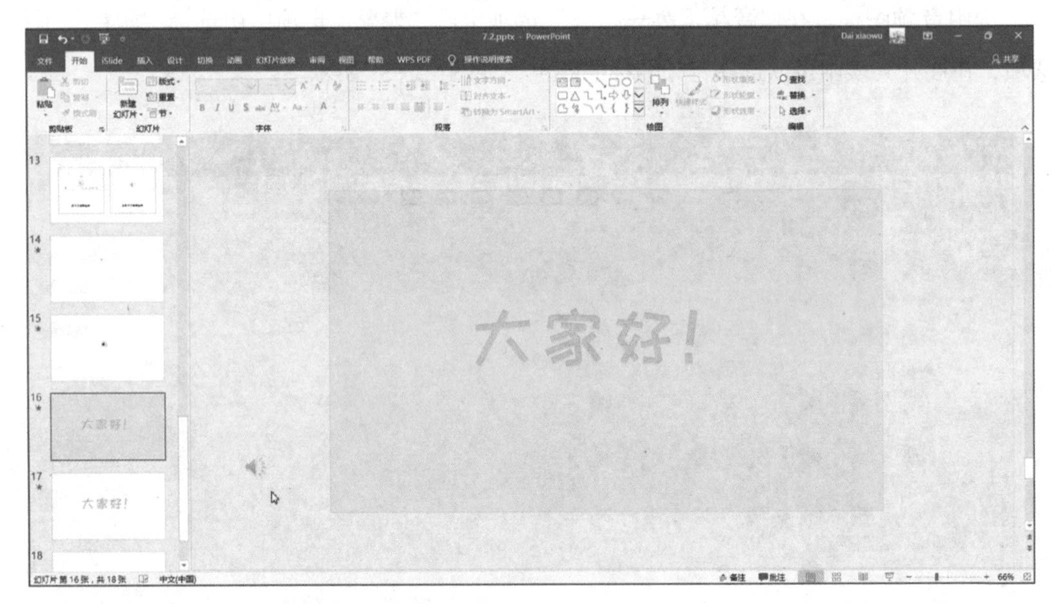


图 7.2-54

3. 在幻灯片中插入视频

在 PowerPoint 2016 中，幻灯片内插入的视频分为本机存储的视频、联机搜索到的视频和屏幕录制视频，支持的视频文件格式有“.mp4”“.avi”“.m4v”等，如图 7.2-55 所示。

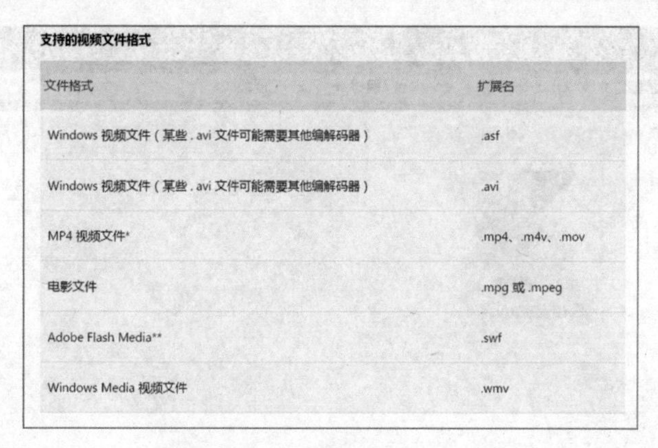

支持的视频文件格式

| 文件格式 | 扩展名 |
| --- | --- |
| Windows 视频文件（某些 . avi 文件可能需要其他编解码器） | .asf |
| Windows 视频文件（某些 . avi 文件可能需要其他编解码器） | .avi |
| MP4 视频文件* | .mp4、.m4v、.mov |
| 电影文件 | .mpg 或 .mpeg |
| Adobe Flash Media** | .swf |
| Windows Media 视频文件 | .wmv |

图 7.2-55

（1）插入本地视频文件。插入视频与插入音频异曲同工，在“插入”选项卡的“媒体”选项组中选择“视频”，如图 7.2-56 所示。

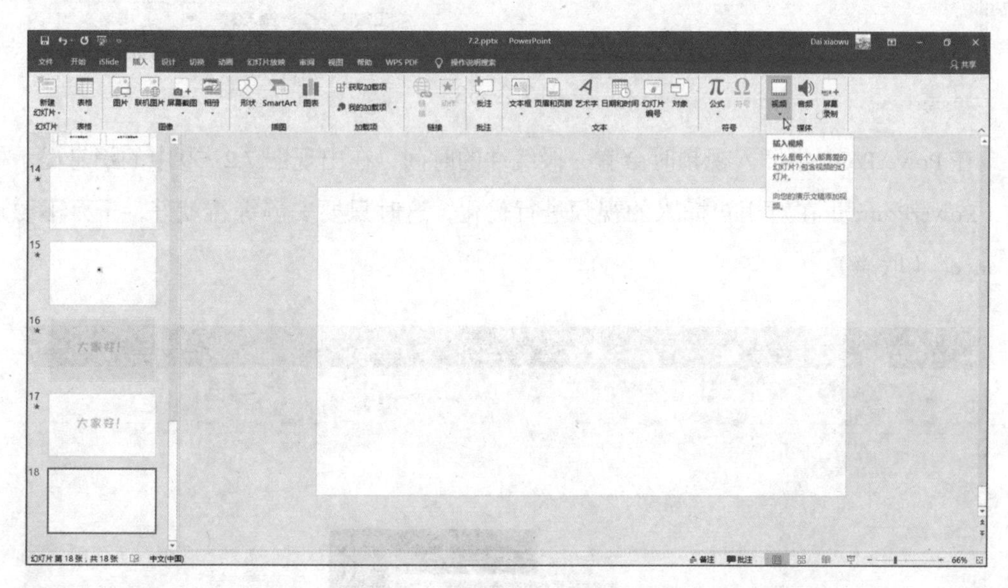

图 7.2-56

打开“视频”下拉选项，在展开列表中选择“PC 上的视频”选项，如图 7.2-57 所示。

在弹出的窗口中，选择本机上要插入幻灯片中的视频文件，选择好后点击“插入”按钮，如图 7.2-58 所示。

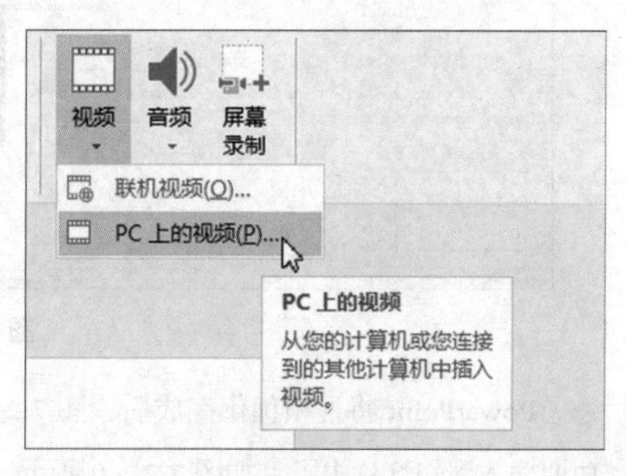


图 7.2-57

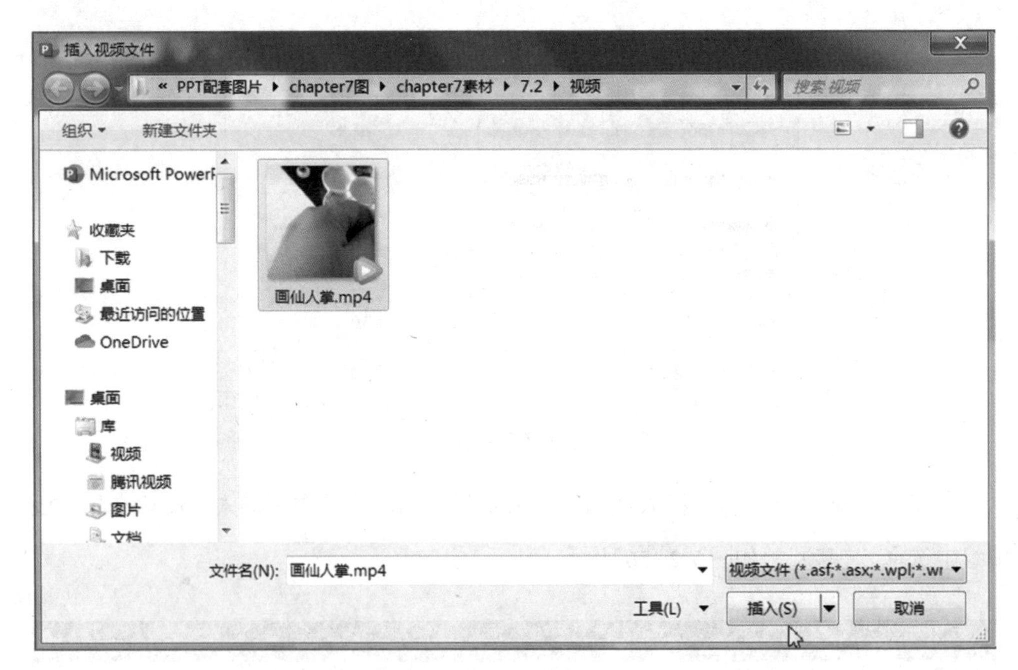


图 7.2-58

在 PowerPoint 中插入视频时会有一段缓冲的时间，在出现图 7.2-59 中的消息提示框时，PowerPoint 正在对用户插入的视频进行优化，这时只要安静等待就好，千万不要点“Cancel”（取消）。

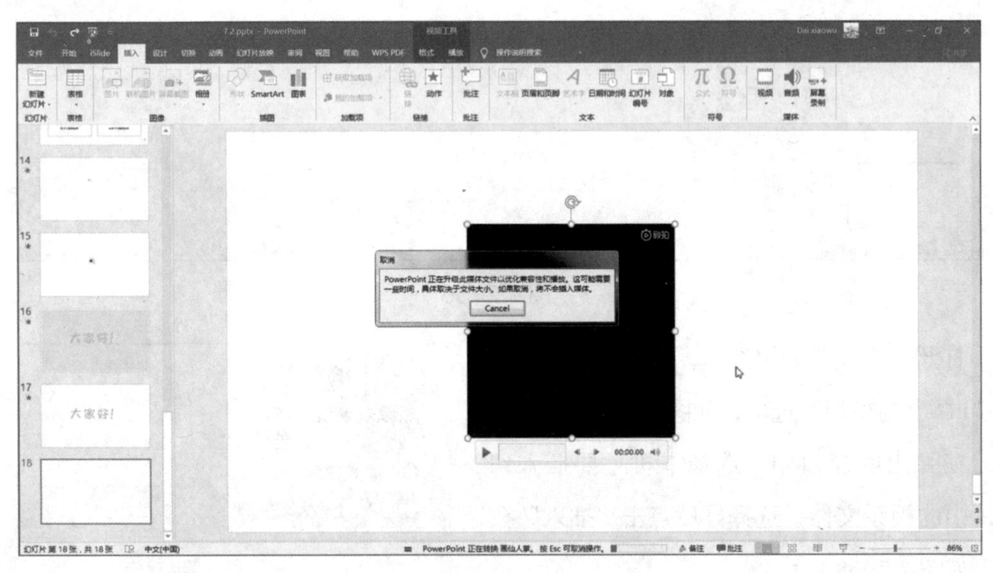


图 7.2-59

PowerPoint 将视频优化完成后，图 7.2-59 中的消息提示框会自动消失，这时视频就成功地插入到幻灯片中了，如图 7.2-60 所示。

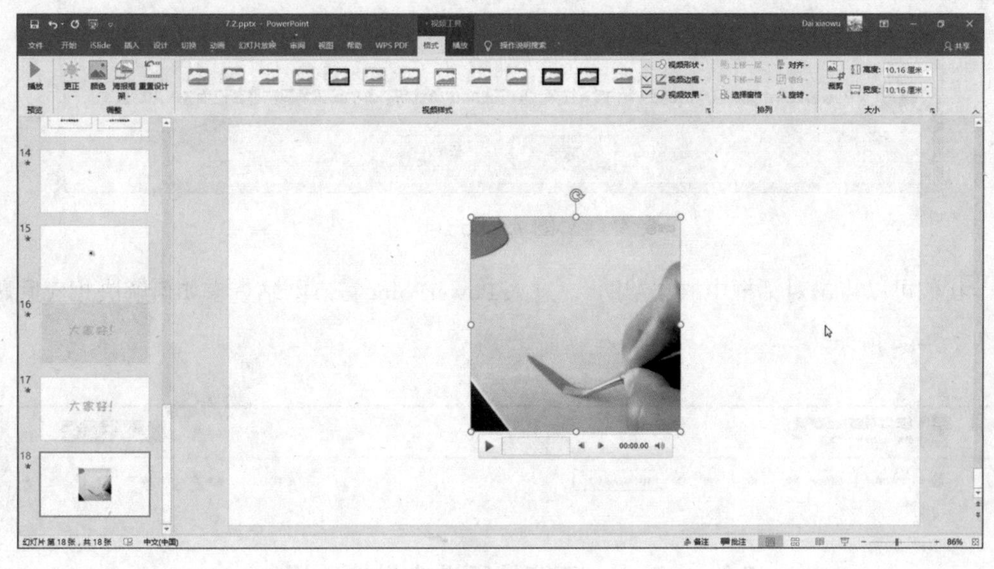

图 7.2-60

（2）插入联机视频文件。在 PowerPoint 2016 中，可以使用嵌入代码插入联机视频或按名称搜索在线视频。由于联机视频是直接从网站播放的，所以具有视频所在网站的播放、暂停、音量等控件。相反，PowerPoint 中的播放功能（淡化、书签、剪裁等）不能应用于联机视频，因为视频位于网站上，而不是在演示文稿中。所以，为了顺利播放演示文稿，在演示幻灯片时必须是联网状态。

首先，在“插入”选项卡的“媒体”选项组中打开“视频”下拉选项，在展开列表中选择“联机视频”，如图 7.2-61 所示。

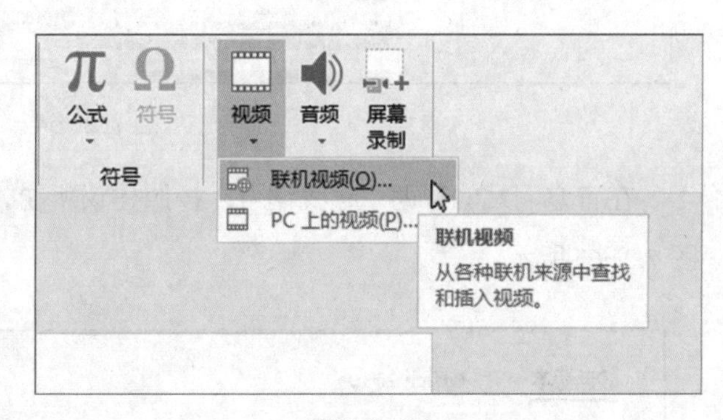


图 7.2-61

在弹出的窗口中，我们可以选择“搜索 YouTube”或者直接插入视频嵌入代码来为演示文稿插入视频，如图 7.2-62 所示。

插入视频

YouTube
全球最大的视频分享社区!
搜索 YouTube

来自视频嵌入代码
粘贴嵌入代码以从网站插入视频
在此处粘贴嵌入代码

图 7.2-62

Tips：在插入视频时，有一些用户的电脑因为缺少视频解码器而导致在幻灯片内插入视频失败，并且弹出如图7.2-63所示的对话框。

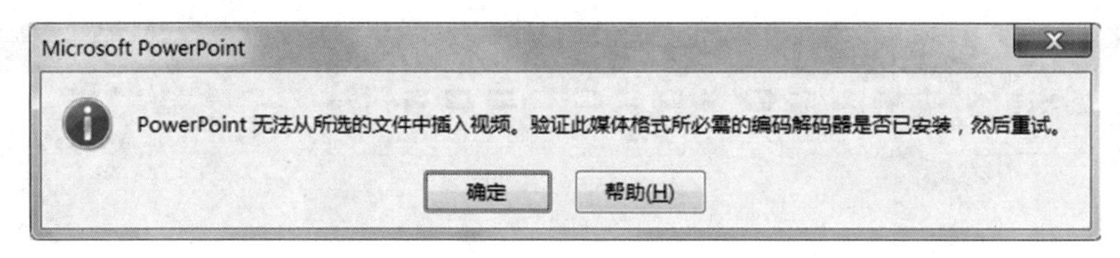


图 7.2-63

我们可以点击对话框中的“帮助”，进入 PowerPoint 官方网站查看如何解决相应问题，如图 7.2-64 所示。

图 7.2-64

在官方网站的帮助下，我们可以按照建议所说，第一种方式是自行转换视频格式，如图 7.2-65 所示。

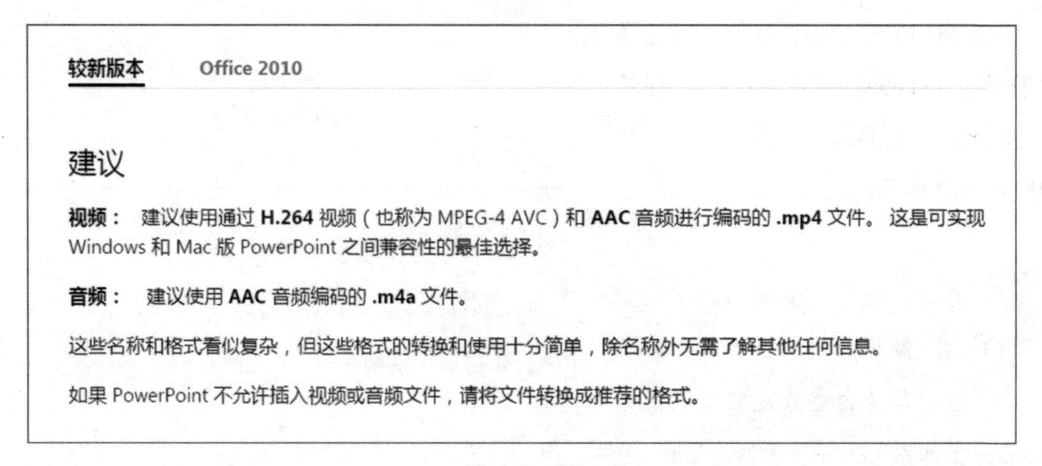


图 7.2-65

也可以在官方网站提供的解码器链接中下载解码器，如图 7.2−66 所示。

> ## 缺少编解码器？
>
> 如果媒体文件的格式受到支持，但无法在 PowerPoint 中播放，可以将缺少的编解码器添加到电脑（如以下过程中所述）或将媒体文件转换为建议的格式。**转换媒体文件比解决单个编解码器问题更简单。**
>
> “*编解码器*”是一款小型软件，用于解码数字媒体文件，使文件能够以声音或视频的形式播放。
>
> 确定媒体文件需要哪种编解码器并不容易。一种解决方案是在计算机上安装含多种编解码器的包。这样便极大增加了拥有必要编解码器来播放有问题的音频或视频文件的可能性。按照以下步骤在电脑上安装编解码器包。
>
> **在计算机上安装 *K-Lite Codec Pack*：**
>
> 1. 联机转到 www.free-codecs.com 上的 K-Lite Codec Packs 页面。
>
>    提供有四种版本的包。建议使用“**标准**”包。

图 7.2−66

下载好的解码器如图 7.2−67 所示，下载后安装到电脑中，再重启 PowerPoint 即可。

（3）用 PowerPoint 进行屏幕录制。我们还可以使用 PowerPoint 2016 自带的录屏功能对屏幕进行录制，而无须依靠其他录屏软件，录制好的视频可以直接插入幻灯片中。打开“插入”选项卡，在“媒体”选项组中，选择“插入屏幕录制”按钮，如图 7.2−68 所示。

图 7.2−67

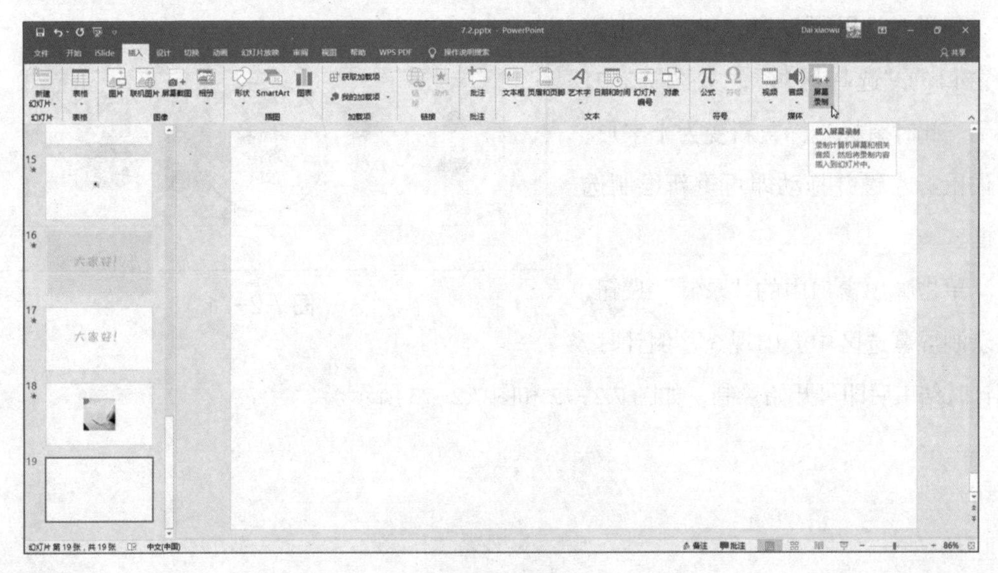

图 7.2−68

此时，电脑屏幕会自动返回到桌面，鼠标光标变为十字形，并且在屏幕最上方弹出一个窗口，如图 7.2-69 所示。

图 7.2-69

按住鼠标左键，在电脑屏幕上拖出一个矩形框，如图 7.2-70 所示，红色虚线部分代表所选择的区域，松开鼠标即完成选区绘制，录屏会在红色虚线框选出的选区进行录制。

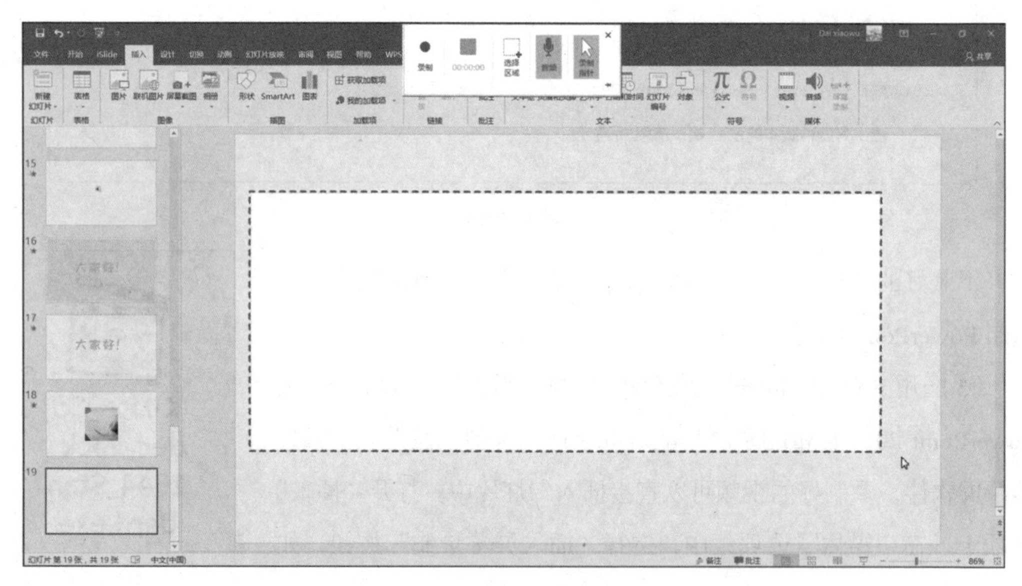

图 7.2-70

如果对选区不满意，可以点击弹出窗口的“选择区域”，如图 7.2-71 所示，此时鼠标光标重新变为十字形，按住鼠标左键并拖动即可重新绘制选区框。

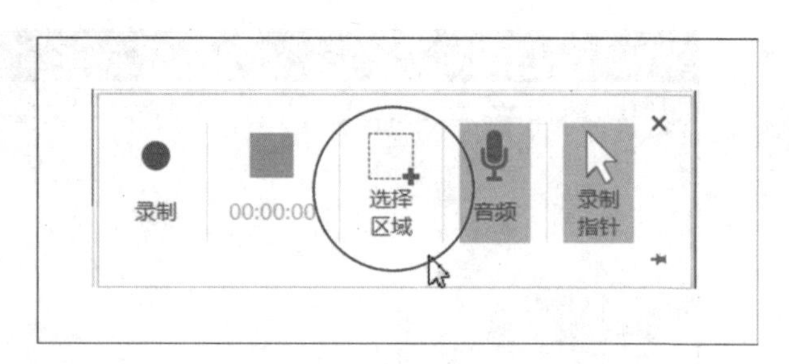


图 7.2-71

单击弹出窗口中的“录制”按钮，在录制屏幕选区中会出现 3 秒倒计时，倒计时结束后即可开始录制，如图 7.2-72 和图 7.2-73 所示。

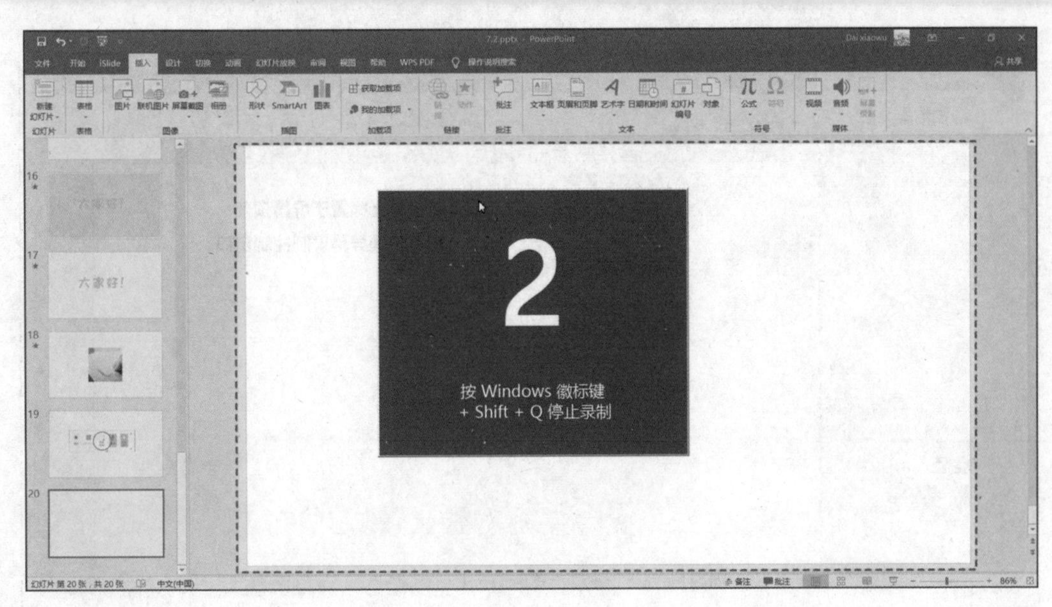


图 7.2-72

图 7.2-73

在屏幕录制过程中，控制屏幕录制的弹出窗口会自动隐藏到屏幕上方，只要将鼠标靠近屏幕的上方，即可唤醒屏幕录制控制窗口，如图 7.2-74 所示。

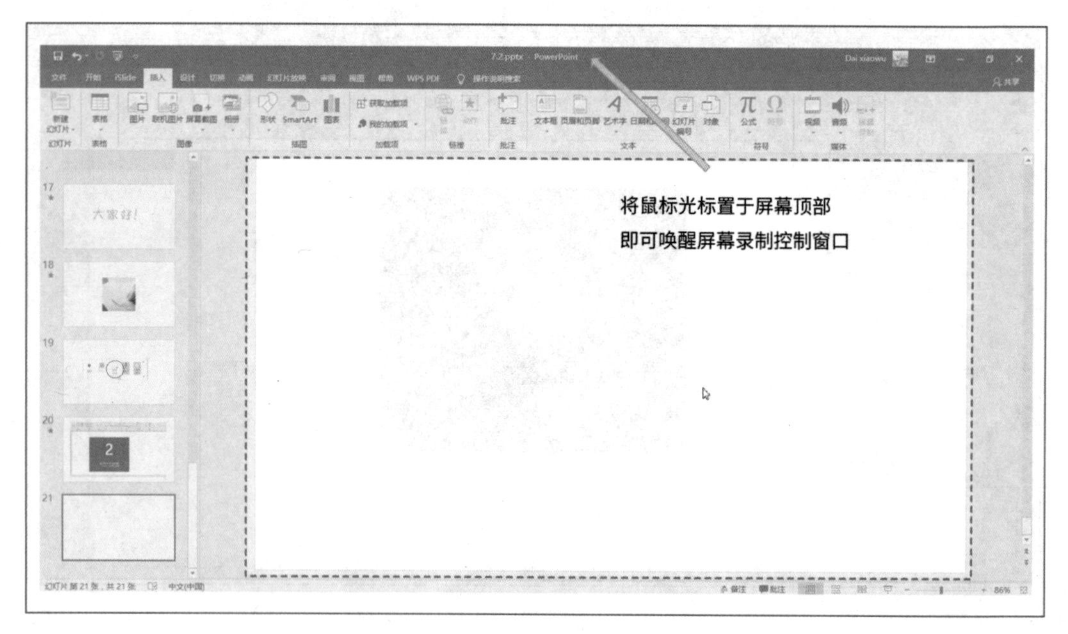


图 7.2–74

屏幕录制完毕后，单击“停止”按钮即可完成屏幕录制，单击后录制好的视频随即自动插入到当前的幻灯片中，如图 7.2–75 所示。

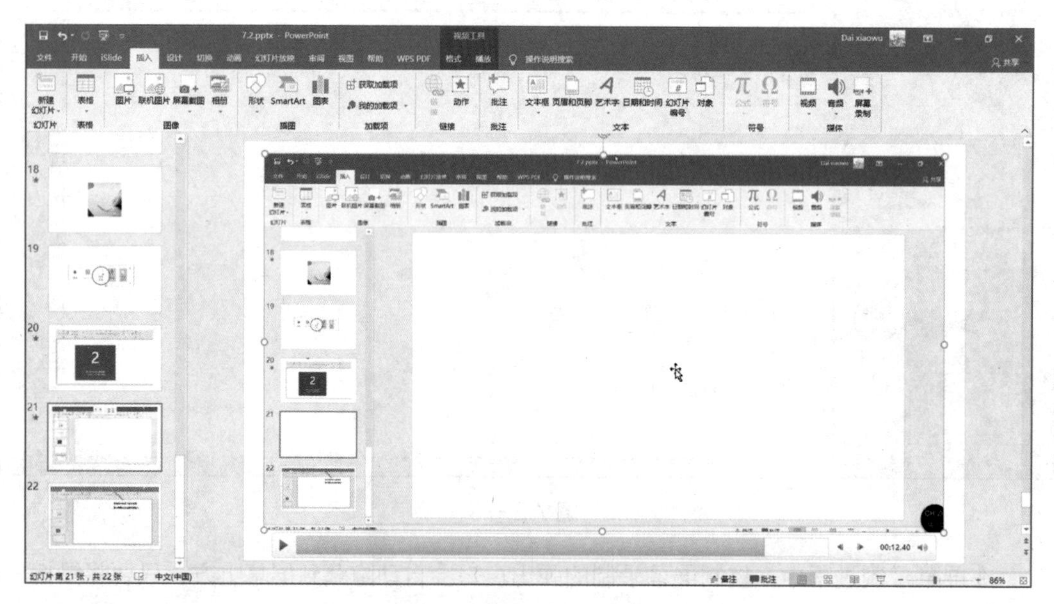

图 7.2–75

4. 调整及控制视频

在幻灯片中插入视频后，我们可以调整插入视频的大小和位置，且通过视频的控制条来实现控制视频、裁剪视频等操作。

（1）控制条——掌握视频的进度。选中视频文件后，在视频下方会出现当前幻灯片中插入视频的控制条。在控制条中，从左至右，我们可以实现对视频的播放与暂停、掌握视频的进度、快退或快进视频、对视频时间的掌控和调节视频的声音这几项操作，如图 7.2-76 所示。

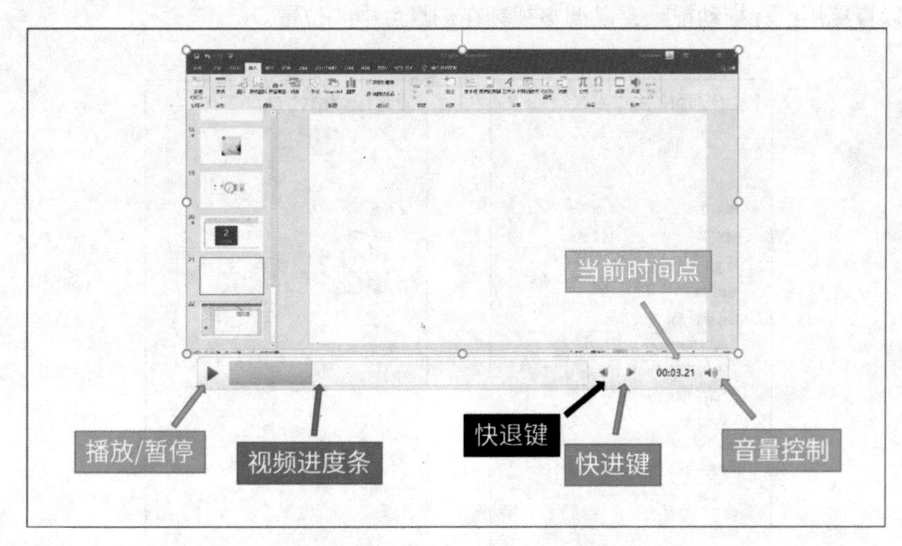


图 7.2-76

（2）调整视频的大小及位置。将视频插入到幻灯片后，我们要根据演示文稿整体的需要，调整视频的大小和位置。选中视频文件，在“视频工具—格式”选项卡→“大小”选项组中点击“大小和位置”下拉按钮，如图 7.2-77 所示。

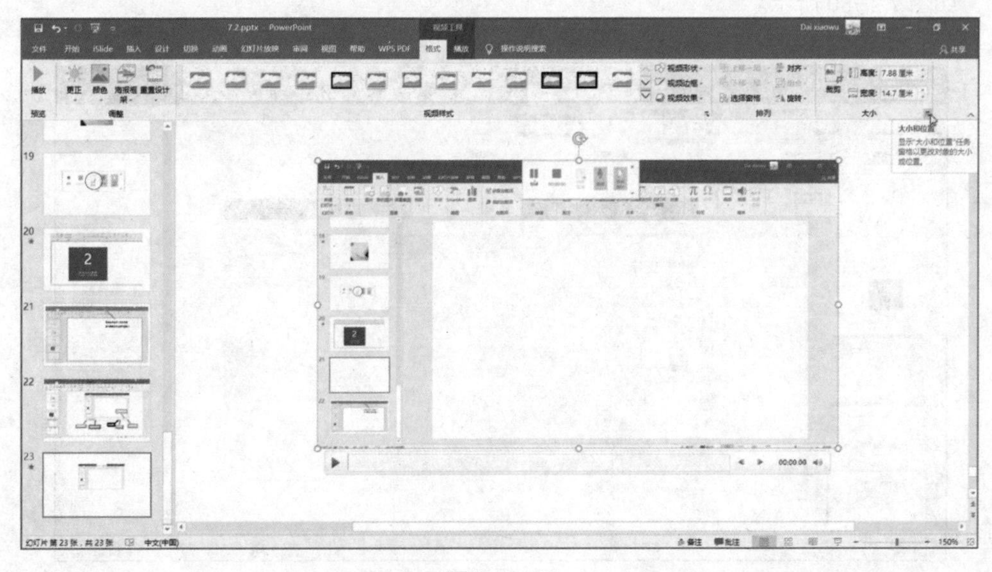

图 7.2-77

在弹出的“设置视频格式”窗口中，“大小”组别中可以设置当前幻灯片中插入视频的高度和宽度，必要时也可以设置视频旋转的角度，如图 7.2-78 所示。

在“位置”组别中，我们可以设置视频在幻灯片中的位置。位置分为“水平位置”和“垂直位置”，适合精确的调整，如图 7.2-79 所示。如果这种调整视频位置的方式过于麻烦，大家可以直接用鼠标拖动视频，以调整视频在幻灯片中的位置。

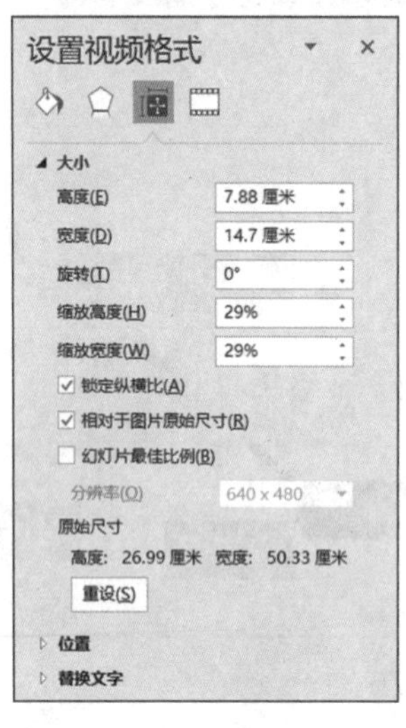


图 7.2-78

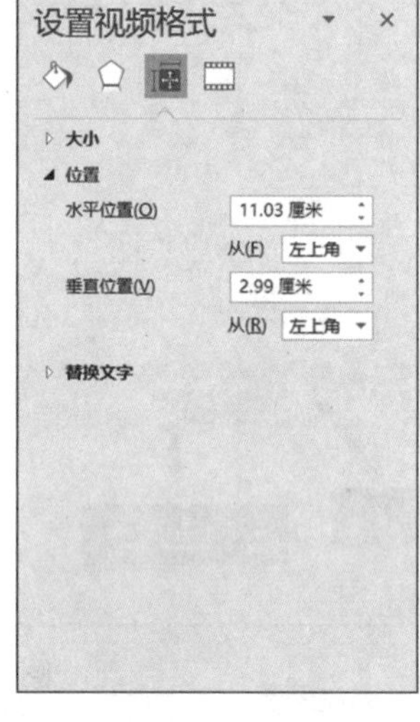


图 7.2-79

（3）裁剪视频。与音频的裁剪一样，视频也可以通过裁剪来指定开始时间与结束时间。选中视频文件后，打开“视频工具—播放”选项卡，在“编辑”选项组中选择“裁剪视频”，如图 7.2-80 所示。

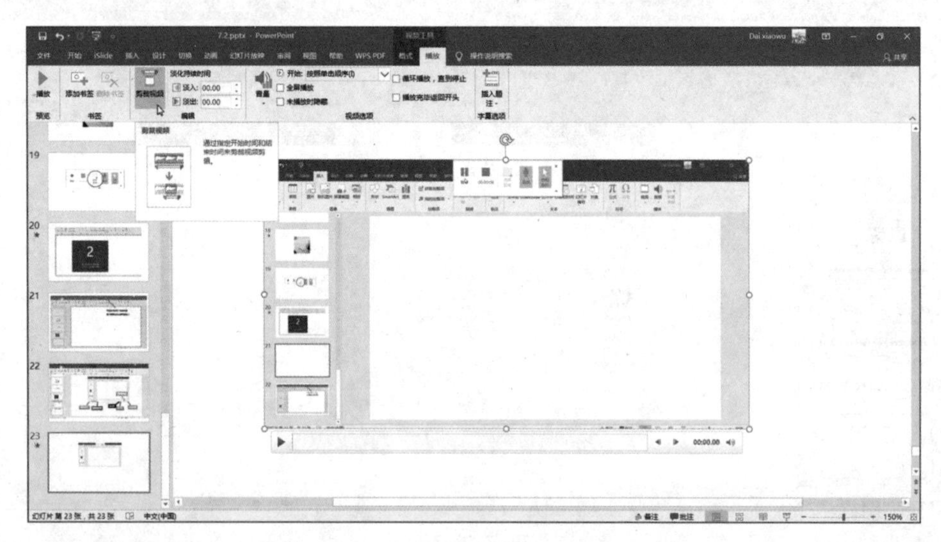

图 7.2-80

此时弹出“裁剪视频”窗口，通过播放按钮可对视频进行预览。播放按钮两侧则是向后和向前调整帧数按钮，以便我们微调视频的进度。通过拖动绿色的代表视频起始时间滑块和红色的结束时间滑块来确定视频的开始与结束时间，最后点击确定，即可完成对该段视频的裁剪，如图 7.2-81 所示。

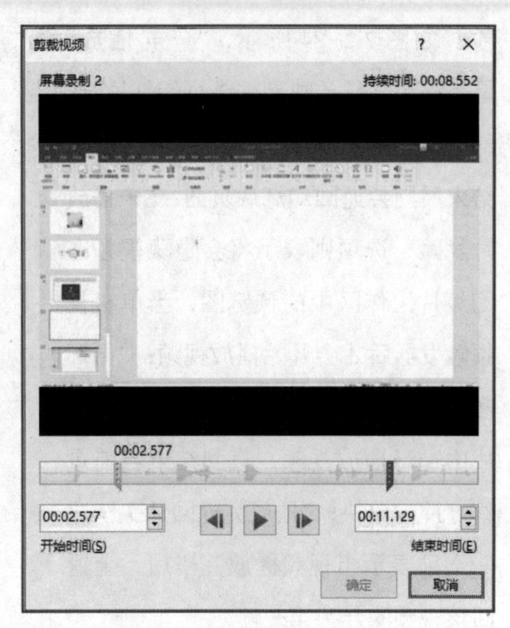


图 7.2-81

（4）设置视频的放映模式。大家可以在正式放映演示文稿之前，设置幻灯片中视频的放映模式。选中视频文件，在“视频工具—播放”选项卡→“视频选项”项目组中选择“音量”下拉选项，在下拉选项中可以设置视频在放映中的音量，如图 7.2-82 所示。

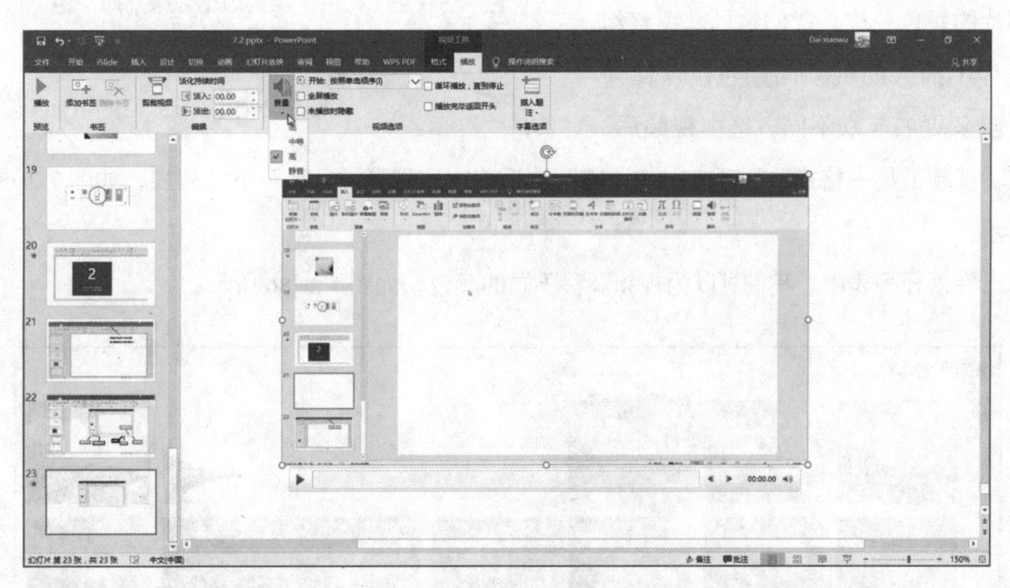

图 7.2-82

在视频选项组中，点击“开始”下拉选项，我们也可以设置当演示文稿播放到插入该视频的幻灯片时，幻灯片内的视频是自动放映，还是需要演示者手动单击鼠标后才会放映，如图 7.2-83 所示。

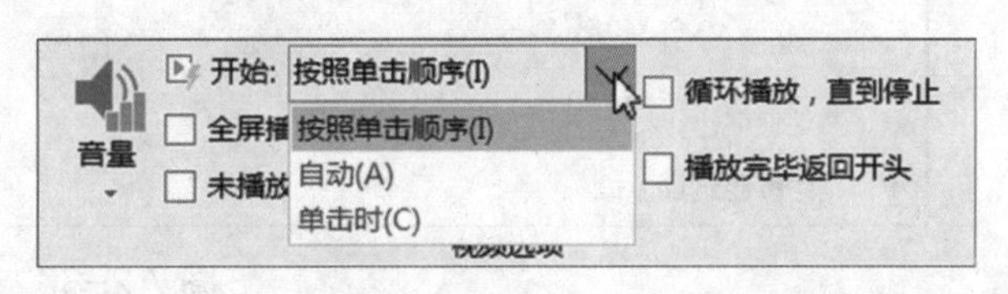


图 7.2-83

在视频选项组中还有许多其他选

项，如图 7.2-84 所示，“全屏播放”是当演示文稿放映到视频页幻灯片时，幻灯片中的视频将会全屏播放，放映结束后则会返回幻灯片页面；“未播放时隐藏”选项则表示将会隐藏视频在幻灯片工作区中的预览图，当单机视频触发器后才会开始播放视频；“循环播放，直到停止”，就是在当前页幻灯片中循环播放视频，直到结束当前页幻灯片的放映；“播放完返回开头”这一选项表示当视频播放完毕后，会返回该视频的开头第一帧。

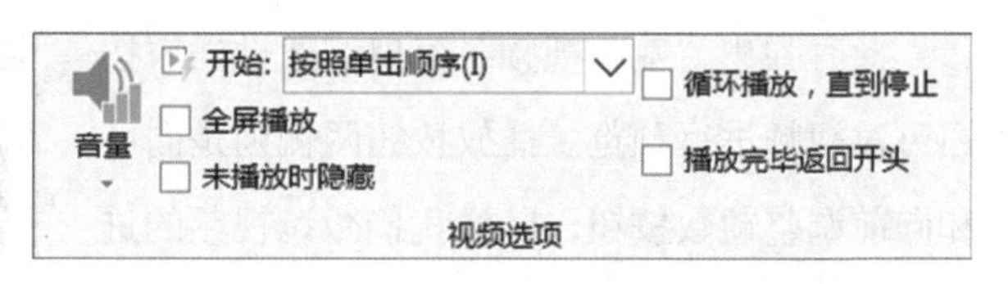


图 7.2-84

（5）调整视频的颜色。与调整图片的颜色一样，我们也可以调整幻灯片中插入的视频的颜色，以使其看起来更加与众不同。选中视频后，在“视频工具—格式”选项卡→“调整”选项组中，选择“颜色”下拉列表，如图 7.2-85 所示。

图 7.2-85

在展开列表中，我们可以为视频调整不同的颜色，如图 7.2-86 所示。

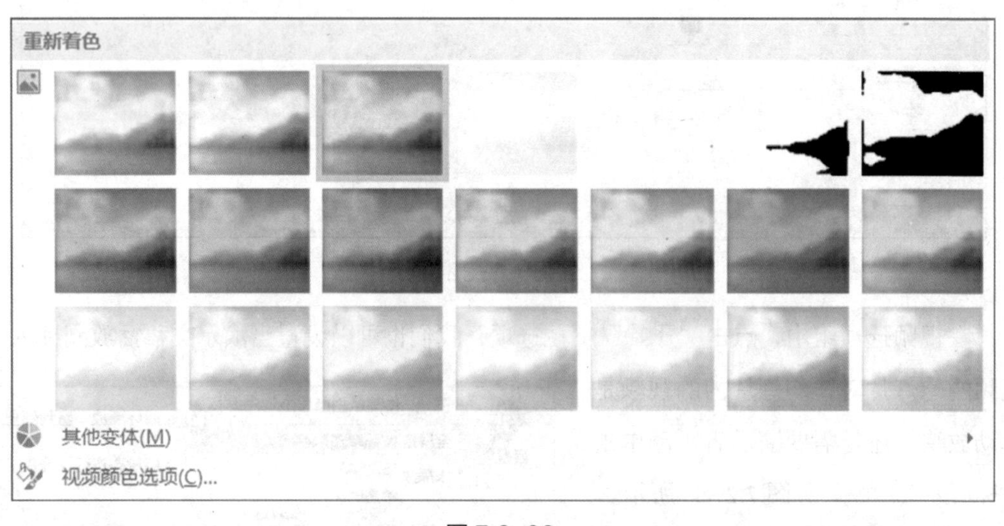


图 7.2-86

如果列表中没有满意的颜色，那么我们还可以点击“其他选项”来对视频颜色进行自定义调整，如图 7.2–87 所示。

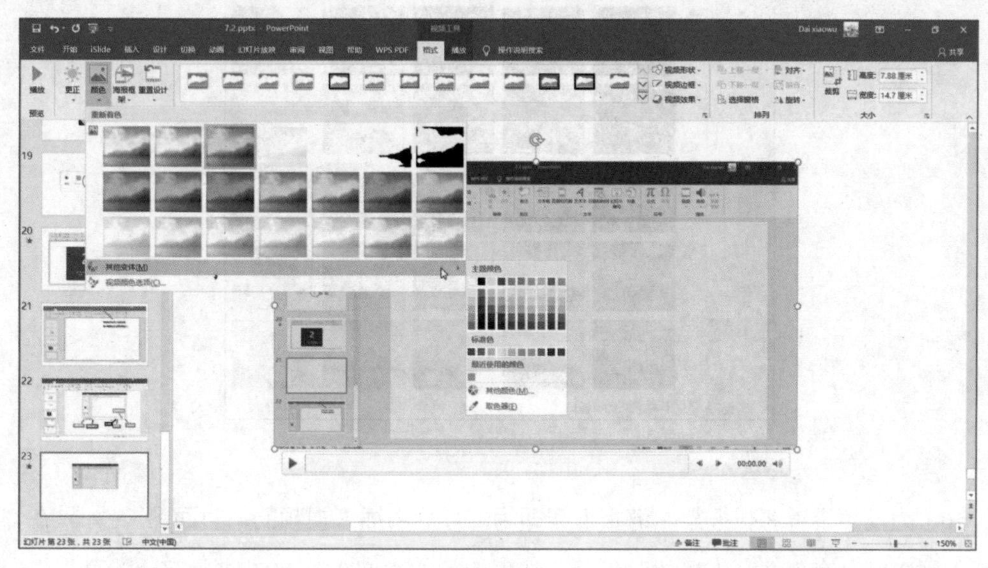

图 7.2–87

如果要取消对视频的着色，那么再次打开此列表，选择“不重新着色”即可，如图 7.2–88 所示。

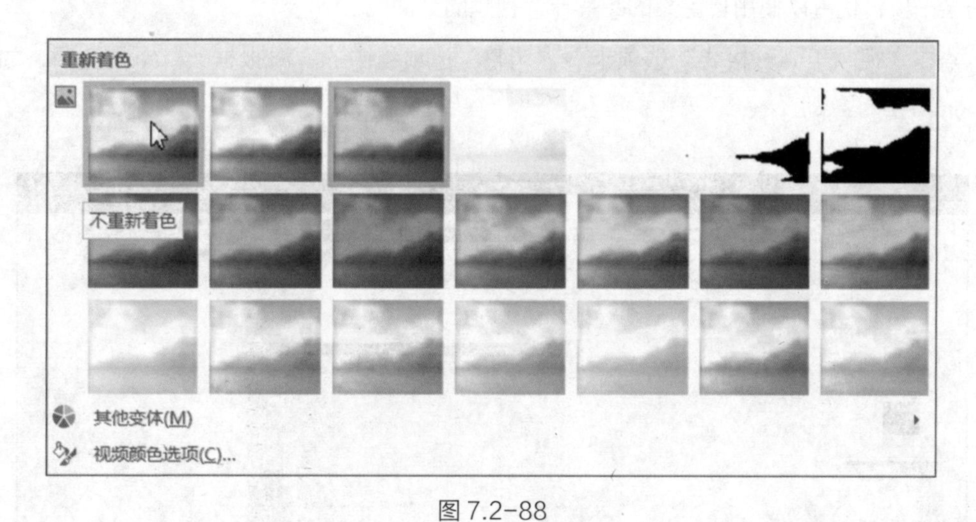


图 7.2–88

同时，统一选项组中的“更正”选项可以调整视频的亮度及对比度，如图 7.2–89 所示。

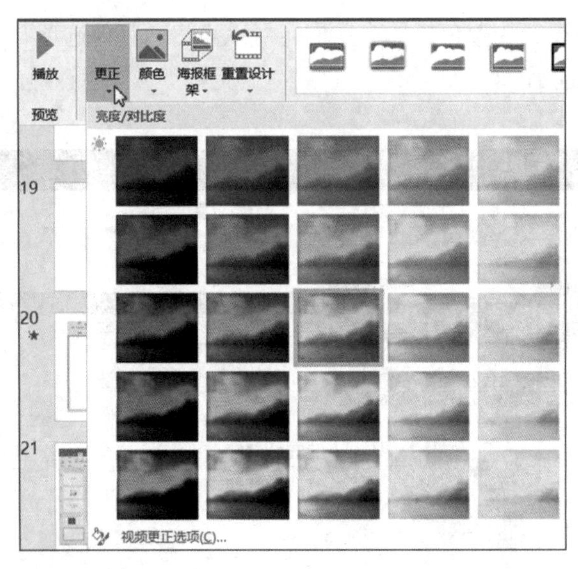


图 7.2-89

（6）为视频设置海报框架。海报框架即为幻灯片中插入视频的“封面图”。如果在幻灯片插入视频后没有勾选“未播放时隐藏”选项的话，我们在对 PPT 进行演示的过程中，当跳转到插入视频的幻灯片页面时，视频封面会自动选择以该视频的第一帧画面填充。在一些场合中，插入的视频封面需要重新设置，就是为视频设置海报框架。我们可以使用视频中的某一帧，也可以使用自定义的图片作为视频的封面图。

点击“视频工具—格式”选项卡→“调整”选项组中的“海报框架”下拉选项，如图 7.2-90 所示。

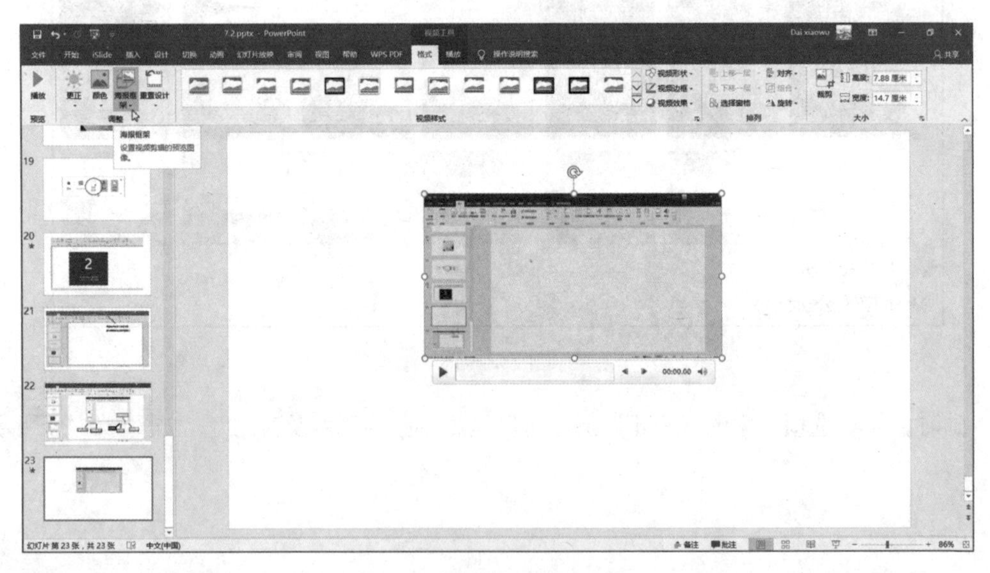

图 7.2-90

在下拉列表中，“当前帧”表示将截取当前视频播放位置的一帧作为视频封面图；选择“文件中的图像”则可以在电脑中选择一张图片作为视频封面，如图 7.2-91 所示。

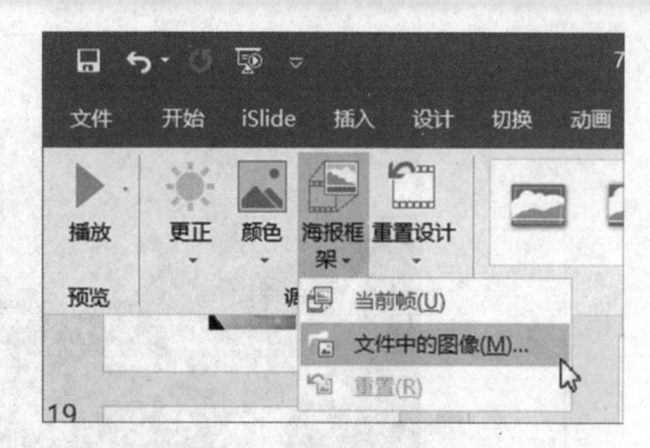


图 7.2-91

将视频的进度条拖动调整至适合作为视频封面的一帧，然后点击“海报框架”下拉选项→“当前帧”，则当前播放位置的视频图像被设置为视频的封面。设置后，在视频的进度条上会显示“标牌框架已设定”的字样，如图 7.2-92 所示。

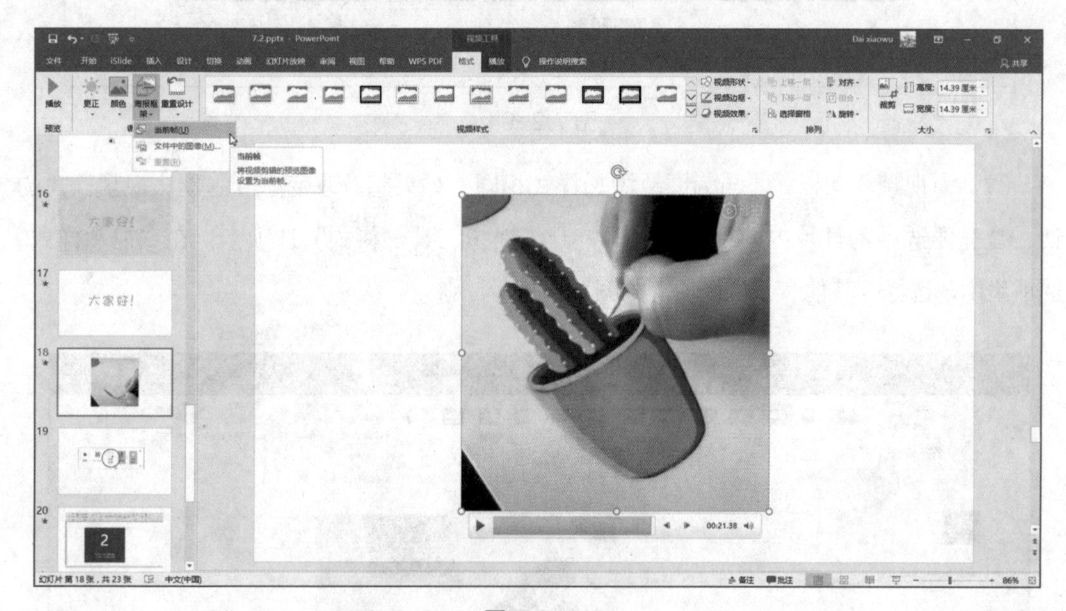


图 7.2-92

如果想要设置其他图片为视频封面的话，则选择“文件中的图像”，选择后画面中弹出“插入图片”窗口，如图 7.2-93 所示。

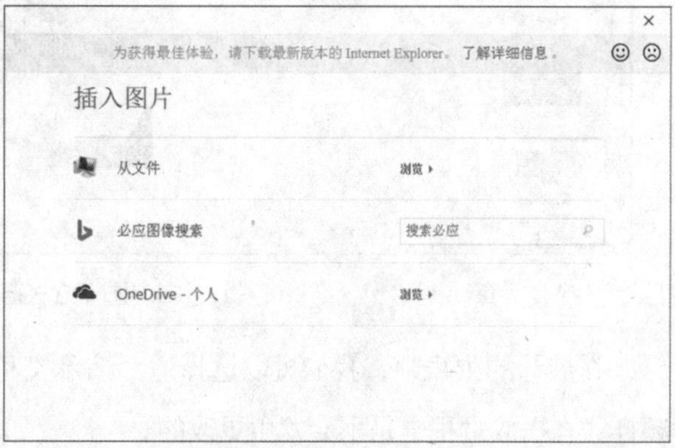

选择合适的图片后点击“打开”，视频的封面图即可变为刚插入的图片。在视频的进度条上也会显示“标牌框架已设定”的字样，如图 7.2-94 所示。



图 7.2-93

图 7.2-94

（7）为视频添加样式。与为图片添加样式相同，如果想要改变冰冷的默认视频样式的话，首先要选中幻灯片内的视频，随即打开“视频工具—格式”选项卡，在“视频样式”选项组中，选择“其他”下拉选项，如图 7.2-95 所示。

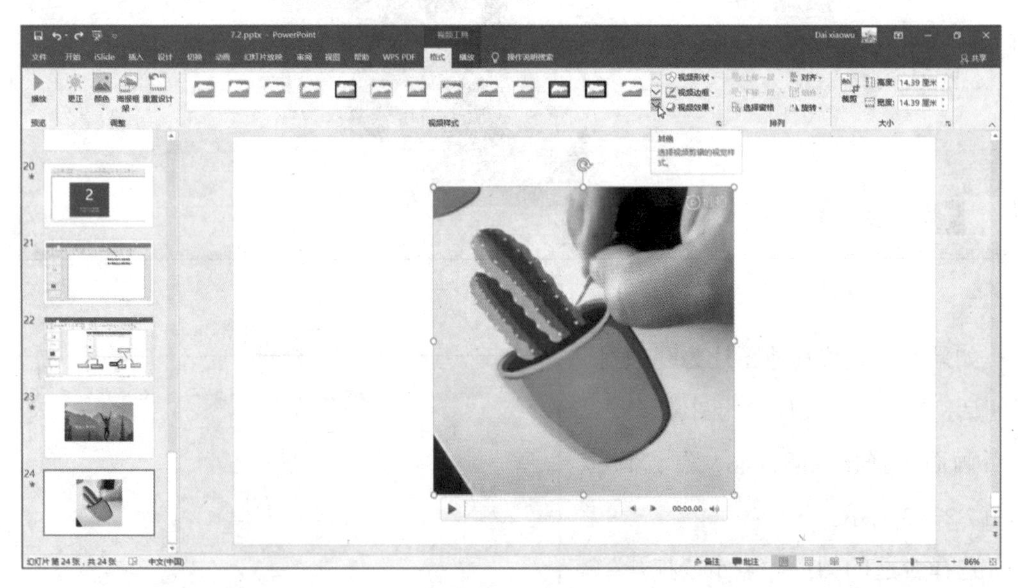

图 7.2-95

在展开的列表中，我们可以选择适合演示文稿风格的视频样式，如图 7.2-96 所示。视频样式在播放过程中是不会发生更改的。

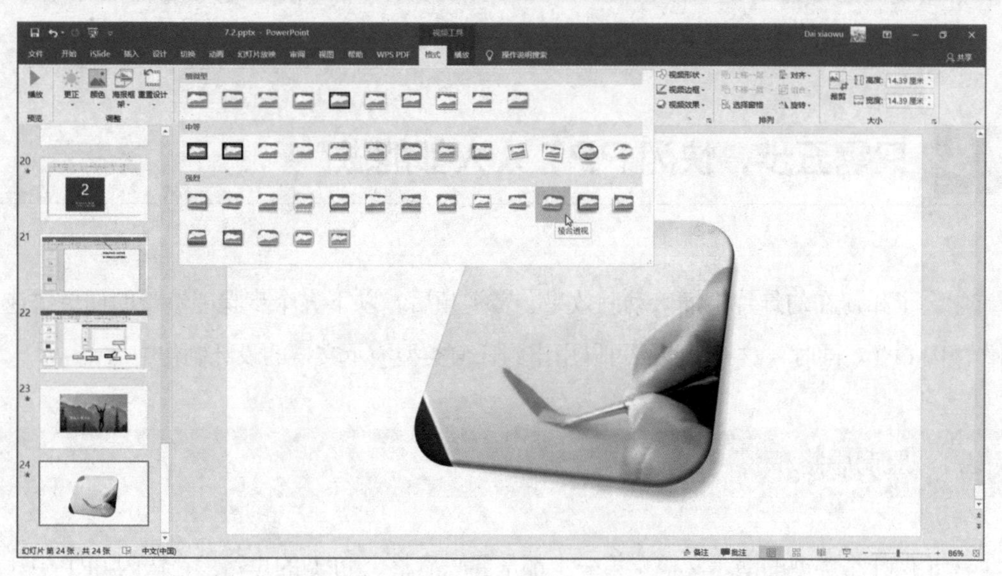
7.2.pptx - PowerPoint
视频工具
Dai xiaowu
文件
开始
iSlide
插入
设计
切换
动画
幻灯片放映
审阅
视图
帮助
WPS PDF
格式
播放
操作说明搜索
共享
播放
更正
颜色
海报框架
重置设计
预览
调整
细微型
中等
强烈
视频形状
视频边框
视频效果
对齐
旋转
选择窗格
排列
裁剪
高度: 14.39 厘米
宽度: 14.39 厘米
大小
幻灯片 第 24 张，共 24 张
中文(中国)
备注
批注
86%

图 7.2-96

# 7.3 只需五步，快闪 PPT 人人都能做

学会了如何在幻灯片中插入动画效果、音视频后，以下五个步骤能够帮助你更快速地制作快闪 PPT。同时，这五个步骤可以引申到任何类型演示文稿的设计制作中。

## 7.3.1 厘清思路

无论做什么类型的演示文稿，第一步都是要厘清整个 PPT 的思路。在快闪 PPT 中，运用的动画等操作技巧并不是十分复杂，相对于一些传统类型的 PPT 甚至更加简单。其实，快闪 PPT 的重心就在于内容的构思上，形式大家都会做，那么内容就一定要更吸引人。

在我们对 PowerPoint 2016 中的动画效果、切换效果和音视频了解后，结合演示文稿的主题与内容，在设计制作 PPT 前一定要考虑这几个问题：整个动画的主题是什么？开头与结尾如何设计？中间与开头、结尾如何衔接？内容的顺序与结构是什么样的？整体风格是怎么样的？类似这样的问题，一定要先整理清楚，再动手制作 PPT。

接下来我们结合具体案例来说明：在本小节我们尝试做一个自我介绍的快闪 PPT，思路如图 7.3-1 所示。

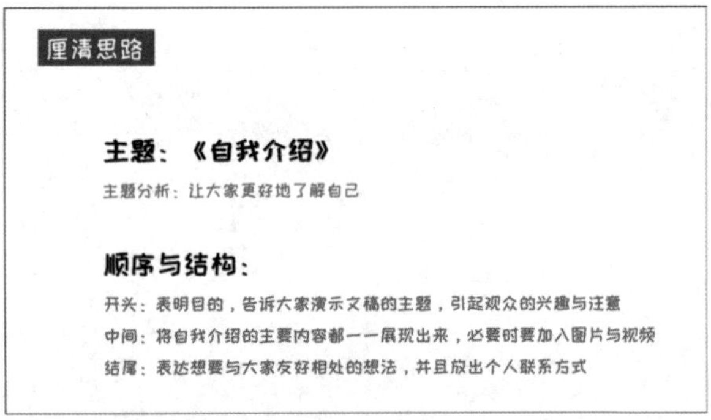

图 7.3-1

## 7.3.2 确定文案

在确定好演示文稿的整体思路之后，就要开始构思演示文稿中每一页幻灯片的具体内容了，在这一步中，我们最好把具体内容拆分为两小步来做。首先，我们先构思整体的文案，如图 7.3-2 所示。

确定整体文案后，我们将要对整体文案进行分页，这里大家就要发挥自己的想象力了，

如想要将你的演示文稿做出什么样的效果、什么样的节奏、每一句话要分成几页去表现，如图 7.3–3 所示。

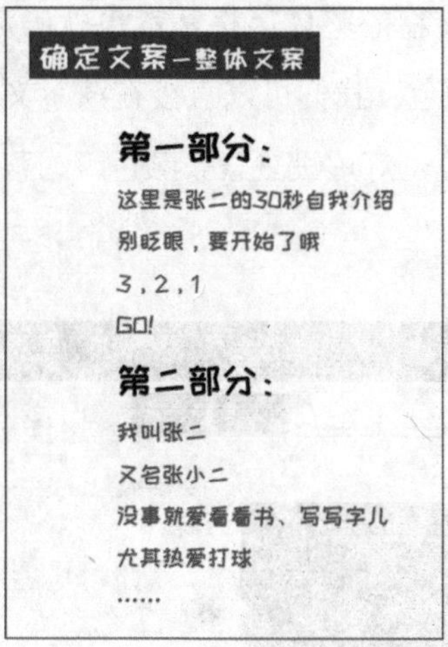

确定文案–整体文案

**第一部分：**

这里是张二的30秒自我介绍

别眨眼，要开始了哦

3，2，1

GO!

**第二部分：**

我叫张二

又名张小二

没事就爱看看书、写写字儿

尤其热爱打球

……

图 7.3–2

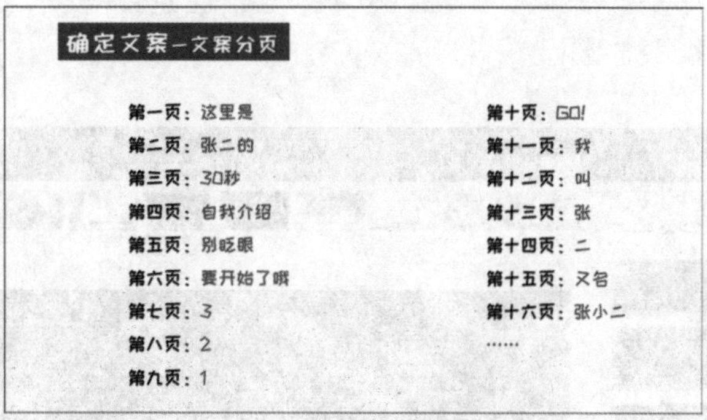

确定文案–文案分页

**第一页：**这里是

**第二页：**张二的

**第三页：**30秒

**第四页：**自我介绍

**第五页：**别眨眼

**第六页：**要开始了哦

**第七页：**3

**第八页：**2

**第九页：**1

**第十页：**GO!

**第十一页：**我

**第十二页：**叫

**第十三页：**张

**第十四页：**二

**第十五页：**又名

**第十六页：**张小二

……

图 7.3–3

Tips：当然，在大家积累了一定的经验之后，就可以直接在脑海中构思如何对演示文稿的内容进行分页了，我们可以跳过文案分页这一步，边制作幻灯片边对文案进行调整和修改。

## 7.3.3 选择音乐与视频

音乐节奏是快闪 PPT 的灵魂，选择一首适合自己 PPT 风格的音乐很重要，在确定好文案之后，我们就可以挑选音乐了。关于 PPT 中的视频，大家可以根据自己的需求来选择。例如在一般的快闪 PPT 中，开头的倒计时会选用一些比较短的、视觉冲击力比较强的视频，如图 7.3–4 所示。

图 7.3–4

## 7.3.4 根据风格确定整体配色

在内容与音乐节奏确定好之后，我们要制作的演示文稿的整体风格基本也就确定了。所以，接下来是为我们的演示文稿设置背景颜色和文字颜色。我们可以直接在演示文稿中设置背景颜色和文字颜色，例如，图 7.3–5 中，加选一部分幻灯片设置背景颜色，为整体演示文稿添加变化。

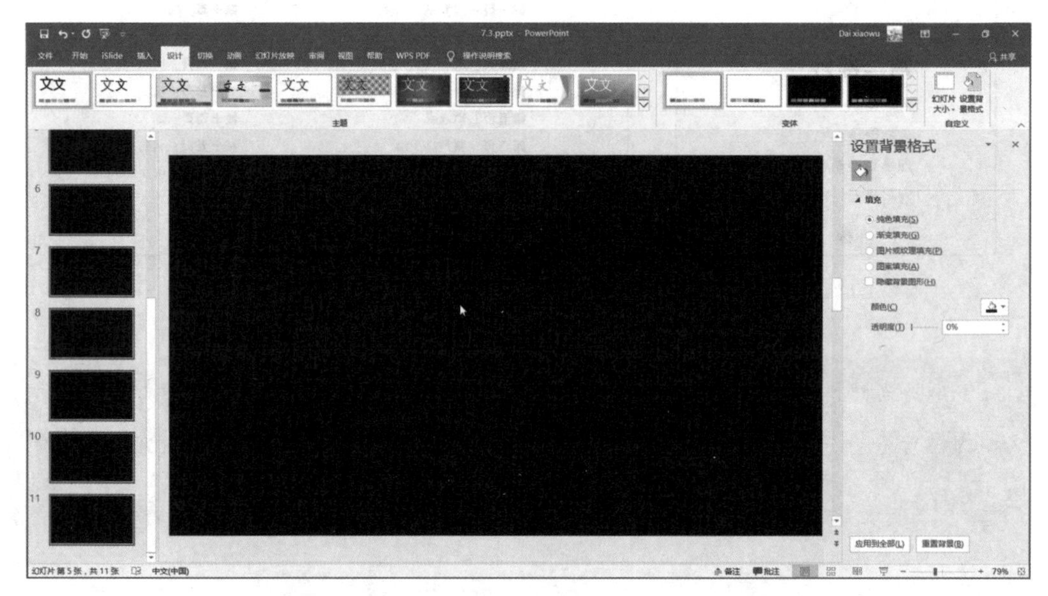


图 7.3–5

## 7.3.5 设置动画或切换效果

快闪 PPT 的“重头戏”是动画和切换效果，在此我们整理了四种动画或切换效果的应用场景，以便大家能够随时找到好用的、适合自己的动画或切换效果。同时通过对以下四个案例的预览，也能够对动画或切换效果的各种形态有一个大体的了解，这样，大家在设计制作属于自己的快闪 PPT 时，就能更加得心应手了。

### 1. 利用基础动画

在制作快闪 PPT 时，经常使用到的基础动画效果有“出现”“飞入”等，其中，“出现”适合幻灯片中的元素逐个出现的场景。例如，图 7.3–6 中，我们将“自我介绍”四个字分别放到了四个文本框中，然后逐个为四个文本框设置“出现”动画效果。

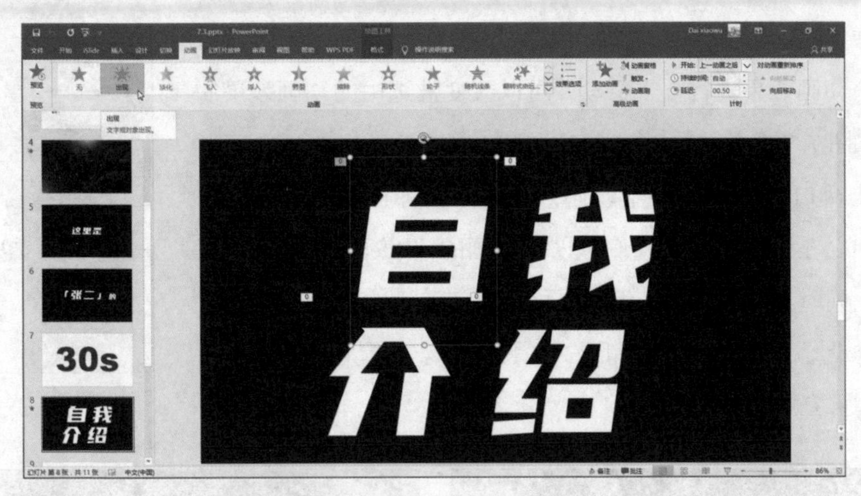


图 7.3-6

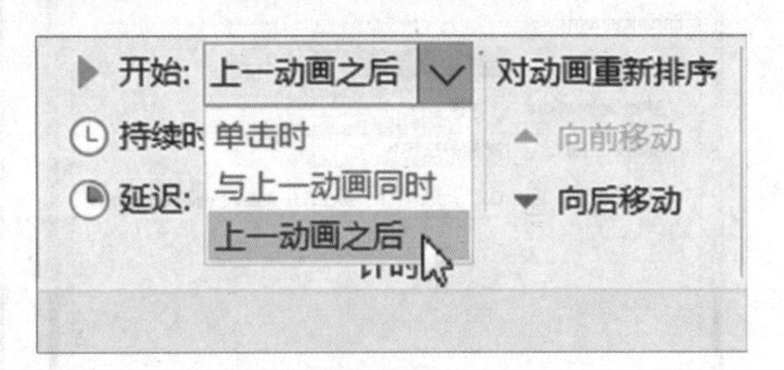


图 7.3-7

并且，要将动画效果设置为自动播放——在“动画”选项卡，“计时”选项组中选择“开始”下拉选项，在展开列表中设置动画效果在“上一动画之后”播放，如图 7.3-7 所示。这一知识点比较难以理解，而且 PowerPoint 中对这一功能也没有做过多说明，所以现在我们来结合案例体验一下这种动画效果的设置。

这里我们要注意，如果想让元素在幻灯片中体现“逐个出现”的效果的话，需要对幻灯片中的每一个独立元素进行出现时间的设置。这里我们打开“动画”选项卡“高级动画”选项组中的“动画窗格”，如图 7.3-8 所示。

图 7.3-8

在弹出的动画窗格中，我们可以对动画效果的顺序进行设置，拖动一个动画效果进行上下挪动，可以改变被选中的动画效果的顺序，如图 7.3–9 所示。

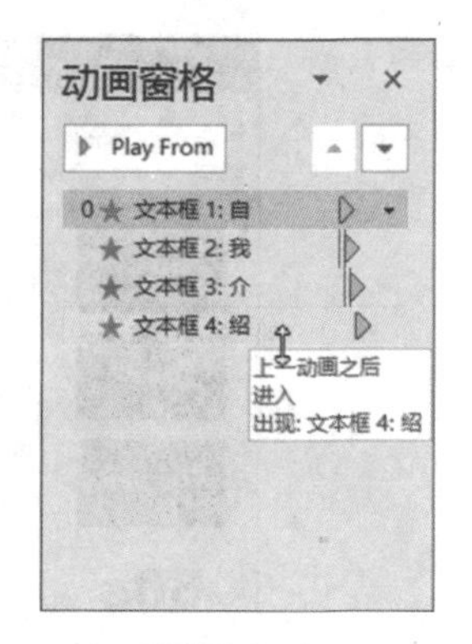

图 7.3–9

双击窗口内的任意一个动画效果，则会弹出一个新的“出现”窗口。在该窗口中，我们可以对动画的“Effect（效果）”进行设置，同时在“Timing”组中也可以对该元素的动画效果进行时间上的设置，如图 7.3–10 和图 7.3–11 所示。设置完毕后，点击“OK”即可应用当前设置。

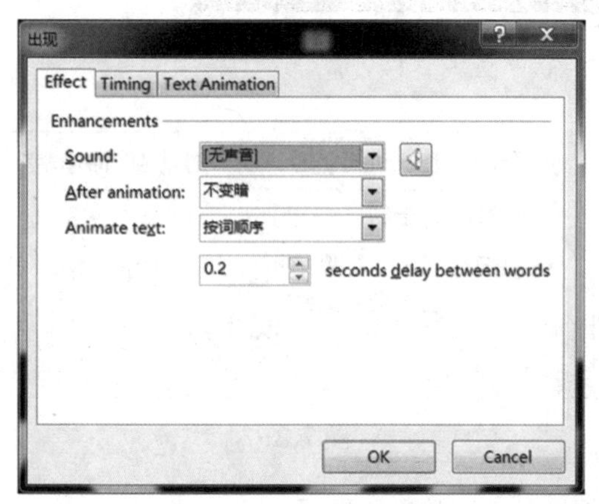

图 7.3–10

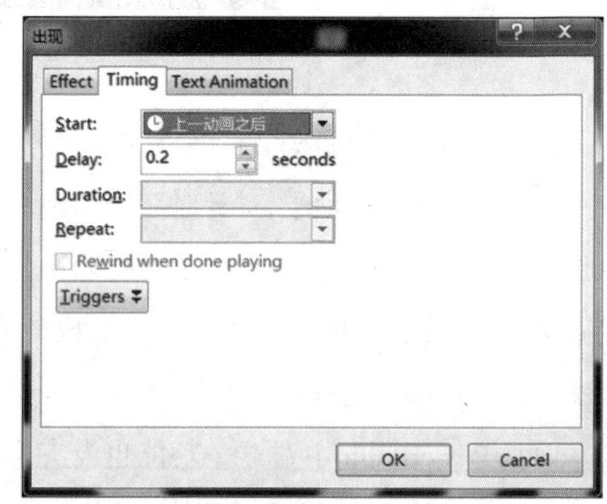

图 7.3–11

最后的效果就是一页幻灯片内，元素的逐个出现，如图 7.3–12 所示，可以根据音乐来控制节奏。

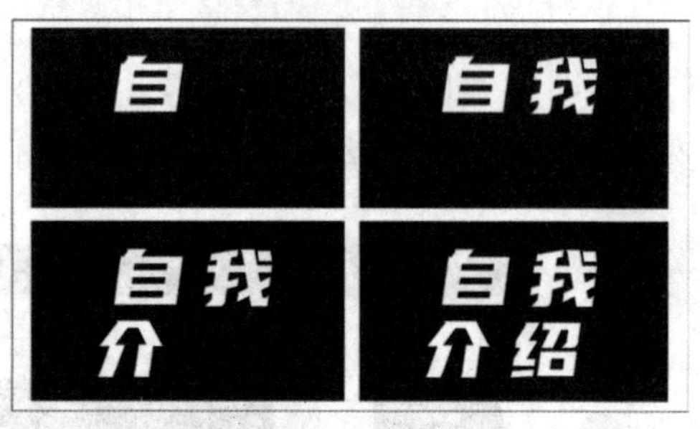

图 7.3–12

2. 利用动画组合

如果仅使用一种动画效果略显单调，那我们也可以试一试动画组合。虽然前文说快闪 PPT 对时间要求比较高，所以一些比较长的动画容易出现跟不上音乐节奏、踩不上点的问题。但这一类问题比较容易出现在新手身上，这些问题随着大家慢慢对快闪 PPT 制作越来越熟练，慢慢地也会迎刃而解。

图 7.3–13

动画组合的例子有很多，例如图 7.3–13

中，“缩放”与“放大”或“缩小”效果相配合，幻灯片中的“30s”的元素则会出现一个由远到近、由小到大的效果。当然，还有许多组合动画可以使用，PPT 制作者可以根据自己的需要不断地去尝试和体验。

3. 不添加动画

不添加动画的快闪 PPT 用什么来表现韵律呢？答案就是——利用幻灯片之间的快速切换，一样可以达到快闪的效果。我们只需要利用幻灯片切换效果中的“自动换片时间”这一选项，就能够达到案例中的效果，如图 7.3−14 和图 7.3−15 所示。

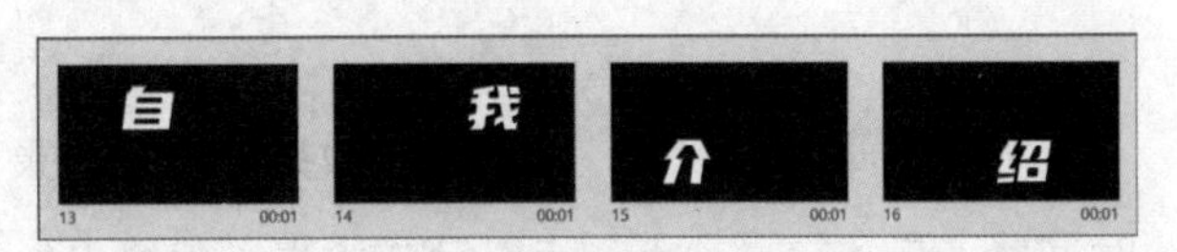


图 7.3−14

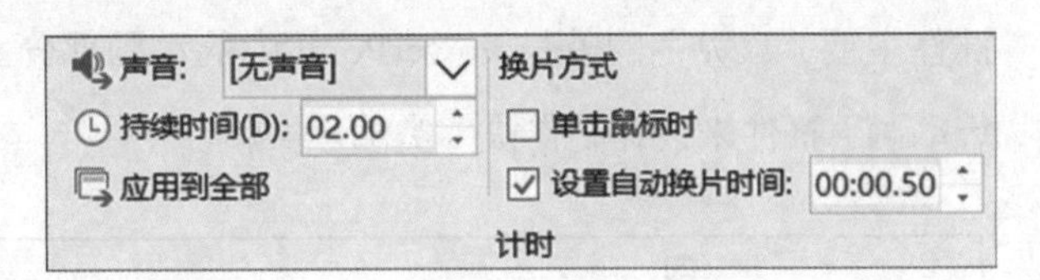


图 7.3−15

4. 利用特殊切换效果

在普通的切换效果中，突然出现一两个特殊切换效果，能够让观众眼前一亮，也为整个演示文稿注入了一丝趣味，当前，使用特殊切换效果的前提是能够与背景音乐的节奏相吻合。例如在第一页幻灯片中加上切换效果中的“折断”，将第二页幻灯片配合前一页设置为反差色，再加上快速的自动切换，视觉冲击力会非常强，如图 7.3−16 所示。

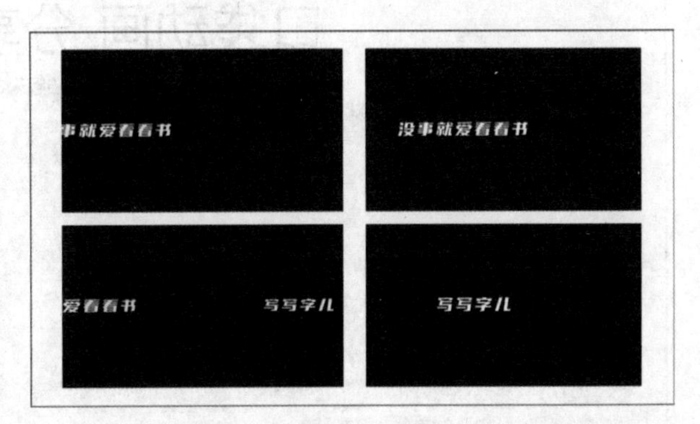


图 7.3−16

# 7.4 快闪插件，你值得拥有

如果刚开始做 PPT，很多动画效果和切换效果使用起来并不能得心应手怎么办？如果时间紧，任务重，一点一点对节奏太慢了怎么办？用插件！一键生成快闪 PPT。快闪 PPT 的插件中，最有名的就是“口袋动画”，如图 7.4-1 所示。通过名字就能知道，“口袋动画”插件主要“攻克”的就是 PowerPoint 中的动画部分。接下来我们来了解一下，如何用“口袋动画”插件来设计制作快闪类演示文稿。

图 7.4-1

## 7.4.1 片头 / 片尾动画

如果你想要获得一个吸引人的片头动画，或一个能够给人留下深刻印象的片尾动画，那么口袋动画里的“片头 / 片尾动画”一键设置肯定适合你。在电脑中安装口袋动画插件后，重启 PowerPoint 2016，就会发现在幻灯片的功能区出现了一个新的“口袋动画 PA”选项卡，如图 7.4-2 所示。

图 7.4-2

先在演示文稿中把每一页幻灯片的内容都放好，接下来选中第一页幻灯片，然后在“口袋动画 PA”选项卡的“动画盒子（智能）”选项组中，选择“片头动画”，在展开列表中选择一款片头动画，点击右下角的“下载”，如图 7.4-3 所示。

图 7.4-3

随后，该片头动画就插入到演示文稿中了，同时，会弹出一个“动画盒子”窗口，在窗口中可对该页幻灯片中的颜色、图形与文本进行设置，如图 7.4-4 所示。

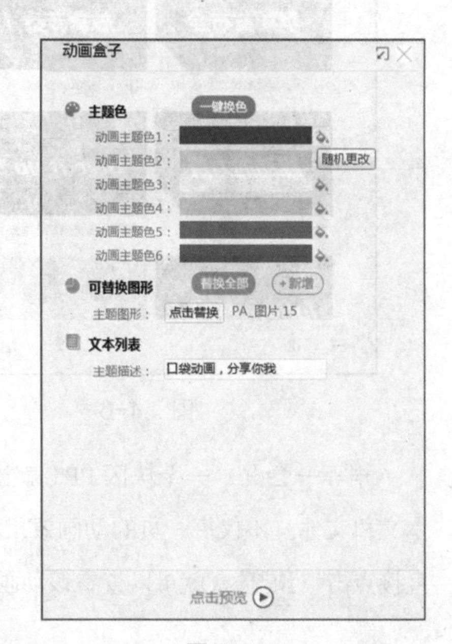


图 7.4-4

## 7.4.2 一键动画

在“一键动画（创作）”选项组中有一个“一键动画”功能。同“片头 / 片尾动画”一样，也是要先准备好幻灯片中的内容，然后选择“一键动画”，如图 7.4–5 所示。

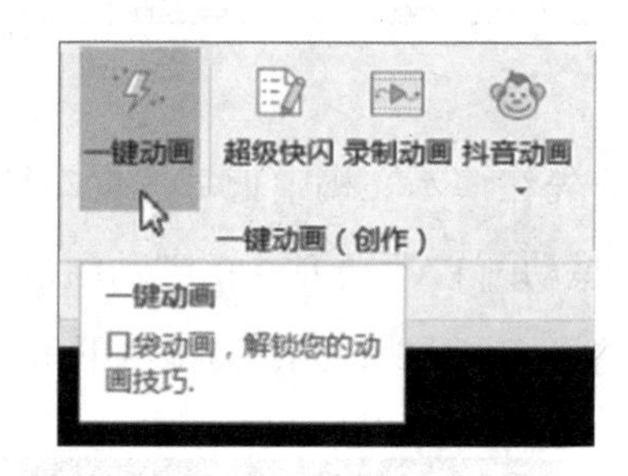

图 7.4–5

随即弹出“个人设计库”窗口，我们可以在“全文动画”组中选择自己喜欢的动画效果，如图 7.4–6 所示。

将鼠标光标移动到动画效果的缩略图上，点击“套用到当前文档”，如图 7.4–7 所示。

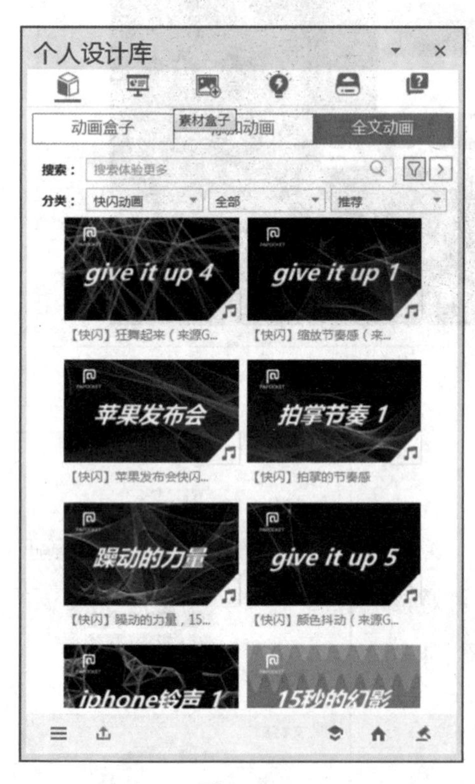

图 7.4–6

图 7.4–7

稍等一会儿，一个快闪 PPT 就出来了，套用一键动画的 PPT 会自动生成一个新的演示文稿文件。不仅每一页的动画效果和切换效果都会被一键设置好，就连音乐都准备好了，直接点击“预览”，就可以查看该动画效果是否符合自己的要求，如图 7.4–8 所示。

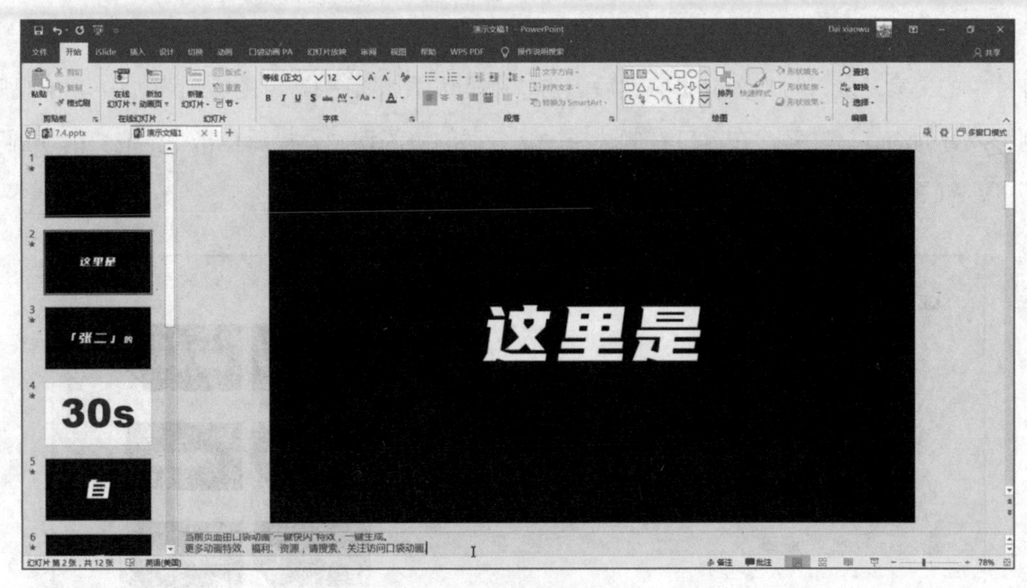

图 7.4-8

## 7.4.3 超级快闪

除了“一键动画”之外，在“一键动画（创作）”选项组中还有一个“超级快闪”功能，如图 7.4-9 所示。这一功能比“一键动画”更简单，只要输入文本即可直接生成快闪动画，省去了自己制作幻灯片这一步。

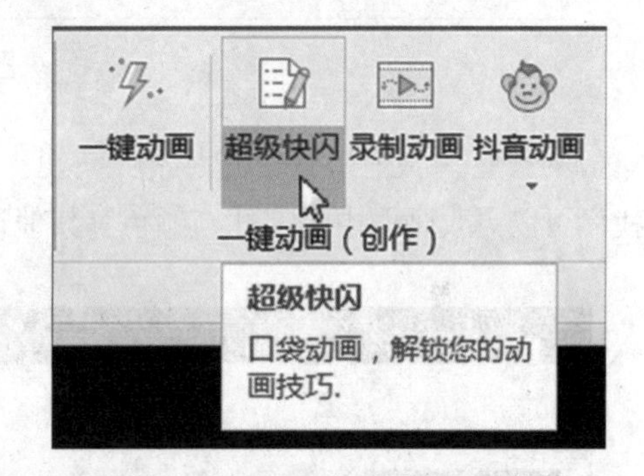

图 7.4-9

点击“超级快闪”下拉按钮，在展开列表中选择“一键快闪”，如图 7.4-10 所示。

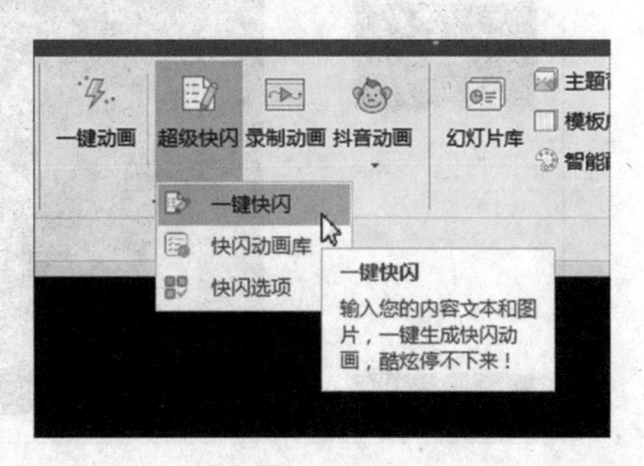

图 7.4-10

随即在 PowerPoint 中弹出一个“超级快闪”窗口，在“添加 / 编辑内容”框中输入幻灯片中的文案，以逗号作为分页。然后点击“+ 确认添加”，则在“内容列表”中会出现刚刚输入好的幻灯片文案。在窗口右侧选择一款合适的快闪动画，最后点击“生成快闪动画”即可，如图 7.4-11 所示。

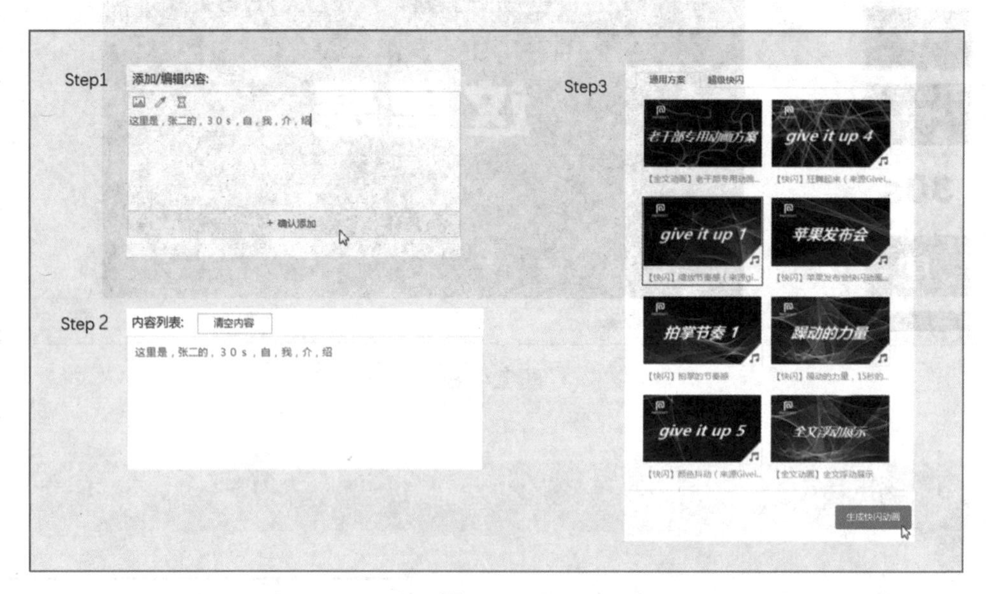


图 7.4-11

随即就会在 PowerPoint 中新建一个已经将动画效果和切换效果都设置好的演示文稿，我们可以更改画面中的字体与颜色等其他设置，如图 7.4-12 所示。

图 7.4-12

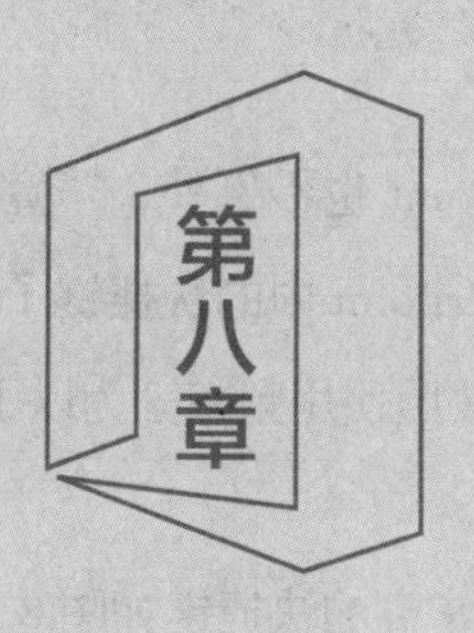


# PPT高手进阶

通过对前面章节中的学习，大家应该对 PowerPoint 的基础操作和一些简单的设计知识有了一定的了解。但想要用“精”PowerPoint，并成为 PPT 高手，你还需要在基础知识上进阶哦。善用快捷键、了解更多的 PPT 小妙招、选好且用对一款插件等进阶操作，能够让你设计制作幻灯片的效率提升 N+1 倍！

## 8.1 使用快捷键，让你制作 PPT 更快捷

任何软件都有快捷键，PowerPoint 也不例外，毕竟使用快捷键来设计制作 PPT，能够节省很多时间。如果你能够对 PowerPoint 中的快捷键了如指掌，那么你就已经在 PPT 高手的路上越走越近了！我们将快捷键按照使用频率分为以下三种。

1. 使用频率非常高的快捷键

在 PowerPoint 中，使用频率非常高的快捷键如图 8.1-1 至图 8.1-3 所示。

| 快捷键 | Ctrl+F | Ctrl+Shift+C | Ctrl+Shift+V | Ctrl+S | F4 |
|---|---|---|---|---|---|
| 详情 | 查找 | 复制格式 | 粘贴格式 | 保存 | 重复<br>上一步操作 |

图 8.1-1

| 快捷键 | Ctrl+Z | Ctrl+滚轮 | Ctrl+【 | Ctrl+】 | Ctrl+G | Ctrl+Shift<br>+G |
|---|---|---|---|---|---|---|
| 详情 | 撤销<br>上一步操作 | 缩放幻灯片<br>工作区 | 减小字号 | 增大字号 | 建立<br>多对象组合 | 取消组合 |

图 8.1-2

| 快捷键 | Ctrl+M | Ctrl+C | Ctrl+V | Ctrl+D | Ctrl+X | Ctrl+A |
|---|---|---|---|---|---|---|
| 详情 | 新建<br>幻灯片 | 复制内容 | 粘贴内容 | 快速<br>复制对象 | 剪切内容 | 全选 |

图 8.1-3

2. 使用频率较高的快捷键

在 PowerPoint 中，使用频率较高的快捷键如图 8.1-4 和图 8.1-5 所示。

| 快捷键 | Alt+F9 | Shift+F9 | Shift+<br>拖动图形边角 | Ctrl+Shift+<br>拖动图形边角 |
|---|---|---|---|---|
| 详情 | 显示/隐藏<br>参考线 | 显示/隐藏<br>网格线 | 图形的<br>等比缩放 | 以图形中心等比<br>缩放 |

图 8.1-4

| 快捷键 | Ctrl+O | Ctrl+N | Ctrl+Q | Ctrl+W | F12 |
|---|---|---|---|---|---|
| 详情 | 打开文档 | 新建文档 | 关闭 PowerPoint | 关闭当前文件 | 另存为 |

图 8.1-5

### 3. 使用频率一般的快捷键

在 PowerPoint 中，使用频率一般的快捷键如图 8.1-6 和图 8.1-7 所示。

| 快捷键 | Ctrl+B | Ctrl+U | Ctrl+I | Ctrl+F1 |
|---|---|---|---|---|
| 详情 | 所选文字加粗 | 所选文字加下划线 | 所选文字倾斜 | 折叠/释放幻灯片功能区 |

图 8.1-6

| 快捷键 | F5 | W | B | Shift+F5 |
|---|---|---|---|---|
| 详情 | 从第一页开始播放 | 白屏（按任意键恢复） | 黑屏（按任意键恢复） | 从当前幻灯片开始放映 |

图 8.1-7

## 8.2 这几个小妙招让你变身高效能 PPT 制作者

在现代商务办公中，如果将宝贵的时间浪费在大量重复、枯燥的工作上，是绝对不可取的。那么，对于新手 PPT 制作者来说，学会如何批量操作和进行快捷设置是提高工作效率最有效的途径。接下来，我们就来总结在 PowerPoint 中最能提高工作效率的几个技能。

### 8.2.1 批量替换字体

在设计制作演示文稿时，我们常常为了字体统一而一页一页地修改字体；这实在是一件很浪费时间的事情。这时，我们可以试试 PowerPoint 中的批量替换字体功能。如图 8.2-1 所示，打开“开始”选项卡，在“编辑”选项组中选择“替换”下拉选项。

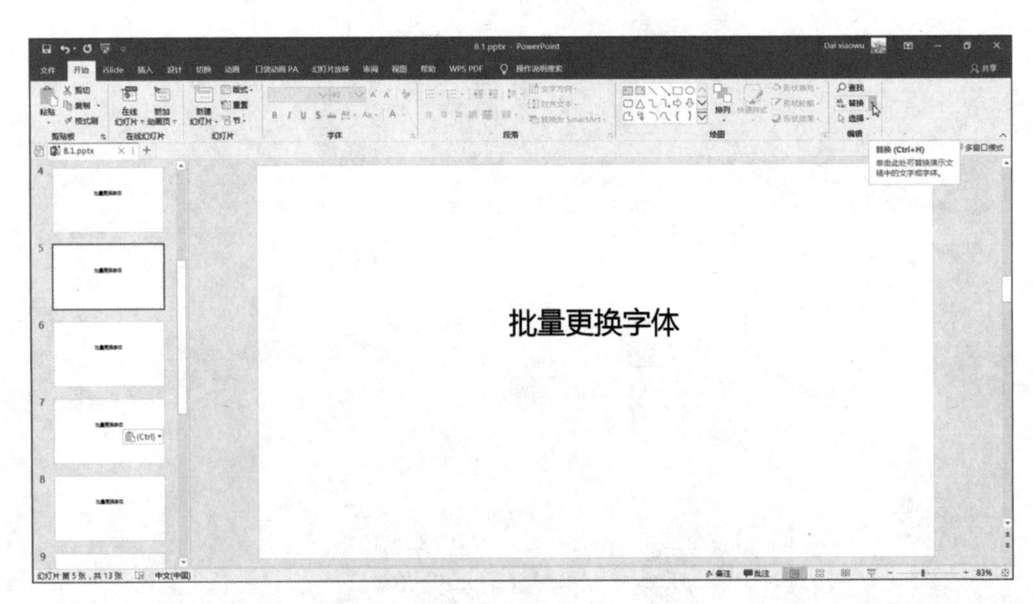


图 8.2-1

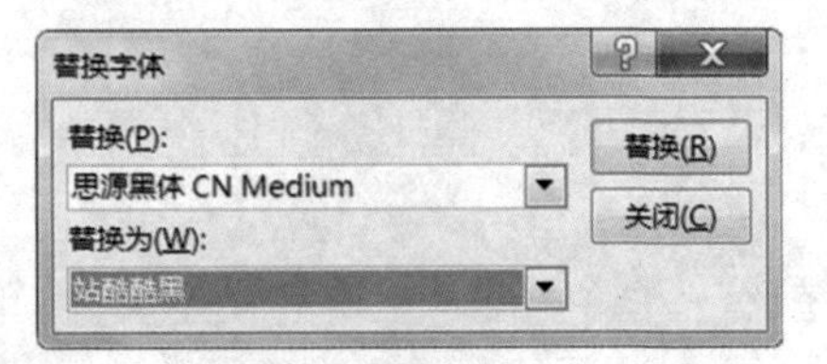


图 8.2-2

在展开列表中选择“替换字体”，即在幻灯片的工作区弹出“替换字体”窗口，如图 8.2-2 所示。窗口中的“替换”一栏代表当前演示文稿中存在的字体，“替换为”一栏中则代表要更改为的字体。选择好字体后，点击“替换”，就可以一次性把演示文稿中的某一种字体进行批量替换了。

## 8.2.2 批量替换文字内容

学会批量替换字体后，如果想要批量替换 PPT 中频繁出现的文字内容的话，该怎么做呢？其实批量替换文字内容与批量替换字体是同样的流程，打开“开始”选项卡，在“编辑”选项组中选择“替换”下拉选项，在展开列表中选择“替换”，如图 8.2-3 所示。

8.1.pptx - PowerPoint
批量更换文字内容

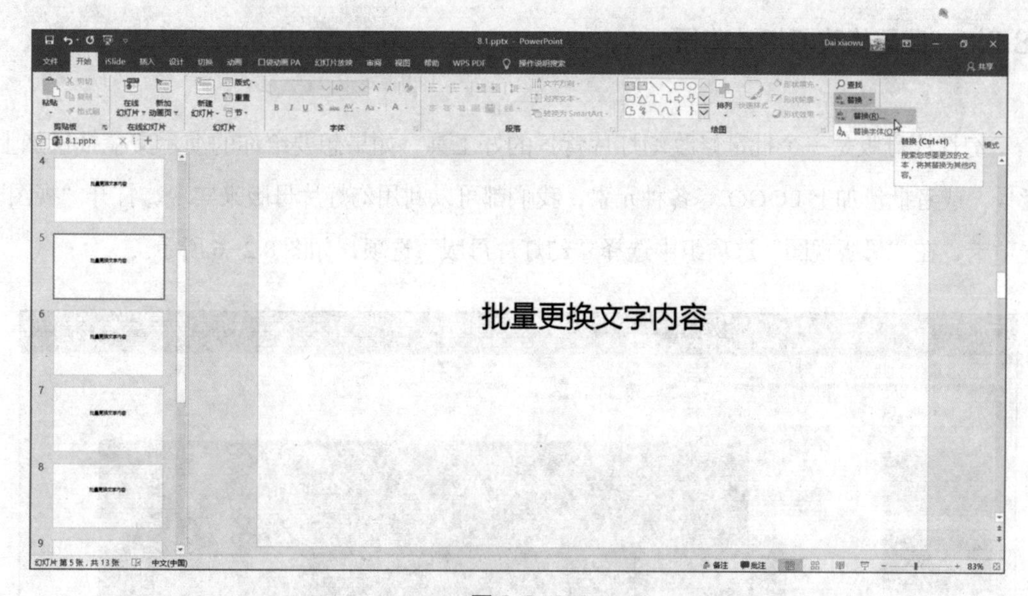

图 8.2-3

这时在幻灯片的工作区弹出“替换”窗口，在弹出的窗口中，把想要被批量替换的文字和将要替换成的文字分别输入到“查找内容”和“替换为”栏中，最后点击“全部替换”即可批量替换当前演示文稿中的文字内容，如图 8.2-4 所示。

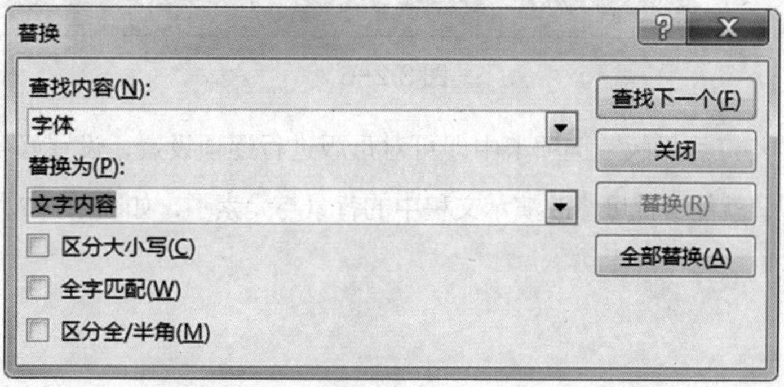

替换
查找内容(N):
字体
替换为(P):
文字内容
区分大小写(C)
全字匹配(W)
区分全/半角(M)
查找下一个(F)
关闭
替换(R)
全部替换(A)

图 8.2-4

替换成功后，PowerPoint 会弹出提示，如图 8.2-5 所示。

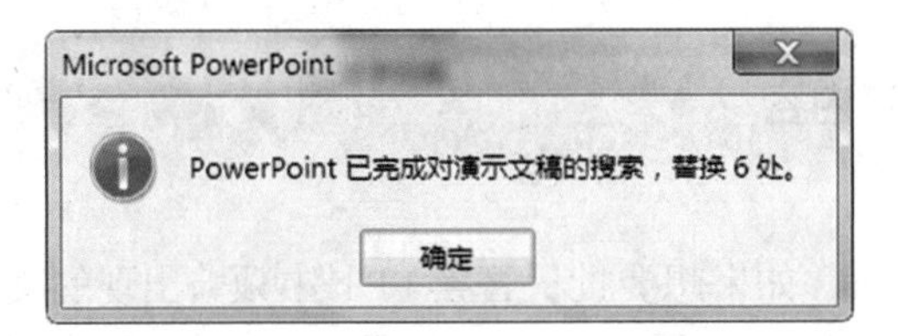


图 8.2-5

## 8.2.3 批量修改幻灯片背景

幻灯片母版是一个批量修改幻灯片背景的好工具，如果想要给你的演示文稿批量加上背景，或者批量加上 LOGO 等各种元素，我们都可以利用幻灯片母版来实现。打开“视图”选项卡，在“母版视图”选项组中选择“幻灯片母版”选项，如图 8.2-6 所示。

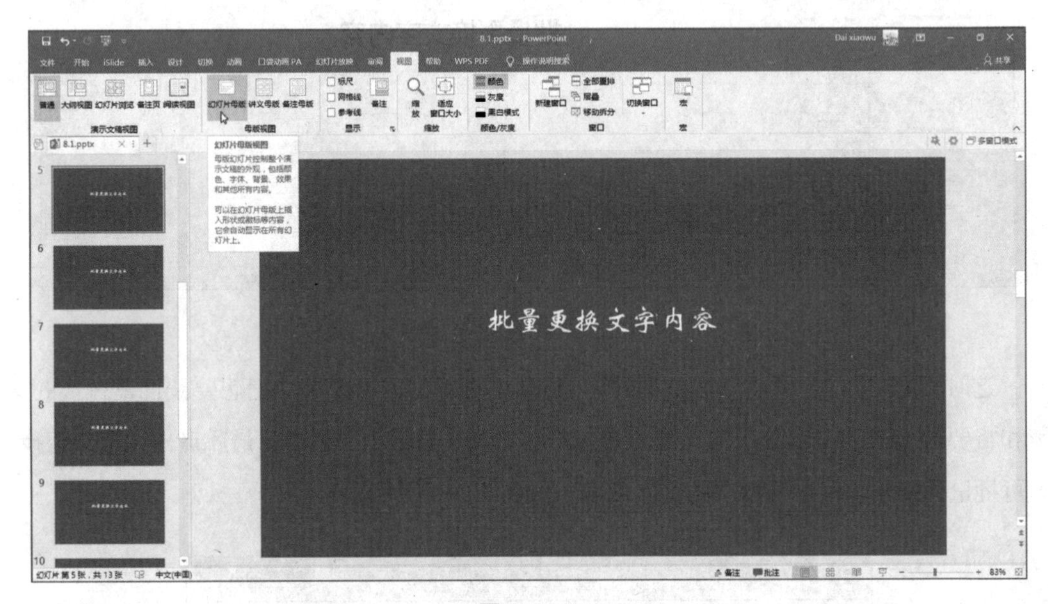


图 8.2-6

在弹出的“幻灯片母版”选项卡中即可对母版进行逐项设置，设置好各项参数后点击“关闭母版视图”，就能够批量修改演示文稿中的背景与元素了，如图 8.2-7 所示。

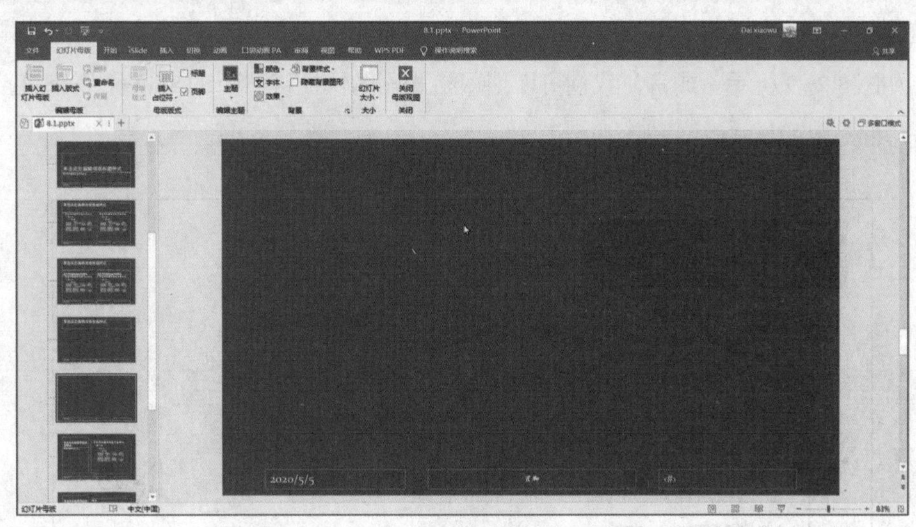

图 8.2-7

## 8.2.4　格式刷

为了让演示文稿更加美观，我们常常需要在演示文稿的文字内容、图形、配色等细节上下很多功夫，一个合格的带有明显风格的演示文稿需要统一标题格式、文字格式、图形格式甚至是动画格式。那么，如何才能将这么多元素格式快速统一呢？我们可以用 PowerPoint 中的“格式刷”，把想要复制的元素格式快速地复制到另一个对象中，真正地实现快速统一。

在接下来的案例中，以图片格式为例讲解格式刷的使用。首先，选中要引用格式的对象，打开“开始”选项卡，如图 8.2-8 所示。

图 8.2-8

选择“剪切板”选项组中的“格式刷”按钮，此时，鼠标光标就会变为带有小刷子的形态，如图 8.2–9 所示。或者，我们可以使用格式刷的快捷键“Ctrl+Shift+C”来直接复制当前选中的对象的格式。

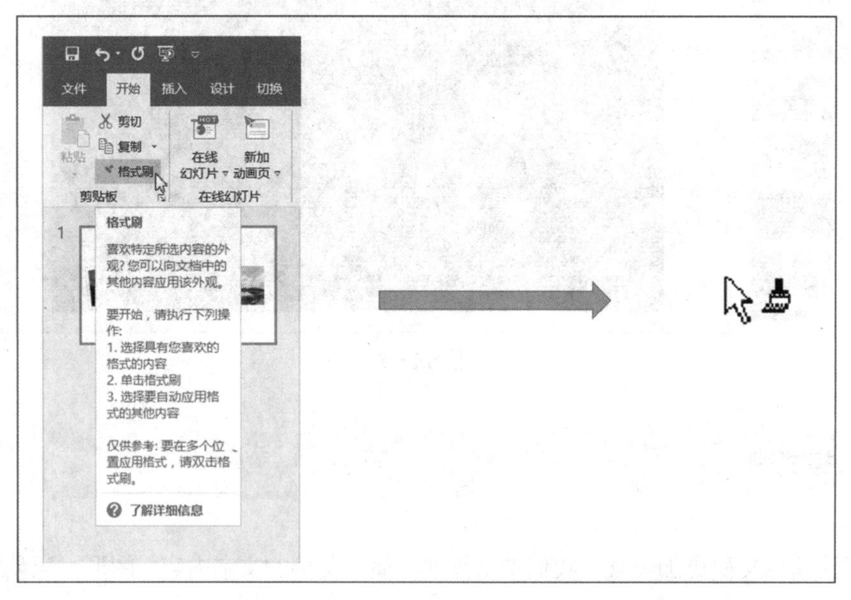


图 8.2–9

在幻灯片工作区内，单击要应用新格式的对象，可以看到原来没有应用格式的图片也应用了与前面图片相同的格式，如图 8.2–10 所示。或者直接使用快捷键“Ctrl+Shift+V”将已复制的格式应用到当前选中的对象中。

图 8.2–10

格式刷可以在同一幻灯片内刷格式，同时，也可以在不同的页面中刷格式。不过，格式刷仅限于相同类型的对象之间互刷格式，例如图片与图片之间、文字与文字之间，图片与文字之间是不能相互刷格式的。

Tips：一遍一遍复制格式太麻烦？其实我们也可以实现连续刷格式的操作。选中要引用格式的对象后，双击“格式刷”按钮，接下来不管“刷”几遍格式，格式刷都不会消失，这样就可以一直“刷刷”连续地刷下去了。

## 8.2.5 动画格式刷

除了“格式刷”功能外，PowerPoint 2016 中在动画这一领域还有“动画刷”可以利用。与“格式刷”的使用方式大概一致，我们为幻灯片中的一个元素设置好动画后，可以利用“动画刷”来将该元素中的动画效果直接复制到别的元素中去。

在图 8.2−11 中，我们为左边第一张图片设置了组合动画，选中已经设置好动画的图片，在“动画”选项卡，“高级动画”选项组中选择“动画刷”选项。

图 8.2−11

随即鼠标光标就会变为带有小刷子的形态，此时单击没有设置动画的第二张图片，就成功地将第一张图片的动画格式复制到第二张图片中了，如图 8.2−12 所示。

图 8.2-12

与“格式刷”相同，选中要复制动画效果的元素，然后双击“动画刷”，则可以一直连续地刷下去。并且，“动画刷”也可以实现跨页刷，如图 8.2-13 所示。

图 8.2-13

## 8.2.6　固定幻灯片工作区

在设计制作幻灯片时，大家可能遇到过这样一个特别令人头疼的问题：如果想要处理在幻灯片工作区外的元素，我们很多情况下会自然而然地使用鼠标滚轮来拖动页面，让元素显示在幻灯片工作区中央，但是使用这种方法会经常直接跳到下一页幻灯片中，只能翻回到上一页幻灯片再重新调整，浪费了很多时间。在这个时候，我们可以将幻灯片工作区固定，这样我们在使用鼠标滚轮时就不会突然翻页了。

我们打开幻灯片母版编辑界面，按住 Ctrl 键加鼠标滚轮，把幻灯片画布缩小，如图 8.2–14 所示。

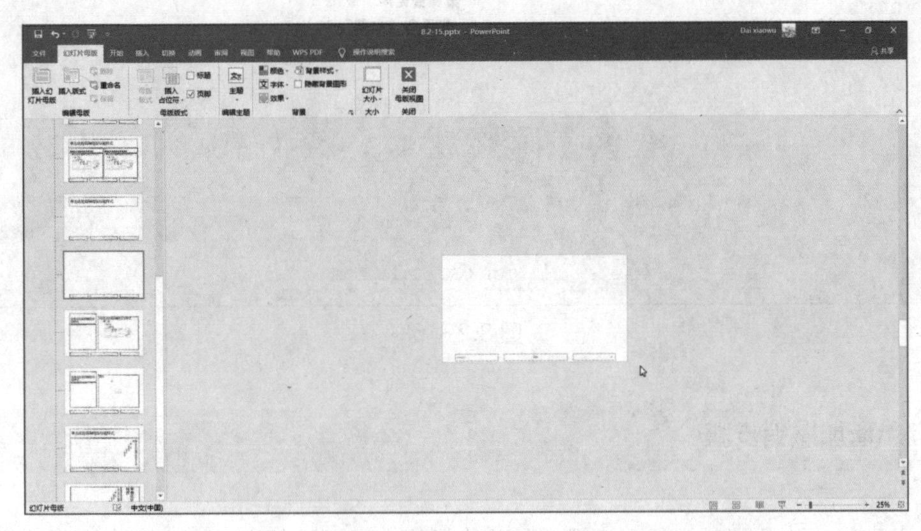

图 8.2–14

然后在幻灯片工作区的四周添加四个形状，因为添加的形状不会出现在我们正常设计制作的幻灯片中，所以可以添加任意的形状，如图 8.2–15 所示。

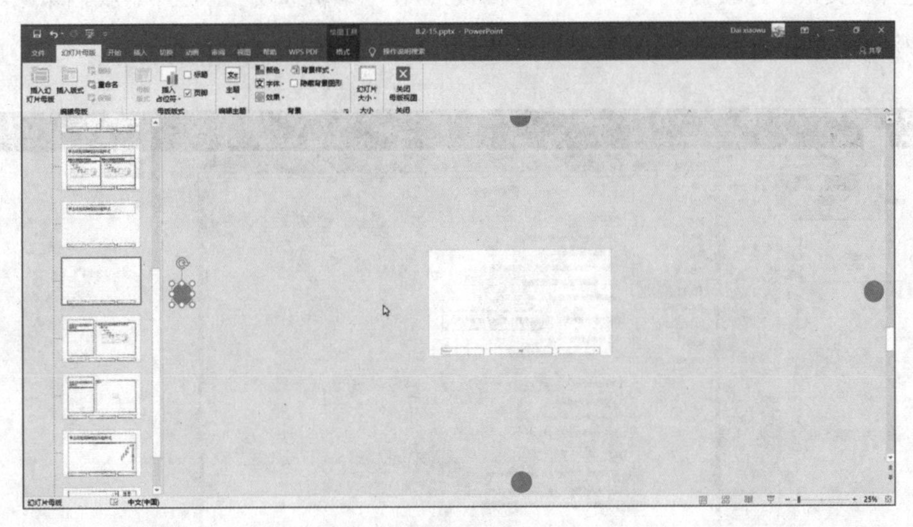

图 8.2–15

最后点击“关闭母版视图”，在新的幻灯片工作界面中，不管怎么滚动鼠标滚轮，幻灯片都不会“乱跑”了，如图 8.2–16 所示。

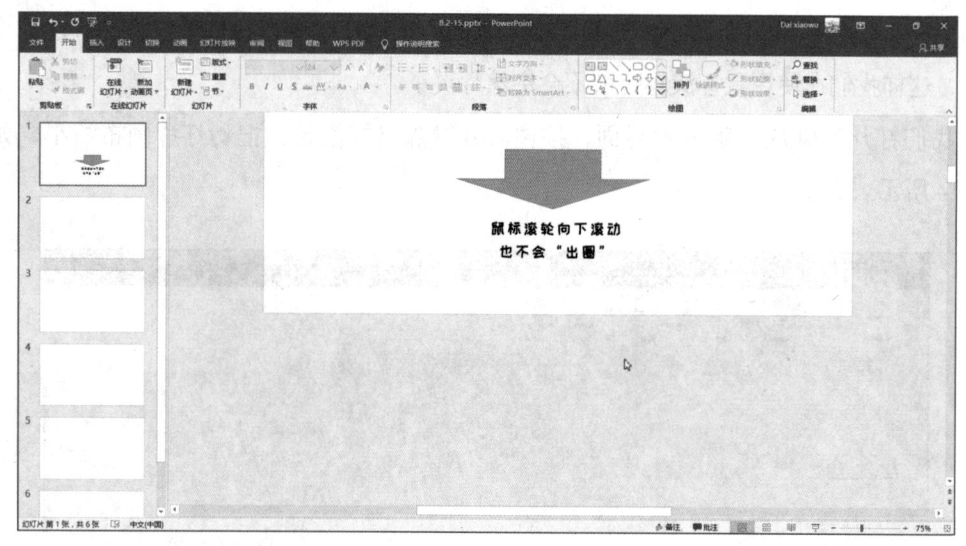

图 8.2-16

## 8.2.7 增加撤销步骤

PowerPoint 中的“撤销上一步操作”功能相信大家都不陌生，软件默认的可撤销次数是 20 次，在我们后期的设计制作中，20 次撤销是远远不够的。不过，我们可以通过设置去修改撤销次数。

选择“文件”选项卡→“选项”→“高级”，在“编辑选项”一栏中，我们即可对“最多可取消操作数”进行修改，最高甚至可以改为 150 次，如图 8.2-17 所示。

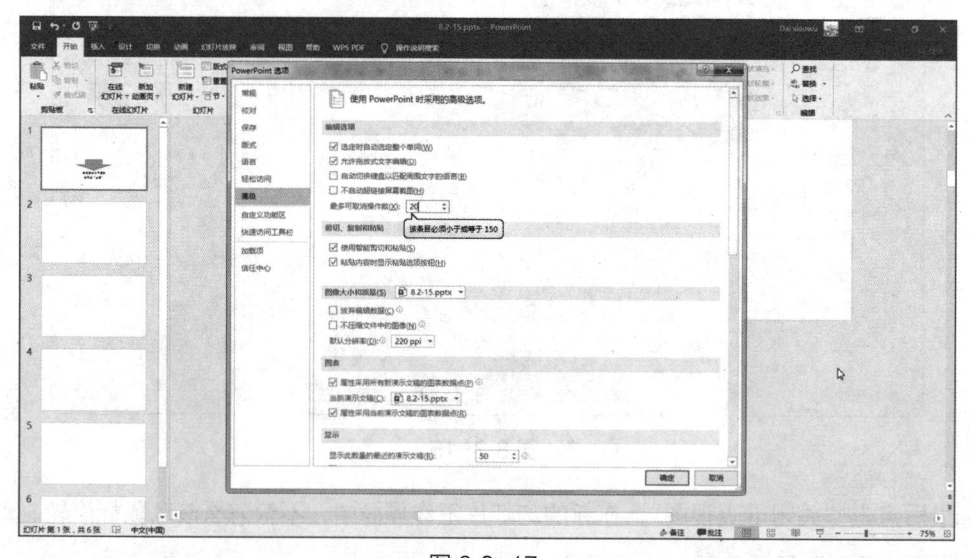

图 8.2-17

## 8.2.8 自定义快速访问栏目

除了熟练掌握快捷键的使用之外，还有一个提高设计与制作演示文稿效率，最常见的方法：就是使用快速访问栏目，它可以使大家的工作效率有一个质的提升。

选择“文件”选项卡→“选项”，在弹出的窗口中点击“快速访问工具栏”，在页面左侧一栏中双击需要的放置的功能，即可添加到页面右侧栏中，如图 8.2-18 所示。

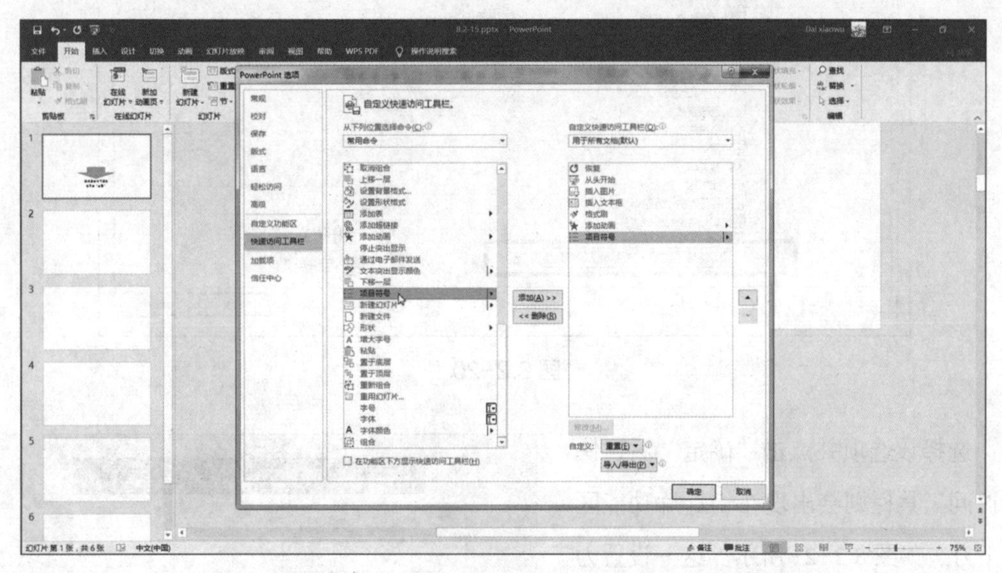


图 8.2-18

最后点击“确定”，在幻灯片标题栏左侧就出现了新设置的快速访问选项，如图 8.2-19 所示。

图 8.2-19

在“选项”中设置快速访问工具栏时，在左侧选项框下方有一个“在功能区下方显示快速访问工具栏”的复选框，如图 8.2-20 所示。

图 8.2-20

选择该选项并点击“确定”后，快速访问工具栏则会出现在幻灯片功能区的下方，如图 8.2-21 所示。这一设置为不同的软件使用习惯者提供了便利。

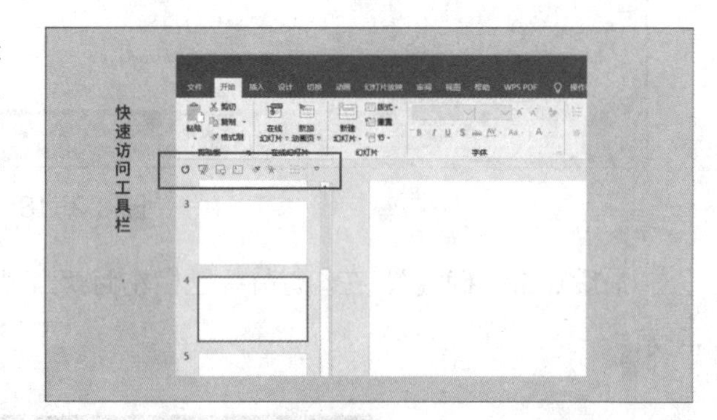


图 8.2-21

还有另外一种设置快速访问工具栏的方式，点击标题栏快速访问选项最右侧的下拉按钮，即可对快速访问栏进行快速设置，如图 8.2-22 所示。

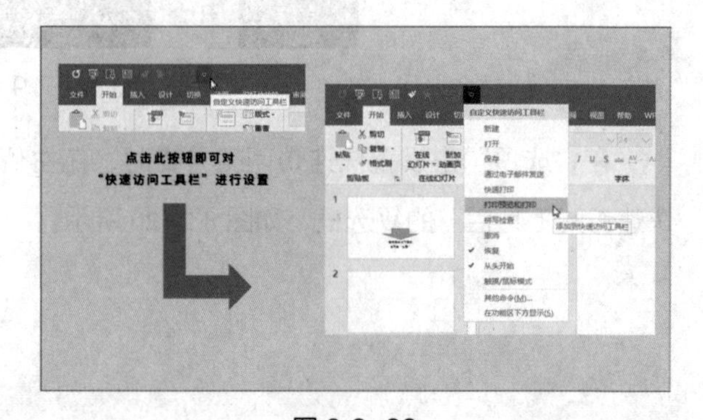


图 8.2-22

# 8.3 插件——超高效能 PPT 的效率利器

除了 PowerPoint 本身的功能与设置可以提高我们的办公效率外，还有提高办公效率的一大“神器”是我们不能忽视的，那就是插件。在前面的文章中，我们或多或少地对插件有了一些了解，甚至在一些章节中我们已经推荐了几款插件，在接下来的内容中，我们收集整理了一些利用率高、上手快的插件推荐给大家，并加以简单介绍。

## 8.3.1 安装插件后应如何管理

由于安装的插件越来越多，如图 8.3-1 所示，PowerPoint 的打开和运行速度也会变慢，所以在学习如何使用插件之前，我们要先简单地了解插件的管理。

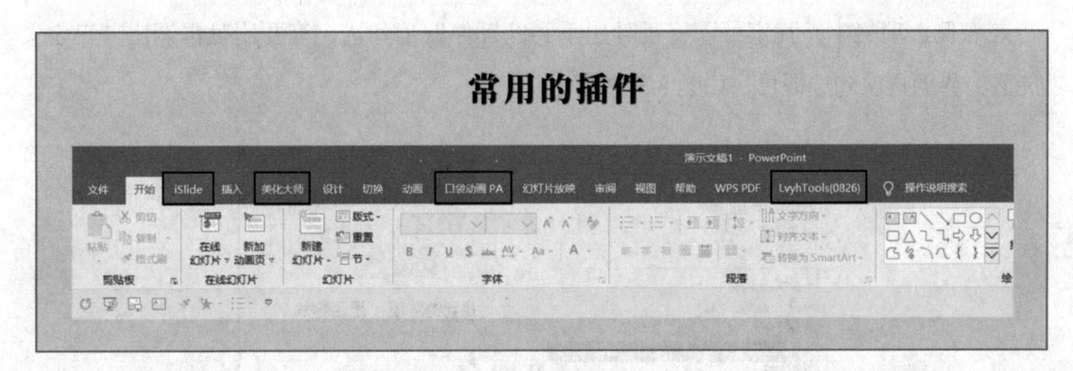


图 8.3-1

图 8.3-1 中，如果我们在 PowerPoint 中安装了很多插件，就会导致 PowerPoint 启动缓慢，所以我们要使用系统自带的“自定义功能区”功能来管理安装在 PowerPoint 中的插件。打开“文件”选项卡，选择“选项”，在弹出的窗口中选择“自定义功能区”，如图 8.3-2 所示。

图 8.3-2

在右侧选项栏中，我们可以将暂时用不到的插件取消勾选，等要用时再调出“自定义功能区”界面再次勾选即可，如图 8.3-3 所示。

图 8.3-3

最后点击“确定”，则 PowerPoint 功能区会自动隐藏原来显示的插件选项卡，如图 8.3-4 所示，此时 PowerPoint 的启动速度也就不会被影响了。

图 8.3-4

## 8.3.2 iSlide：让你的 PPT 设计变得非常简单

这一款插件是 PPT 界的“老字号”，几乎是所有 PPT 制作者必安装的一款插件。iSlide 提供了设计排版、一键优化、设计工具、PPT 拼图等我们在设计制作 PPT 时经常使用到的功能，如图 8.3-5 所示，能非常方便地提升大家制作 PPT 的效率。

图 8.3-5

### 1. PPT 瘦身

为了保证演示文稿的演示质量与精致性，我们往往会在幻灯片中插入超清图片，或者是高清视频等占用内存较大的文件，如图 8.3-6 所示。这样一来，我们的演示文稿经常“超重”，一个 PPT 文件常常达几百兆，不仅由于体积大打开文件变慢，而且传输也成了很大的问题。在一些特殊的场合，例如对 PPT 文件大小有要求的情况下，体积过大的演示文稿是“不合格”的。

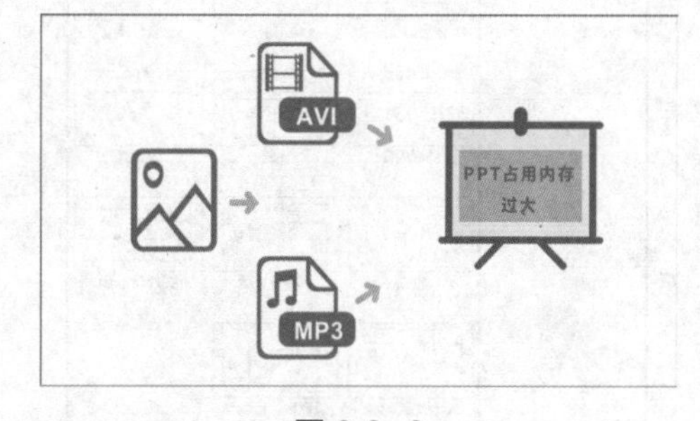


图 8.3-6

遇到这种情况，我们只要打开 iSlid 选项卡，选择“PPT 瘦身”即可。打开选项卡，在“工具”选项组中，我们就能看到这一选项，如图 8.3-7 所示。

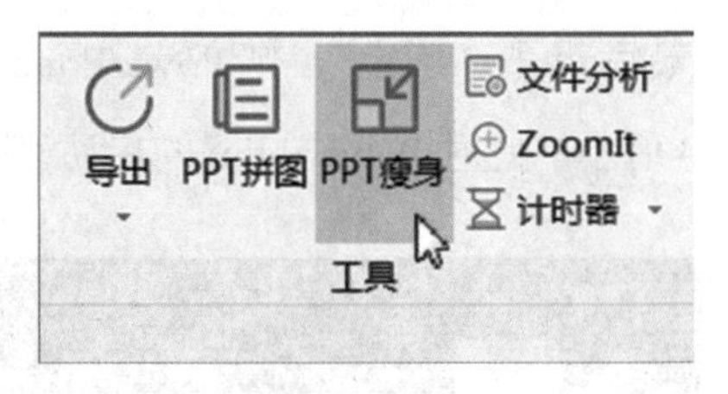


图 8.3-7

选择“PPT 瘦身”后，在弹出的窗口中有两个选项，分别为“常规瘦身”和“图片压缩”，如图 8.3-8 所示。

PPT瘦身

常规瘦身　图片压缩

| 项目 | 找到的数量 | 是否删除？ |
| --- | --- | --- |
| 无用版式 | 3 | ✓ |
| 动画 | 0 | ✓ |
| 不可见内容 | 0 | ✓ |
| 幻灯片外内容 | 0 | ✓ |
| 备注 | 0 | ✓ |
| 批注 | 0 | ✓ |

所有幻灯片　所选幻灯片　幻灯片序列

包含隐藏页面

应用

图 8.3-8

常规瘦身里有很多选项，我们可以删除无用的版式、无用的动画、隐藏的幻灯片等，如图 8.3-9 所示。其中，无用版式是指 PPT 中除了“空白”版式外的其他版式，我们在设计制作演示文稿时，为了不限制设计思路，一般都不会使用无用版式。所以每当新建一个演示文稿时，大部分人第一时间就是打开“母版视图”删除这些无用版式。但是手动删除有些麻烦，不过在我们安装了 iSlide 插件之后就可以一键解决这个问题了。

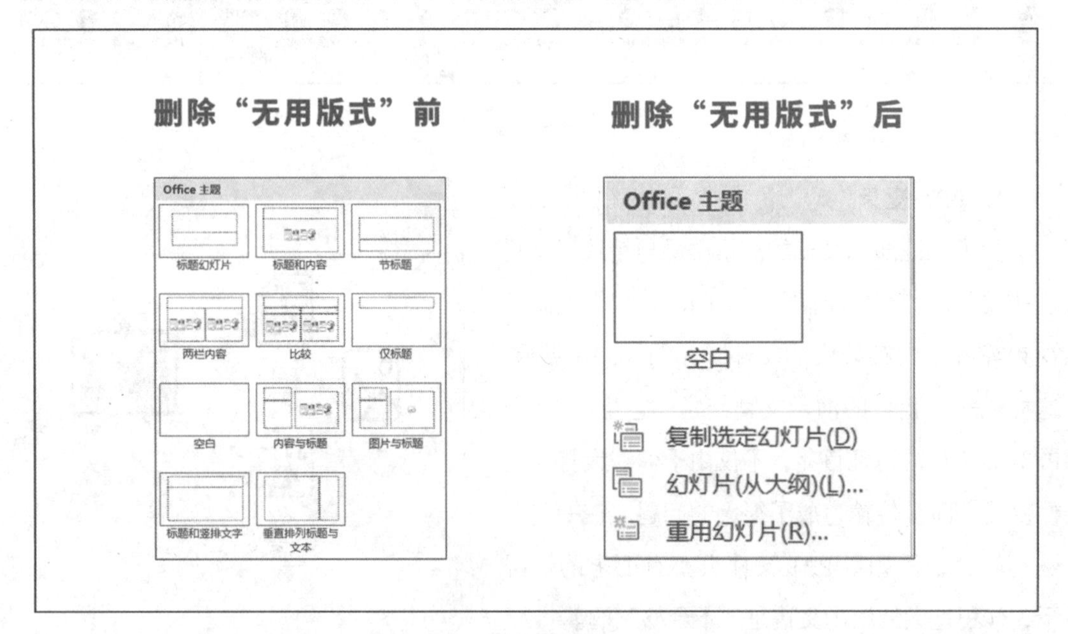


图 8.3-9

而另一个选项“图片压缩”则可以对PPT中插入的图片文件进行大幅度的压缩，如图8.3-10所示。压缩后我们点击“另存为”会生成一个新的PPT文件。

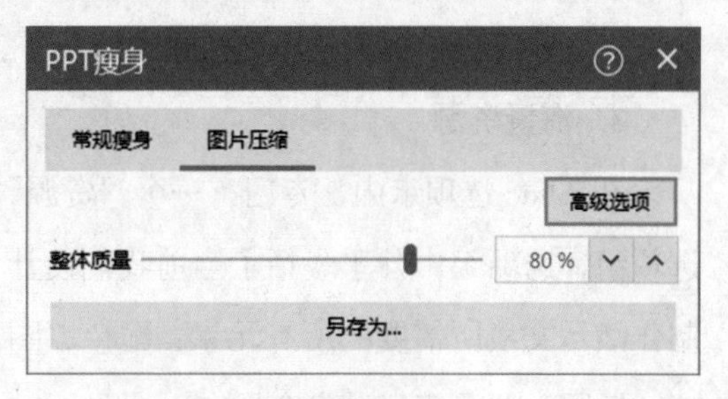


图 8.3-10

虽然在图中我们默认只压缩到原来文件大小的80%，但也压缩了近一半的演示文稿文件体积，如图8.3-11所示，可以说是一项非常实用的功能了。

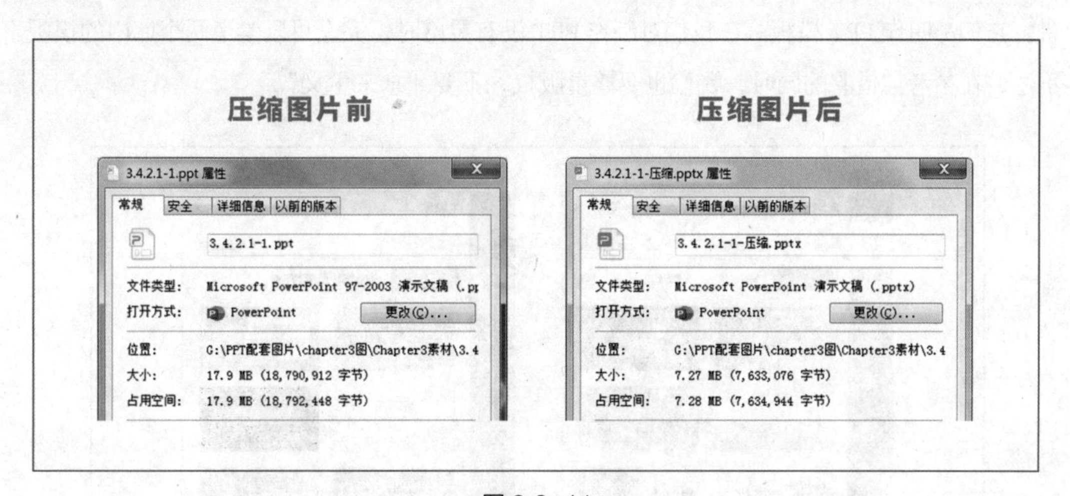


图 8.3-11

2. 设计工具

在制作PPT的过程中，我们可能会遇到这样一些情况：因为想要对齐画面中的元素焦急地寻找“对齐”按钮，因为元素在幻灯片中的排列顺序而反复点击右键寻找“置于顶层/底层”，想要对图片进行旋转时却找不到“旋转”按钮。在iSlide的“设计工具”里，归集了处理类似问题的常用按钮，如图8.3-12所示。当我们想使用某些按钮时，只要轻

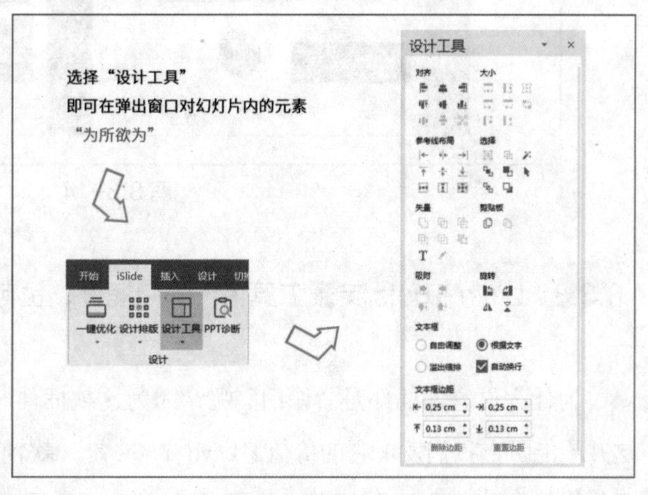


图 8.3-12

轻一点，就能轻松解决找不到按钮的情况了。

**3. 海量资源**

在 iSlide 选项卡中，专门有一个“资源”选项组，选项组中几乎囊括了当前我们设计制作演示文稿所需要的所有元素：配色、图标、插图、图示等素材应有尽有，如图 8.3-13 所示。

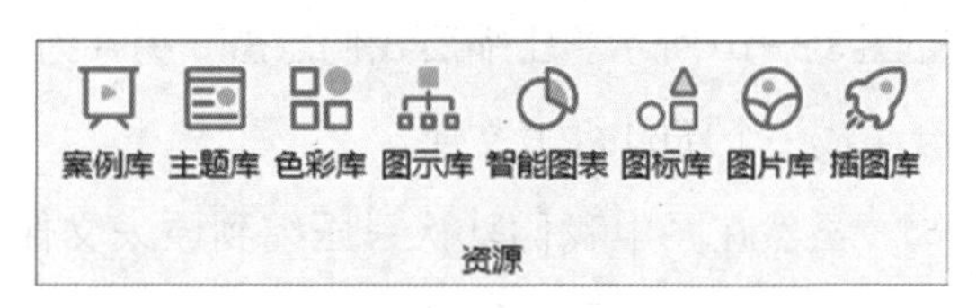


图 8.3-13

值得一提的是“资源”组中的“案例库”与“主题库”，如图 8.3-14 所示，通俗地来讲，它们都叫作 PPT 模板。在我们对制作 PPT 没有灵感时，完全可以参考两个库中的模板。不过，在参考与借鉴的同时，我们也要尊重版权，不要“拿来主义”。

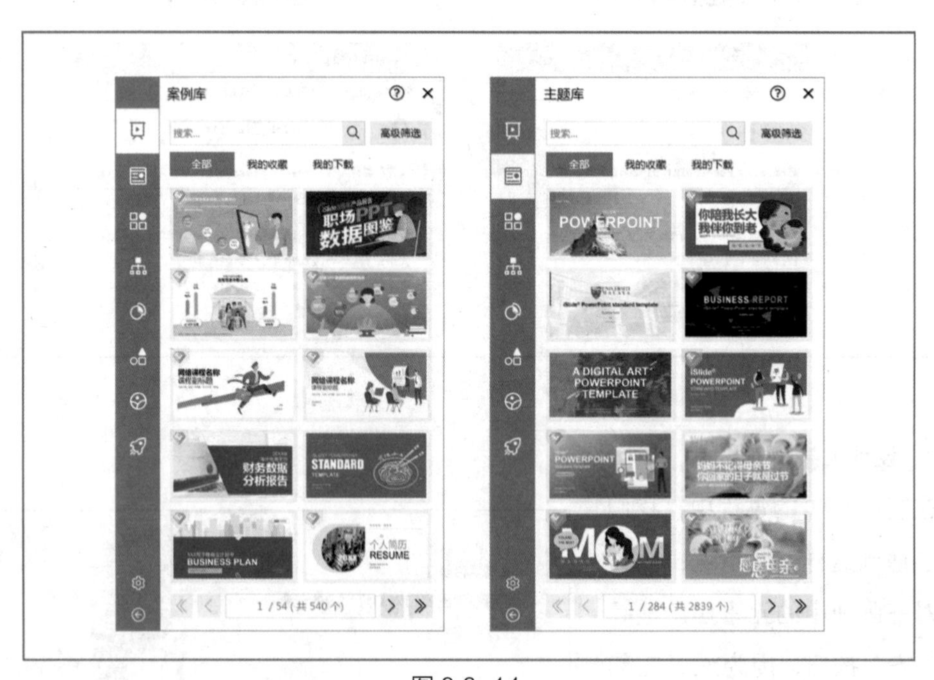


图 8.3-14

## 8.3.3 Lvyh Tools 英豪工具箱：偏门插件，也可以很好用

为什么说这款插件是“偏门”呢？因为这款插件朴素又低调，而且比较小众。不过，这并不能阻止我们发现它的价值。Lvyh Tools 是一款辅助插件，如图 8.3-15 所示，它的主要作用就是提高我们设计制作演示文稿的效率，接下来我们就来了解一下这款插件有哪些特别的功能。

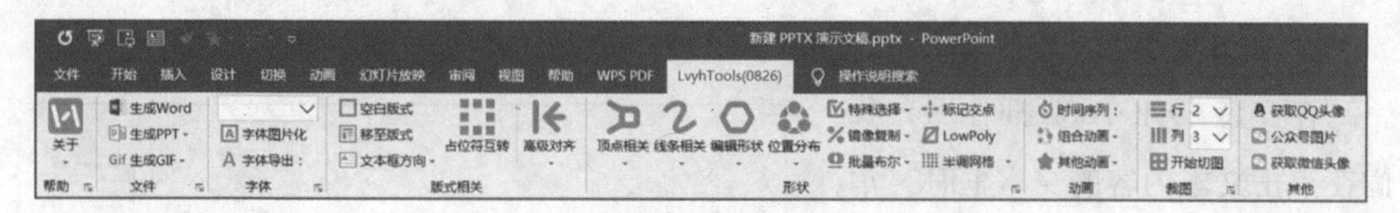

图 8.3-15

1. 文字转图片

这个功能完美地解决了我们不能嵌入到演示文稿中的特殊字体，或者嵌入字体后 PPT 文件过大等问题。将字体转化为图片，而且是基本上无损伤的矢量化，不会出现像素点和“马赛克”，如图 8.3-16 所示。这样，不仅能够避免字体丢失的情况，也能够防止别人对内容进行修改。

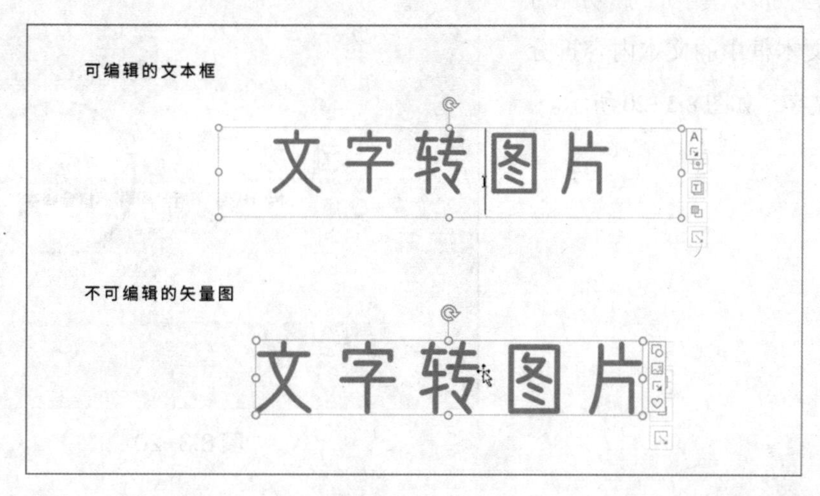


图 8.3-16

选中要图片化的文本框，然后打开“Lvyh Tools”选项卡，在“字体”选项组中选择“字体图片化”，如图 8.3-17 所示。

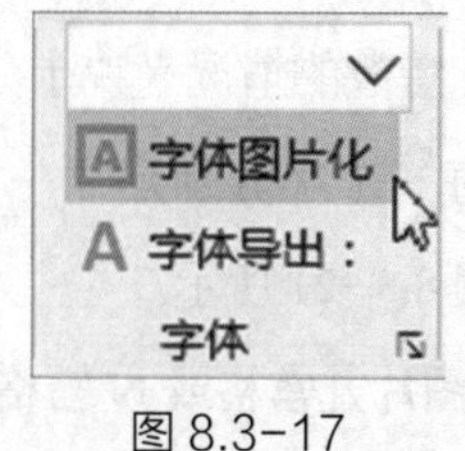


图 8.3-17

在弹出的窗口中，选择要图片化的文字字体，然后点击“确定”即可完成字体转图片，如图 8.3-18 所示。

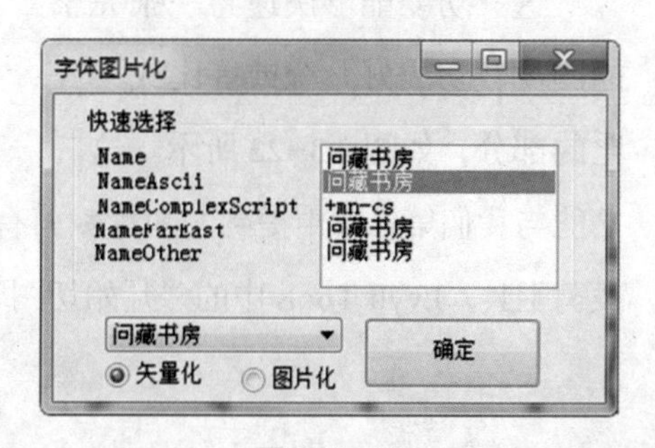


图 8.3-18

2. 拆分单字

在安装Lvyh Tools插件后，我们在点击文本内容的文本框时，常常会看到旁边出现了新的选项，如图8.3-19所示。

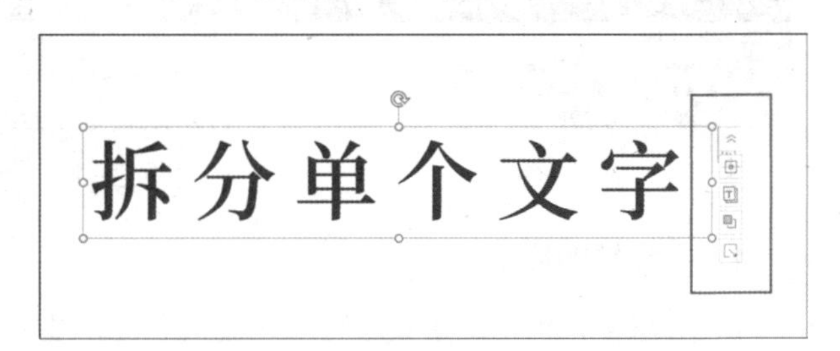

图8.3-19

在这个新的选项中，最好用的一个功能是“拆分单字”。此功能可以一键把文本框中的文本内容拆分成单个的文字，如图8.3-20所示。

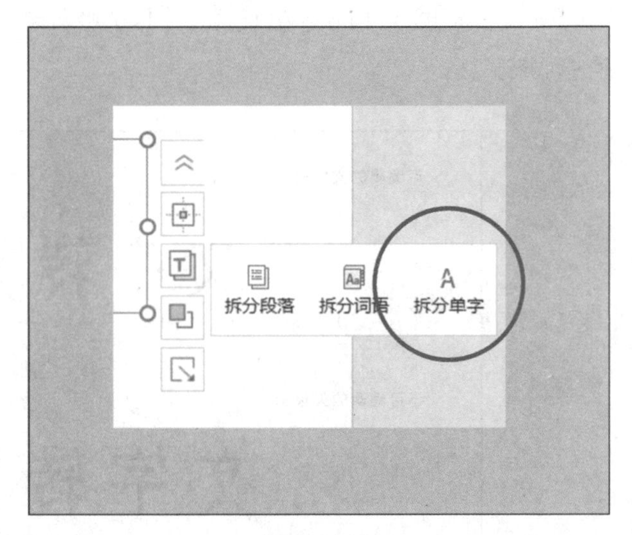

图8.3-20

这一功能对需要给每个单独的文字添加特效的情况来说十分方便，可以为每一个字分别建立一个文本框，如图8.3-21所示。

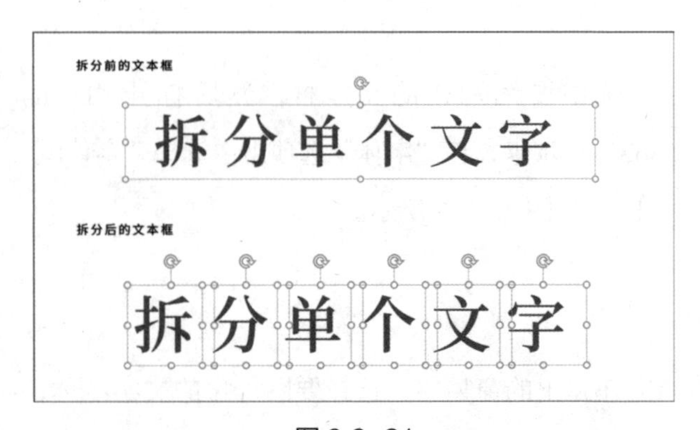

图8.3-21

3. 图片九宫格或N宫格

这一功能能够快速将一张完整的图片裁切成好几个或等比或不等比的部分，如图8.3-22所示。这一功能与我们第三章中提到的图片裁剪有异曲同工之处。不过，比起使用PowerPoint自带的裁剪工具，Lvyh Tools中的“开始切图”工具更加便捷。

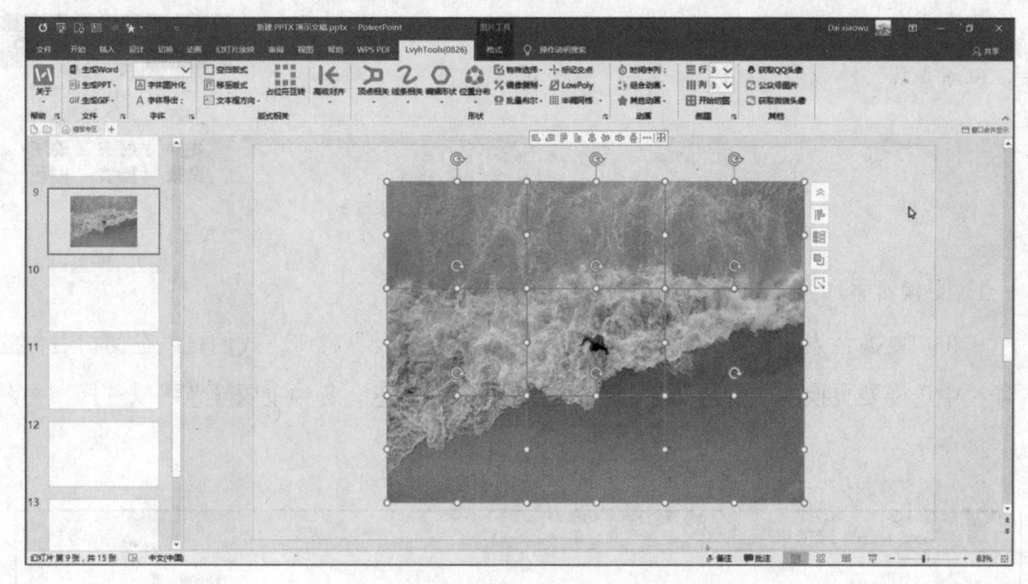

图 8.3-22

选中图片后，打开“Lvyh Tools”选项卡，在“裁图”选项组中，我们预先设置好要裁切图片的行数和列数，然后直接点击“开始切图”即可，如图 8.3-23 所示。

图 8.3-23

**Tips**：除了上面说到的几个功能之外，Lvyh Tools插件还有很多其他功能，例如，不借用其他软件直接录制Gif、除常规对齐外的高级对齐……

## 8.3.4 美化大师：一键全自动智能美化

“美化大师”这款插件是用来美化 PPT 的，如图 8.3-24 所示。PPT 美化大师能够让用户一键最大限度地美化演示文稿，美化功能很强大，对于 PPT 排版与设计不熟悉的 PPT 新手来说十分好用。

图 8.3-24

在“美化”选项组中，PPT 美化大师的三个最主要的美化手段是：更换背景、魔法换装和魔法图示，如图 8.3-25 所示。

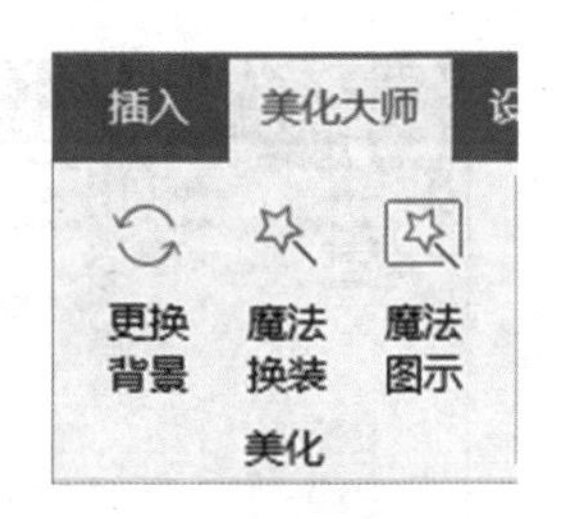

图 8.3-25

1. 更换背景

单击“更换背景”按钮，会弹出新的“更多背景模板”窗口，我们可以在窗口右侧的选项栏中选择要更换的幻灯片背景风格，在每种风格下还有各种主题颜色可以选择，如图 8.3-26 所示。

图 8.3-26

选择中意的背景后，在新的页面中有两页幻灯片样式，其中第一张是封面的样式，第二张则是正文的样式。点击右下角的“套用至当前文档”即可直接应用到当前的整个演示文稿中，如图 8.3-27 所示。

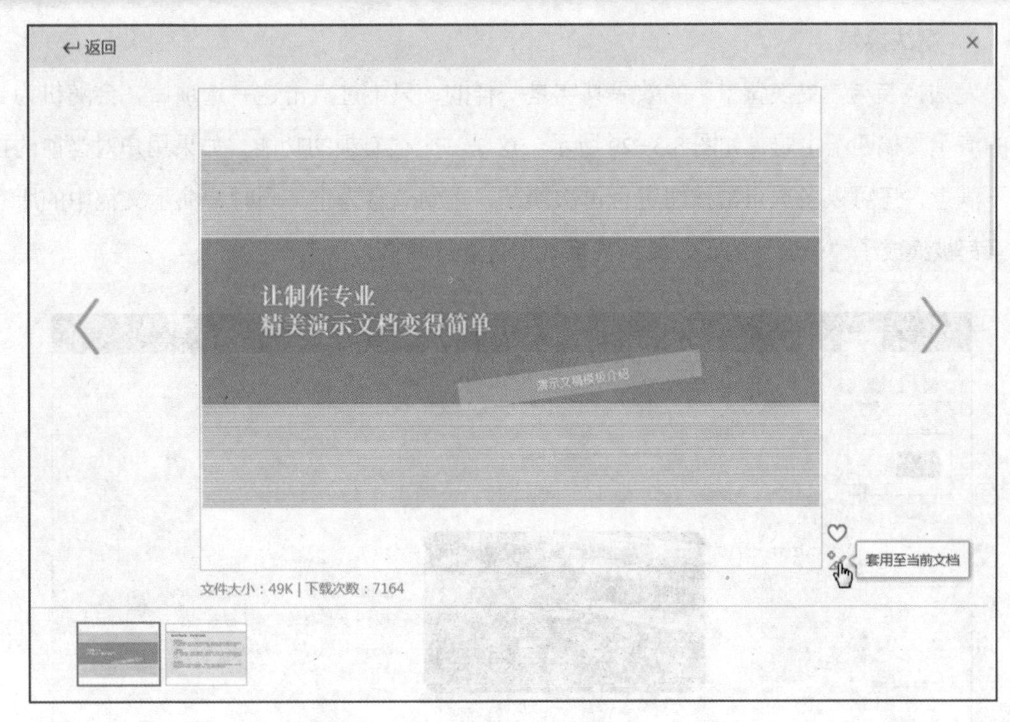


图 8.3-27

在一键美化背景后的演示文稿中，不仅背景被美化了，字体、元素等样式也都被一键美化了，如图 8.3-28 所示。

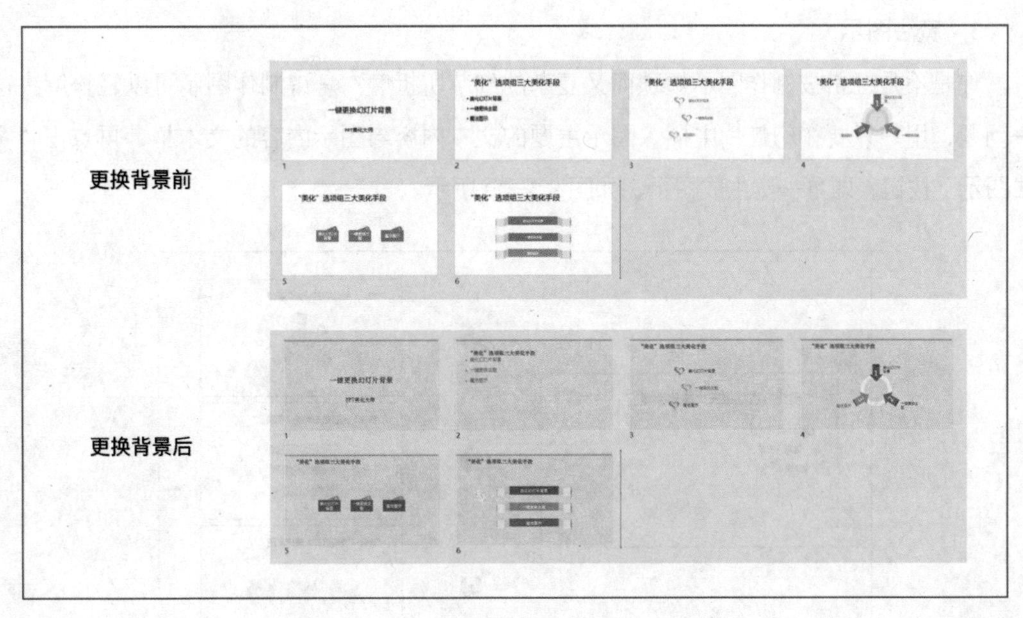


图 8.3-28

2. 魔法换装

魔法换装与“更换背景”的效果其实是一样的，只不过点击这一选项后，会随机为当前的演示文稿匹配主题，如图 8.3-29 所示。这是一个很有趣的功能，如果用户对当前的换装不满意，还可以多次点击按钮进行再次换装，直到满意为止。同时，演示文稿中的所有元素都被换成了“一套”的，方便到甚至不用再进行调整。

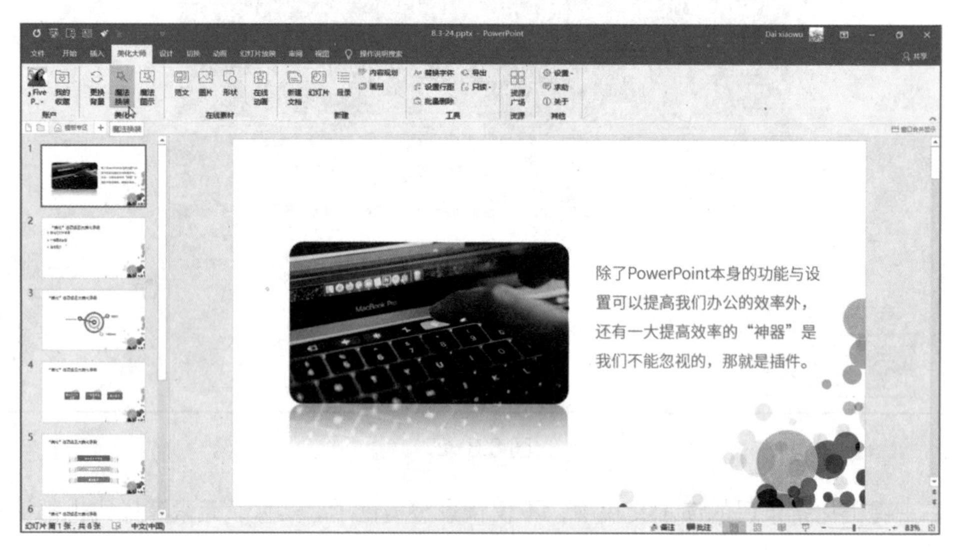


图 8.3-29

3. 魔法图示

你是不是经常被制作图示烦琐而又复杂的细节所折磨？一键制作图示可以轻松解决这一问题，用户只要在幻灯片中插入图示主题的文本内容与图示内容的文本框，再点击“魔法图示”按钮，即可一键生成图示，如图 8.3-30 所示。

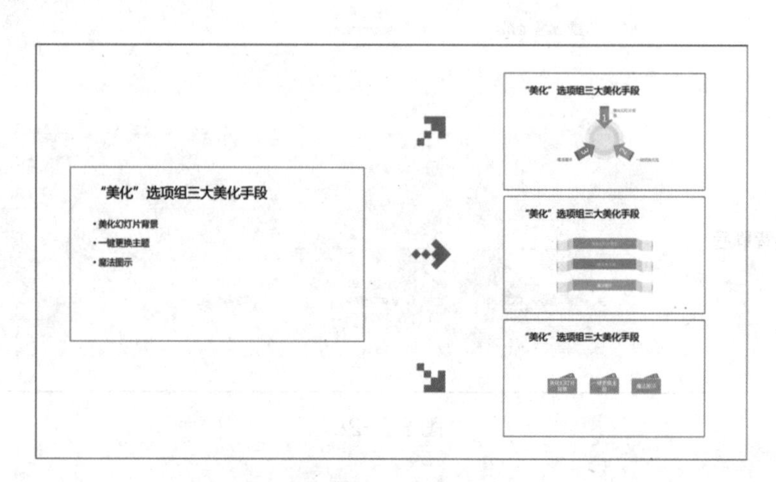


图 8.3-30

## 8.4 遇到这些问题，这些知识能帮你解决

在 PPT 的设计与使用过程中，我们会遇到各种各样的问题。例如，为什么费尽心思做出来的演示文稿中的视频或音频，在演讲时突然播放卡顿或根本播放不出来？为什么 PPT 里的字体在演示的过程中显示异常或被替换成了其他的字体？一不小心手滑存错了版本，如何恢复到之前的版本？其实这些问题都是可以解决的，关键在于你是否善用 PPT “冷知识”。

### 8.4.1 关于动画效果与音视频适配

在现代商务办公中，相信大家都曾遇到过这样的情况：在自己电脑里设计制作完成的演示文稿，一旦在其他电脑中演示，就会出现动画效果不显示、音视频卡顿或无法播放等情况。不仅破坏了演示文稿的整体效果，还打击了演示信心。

首先，出现该问题往往是因为自己电脑中的 PowerPoint 版本是新的，但放映演示文稿的电脑中的软件版本过低。其中，音视频是我们设计制作 PPT 时比较常见的元素，插入音视频时，我们也习惯使用“*.mp3”或“*.mp4”格式的音视频文件。这两种格式的音视频文件适用于 PowerPoint 2013 及以上版本。在 PowerPoint 2010 及更早的版本中，只支持“*.wmv”和“*.wav”的音视频格式，如图 8.4-1 所示。所以，在低版本的 PowerPoint 中，“*.mp3”与“*.mp4”格式的音视频文件需要安装解码器，或者事先利用转格式的软件将音视频转为“*.wmv”和“*.wav”格式，才能够正常播放。

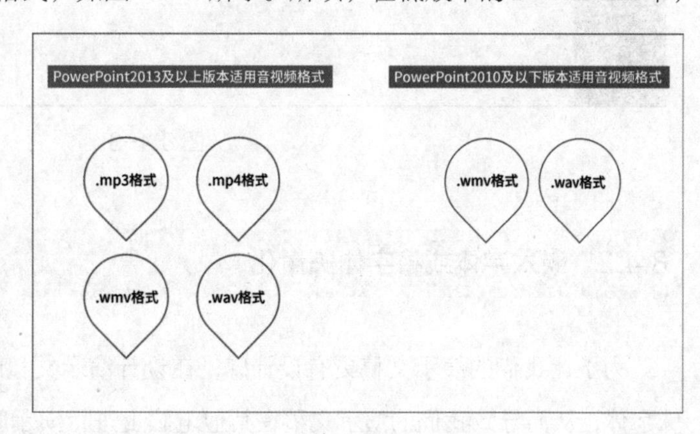


图 8.4-1

还有一个解决方法就是将你的演示文稿导出为视频，则关于动画效果与音视频不适配的问题就能迎刃而解了。如何

将演示文稿导出为视频呢？点击“文件”选项卡，在左侧选项栏中选择“导出”，在设置好相关参数后，就可以将演示文稿导出为视频了，如图 8.4-2 和图 8.4-3 所示。

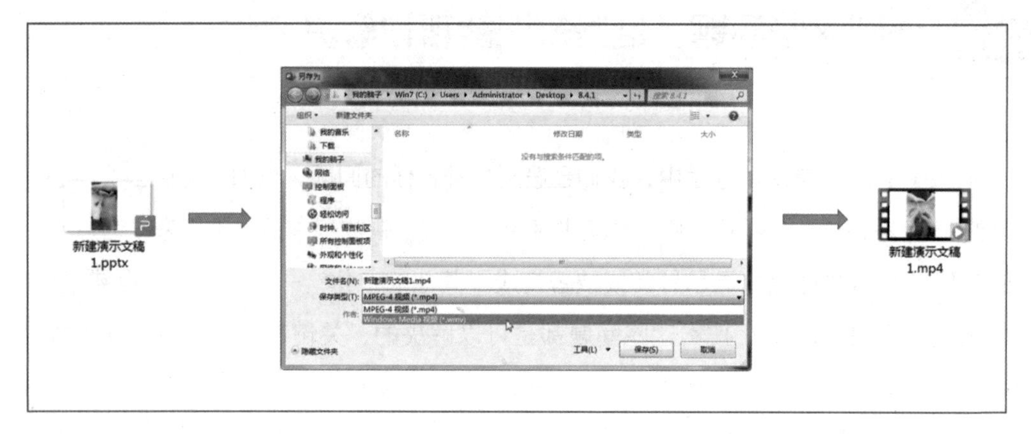


图 8.4-2

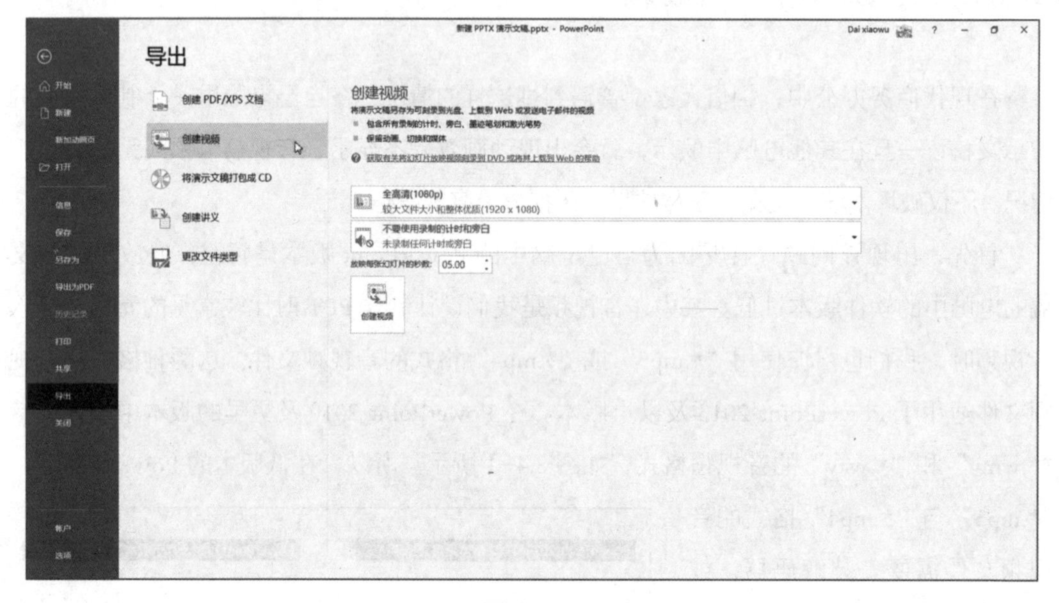


图 8.4-3

## 8.4.2 嵌入字体或将字体矢量化

为了让我们的演示文稿更有设计感，在设计演示文稿时，我们会选择一些不常见的特殊字体，从而导致我们的演示文稿在其他电脑上进行演示时，因为放映 PPT 的电脑没有安装这款字体，PowerPoint 就会以默认的宋体来表现，这一情况通常被称为“掉字体”。在第二章中，我们讲过如何通过“嵌入字体”来防止字体丢失，如图 8.4-4 所示，这是一个很实用的方法。

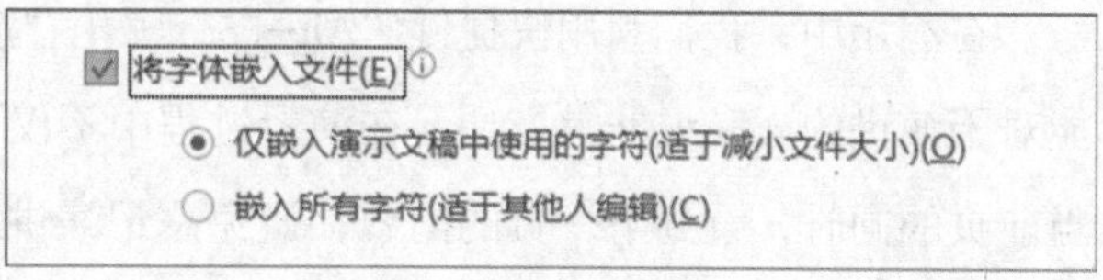

将字体嵌入文件(E)
仅嵌入演示文稿中使用的字符(适于减小文件大小)(O)
嵌入所有字符(适于其他人编辑)(C)

图 8.4-4

不过，由于许可问题有一部分特殊的字体是不能够嵌入到 PowerPoint 中的，这时，我们就可以将字体矢量化变为图片。如果工作量比较小的话，我们可以直接在本文框上单击右键选择“另存为图片”，然后重新插入到幻灯片中，如图 8.4-5 所示，如果工作量较大，我们可以用插件来实现该操作。

图 8.4-5

## 8.4.3 放映模式的选择

PowerPoint 的放映方式有两种，分别是“普通放映”和“演示者视图”。普通放映模式不必多说，平时我们进行放映有 90% 都是用这一模式；“演示者视图”放映则用得比较少。首先我们要在“幻灯片放映”选项卡中的“监视器”选项组中，勾选“使用演示者视图”，如图 8.4-6 所示。

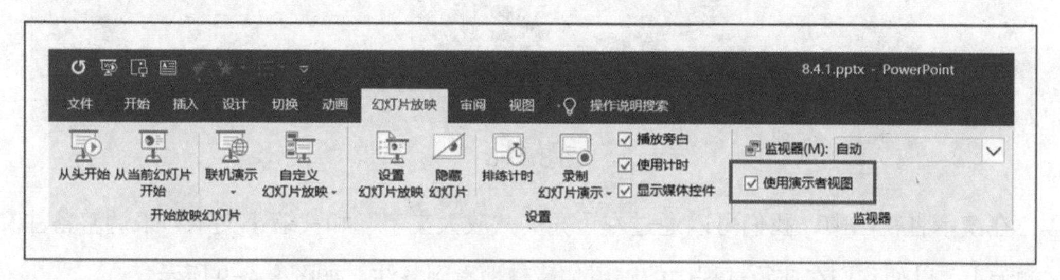


图 8.4-6

在演示中，我们利用快捷键“Alt+F5”呼出“演示者视图”，如图 8.4–7 所示。这一功能对于演讲的人来说非常方便，在演示过程中不仅可以看到备注栏的备注，还可以在讲解当前页的同时，看到下一页的内容，避免忘记演讲顺序。并且“演示者视图”只有演示者能看到，观众是看不到的。

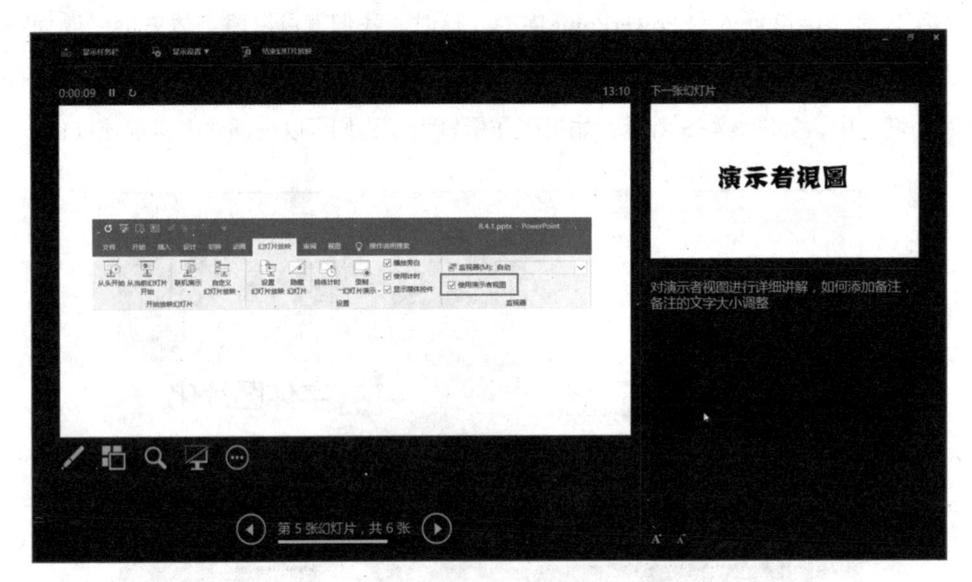


图 8.4–7

如何给某一页幻灯片设置备注呢？只要选中该页幻灯片，在幻灯片的状态栏右侧点击“备注”，并在弹出的备注框中输入要备注的文字即可，如图 8.4–8 所示。

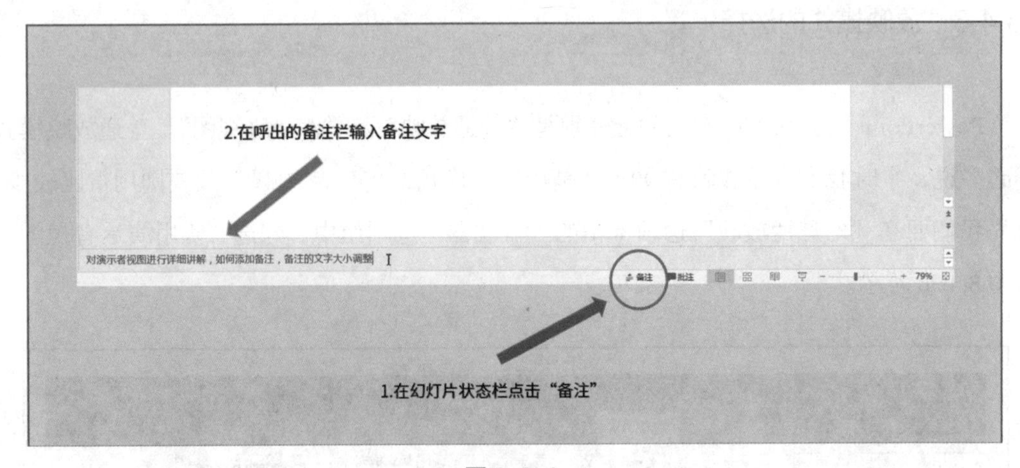


图 8.4–8

在演示者视图中，我们可以通过左下角的“放大文字”和“缩小文字”来调整备注文字的大小，以便我们在演示过程中能够更加清楚地看到备注，如图 8.4–9 所示。

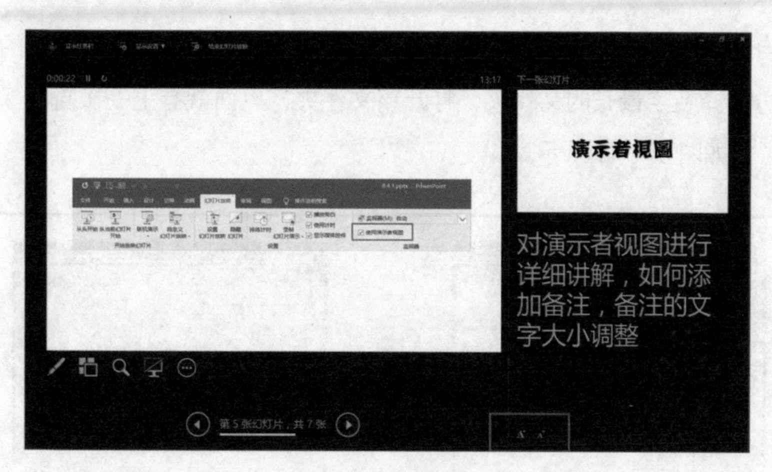


图 8.4-9

Tips：在演示者视图中，还有很多其他的功能，例如，“笔和激光笔”：可以在演示过程中将鼠标光标变为激光笔等样式，以吸引观众的注意力。“放大到幻灯片”：在演示过程中放大幻灯片中的某一部分，为观众呈现演示文稿中的更多细节。如果你的演示时间比较长、幻灯片的内容比较丰富，选择“演示者视图”放映模式对演讲过程会有很好的帮助。

## 8.4.4 找回历史版本或忘记保存的文件

如果遇到 PowerPoint 不明原因突然崩溃、电脑断电或死机等情况，我们制作的演示文稿还没有保存，该怎么办呢？如果不小心保存了错误的版本，我们又想找回之前的版本，又该怎么办呢？可以试试利用 PowerPoint 的“自动保存”功能来找回历史版本或忘记保存的版本。依次单击“文件”选项卡→“选项”，在弹出的窗口中选择“保存”，如图 8.4-10 所示。

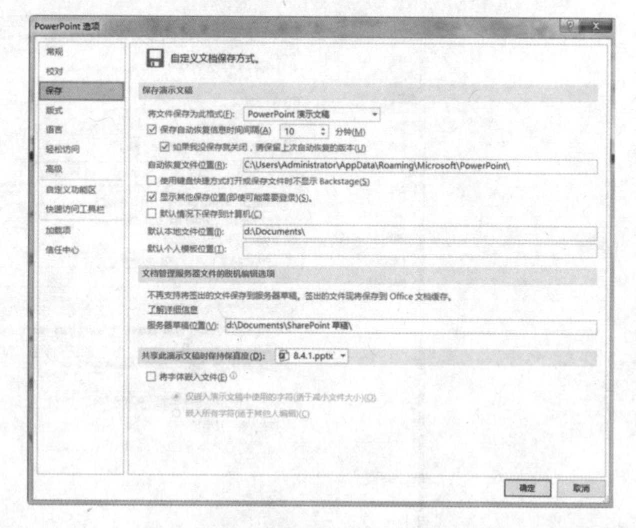


图 8.4-10

找到“自动恢复文件位置”并复制文件地址，在“我的电脑”中将复制的文件地址粘贴到地址栏，选择名字最长的文件夹，打开该文件夹，里面就有上一次自动保存的演示文稿历史版本了，如图 8.4-11 所示。

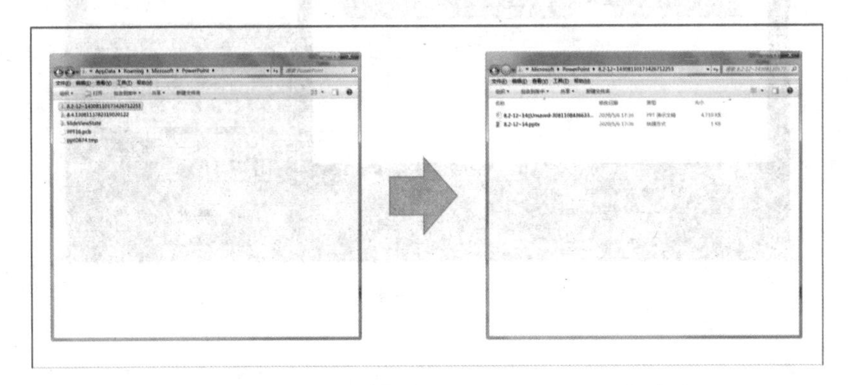

图 8.4-11

## 8.4.5 设置文档自动保存

该功能可以将 PowerPoint 的自动保存时间设置得更短，与“找回历史保存的文件”功能相呼应，更大程度地保护我们设计制作的演示文稿。点击“文件”选项卡→“选项”，在弹出的窗口中选择“保存”，根据情况对“保存自动恢复信息时间间隔”进行更改，最小可以改为 1 分钟，如图 8.4-12 所示。

图 8.4-12